国家示范院校重点建设专业

数控技术专业课程改革系列教材

# 机械CAD/CAM技术

◎主　编　王贤虎　贾　芸
◎副主编　潘祖聪　张　宁
◎主　审　汪永华　余承辉

中国水利水电出版社
www.waterpub.com.cn

## 内 容 提 要

本书是安徽水利水电职业技术学院国家示范院校重点建设专业——数控技术专业课程改革成果之一。内容包括CAD/CAM技术概述、CAD/CAM技术系统、计算机辅助设计技术（CAD）、CAD技术在机械工程中的应用、计算机辅助工程分析技术（CAE）、计算机辅助工艺设计（CAPP）、计算机辅助制造技术（CAM）、典型零件CAD/CAM应用实例、CAD/CAM集成技术及发展等。

本书为高职高专、电大、职大、成人教育等院校机械类、机电类专业的通用教材，也可作为工程技术人员的参考书。

**图书在版编目（CIP）数据**

机械CAD/CAM技术/王贤虎，贾芸主编．—北京：中国水利水电出版社，2010.3（2016.8重印）
（国家示范院校重点建设专业、数控技术专业课程改革系列教材）
ISBN 978-7-5084-7305-5

Ⅰ．①机… Ⅱ．①王…②贾… Ⅲ．①机械设计：计算机辅助设计-高等学校：技术学校-教材②机械制造：计算机辅助制造-高等学校：技术学校-教材 Ⅳ．①TH122②TH164

中国版本图书馆CIP数据核字（2010）第039570号

| | |
|---|---|
| 书　　名 | 国家示范院校重点建设专业<br>数控技术专业课程改革系列教材<br>**机械CAD/CAM技术** |
| 作　　者 | 主　编　王贤虎　贾　芸<br>副主编　潘祖聪　张　宁<br>主　审　汪永华　余承辉 |
| 出版发行 | 中国水利水电出版社<br>（北京市海淀区玉渊潭南路1号D座　100038）<br>网址：www.waterpub.com.cn<br>E-mail：sales@waterpub.com.cn<br>电话：（010）68367658（营销中心） |
| 经　　售 | 北京科水图书销售中心（零售）<br>电话：（010）88383994、63202643、68545874<br>全国各地新华书店和相关出版物销售网点 |
| 排　　版 | 中国水利水电出版社微机排版中心 |
| 印　　刷 | 北京市北中印刷厂 |
| 规　　格 | 184mm×260mm　16开本　14.25印张　347千字 |
| 版　　次 | 2010年3月第1版　2016年8月第2次印刷 |
| 印　　数 | 3001—5000册 |
| 定　　价 | **35.00**元 |

# 前言

本书是安徽水利水电职业技术学院国家示范院校重点建设专业——数控技术专业课程改革成果之一，由该学院教师和企业工程技术人员共同编写。

机械 CAD/CAM 技术是一门多学科综合应用的技术，发展十分迅速。世界各国都把发展 CAD/CAM 技术作为制造的战略目标，目前在我国各个企业中，CAD/CAM 技术应用越来越普及，因此，迫切需要 CAD/CAM 技术方面的应用人才。CAD/CAM 技术已是从事产品开发的操作人员和技术人员必备的技能之一。

提高新产品的开发能力及制造能力是提高制造业企业竞争力的关键，而 CAD/CAM 技术是提高产品设计和制造质量、缩短产品开发周期、降低产品成本的强有力手段，也是未来工程技术人员必须掌握的基本工具。

本书是一本实用技术教材，突出介绍 CAD/CAM 的概念、应用方法，并结合具体 CAD/CAM 软件进行实践练习。目前流行的 CAD/CAM 软件众多，虽然不同的软件有各自的特点，但其主要功能、基本方法却是相同的。

高职高专的机械 CAD/CAM 课程属于实践类课程，通过课内学习和实训环节，应使学生能使用高中档的 CAD/CAM 软件完成较复杂的零件三维模型的创建、虚拟装配及干涉检查、二维装配图及零件图的出图、数控加工的自动编程、刀位文件的编辑和 CAM 后置处理，并通过数控机床直接加工出自己所设计的零件。

学生通过这样的学习和实训，所学到的不仅仅是机械 CAD/CAM 的概念，还有实际的机械 CAD/CAM 软件的操作技能及高中档 CAD/CAM 软件的操作技能。

在编写过程中，本着由浅入深、循序渐进及通俗易懂的指导思想与原则，从 CAD/CAM 系统的基础介绍开始，对机械 CAD 技术、计算机辅助工程分析（CAE）技术、计算机辅助工艺过程设计（CAPP）技术及机械 CAM 技术的理论进行阐述，同时对机械 CAD/CAM 技术在机械工程中的应用采用实例进行说明，从而对机械 CAD/CAM 技术的了解和应用作了全面的分析。力争通过本书的学习使广大读者对 CAD/CAM 技术的基本用途与功能有较全面的了解，为进一步学习 CAD/CAM 技术打下基础。

本书由安徽水利水电职业技术学院王贤虎、贾芸任主编，潘祖聪、张宁任副主编，由汪永华、余承辉组织编写并审阅、修改、完善。参加编写的还有郭微、赵华新、汤萍、童子林、徐耀、储蓉等。在本书的编写过程中还得到学院有关领导的指导和帮助，在此一并表示感谢。

由于时间仓促、编者水平有限，书中难免有不足和错误之处，欢迎广大读者提出宝贵意见。

**编者**

2010 年 1 月

# 目录

前言

# 项目 1  CAD/CAM 技术概述

## 任务 1.1  CAD/CAM 基本概念

CAD/CAM 技术是制造工程技术与计算机技术紧密结合、相互渗透而发展起来的一项综合性应用技术，具有知识密集、学科交叉、综合性强、应用范围广等特点。CAD/CAM 技术是先进制造技术的重要组成部分，它的发展和应用使传统的产品设计、制造内容和工作方式等都发生了根本性的变化。CAD/CAM 技术已成为衡量一个国家科技现代化和工业现代化水平的重要标志之一。

### 1.1.1  CAD 技术

由于在不同时期、不同行业中，计算机辅助设计（Computer Aided Design，CAD）技术所实现的功能不同，工程技术人员对 CAD 技术的认识也有所不同，因此很难给 CAD 技术下一个统一的、公认的定义。早在 1972 年 10 月，国际信息处理联合会（IFIP）在荷兰召开的“关于 CAD 原理的工作会议”上给出如下定义：CAD 是一种技术，其中人与计算机结合为一个问题求解组，紧密配合，发挥各自所长，从而使其工作优于每一方，并为应用多学科方法的综合性协作提供了可能。到 20 世纪 80 年代初，第二届国际 CAD 会议上认为 CAD 是一个系统的概念，包括计算、图形、信息自动交换、分析和文件处理等方面的内容。1984 年召开的国际设计及综合讨论会上，认为 CAD 不仅是设计手段，而且是一种新的设计方法和思维。显然，CAD 技术的内涵将会随着计算机技术的发展而不断扩展。

就目前情况而言，CAD 是指工程技术人员以计算机为工具，运用自身的知识和经验，对产品或工程进行方案构思、总体设计、工程分析、图形编辑和技术文档整理等设计活动的总称，是一门多学科综合应用的新技术。CAD 是一种新的设计方法，它采用计算机系统辅助设计人员完成设计的全过程，将计算机的海量数据存储和高速数据处理能力与人的创造性思维和综合分析能力有机结合起来，充分发挥各自所长，使设计人员摆脱繁重的计算和绘图工作，从而达到最佳设计效果。CAD 对加速工程和产品的开发、缩短设计制造周期、提高质量、降低成本、增强企业创新能力发挥着重要作用。

一般认为，CAD 系统应具有几何建模、工程分析、模拟仿真、工程绘图等主要功能。一个完整的 CAD 系统应由人机交互接口、图形系统、科学计算和工程数据库等组成。人机交互接口是设计、开发、应用和维护 CAD 系统的界面，经历了从字符用户接口、图形用户接口、多媒体用户接口到网络用户接口的发展过程。图形系统是 CAD 系统的基础，主要有几何（特征）建模、自动绘图（二维工程图、三维实体图等）、动态仿真等。科学计算是 CAD 系统的主体，主要有有限元分析、可靠性分析、动态分析、产品的常规设计和优化设计等。工程数据库是对设计过程中使用和产生的数据、图形、图像及文档等进行存储和管理。就 CAD 技术目前可实现的功能而言，CAD 作业过程是在由设计人员进行产品概念设计的基础上从建模分析，完成产品几何模型的建立，然后抽取模型中的有关数据进行工程分析、计算和修改，最后编辑全部设计文档，输出工程图。从CAD作业过程可以看出，CAD技术也是一项产品建模技术，它是将产品的物理模型转化为产品的数据模型，并把建立的数据模型存储在计算机内，供后续的计算机辅助技术所共享，驱动产品生命周期的全过程。

### 1.1.2　CAE技术

从字面上理解，计算机辅助工程（Computer Aided Engineering，CAE）是计算机辅助工程分析，准确地讲，就是指工程设计中的分析计算、分析仿真和结构优化。CAE是从CAD中分支出来的，起步稍晚，其理论和算法经历了从蓬勃发展到日趋成熟的过程。随着计算机技术的不断发展，CAE系统的功能和计算精度都有了很大提高，各种基于产品数字建模的CAE系统应运而生，并已成为工程和产品结构分析、校核及结构优化中必不可少的数值计算工具；CAE技术和CAD技术的结合越来越紧密，在产品设计中，设计人员如能将CAD与CAE技术良好融合，就可以实现互动设计，从而保证企业从生产设计环节上达到最优效益。分析是设计的基础，设计与分析集成是必然趋势。

目前CAE技术已被广泛应用于国防、航空航天、机械制造、汽车制造等各个工业领域。CAE技术作为设计人员提高工程创新和产品创新能力的得力助手和有效工具，能够对创新的设计方案快速实施性能与可靠性分析；进行虚拟运行模拟，及早发现设计缺陷，实现优化设计；在创新的同时，提高设计质量，降低研究开发成本，缩短研发周期。

### 1.1.3　CAPP技术

计算机辅助工艺设计（Computer Aided Process Planning，CAPP）是根据产品设计结果进行产品的加工方法设计和制造过程设计。一般认为，CAPP系统的功能包括毛坯设计、加工方法选择、工序设计、工艺路线制定和工时定额计算等。其中工序设计包括加工设备和工装的选用、加工余量的分配、切削用量选择以及机床、刀具的选择、必要的工序图生成等内容。工艺设计是产品制造过程中技术准备工作的一项重要内容，是产品设计与实际生产的纽带，是一个经验性很强且随制造环境的变化而多变的决策过程。随着现代制造技术的发展，传统的工艺设计方法已经远远不能满足自动化和集成化的要求。

随着计算机技术的发展，CAPP受到了工艺设计领域的高度重视。其主要优点在于：可以显著缩短工艺设计周期，保证工艺设计质量，提高产品的市场竞争能力。CAPP使工艺设计人员摆脱大量、烦琐的重复劳动，将主要精力转向新产品、新工艺、新装备和新技术的研究与开发。CAPP可以提高产品工艺的继承性，最大限度地利用现有资源，降低生产成本。CAPP可以使没有丰富经验的工艺师设计出高质量的工艺规程，以缓解当前机械制造业工艺设计任务繁重、缺少有经验工艺设计人员的矛盾。CAPP有助于推动企业开展的工艺设计标准化和最优化工作。CAPP在CAD、CAM中起到桥梁和纽带作用：CAPP接受来自CAD的产品几何拓扑信息、材料信息及精度、粗糙度等工艺信息，并向CAD反馈产品的结构工艺性评价信息；CAPP向CAM提供零件加工所需的设备、工装、切削参数、装夹参数以及刀具轨迹文件，同时接受CAM反馈的工艺修改意见。

### 1.1.4　CAM技术

计算机辅助制造（Computer Aided Manufacturing，CAM）到目前为止尚无统一的定义。一般而言，CAM是指计算机在制造领域有关应用的统称，有广义CAM和狭义CAM之分。所谓广义CAM，是指利用计算机辅助完成从生产准备工作到产品制造过程中的直

接和间接的各种活动，包括工艺准备、生产作业计划、物流过程的运行控制、生产控制、质量控制等主要方面。其中工艺准备包括计算机辅助工艺过程设计、计算机辅助工装设计与制造、NC 编程、计算机辅助工时定额和材料定额的编制等内容；物流过程的运行控制包括物料的加工、装配、检验、输送、储存等生产活动。而狭义 CAM 通常指数控程序的编制，包括刀具路线的规划、刀位文件的生成、刀具轨迹仿真以及后置处理和 NC 代码生成等。本书采用 CAM 的狭义定义。

CAM 中核心的技术是数控加工技术。数控加工主要分程序编制和加工过程两个步骤。程序编制是根据图纸或 CAD 信息，按照数控机床控制系统的要求，确定加工指令，完成零件数控程序编制；加工过程是将数控程序传输给数控机床，控制机床各坐标的伺服系统，驱动机床，使刀具和工件严格按执行程序的规定相对运动，加工出符合要求的零件。作为应用性、实践性极强的专业技术，CAM 直接面向数控生产实际。生产实际的需求是所有技术发展与创新的原动力，CAM 在实际应用中已经取得了明显的经济效益，并且在提高企业市场竞争能力方面发挥着重要作用。

### 1.1.5　CAD/CAM 集成技术

自 20 世纪 70 年代中期以来，出现了很多计算机辅助的分散系统，如 CAD、CAE、CAPP、CAM 等，分别在产品设计自动化、工艺过程设计自动化和数控编程自动化等方面起到了重要作用。但是这些各自独立的系统不能实现系统之间信息的自动交换和传递。例如，CAD 系统的设计结果不能直接为 CAPP 系统所接受，若进行工艺过程设计，仍需要设计者将 CAD 输出的图样文档转换成 CAPP 系统所需要的输入信息。所以，随着计算机辅助技术日益广泛的应用，人们很快认识到，只有当 CAD 系统一次性输入的信息能为后续环节（如 CAE、CAPP、CAM）继续应用时才能获得最大的经济效益。为此，提出了 CAD 到 CAM 集成的概念，并首先致力于 CAD、CAE、CAPP 和 CAM 系统之间数据自动传递和转换的研究，以便将已存在和使用的 CAD、CAE、CAPP、CAM 系统集成起来。有人认为：CAD 有狭义及广义之分，狭义 CAD 就是单纯的计算机辅助设计，而广义 CAD 则是 CAD/CAE/CAPP/CAM 的高度集成。不论何种计算机辅助软件，其软件功能不同，其市场定位不同，但其发展方向却是一致的，这就是 CAD/CAE/CAPP/CAM 的高度集成。

CAD/CAM 集成技术的关键是 CAD、CAPP、CAM、CAE 各系统之间的信息自动交换与共享。集成化的 CAD/CAM 系统借助于工程数据库技术、网络通信技术以及标准格式的产品数据接口技术，把分散于机型各异的各个 CAD、CAPP、CAM 子系统高效、快捷地集成起来，实现软件、硬件资源共享，保证整个系统内信息的流动畅通无阻。

CAD/CAM 集成技术是各计算机辅助单元技术发展的必然结果。随着信息技术、网络技术的不断发展和市场全球化进程的加快，出现了以信息集成为基础的更大范围的集成技术，例如将企业内经营管理信息、工程设计信息、加工制造信息、产品质量信息等融为一体的计算机集成制造系统（Computer Integrated Manufacturing System，CIMS）。

### 1.1.6　CAD/CAM 系统的功能界定

以制造业为例来说明一个 CAD/CAM 系统的功能界定。一个完整的制造企业 CAD/CAM 系统应包括如下几个由底层到高层的模块：

（1）CNC 系统及各种自动化加工设备，包括数控加工中心等各种数控机床、三坐标数控测量机、PLC、监测设备等。

(2) 物料存储及运送系统（包括自动化仓库）。

(3) 分布式直接数控及设备控制系统，包括直接数控群控（DDNC）系统及其与自动仓库的互联系统、工业控制系统等。

(4) 物流控制与管理系统，其功能是对物料存储及运送系统进行监测和控制，以服务于车间生产计划控制系统。

(5) 工艺规程设计与管理系统，其功能包括计算机辅助工艺规程设计、工艺数据库管理、工艺规程管理等。

(6) 数控加工自动编程系统，包括复杂曲面模具加工自动编程系统、数控线切割/车/铣/磨等加工的自动编程系统。

(7) 全面质量保证系统（Total Quality Insurance System）。

(8) 车间生产计划控制系统（Shop-Floor Control System，SFCS）。

(9) 计算机辅助工程制图（CAED）系统，其功能包括辅助制图、图纸扫描及光栅—矢量混合编辑、图纸管理等。

(10) 计算机辅助设计/辅助工程（CAD/CAE）系统，其功能包括产品的二维设计或三维设计、装配设计、工程分析及优化、工业设计、产品信息管理等。

(11) 产品综合信息管理系统（PIIMS），其功能是基于一个统一的数据库、一个统一的框架对产品的各项信息，例如设计文档、设计辅助数据、产品模型（二维或三维）、版本信息、工程图纸、工艺规程、工艺数据、数控加工程序等实行管理。

前8个模块主要完成制造企业生产管理中的控制和执行功能，属于计算机辅助制造（CAM）范畴。其中，车间生产计划控制系统是对CAM各个功能模块的大集成。通过SFCS，实现了集成的CAM系统，将这种集成系统称为车间级计算机集成制造系统。

后3个模块主要完成企业的产品设计功能，属于计算机辅助设计（CAD）范畴。其中，产品综合信息管理系统实现了CAD与CAM之间的集成，并为CAD/CAM系统与未来CIMS系统其他子系统之间交换/共享信息提供良好的支持。该模块也是CAD/CAM系统与CIMS系统中其他子系统发生交互作用的界面。但最后一项功能基本上很少出现在目前的CAD系统中，而是被某些软件厂商单独做成一个产品，比如图档管理系统。针对产品全生命周期的各种数据和信息的管理，还有专门的大型系统——产品数据管理系统（PDM）来实现。

## 任务1.2　CAD/CAM技术的发展及在我国的应用

### 1.2.1　CAD/CAM技术的发展历程

CAD/CAM技术的纵向发展概况，如图1.1所示。

CAD/CAM技术的发展与计算机图形学的发展密切相关，并伴随着计算机及其外围设备的发展而发展。计算机图形学中有关图形处理的理论和方法构成了CAD/CAM技术的重要基础。综观CAD/CAM技术的发展历程，主要经历了以下主要发展阶段。

20世纪50年代，计算机主要用于科学计算，使用机器语言编程，图形设备仅具有输出功能。美国麻省理工学院（MIT）在其研制的旋风I号计算机上采用了阴极射线管

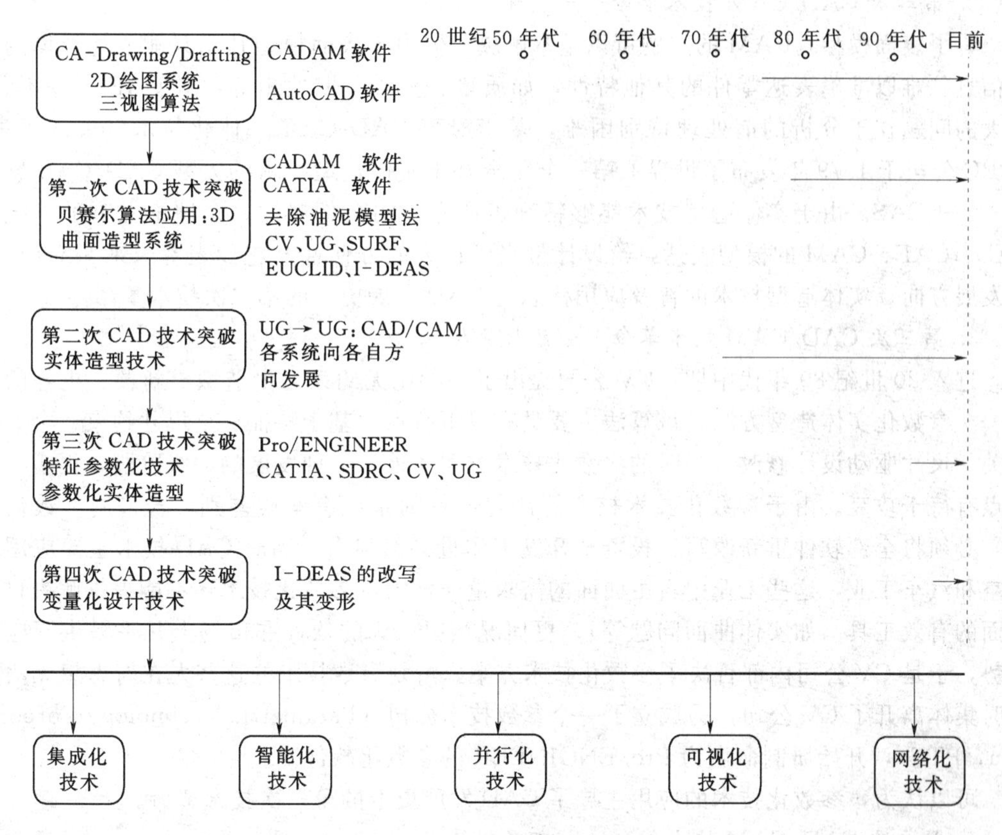


图 1.1　源于 20 世纪 50 年代末的 CAD 技术发展

(CRT) 作为图形终端，并能被动显示图形。其后出现了光笔，开始了交互式计算机图形学的研究，也为 CAD/CAM 技术的出现和发展铺平了道路。1952 年 MIT 首次试制成功了数控铣床，通过数控程序对零件进行加工，随后 MIT 研制开发了自动编程语言 (APT)，通过描述走刀轨迹的方法来实现计算机辅助编程，标志着 CAM 技术的开端。1956 年首次尝试将现代有限单元法用于分析飞机结构。50 年代末，出现了平板式绘图仪和滚筒式绘图仪，开始了计算机绘图的历史。此间 CAD 技术处于酝酿、准备阶段。

1. 第一次 CAD/CAM 技术革命——曲面造型系统

20 世纪 60 年代出现的三维 CAD 系统只是极为简单的线框式系统。这种初期的线框造型系统只能表达基本的几何信息，不能有效表达几体数据间的拓扑关系。由于缺乏形体的表面信息，CAE 及 CAM 均无法实现。进入 70 年代，飞机和汽车工业中遇到了大量的自由曲面问题，随着法国人提出了贝赛尔算法，使人们用计算机处理由线及曲面问题变得可行，同时也使得法国达索飞机制造公司的开发者们，能在二维绘图系统 CADAM 的基础上，开发出以表面模型为特点的自由曲面建模方法，推出了三维曲面造型系统 CATIA。它的出现，标志着计算机辅助设计技术以单纯模仿工程图纸的三视图模式中解放出来，首次实现以计算机完整描述产品零件的主要信息，同时也使得 CAD 技术的开发有了现实的基础。曲面造型系统 CATIA 为人类带来了第一次 CAD 技术革命，改变了以往只能借助油泥模型来近似表达曲面的落后的工作方式。

2. 第二次CAD/CAM技术革命——实体造型技术

有了表面模型，CAM的问题可以基本解决。但由于表面模型技术只能表达形体的表面信息，难以准确表达零件的其他特性，如质量、重心、惯性矩等，对CAE十分不利，最大的问题在于分析的前处理特别困难。基于对于CAD/CAE一体化技术发展的探索，SDRC公司于1979年发布了世界上第一个完全基于实体造型技术的大型CAD/CAE软件——I-DEAS。由于实体造型技术能够精确表达零件的全部属性，在理论上有助于统一CAD、CAE、CAM的模型表达，给设计带来了惊人的方便性。它代表着未来CAD技术的发展方向。实体造型技术的普及应用标志着CAD发展史上的第二次技术革命。

3. 第三次CAD/CAM技术革命——参数化技术

进入20世纪80年代中期，CV公司提出了一种比无约束自由造型更新颖、更好的算法——参数化实体造型方法，该算法主要具有以下特点：基于特征、全尺寸约束、全数据相关、尺寸驱动设计修改。当时的参数化技术方案还处于一种发展的初级阶段，很多技术难点有待于攻克。由于参数化技术核心算法与以往的系统有本质差别，若采用参数化技术，必须将全部软件重新改写，投资及开发工作量必然很大。当时CAD技术主要应用在航空和汽车工业，这些工业中自由曲面的需求量非常大，参数化技术还不能提供解决自由曲面的有效工具（如实体曲面问题等），更何况当时CV的软件在市场上几乎呈供不应求之势，于是CV公司内部否决了参数化技术方案。策划参数技术的这些人在新思想无法实现时集体离开了CV公司，另成立了一个参数技术公司（Parametric Technology Corporation，PTC），开始研制命名为Pro/ENGINEER的参数化软件。

可以认为，参数化技术的应用主导了CAD发展史上的第三次技术革命。

4. 第四次CAD/CAM技术革命——变量化技术

参数化技术的成功应用，使它在20世纪90年代前后几乎成为CAD业界的标准，但是技术理论上的认可并非意味着实践上的可行性。由于CATIA、CV、UG、EUCLIDF都在原来的非参数化模型基础上开发或集成了许多其他应用软件，CV、CATIA、UG推出自己的复合建模技术。这种把线框模型、曲面模型及实体模型叠加在一起的复合建模技术，并非完全基于实体，只是“主模型”技术的“雏形”，难以全面应用参数化技术。由于参数化技术和非参数化技术内核本质不同，用参数化技术造型后进入非参数化系统还要进行内部转换极易导致数据丢失或其他不利条件。这样的系统由于其在参数化技术的和非参数化技术上不具备优势，系统整体竞争力自然不高，只能依靠某些实用性模块上的特殊能力来增强竞争力。可是30年的CAD软件技术发展也给人们这样一点启示：决定软件先进性及生命力的主要因素是软件基础技术，而并非特定的应用技术。

1990年以前SDRC公司已经摸索了几年参数化技术，当时也面临同样的抉择：要么它同样采用逐步修补方式，继续将其I-DEAS软件“参数化”下去，这样做风险小但必然导致产品的综合竞争力不高；要么就是全部改写。根据数年对参数化技术的研究经验以及对工程设计过程的深刻理解，SDRC的开发人员发现了参数化技术尚有许多不足之外。首先，“全尺寸约束”这一硬性规定就干扰和制约着设计者创造力及想象力的发挥。全尺寸约束，即设计者在设计初期及全过程中，必须将形状和尺寸联合起来考虑，并且通过尺寸约束来控制形状，通过尺寸的改变来驱动形状的改变，一切以尺寸（即所谓的“参数”）为出发点。一旦所设计的零件形状过于复杂，面对满屏幕的尺寸，如何改变这些尺寸以达

到所需要的形状就很不直观；再者，如在设计中关键形体的拓扑关系发生改变，失去了某些约束特征也会造成系统数据混乱。

1990～1993 年，历经 3 年时间，投资 1 亿多美元，将软件全部重新改写，于 1993 年推出全新体系结构的 I－DEAS Master Series 软件。在早期出现的大型 CAD 软件中，这是唯一一家在 90 年代将软件彻底重写的厂家。众所周知，已知全参数的方程组去顺序求解比较容易。但在欠约束的情况下，方程联立求解的数学处理和软件实现的难度是可想而知的。SDRC 攻克了这些难题，并就此形成了一整套独特的变量化造型理论及软件开发方法。

变量化技术既保持了参数化技术的原有优点，同时又克服了它的不足之处。它的成功应用为 CAD 技术的发展提供了更大的空间和机遇。无疑，变量化技术成就了 SDRC，也驱动了 CAD 发展史上的第四次技术革命。

### 1.2.2　CAD/CAM 技术在我国的发展

国内的高等院校和科研院所在 CAD 支撑和应用软件的开发上担任极其重要的角色。在优化设计，华中理工大学的优化程序库 OPB 及机械零部分的优化设计程序早在 20 世纪 80 年代末就在工矿企业中推广，对广大工程技术人员了解和使用 CAD 技术起到促进作用。

在二维交互绘图系统方面，不少自主版权的软件如 GH－MDS 和 GH－InteCAD、PICAD、开目 CAD、凯图 cad－tool 等都已有经在国内行业中推广使用，其中由清华大学和华中理工大学共同研制的 GH－MDS 可以和 AutoCAD 的 12 版基本兼容，而 InteCAD、开目 CAD 和凯图 cad－tool 均出自华中理工大学机械学与工程学院。

在三维造型和几何设计方面，北京航空航天大学的 PANDA、金银花系统，清华大学和华中理工大学共同研制的 CADMIS 等都实现了参数化特征造型、曲面造型、数控加工和有限元分析的集成，但商品化程度还较低。在有限元分析方面，大连理工大学研制成分析软件 IFEAS，并与华中理工大学的有限元前后处理系统 GH－FEM 实现了集成。

在数控编程方面，南京航空航天大学的超人 CAD/CAM、华中理工大学的 GHNC 均可实现复杂曲面的造型和数控代码的自生成和加工仿真。工程数据库有浙江大学的 OSCAR、华中理工大学的 GH－EDBMS 等。

另外，在应用领域，如通用机械零件设计、冲压和注塑模具设计和制造、汽车外形设计、汽轮机片设计分析等方面，我国均研制出了实用的 CAD 软件。

### 1.2.3　CAD/CAM 技术的应用

我国 CAD/CAM 技术的研究始于 20 世纪 70 年代，当时主要集中在少数高校及航空领域等极小范围。80 年代初，开始成套引进 CAD/CAM 系统，并在此基础上进行开发和应用；同时国家在 CAD/CAM 技术应用开发方面实施重点投资，支持对国民经济有影响的重点机械产品 CAD 进行开发和研制，取得了一些成果，为我国 CAD/CAM 技术的发展奠定了基础。90 年代初，经国务院批准，由国家科委牵头开始实施以“甩掉图板”为突破口的 CAD 应用工程；“十五”期间，CAD 应用工程与 CIMS 工程合并实施制造业信息化工程，这些工作极大地促进了 CAD/CAM 技术在我国制造工程领域的推广和普及。

通过近 20 年坚持不懈的努力，我国 CAD/CAM 技术在理论与算法研究、硬件设备生产、支撑软件的开发与商品化、专业应用软件的研制与应用，以及在人才培养与技术普及等方面均取得了丰硕的成果。近年来，我国CAD/CAM技术发展迅速，应用日趋成熟，范围不断拓宽，水平不断提高，应用领域几乎渗透到所有制造工程领域，尤其机械、电子、建筑、造船、轻工等行业在CAD/CAM技术开发应用上有了一定规模，取得了显著的成效。我国已自行开发了大量实用的CAD/CAM软件，国内计算机生产厂家已能够为CAD/CAM系统提供性能良好的计算机和工程工作站。少数大型企业已经建立起较完整的CAD/CAM系统并取得较好的效益，中小企业也开始使用CAD/CAM技术并初见成效；一些企业已着手建立以实现制造过程信息集成为目标的企业级CIMS系统，以实现系统集成、信息共享。

CAD/CAM技术应用的实践证明：先进的技术可以转化为现实的生产力，应用CAD/CAM技术是制造企业的迫切需求。CAD/CAM技术是保证国家整体工业水平上一个新台阶的关键性高技术，是提高产品与工程设计水平、降低消耗、缩短产品开发与工程建设周期、大幅度提高劳动生产率的重要手段，是提高研究与开发能力、提高创新能力和管理水平、增强市场竞争力和参与国际竞争的必要条件。

尽管我国CAD/CAM技术的应用已取得了巨大成就，但与发达国家相比仍有巨大差距。据介绍，1990年美国制造业做到了“三个三”，即产品生命周期三年，产品制造周期三个月，产品设计周期三周。相比之下，2000年我国主导产品的生命周期约为10.5年，产品开发周期为18个月。造成这种差距的原因，不仅有技术上的原因，还有思想观念上的原因和管理理念上的原因等。仅从技术上讲，我国CAD/CAM技术的应用还很不平衡，仍需向深度和广度扩展，任重而道远。随着CAD/CAM技术应用的日益深入，我国制造企业在今后一段时间将面临的问题是：如何将CAD技术由二维绘图向三维建模发展，进一步提高设计效率；怎样充分发挥CAE技术的作用，提升产品的竞争力；如何尽快将CAM/CAPP技术应用于数控编程及工艺设计上，提高数控设备的应用水平，提高工艺设计及工艺管理的计算机应用水平；如何在现有计算机辅助单元技术应用的基础上，提高CAD/CAM应用的集成化程度；如何在将来把CAD/CAM系统与产品数据管理系统有机地结合起来，形成企业级信息集成管理系统；面对先进设计理论和先进制造模式的发展，怎样抓紧时机迎接新的机遇与挑战等。这些都需要在今后的工作中不断地探索和研究CAD/CAM领域的先进技术，不断地吸收及应用CAD/CAM领域的最新成果。

综观先进制造技术的发展，可以看到，未来的制造是基于集成化和智能化的敏捷制造和“全球化”、“网络化”制造，未来的产品是基于信息和知识的产品。CAD/CAM技术是当前科技领域的前沿课题，它的发展和应用使传统的产品设计方法与生产模式发生了深刻的变化，从而带动制造业技术的快速发展，已经产生并必将继续产生巨大的社会经济效益。

## 任务1.3　CAD/CAM技术的发展趋势和研究热点

### 1.3.1　CAD/CAM技术的发展趋势

随着CAD/CAM技术的应用越来越广泛和深入，CAD/CAM技术的未来发展主要体现在集成化、网络化、智能化和标准化的实现上。

1. 集成化

随着计算机技术的发展，CAD/CAM 系统已从简单、单一、相对独立的功能发展成为复杂、综合、紧密联系的功能集成系统。集成的目的是为用户进行研究、设计、试制等各项工作提供一体化支撑环境，实现在整个产品生命周期中各个分系统间信息流的畅通和综合。集成涉及功能集成、信息集成、过程集成与动态联盟中的企业集成。为提高系统集成的水平，CAD 技术需要在数字化建模、产品数据管理、产品数据交换及各种 CAX（CAD、CAE、CAM 等技术的总称）工具的开发与集成等方面加以提高。

计算机集成制造是一种集成，是一种现代制造业的组织、管理与运行的新理念，它将企业生产全部过程中有关人、技术、设备及经营管理四要素及其信息流、物流、价值流有机地集成，并实现企业整体优化，以实现产品高质、低耗、上市快、服务好，从而使企业赢得竞争。CIM 强调企业生产经营的各个环节，从市场需求、经营决策、产品开发、加工制造、管理、销售到服务都是一个整体，这便是系统观点；CIM 认为企业生产经营过程的实质是信息的采集、传递和加工处理的过程，这一观点为企业大量采用信息技术奠定了认识上的基础。CIMS 是基于这种哲理的集成制造系统，通过生产、经营各个环节的信息集成，支持了技术的集成，进而由技术的集成进入技术、经营管理和人、组织的集成，最后达到物流、信息流、资金流的集成并优化运行，最终使企业实现整体最优效益，从而提高了企业的市场竞争能力和应变能力。

2. 网络化

网络技术的飞速发展和广泛应用，改变了传统的设计模式，将产品设计及其相关过程集成并行地进行，人们可以突破地域的限制，在广域区间和全球范围内实现协同工作和资源共享。网络技术使 CAD/CAM 系统实现异地、异构系统在企业间的集成成为现实。网络化 CAD/CAM 技术可以实现资源的取长补短和优化配置，极大地提高企业的快速响应能力和市场竞争力，“虚拟企业”、“全球制造”等先进制造模式应运而生。目前基于网络化的 CAD/CAM 技术，需要在能够提供基于网络的完善的协同设计环境和提供网上多种 CAD 应用服务等方面提高水平。

3. 智能化

设计是含有高度智能的人类创造性活动。智能化 CAD/CAM 技术不仅是简单地将现有的人工智能技术与 CAD/CAM 技术相结合，更要深入研究人类认识和思维的模型，并用信息技术来表达和模拟这种模型。智能化 CAD/CAM 技术涉及新的设计理论与方法（如并行设计理论、大规模定制设计理论、概念设计理论、创新设计理论等）和设计型专家系统的基本理论与技术（如设计知识模型的表示与建模、知识利用中的各种搜索与推理方法、知识获取、工具系统的技术等）等方面。智能化是 CAD/CAM 技术发展的必然趋势，将对信息科学的发展产生深刻的影响。

4. 标准化

随着 CAD/CAM 技术的发展和应用，工业标准化问题显得越来越重要。目前已制定了一系列相关标准，如面向图形设备的标准计算机图形接口（CGI）、面向图形应用软件的标准 GKS 和 PHIGS、面向不同 CAD/CAM 系统的产品数据交换标准 IGES 和 STEP，此外还有窗口标准以及最新颁布的《CAD 文件管理》、《CAD 电子文件应用光盘存储与档案管理要求》等标准。这些标准规范了 CAD/CAM 技术的应用与发展，例如 STEP 既是标准，又是方法学，由此构成的 STEP 技术深刻影响着产品建模、数据管理及接口技术。随着技术的进步，新标准还会出现。CAD/CAM 系统的集成一般建立在异构的工作平台之上，为了支持异构跨平台的环境，要求 CAD/CAM 系统必须是开放的系统，必须采用标准化技术。完善的标准化体系是我国 CAD/CAM 软件开发及技术应用与世界接轨的必由之路。

目前，CAD/CAM 技术正向着集成化、网络化、智能化和标准化的方向不断发展。未来的 CAD/CAM 技术将为新产品开发提供一个综合性的网络环境支持系统，全面支持异地的、数字化的、采用不同设计理念与方法的设计工作。

### 1.3.2 CAD 技术研究开发热点

1. 三维超变量化技术

超变量化几何（Variation Geometry Extended，VGE）技术是 CAD 建模技术发展的里程碑，它在变量化技术基础上充分利用了形状约束和尺寸约束分开处理以及无须全约束的灵活性，让设计者针对一个完整的三维产品数字模型，从建模到约束都可以直接以拖动方式实时地进行图形化的编辑操作。VGE 将直接几何描述和历史树描述创造性地结合起来，使设计者在一个主模型中就可以实现动态地捕捉设计、分析和制造的意图。VGE 极大地改进了交互操作的直观性及可靠性，从而更易于使用，使设计更富有效率。采用 VGE 的三维超变量化控制技术，能够在不必重新生成几何模型的前提下任意修改三维尺寸的标注方式，这为寻求面向制造的设计（DFM）解决方案提供了一条有效的途径。因此，VGE 技术被业界称为 21 世纪 CAD 领域具有革命性突破的新技术。

2. 基于知识工程的 CAD 技术

知识工程（Knowledge Based Engineering，KBE）的实质是知识捕捉和知识重用，知识工程将已有的知识、技能、经验、原理、规范等进行获取、组织、表达和集成，形成知识库，并创建相应的知识规则及知识的繁衍机制，因此具有较强的开放性和可扩展性。知识工程的最终表现形式是过程引导，在使用 KBE 时首先进行工程配置再定义工程规则，最后实现产品建模。

基于知识工程的 CAD 技术是将知识工程原理和计算机辅助设计理论有机结合的综合性技术，它的应用对象从几何建模、分析、制造延伸扩展到工程设计领域，形成了工程设计与 CAD/CAM 系统的无缝连接。它基于产品本身和整个设计过程的信息建立产品工程模型；用产品设计、分析和制造的工程准则以及几何、非几何信息等构成产品设计知识，联合驱动产品模型；根据主动获取和集成的设计知识自动修改模型，提高设计对象的自适应能力。由此可见，基于知识工程的 CAD 技术是通过设计知识的捕捉和重用实现设计自动化。如何把设计知识结合到 CAD/CAM 系统中，使得设计人员只要输入工况参数、工程参数或应用要求，系统就能依据相关的知识，自动推理构造出符合要求的数字化产品模型，以最快的速度开发出高知识含量的优质的新产品，这正是知识工程要解决的问题。知识工程的应用使制造业的 CAD 技术有一个质的飞跃。

3. 计算机辅助创新技术

创新是产品设计的灵魂，如何提供一个具有创新性的 CAD 设计手段，使设计者在以人为中心的设计环境中，更好地发挥创造性，是一个富有挑战性的课题。计算机辅助创新技术（Computer Aided Innovation，CAI）是在发明创造方法学（TRIZ）的基础上，结合

现代方法学、计算机技术及多领域学科综合形成的。世界500强企业中已有超过400家制造企业将CAI技术应用于产品设计中，产生新的设计思想，促进创新设计。CAI技术是CAD技术新的飞跃，现已成为企业创新设计过程中必不可少的工具。

4. 虚拟现实技术

虚拟现实（Virtual Reality，VR）技术是一种综合计算机图形技术、多媒体技术、人工智能技术、传感器技术以及仿真技术和人的行为学研究等学科发展起来的最新技术。VR技术与CAD/CAM技术有机结合，为产品开发提供了虚拟的三维环境，设计者通过诸如视觉、听觉、触觉等各种直观而又自然实时的感知和交互，不仅可以对产品的外观和功能进行模拟，而且能够对产品进行虚拟的加工、装配、调试、检验和试用，使产品的缺陷和问题在设计阶段就能被及时发现并加以解决。从而避免了设计缺陷，有效地缩短了产品的开发周期，降低了产品的研制成本，从而获得最佳的设计效果。

尽管VR技术在CAD/CAM技术中的应用前景很大，但由于VR技术所需的软硬件价格昂贵，技术开发的复杂性和难度还较大，VR技术与CAD/CAM技术的集成还有待进一步研究和完善。

## 思　考　题

1. 如何理解CAD、CAM、CAPP、CAE、CAD/CAM集成系统以及CIMS的含义？
2. CAD/CAM技术发展过程中有哪些重要事件？
3. 试分析当前CAD/CAM技术的研究热点。
4. 就CAD/CAM技术的发展趋势，请阐述一下自己的观点。
5. 收集有关资料，阐述我国CAD/CAPP/CAE/CAM技术应用中的成功之处和不足之处。

# 项目2 CAD/CAM技术系统

## 任务2.1 CAD/CAM系统概述

### 2.1.1 CAD/CAM系统的基本组成

一般讲，一个CAD/CAM系统基本上只适用于某一类产品的设计和制造，如电子产品CAD/CAM只适用于设计制造印制板或集成电路，而机床的CAD/CAM只适用机床的设计和制造，这两个系统不仅基础和专业软件不一样，而且硬件配置上也有差异。但就系统的逻辑功能和系统结构角度来看还是基本相同的。

不管是用于何种产品设计和制造的CAD/CAM系统，从其逻辑功能角度来看，CAD/CAM系统基本上是由计算机和一些外部设备（计算机和外围设备）及相应的软件组成（其中包括系统软件、支撑软件及应用软件），如图2.1所示。但对于一个具体的CAD/CAM系统来讲，其硬件、软件相互的配置是需要进行周密考虑的，同时对硬软件的型号、性能以及厂家都需要进行全方位的考虑。

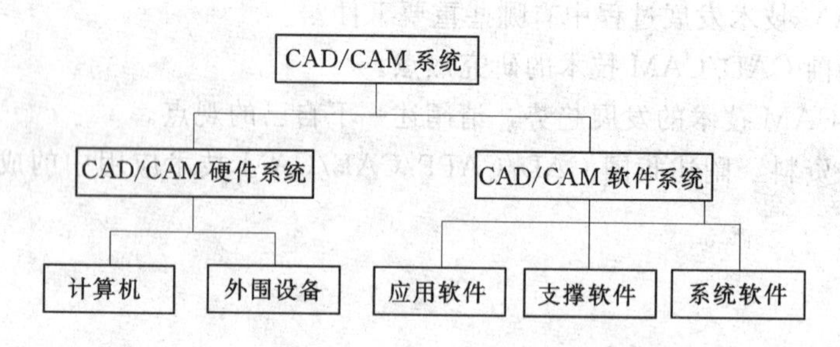


图2.1 CAD/CAM系统的基本结构

### 2.1.2 CAD/CAM系统的基本功能

在CAD/CAM系统中，计算机主要帮助人们完成产品结构描述、工程信息表达、工程信息传输与转化、结构及过程的分析与优化、信息管理与过程管理等工作，因此，CAD/CAM系统应具备以下基本功能。

1. 几何造型

几何造型是CAD/CAM系统的核心，它为产品的设计、制造提供基本数据，同时，也为其他模块提供原始的信息。CAD/CAM系统应具有二维和三维造型功能，并能实现二维与三维图形间的相互转换，具有动态显示、消隐、光照处理的能力。用户不仅能构造各种产品的几何模型，还能随时观察、修改模型或检验零部件装配的结果。

2. 计算分析

计算分析是工程设计不可缺少的部分，也是传统设计中一项复杂烦琐的工作。CAD/CAM系统正好可以发挥计算机强大的分析计算功能，完成复杂的工程分析计算，如力学分析计算、设计方案的分析评价、几何特性的分析计算等。

3. 优化设计

CAD/CAM 系统应具有优化求解的功能，也就是在某些条件的限制下，使产品或工程设计中的预定指标达到最优。优化包括总体方案的优化、产品零件结构的优化、工艺参数的优化等。优化是 CAD/CAM 系统中一个重要的组成部分。

4. 工程绘图

图样是工程师的语言，是设计表达的主要形式，而手工绘图也是设计人员最感头疼的事情，CAD/CAM 系统应具有基本的绘图、出图的功能。一方面应具备从几何造型的三维图形直接转换成二维图形的功能；另一方面还应有强大的二维图形的处理功能，包括基本图元的生成、图形编辑、尺寸标注、显示控制、书写文字等功能，以生成符合国家标准和生产实际的图样。

5. 自动编程

自动编程是根据零件图样的工艺要求，编写零件数控加工程序，并输入计算机自动进行处理，计算出刀具轨迹，输出零件数控代码。主要方法有 APT（Automatically Programmed Tool）语言编程和图像编程。图像编程是目前 CAD/CAM 系统常用的一种，只需输入零件的几何信息，以人机交互的方式选择加工工艺信息，计算机即可自动生成刀具轨迹，并能对生成的刀具轨迹进行编辑，通过后置处理，把刀位文件转换成指定数控机床能执行的数控程序。

6. 模拟仿真

通过仿真软件，模拟真实系统的运行，以预测产品的性能和产品的可制造性。如数控加工仿真系统，可在软件上实现零件的模拟加工，避免了实际加工中人力、财力、物力的浪费，缩短了生产周期，降低了成本。

7. 工程数据库管理

工程数据库是 CAD/CAM 一体化的重要组成部分。由于 CAD/CAM 系统中数据量大，种类繁多，既有几何图形数据，又有属性语义数据；既有产品定义数据，又有生产控制数据；既有静态标准数据，又有动态过程数据，数据结构复杂。所以，CAD/CAM 系统需提供有效的管理手段，支持工程设计与制造全过程的信息流动与交换。通常，CAD/CAM 系统采用工程数据库系统作为统一的数据环境，实现各种工程数据的管理。

### 2.1.3 CAD/CAM 系统的类型

CAD/CAM 系统的类型可按系统的功能分，也可以按系统中使用的计算机类型分。按系统功能一般分为通用 CAD/CAM 系统和专用 CAD/CAM 系统。通用 CAD/CAM 系统使用范围广，其硬件和软件的配置也比较丰富。而专用 CAD/CAM 系统是为了实现某种专门产品生产的系统，其硬件配置比较简单，软件也比较单一。当前各单位对 CAD/CAM 系统的要求不尽相同，所需的硬件和软件性能不同，即应用是多层次的。根据计算机的性能和类型，传统的分类是将 CAD/CAM 系统分为 4 种类型。随着计算机技术的发展，正在或已经在不断地变化。下面按组成 CAD/CAM 系统所用的计算机，按照传统的分类方式来讨论 CAD/CAM 系统的基本类型。

1. 大型机 CAD/CAM 系统

顾名思义，该系统一般具有大容量的存储器和极强的计算功能的大型通用计算机为主机，一台计算机可以连接几十至几百台图形终端和字符终端及其他图形输入和输出设备。

其主要优点有：①系统具有一个大型的数据库，可以对整个系统的数据实行综合管理和维护；②计算速度快；③给企业的集成管理带来方便；④提高了企业在设计、制造方面的效率，为企业的设计、制造一体化提供了条件，为企业生产方式向国际先进水平靠拢奠定了基础。

主要缺点有：①安全性能低，如果主机出现故障，则整个系统都不能工作；但随着双机容错等先进技术的广泛使用，安全性能已经今非昔比；②终端距离不能太大；但随着网络技术的发展，距离的限制是越来越小了；③随着计算机的总负荷增加，系统的响应速度将降低。这种现象在三维造型和复杂有限元分析时尤为突出。如某飞机制造公司，主机为IBM4XXX，带有若干台5080的图形终端，当全部终端同时使用时，其图形处理速度慢得不可忍受；但随着处理器速度的飞速发展，这个问题也将逐渐得到缓解；大型机系统的一般用户为大型的飞机制造公司和船舶制造公司。系统的成本很高，一般中小企业不可能承受。有代表性的大型机生产厂家是IBM、NAS、CDC、Honeywell等，IBM公司是大型机市场的霸主。大型机CAD/CAM系统运行的CAD和CAM软件有：美国洛克德的公司的CADAM和法国达索公司的CATIA及CV公司的CADOS等。实际上，随着计算机技术的发展，小型机的性能和功能的提升已经逐渐取代了传统大型机的地位。

2. 小型机CAD/CAM系统

20世纪70年代末至80年代初，这类系统处于蓬勃发展时期。我国在此期间从国外购进的CAD/CAM系统大都属这种类型。生产、制造这类系统的厂商很多，如美国的CV、Intergraph、DEC、Calma、Autotrol、Unigraphics和法国的Euelid等。通过使用，人们逐渐发现了这类小型机系统有一定的局限性，如系统的计算能力和扩充能力差等，而且，不同系统之间数据是很难进行交换的，即不同系统的数据存储格式式不相同。80年代中期，由于分布式工程工作站的问世和异种机之间联网技术的发展，促进了这种孤立系统向开放式系统发展，而系统使用的软件也逐渐向工业标准方向靠拢。

3. 工程工作站组成的CAD/CAM系统

20世纪80年代初，32位的工程工作站问世，以工作站组成CAD/CAM系统发展很快。它与小型机CAD/CAM系统不同，一台工作站只能一个人使用，并且具有较强的联网功能，其处理速度很快，一般都赶上或超过了过去的小型机的速度。这类工作站一般都采用RISC技术和开放系统的设计原则，且以UNIX为操作系统。这种类型的工作站是90年代CAD/CAM系统的主要机器。

生产这类产品的厂商有：①IBM公司，产品是RS6000系列；②CDC公司，产品是Cyber910系列；③DEC公司，产品有DEC Station和DEC System系列；④HP公司，产品有HP9000/400和HP9000/800及HP9000/700系列；⑤Sun公司，产品有Spare Station 1和Sun4/300系列；⑥SGI公司，产品有IRIS系列和power系列及Indigo等。

4. PC微机组成的CAD/CAM系统

随着微机性能的不断提高，价格的不断下降，以PC及组成的CAD/CAM系统近年来增加很快。过去以PC微机为主机的CAD/CAM系统一般只能进行二维拼图和绘图，而现在可以进行三维造型和复杂的分析计算。值得一提的是，由于网络技术的发展，现在的微机已能与大型机和小型机及工作站联网，成为整个网络的一个节点，共享主机和工作站资源。这样，大型系统、工作站系统、PC机系统就不再相互割裂，而成为一个有机的

整体，在网络中发挥各自的优点，使得原来在小型机和工作站上运行的 CAD/CAM 软件直接在微机上运行。因此，在我国用高档微机组成的 CAD/CAM 系统发展很快，在某些方面已接近低档工程工作站的能力。

另外，在实际应用中，目前往往大致按照 CAD 系统的大小分类：网络环境下的 CAD/CAM 系统和单机环境下的 CAD/CAM 系统。在过去几年里，基于微机的单机 CAD/CAM 系统给小型企业、个人以及教学使用带来了方便，并且这也是 CAD/CAM 技术普及的必由之路。但是，随着企业集成化管理和生产能力进一步提高的需要，网络化是必然的趋势，现代企业在 CAD/CAM 的建设过程中，必须要考虑到和 CAPP、PDM、MIS 等系统的集成问题，根据企业的发展来确定 CAD/CAM 系统的建设。

### 2.1.4　CAD/CAM 系统集成技术概述

CAD、CAPP、CAM 集成系统除自身各子系统之间需要实现集成之外，还需要在各系统间进行集成，并于企业的其他计算机信息系统如管理信息系统（MIS）、制造自动化系统（MAS）、质量保证系统（CAQ）等实现集成，通过数据交换实现信息共享。

1. CAD/CAM 系统与 MIS、MAS、CAQ 之间信息传递的关系

CAD/CAM 系统与 MIS、MAS、CAQ 之间信息传递的关系如图 2.2 所示。

（1）CAD/CAM 系统与 MIS 的关系。由图 2.2 可知，CAD/CAM 系统需要向 MIS 系统传递如下信息：①产品设计方面的信息，主要有产品名称、明细表、汇总表、产品使用说明书、装箱清单等；②工艺设计方面的信息，主要有工艺路线、工时定额、材料定额、工序、有关使用刀具的信息、有关使用机床方面的信息、装配工艺等；③有关工艺装备方面的信息，主要有各种工装零件的信息、刀具、夹具、模具、量具等方面的信息；④有关产品加工方面的信息，主要有刀具变更通知单及有关内容、夹具变更通知单及有关内容等。

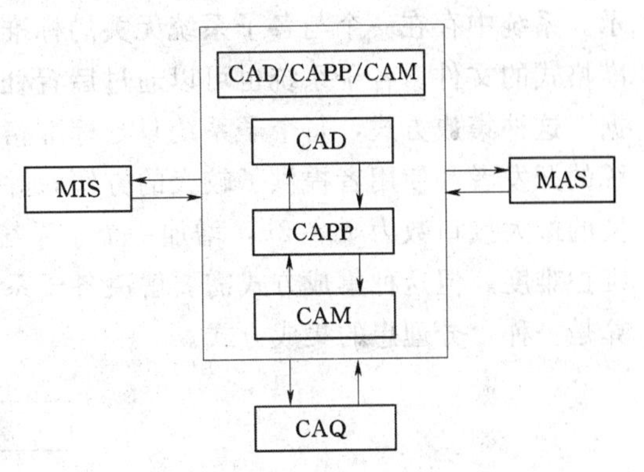

图 2.2　信息传递关系图

MIS 系统需要向 CAD/CAM 系统传递的信息主要有新产品开发信息、售后服务反馈信息，工装整修要求，作业计划、技术准备计划，工装要求，工作指令，设备封存、大修、转移信息，工具、工装库查询信息，工具、工具准备信息等。

（2）CAD/CAM 系统与 MAS 的关系。CAD/CAM 系统与 MAS 之间有大量的信息传递，其中：①CAD/CAM 系统向 MAS 系统传递的信息主要有零件图、工艺文件、NC 程序、DNC 故障诊断结果、设备故障诊断结果等；②MAS 向 CAD/CAM 系统传递的主要信息有故障信息统计、设备信息、生产过程统计信息等。

（3）CAD/CAM 系统与 CAQ 的关系。这两个系统之间也有较多的信息传递，其中：①CAD/CAM 系统向 CAQ 系统传递的信息主要有产品的零件图、装配图，有关的设计文件，零件的各种偏差和公差值，加工工艺路线、工序、工步，各种刀具、模具、量具信息等；②CAQ 系统向 CAD/CAM 系统传递的信息主要有质量改进项目、质量改进措施、质量处理分析单、产品物资变更通知单、产品物资变更零件记录等。

2. CAD/CAM集成方式

CAD/CAM系统之间信息交换的方式（集成方式）主要有：①通过专用数据格式的文件交换产品信息；②通过标准数据格式的文件交换产品信息；③通过统一的产品模型交换信息等集成方式。

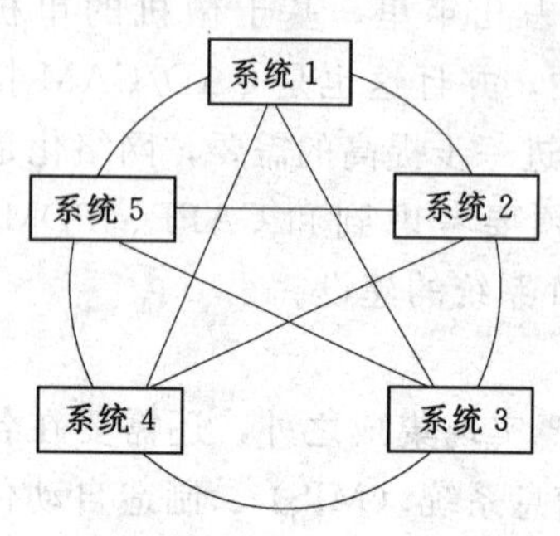

图2.3　通过专用数据格式的文件交换产品信息

（1）通过专用数据格式的文件交换产品信息的集成方式。这种集成方式如图2.3所示。这种方式，各应用系统所建立的产品模型各不相同，相互间的数据交换需要存在于两个系统之间。其特点是原理简单，转换接口程序易于实现，运行效率较高。但当子系统较多时，接口程序增多（若有$n$个子系统，则其内部用于数据交换的最大接口数为$I_n=C_n^2$个，增加一个新子系统需增加的最大接口数为$\Delta I_n=2n$个），而且编写接口时需要了解的数据结构也较多，当一个系统的数据结构发生变化时，引起的修改量也较多。这是CAD/CAPP/CAM系统发展初期所采用的集成方式。

（2）通过标准数据格式的文件交换产品信息的集成方式。这种集成方式如图2.4所示。系统中存在一个与各子系统无关的标准格式，各子系统的数据通过前置处理转换成标准格式的文件。各子系统也可以通过后置处理。将标准格式文件转换为本系统所需要的数据。这种集成方式，每个子系统只与标准格式文件打交道，无需知道别的系统细节，为系统的开发者和使用者提供了较大的方便，并可以减少集成系统内的接口数（其用于数据交换的最大接口数为$I_m=2n$，增加一个子系统需增加的最大接口数为$\Delta I_m=2$）和降低接口维护难度。但这种集成方式需要解决各子系统间模型统一问题，且运行效率较低，也不能算是一种十分理想的集成方式。

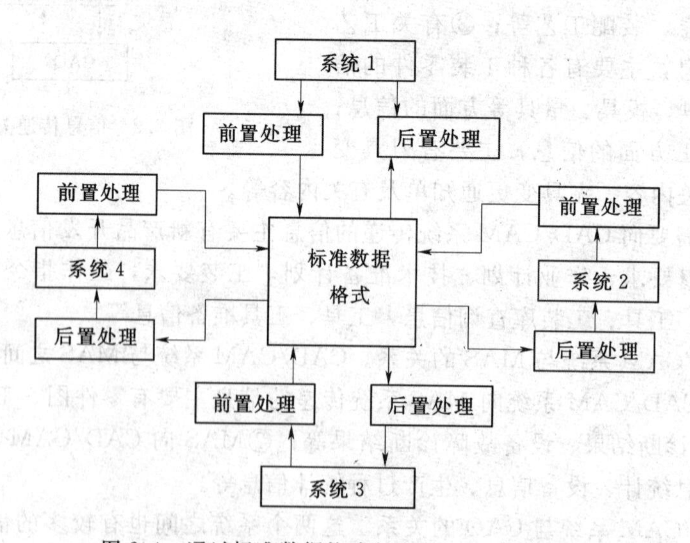

图2.4　通过标准数据格式的文件交换产品信息

（3）通过统一的产品模型交换信息的集成方式。这种集成方式如图2.5所示。这种方式采用统一的产品数据模型，并采用统一的数据管理软件来管理产品数据。各子系统之间可直接进行信息交换，而不是将产品信息转换数据，再通过文件来交换，这就大大地提高

了系统的集成性。这种方式是 STEP 进行产品信息交换的基础。

3. CAD/CAM 集成的关键技术问题

作为 CIMS 核心技术的 CAD/CAM 系统，主要支持和实现 CIMS 产品的设计、分析、工艺规划、数据加工及质量检验等工程活动的自动化处理。CAD/CAM 的集成，要求产品设计与制造紧密结合，其目标是产品设计、工程分析、工程模拟直至产品制造过程中的数据具有一致性，且直接在计算机间传送，从而越过由图纸、语言、编码造成的信息传递的“鸿沟”，减小信息传递误差和编辑出错的可能性。由于 CAD、CAPP 和 CAM 系统是独立发展起来的，它们的数据模型彼此不相容。CAD 系统采用面向数学和几何学的数学模型，虽然可完整地描述零件的几何信息，但对于非几何信息，如精度、公差、表面粗糙度和热处理等只能附加在零件图纸上，无法在计算机内逻辑结构中得到充分表达。CAD/CAM 的集成除要求几何信息外，更重要的是需要面向加工过程的非几何信息。因此，CAD、CAPP、CAM 之间出现了信息中断。建立 CAPP 子系统和 CAM 子系统时，皆要补充输入上述非几何信息，甚至还要重复输入加工特征信息，人为干预量大，数据大量重复，无法实现 CAD/CAM 的集成。

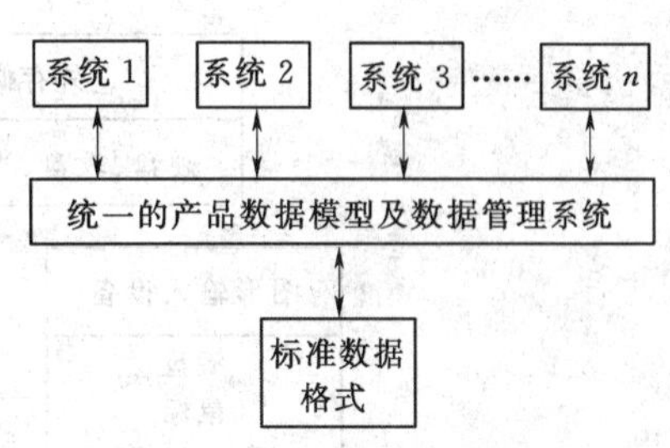

图 2.5　通过统一的产品模型交换信息

为了实现 CAD/CAM 的集成，CAD、CAPP、CAM 之间的数据交换与共享是亟待解决的重要问题。解决的办法是建立 CAD/CAM 范围内相对统一的、基于特征的产品定义模型，并以此模型为基础，运用产品数据交换技术，实现 CAD、CAPP、CAM 间的数据交换与共享。该模型不仅能支持设计与制造各阶段所需的产品定义信息（几何信息、工艺和加工信息），而且还提供符合人们思维方式的高层次工程描述语——特征，并能表达工程师的设计与制造意图。因而特征技术已成为 CAD/CAM 集成的关键技术之一。

目前已有的 CAD/CAM 系统集成，主要通过文件来实现 CAD 与 CAM 之间的数据交换，不同子系统的文件之间要通过数据接口转换，传输效率不高。为了提高数据传输效率和系统的集成化程度，保证各系统之间数据一致性、可靠性和数据共享，采用工程数据库管理系统来管理集成数据，使各系统之间直接进行信息交换，真正实现 CAD/CAM 之间信息交换与共享。因此集成数据管理也是 CAD/CAM 集成的一项关键技术。

在 CAD/CAM 的集成中，有大量数据需要进行交换，目前的传输方式已无法满足集成化的要求。为了提高这些数据交换的速度，保证数据传输的完整、可靠和有效，需要一个通用的数据交换标准。有了这种数据交换标准，产品数据才能在各系统之间方便、流畅地传输。因此，产品数据管理和产品交换标准是 CAD/CAM 集成的重要基础。

## 任务 2.2　CAD/CAM 系统的硬件和软件

### 2.2.1　CAD/CAM 系统的硬件

CAD/CAM 系统的硬件主要由计算机主机、外存储器、输入设备、输出设备、网络设备和自动化生产装备等组成，如图 2.6 所示。有专门的输入及输出设备来处理图形的交互输入与输出问题，是 CAD/CAM 系统与一般计算机系统的明显区别。

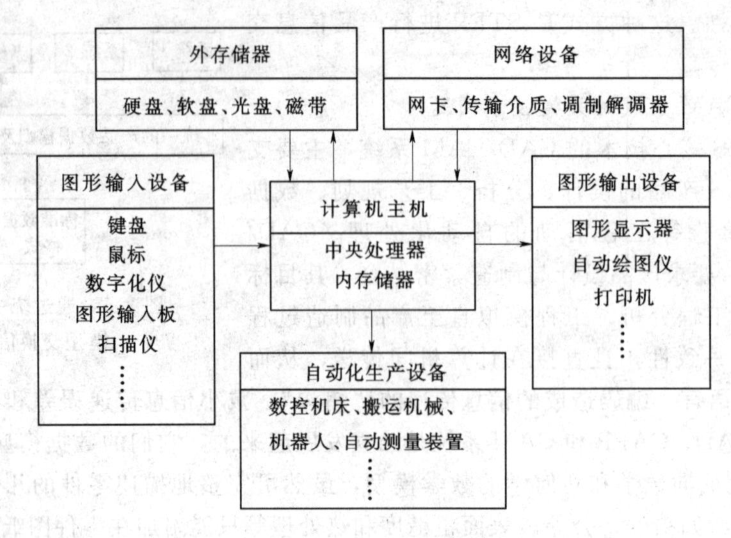


图2.6 CAD/CAM系统的硬件组成

1. 计算机主机

主机是CAD/CAM系统的硬件核心，主要由中央处理器（CPU）及内存储器（也称内存）组成，如图2.7所示。CPU包括控制器和运算器，控制器按照从内存中取出的指令指挥和协调整个计算机的工作，运算器负责执行程序指令所要求的数值计算和逻辑运算。CPU的性能决定着计算机的数据处理能力、运算精度和速度。内存储器是CPU可以直接访问的存储单元，用来存放常驻的控制程序、用户指令、数据及运算结果。衡量主机性能的指标主要有两项：CPU性能和内存容量。按照主机性能等级的不同，可将计算机分为大中型机、小型机、工作站和微型机等不同。目前国内应用的计算机主机主要是微型机和工作站。

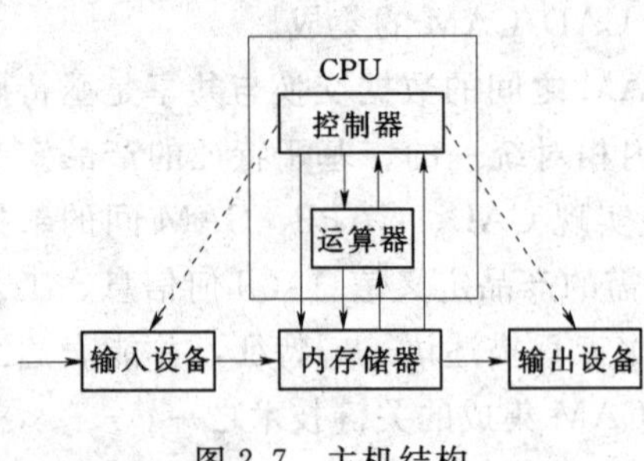


图2.7 主机结构

2. 外存储器

外存储器简称外存，用来存放暂时不用或等待调用的程序、数据等信息。当使用这些信息时，由操作系统根据命令调入内存。外存储器的特点是容量大，经常达到数百MB、数十GB或更多，但存取速度慢。常见的有磁带、磁盘（软盘、硬盘）和光盘等。随着存储技术的发展，移动硬盘、U盘等移动存储设备成为外存储器的重要组成部分。

3. 输入设备

输入设备是指通过人机交互作用将各种外部数据转换成计算机能识别的电子脉冲信号的装置，主要分为键盘输入类（如键盘）、指点输入类（如鼠标）、图形输入类（如数字化仪）、图像输入类（如扫描仪、数码相机）、语音输入类等。

4. 输出设备

将计算机处理后的数据转换成用户所需的形式，实现这一功能的装置称为输出设备。输出设备能将计算机运行的中间或最终结果、过程，通过文字、图形、影像、语音等形式表现出来，实现与外界的直接交流与沟通。常用的输出设备包括显示输出（如图形显示

器）、打印输出（如打印机）、绘图输出（如自动绘图仪）及影像输出、语音输出等。

5. 网络互联设备

包括网络适配器（也称网卡）、中继器、集线器、网桥、路由器、网关及调制解调器等装置，通过传输介质连接到网络上以实现资源共享。网络的连接方式即拓扑结构可分为星型、总线型、环型、树型以及星型和环型的组合等形式。先进的 CAD/CAM 系统都是以网络的形式出现的。

### 2.2.2 CAD/CAM 系统的软件

为了充分发挥计算机硬件的作用，CAD/CAM 系统必须配备功能齐全的软件，软件配置的档次和水平是决定系统功能、工作效率及使用方便程度的关键因素。计算机软件是指控制 CAD/CAM 系统运行，并使计算机发挥最大功效的计算机程序、数据以及各种相关文档。程序是对数据进行处理并指挥计算机硬件工作的指令集合，是软件的主要内容。文档是指关于程序处理结果、数据库、使用说明书等，文档是程序设计的依据，其设计和编制水平在很大程度上决定了软件的质量，只有具备了合格、齐全的文档，软件才能商品化。根据执行任务和处理对象的不同，CAD/CAM 系统的软件可分系统软件、支撑软件和应用软件三个不同层次，如图 2.8 所示。系统软件与计算机硬件直接关联，起着扩充计算机的功能和合理调度与运用计算机硬件资源的作用。支撑软件运行在系统软件之上，是各种应用软件的工具和基础，包括实现 CAD/CAM 各种功能的通用性应用基础软件。应用软件是在系统软件及支撑软件的支持下，实现某个应用领域内的特定任务的专用软件。

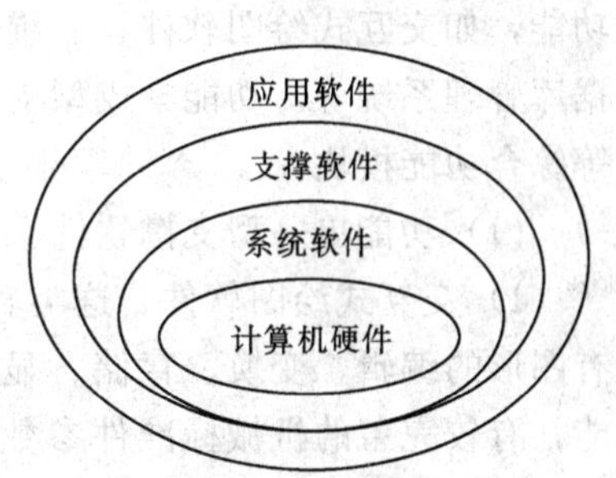


图 2.8 CAD/CAM 系统的软件层次关系

1. 系统软件

系统软件是用户与计算机硬件连接的纽带，是使用、控制、管理计算机的运行程序的集合。系统软件通常由计算机制造商或软件公司开发。系统软件有两个显著的特点：一是通用性，不同应用领域的用户都需要使用系统软件；二是基础性，即支撑软件和应用软件都需要在系统软件的支持下运行。系统软件首先是为用户使用计算机提供一个清晰、简洁、易于使用的友好界面；其次是尽可能使计算机系统中的各种资源得到充分而合理的应用。系统软件主要包括三大部分：操作系统、编程语言系统和网络通信及其管理软件。

（1）操作系统是系统软件的核心，是 CAD/CAM 系统的灵魂，它控制和指挥计算机的软件资源和硬件资源。其主要功能是硬件资源管理、任务队列管理、硬件驱动程序、定时分时系统、基本数学计算、日常事务管理、错误诊断与纠正、用户界面管理和作业管理等。操作系统依赖于计算机系统的硬件，用户通过操作系统使用计算机，任何程序需经过操作系统分配必要的资源后才能执行。目前流行的操作系统有 Windows、UNIX、Linux 等。

（2）编程语言系统主要完成源程序编辑、库函数及管理、语法检查、代码编译、程序连接与执行。按照程序设计方法的不同，可分为结构化编程语言和面向对象的编程语言；按照编程时对计算机硬件依赖程度的不同，可分为低级语言和高级语言。目前广泛使用面向对象的编程语言，如 Visual C＋＋、Visual Basic、Java 等。

（3）网络通信及其管理软件主要包括网络协议、网络资源管理、网络任务管理、网络安全管理、通信浏览工具等内容。国际标准的网络协议方案为“开放系统互联参考模型”(OSI)，它分为七层：应用层、表示层、会话层、传输层、网络层、数据链路层和物理层。目前CAD/CAM系统中流行的主要网络协议包括TCP/IP协议、MAP协议、TOP协议等。

2. 支撑软件

支撑软件是CAD/CAM软件系统的重要组成部分，一般由商业化的软件公司开发。支撑软件是满足共性需要的CAD/CAM通用性软件，属知识密集型产品，这类软件不针对具体的应用对象，而是为某一应用领域的用户提供工具或开发环境。支撑软件一般具有较好的数据交换性能、软件集成性能和二次开发性能。根据支撑软件的功能可分为功能单一型和功能集成型软件。功能单一型支撑软件只提供CAD/CAM系统中某些典型过程的功能，如交互式绘图软件、三维几何建模软件、工程计算与分析软件、数控编程软件、数据库管理系统等。功能集成型支撑软件提供了设计、分析、造型、数控编程以及加工控制等综合功能模块。

（1）功能单一型支撑软件。

1）交互式绘图软件。这类软件主要以交互方法完成二维工程图样的生成和绘制，具有图形的编辑、变换、存储、显示控制、尺寸标注等功能；具有尺寸驱动参数化绘图功能；有较完备的机械标准件参数化图库等。这类软件绘图功能很强、操作方便、价格便宜。在微机上采用的典型产品是AutoCAD以及国内自主开发的CAXA电子图板、PICAD、高华CAD等。

2）三维几何建模软件。这类软件主要解决零部件的结构设计问题，为用户提供完整准确地描述和显示三维几何形状的方法和工具，具有消隐、着色、浓淡处理、实体参数计算、质量特性计算、参数化特征造型及装配和干涉检验等功能，具有简单曲面造型功能，价格适中，易于学习掌握。这类软件目前在国内的应用主要以MDT、SolidWorks和SolidEdge为主。

3）工程计算与分析软件。这类软件的功能主要包括基本物理量计算、基本力学参数计算、产品装配、公差分析、有限元分析、优化算法、机构运动学分析、动力学分析及仿真与模拟等，有限元分析是核心工具。目前比较著名的商品化有限元分析软件有SAP、ADINA、ANSYS、NASTRAN等，仿真与模拟软件有ADAMS。

4）数控编程软件。这类软件一般具有刀具定义、工艺参数的设定、刀具轨迹的自动生成、后置处理及切削加工模拟等功能。应用较多的有MasterCAM、SurfCAM及CAXA制造工程师等。

5）数据库管理系统。工程数据库是CAD/CAM集成系统的重要组成部分，工程数据库管理系统能够有效地存储、管理和使用工程数据，支持各子系统间的数据传递与共享。工程数据库管理系统的开发可在通用数据库管理系统基础上，根据工程特点进行修改或补充。目前比较流行的数据库管理系统有ORACLE、SYBASE、FOXPRO、FOXBASE等。

（2）功能集成型支撑软件。这类软件功能比较完备，是进行CAD/CAM工作的主要软件。目前比较著名的功能集成型支撑软件主要有以下几种：

1）Pro/ENGINEER。Pro/ENGINEER（简称Pro/E）是美国PTC（Parametric

Technology Corporation）公司的著名产品。PTC 公司提出的单一数据库、参数化、基于特征、全相关的概念，改变了机械设计自动化的传统观念，这种全新的观念已成为当今机械设计自动化领域的新标准。基于该观念开发的 Pro/E 软件能将设计至生产全过程集成到一起，让所有的用户能够同时进行同一产品的设计制造工作，实现并行工程。Pro/E 包括 70 多个专用功能模块，如特征建模、有限元分析、装配建模、曲面建模、产品数据管理等，具有较完整的数据交换转换器。

2）UG。UG 是美国 UGS（Unigraphics Solutions）公司的旗舰产品。UGS 公司首次突破传统 CAD/CAM 模式，为用户提供一个全面的产品建模系统。UG 采用将参数化和变量化技术与实体、线框和表面功能融为一体的复合建模技术，其主要优势是三维曲面、实体建模和数控编程功能，具有较强的数据库管理和有限元分析前后处理功能以及界面良好的用户开发工具。UG 汇集了美国航空航天业及汽车业的专业经验，现已成为世界一流的集成化机械 CAD/CAM/CAE 软件，并被多家著名公司选作企业计算机辅助设计、制造和分析的标准。

3）I－DEAS。I－DEAS 是美国 SDRC 公司（Structure Dynamics Research Corporation，现已归属 UGS 公司）的主打产品。SDRC 公司创建了变量化技术，并将其应用于三维实体建模中，进而创建了业界最具革命性的 VGX 超变量化技术。I－DEAS 是高度集成化的 CAD/CAE/CAM 软件，其动态引导器帮助用户以极高的效率，在单一数字模型中完成从产品设计、仿真分析、测试直至数控加工的产品研发全过程。I－DEAS 在 CAD/CAE 一体化技术方面一直雄居世界榜首，软件内含很强的工程分析和工程测试功能。

4）CATIA。CATIA 由法国 Dassault System 公司与 IBM 合作研发，是较早面市的著名的三维 CAD/CAM/CAE 软件产品，目前主要应用于机械制造、工程设计和电子行业。CATIA 率先采用自由曲面建模方法，在三维复杂曲面建模及其加工编程方面极具优势。

3. *应用软件*

应用软件是在系统软件和支撑软件的基础上，针对专门应用领域的需要而研制的软件。如机械零件设计软件、机床夹具 CAD 软件、冷冲压模具 CAD/CAM 软件等。这类软件通常由用户结合当前设计工作需要自行开发或委托软件开发商进行开发。能否充分发挥 CAD/CAM 系统的效益，应用软件的技术开发是关键，也是 CAD/CAM 工作者的主要任务。应用软件开发可以基于支撑软件平台进行二次开发，也可以采用常用的程序设计工具进行开发。目前常见的支撑软件均提供了二次开发工具，如 AutoCAD 的 Autolisp、UG 的 GRIP 等。为保证应用技术的先进性和开发的高效性，应充分利用已有 CAD/CAM 支撑软件的技术和二次开发工具。需要说明的是，应用软件和支撑软件之间并没有本质的区别，当某一行业的应用软件逐步商品化形成通用软件产品时，也可以称为一种支撑软件。

### 2.2.3　CAD/CAM 系统选型的原则

一个 CAD/CAM 系统功能的强弱，不仅与组成该系统的硬件和软件的性能有关，而且更重要的是与它们之间的合理配置有关。因此，在评价一个 CAD/CAM 系统时，必须综合考虑硬件和软件两个方面的质量和最终表现出来的综合性能。在具体选择和配置

CAD/CAM系统时，应考虑以下几个方面的问题：

(1) 软件的选择应优于硬件，且软件应具有优越的性能。软件是CAD/CAM系统的核心，一般来讲，在建立CAD/CAM系统时，应首先根据具体应用的需要选定最合适的、性能强的软件；然后再根据软件去选择与之匹配的硬件。若已有硬件而只配置软件，则要考虑硬件的性能选择与之档次相应的软件。

系统软件应采用标准的操作系统，具有良好的用户界面、齐全的技术文档。支撑软件是CAD/CAM系统的运行主体，其功能和配置与用户的需求及系统的性能密切相关，因此CAD/CAM系统的软件选型首要是支撑软件的选型。支撑软件应具有强大的图形编辑能力、丰富的几何建模能力，易学易用，能够支持标准图形交换规范和系统内外的软件集成，具有内部统一的数据库和良好的二次开发环境。

(2) 硬件应符合国际工业标准且具有良好的开放性。开放性是CAD/CAM技术集成化发展趋势的客观需要。硬件的配置直接影响到软件的运行效率，所以，硬件必须与软件功能、数据处理的复杂程度相匹配。要充分考虑计算机及其外部设备当前的技术水平以及系统的升级扩充能力，选择符合国际工业标准、具有良好开放性的硬件，有利于系统的进一步扩展、联网、支持更多的外围设备。

(3) 整个软硬件系统应运行可靠、维护简单、性能价格比优越。

(4) 供应商应具有良好的信誉、完善的售后服务体系和有效的技术支持能力。

# 任务2.3 工程数据库介绍

工程数据库系统是满足工程设计、制造、生产管理和经营等活动的数据库系统，与传统的商用数据库系统有很大区别。在工程数据库中，数据库的模式通常是由设计人员来确定的，所以，工程数据库的建立与调用是软件的二次开发的一个主要的内容。

## 2.3.1 数据库系统

数据库系统是由硬件、软件和人组成。硬件是物质基础，软件是核心，人是关键。数据库的管理操作对象是数据。

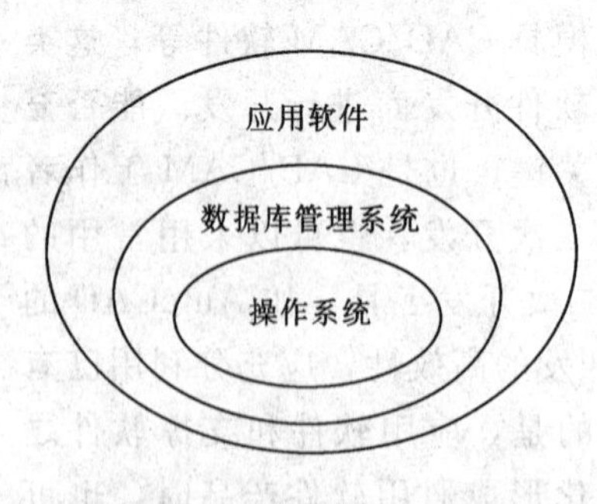

图2.9 数据库软件系统层次

数据库系统中的软件受操作系统的管理，为应用软件服务，在CAD/CAM系统中属支撑软件，其层次关系如图2.9所示。

1. *数据库*

(1) 数据的管理方式。常用的数据管理方式有三种：人工管理、文件管理和数据库管理。

1) 数据的人工管理是计算机发展中最早采用的、也是最直接的数据管理方式。程序员主要通过编程来管理数据，一个数据组对应一个程序，程序之间存在着大量重复数据。

2) 数据的文件管理是指将数据用统一的格式，以文件形式保存在计算机的外存储器内。数据文件和程序之间相对独立，需用数据时，程序打开数据文件进行调用。但文件之间彼此孤立，数据的共享非常有限，加之文件管理系统中缺乏对数据进行集中管理和控制

的能力，数据的操作仍离不开应用程序，数据文件与程序没有实现完全独立。

3）数据库管理是在人工管理、文件管理的基础上迅速发展起来的先进的数据管理技术，它有效地解决了文件管理中存在的问题，构建了文件间的结构信息，实现了数据的共享。

（2）数据库的主要特点。

1）数据模型复杂。数据库在描述数据的同时也描述了数据之间的联系，即数据的结构。

2）数据共享性好。数据库是从整体观念出发来处理数据的，是面向整个系统的，有效地实现了数据共享。

3）数据具有独立性。数据库系统具有较强的操作功能，数据可独立于应用程序而存在。

4）数据具有安全性。数据库系统具有较强的控制功能，可以保护数据不受侵害。

综上所述，数据库是一个通用的、综合的、数据独立性高且相互联系的数据文件的集合，它按照信息的自然联系来构造数据，用各种存取方法来对数据进行操作以满足实际需要。

2. *数据库管理系统*

数据库管理系统（Data Base Management System，DBMS）是数据库系统的核心，是一组专门处理、访问数据库的程序。

（1）数据库管理系统基本功能。数据库管理系统具有数据库的定义、管理、建立、维护、通信及设备控制等功能。

1）定义。数据库管理系统对数据的全局逻辑结构、局部逻辑结构、物理结构等进行明确地定义，并规定了各自的权限范围。

2）管理。数据库管理系统具有强大的管理功能，可以对数据进行各种应用操作，如检索、排序、统计、输入、输出、添加、插入、删除、修改等。

3）建立和维护。数据库管理系统可以建立、更新、组织、恢复数据库的结构并维护数据库中的数据。

4）通信。数据库管理系统提供了众多的通信接口，如与操作系统的联机处理、分时系统及远程作业输入的相应接口。

5）其他功能。数据库管理系统还具有其他功能，如应用程序的开发、文件管理、存储变量、设备控制等功能。

（2）数据库管理系统组成。

1）数据描述语言DDL及其翻译程序。数据描述语言（Data Description Language，DDL）及其翻译程序主要用于描述数据间的联系，实现数据库定义功能。

2）数据操纵语言DML及其编译程序。数据操纵语言（Data Manipulation Language，DML）及其编译程序是存储、检索、编辑数据库数据的工具。

3）数据库管理例行程序DBMR。数据库管理例行程序（Data Base Management Routines，DBMR）一般包括系统运行控制程序、语言翻译程序和DBMS的公用程序。

### 2.3.2 工程数据库系统

随着CAD/CAM系统对数据库管理日益增长的需求，人们试图用商用数据库系统来管理工程数据库，结果并不理想。工程数据有着许多不同于商用数据的特点，所以工程数据库管理系统不仅具有一般商用数据库管理系统的基本功能，还须根据工程数据的特点，增加处理工程数据的特有功能。

1. 工程数据库特点

以模具CAD/CAM中的数据为例来说明工程数据库中数据的特点。在产品造型，模具设计、分析，模具制造等各个环节中，都会用到大量数据，既有各种工艺参数、图表和线图，如模具设计手册中的各种经验数据，又有很多标准件、模具结构图形文件，如各种模具标准件、模具结构手册等。同时，在模具CAD/CAM过程中，不仅要处理大量的二维和三维图形的静态数据，还要处理在设计分析中生成和变化的动态数据。这些数据称为工程数据。它的特点如下：

(1) 数据形态多样。工程数据不仅包括静态的标准数据，还包括工程进程中产生的动态过程数据，以及工程阶段产生的相对稳定但可能会变化的结果数据等。

(2) 数据类型繁多。工程数据除数表、线图外，还有图形数据、算法数据、模糊数据及不定长或超长的正文数据等。

(3) 数据关系复杂。工程数据有树状的、网状的、杂合型的关系，有一对一、一对多、多对多的关系，有单层次、多层次、多嵌套的关系，还有随机的、不定结构的数据关系等。

(4) 数据修改频繁。工程数据在整个CAD/CAM中往往要经历不断地交流和反馈，整个过程中修改频繁。

2. 工程数据库管理系统

工程数据库管理系统（Engineering Data Base Management System，EDBMS）主要是针对以上工程数据的特点进行管理。它除了具有DBMS的基本功能外，还具有如下功能：

(1) 具有多个主语言接口，支持不同编程语言编写的应用程序访问数据库。

(2) 支持实体间复杂数据结构的描述。

(3) 支持大量的几何、非几何数据的描述和操纵能力，具有几何数据的整体处理功能。

(4) 支持动态模式，具有动态描述数据库中数据结构的能力。

(5) 支持交互式的反复设计过程，具有数据恢复功能和存储、管理多个设计版本的能力。

(6) 具有较高的数据独立性。

(7) 图形的各种不同表示方法之间具有较强的相互转化能力。

(8) 支持查询语言，支持各种管理的实用程序。

如图2.10所示是模具CAD/CAM数据库管理系统，在该系统中，模具设计、分析、制造、管理等各分系统都是围绕着一个中心数据库集成的，所有的应用程序都从一个共同的数据库中存取数据，不同的应用程序之间通过数据库来传递数据。各分系统之间的协调由“全系统级控制系统”进行处理。模具CAD/CAM数据库管理系统同时也是一个开放式的系统，它支持目前流行的程序设计语言进行的二次开发。企业可以随时将自己开发的数据库补充到数据库系统中，实现信息的扩充和共享。

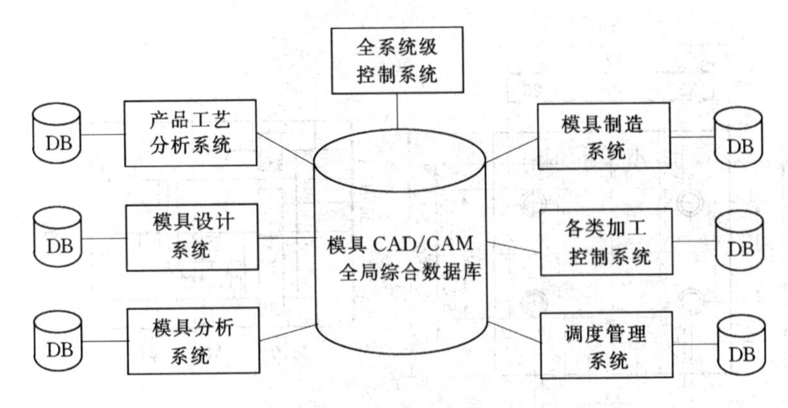


图 2.10 模具 CAD/CAM 数据库管理系统

### 2.3.3 工程数据库的建立与调用

在 CAD/CAM 系统中，软件的二次开发在很大程度上是建立实用的工程数据库系统，这也是各个具体的 CAD/CAM 应用领域迫切需要的。

1. 工程数据库管理系统的开发方法

为在工程领域中有效地管理、操作和使用数据，工程技术人员和数据库管理人员一直在积极研究、探索开发适合于工程 CAD/CAM 集成环境的工程数据库管理系统。目前主要有以下三种开发方法：

(1) 以商用 DBMS 为底层支撑环境，使用数据操纵语言嵌入宿主语言，建立简洁、良好的人机界面和外围管理结构，扩充 EDMBS 所需的各种功能，从而达到适用于某个具体的 CAD/CAM 工程环境的目的。

(2) 分析、拆解商用 DBMS 源代码，按 EDBMS 的要求修改原组织结构、概念模式，扩充并强化具体功能。

(3) 开发通用的工程数据库管理系统，按 EDBMS 的规范化设计标准，将工程应用的特殊需要融于 EDBMS 的内部，从无到有地开发 EDBMS。这种方法从根本上解决了工程数据描述、操作等一系列问题，效率高，效果好，但开发专业性强，难度大，周期长。

以上三种方法，第一种最简单，是非计算机专业的工程技术人员常用的一种方法。第二种次之，它要求开发人员具备较强的计算机知识。第三种是最难的，但它将是今后开发工程数据库管理系统 EDBMS 的发展方向。

2. 工程数据库的建立与调用实例

现在，以国内某公司的塑料注射模标准模架中“直 1215”系列数据库的建立与调用来简要说明工程数据库的开发过程。开发方法用的是上面所讲的第一种，以商用 DBMS 为支撑环境，使用数据库语言 Visual FoxPro 进行开发。

(1) 用 FoxPro 建立“直 1215”系列数据库。该公司的塑料注射模具标准模架有 4000 余种型号，分为点浇口和直浇口两大类，每一类有 A 型、AX 型、B 型三种结构，每种结构按模板周边尺寸可分为 21 个系列。图 2.11 所示是“直 1215”系列标准模架图，其中，“直”表示直浇口，“1215”表示模板周边尺寸，为 120mm×150mm。表 2.1 是“直 1215”系列标准模架数据表。

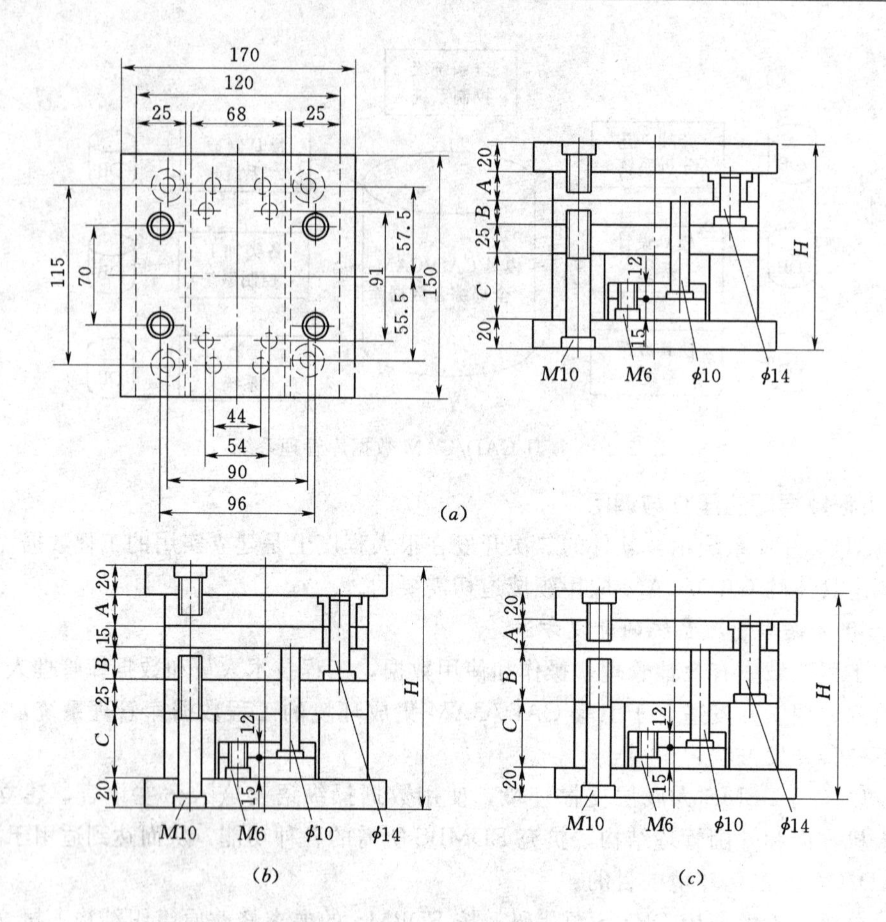


图2.11　标准模架“直1215”系列模架图（单位：mm）

(a) 直A型 Spure gate-A series；(b) 直AX型 Spure gate-AX series；
(c) 直B型 Spure gate-B series

**表2.1　　　　标准模架“直1215”系列数据表**

| 编号 | 模板 | | 支撑板 | A型 | | AX型 | | B型 | |
|---|---|---|---|---|---|---|---|---|---|
| | a(mm) | b(mm) | c(mm) | h(mm) | 质量(kg) | h(mm) | 质量(kg) | h(mm) | 质量(kg) |
| 01 | 20 | 20 | 40 | 145 | 21.5 | 160 | 23 | 120 | 17 |
| 02 | 20 | 25 | 40 | 150 | 22.2 | 165 | 24 | 125 | 18 |
| 03 | 20 | 30 | 40 | 155 | 22.9 | 170 | 25 | 130 | 19 |
| 04 | 20 | 35 | 40 | 160 | 23.6 | 175 | 26 | 135 | 20 |
| 05 | 20 | 40 | 50 | 175 | 25.7 | 190 | 27 | 150 | 21 |
| 06 | 20 | 45 | 50 | 180 | 26.4 | 195 | 28 | 155 | 22 |
| 07 | 25 | 20 | 40 | 150 | 22.2 | 165 | 24 | 125 | 18 |
| 08 | 25 | 25 | 40 | 155 | 22.9 | 170 | 25 | 130 | 19 |
| 09 | 25 | 30 | 40 | 160 | 23.6 | 175 | 26 | 135 | 20 |
| 10 | 25 | 35 | 40 | 165 | 24.3 | 180 | 27 | 140 | 21 |
| 11 | 25 | 40 | 50 | 180 | 26.4 | 195 | 28 | 155 | 22 |
| 12 | 25 | 45 | 50 | 185 | 27.1 | 200 | 29 | 160 | 23 |

续表

| 编号 | 模板 | | 支撑板 | A型 | | AX型 | | B型 | |
|---|---|---|---|---|---|---|---|---|---|
| | $a$(mm) | $b$(mm) | $c$(mm) | $h$(mm) | 质量(kg) | $h$(mm) | 质量(kg) | $h$(mm) | 质量(kg) |
| 13 | 30 | 20 | 40 | 155 | 22.9 | 170 | 25 | 130 | 19 |
| 14 | 30 | 25 | 40 | 160 | 23.6 | 175 | 26 | 135 | 20 |
| 15 | 30 | 30 | 40 | 165 | 24.3 | 180 | 27 | 140 | 21 |
| 16 | 30 | 35 | 40 | 170 | 25.0 | 185 | 28 | 145 | 22 |
| 17 | 30 | 40 | 50 | 185 | 27.1 | 200 | 29 | 160 | 23 |
| 18 | 30 | 45 | 50 | 190 | 27.8 | 205 | 30 | 165 | 24 |
| 19 | 35 | 20 | 40 | 160 | 23.6 | 175 | 26 | 135 | 20 |
| 20 | 35 | 25 | 40 | 165 | 24.3 | 180 | 27 | 140 | 21 |
| 21 | 35 | 30 | 40 | 170 | 25.0 | 185 | 28 | 145 | 22 |
| 22 | 35 | 35 | 40 | 175 | 25.7 | 190 | 29 | 150 | 23 |
| 23 | 35 | 40 | 50 | 190 | 27.8 | 205 | 25 | 165 | 24 |
| 24 | 35 | 45 | 50 | 195 | 28.5 | 210 | 26 | 170 | 25 |
| 25 | 40 | 20 | 40 | 165 | 24.3 | 180 | 27 | 140 | 21 |
| 26 | 40 | 25 | 40 | 170 | 25.0 | 185 | 28 | 145 | 22 |
| 27 | 40 | 30 | 40 | 175 | 25.7 | 190 | 29 | 150 | 23 |
| 28 | 40 | 35 | 40 | 180 | 26.4 | 195 | 30 | 155 | 24 |
| 29 | 40 | 40 | 50 | 195 | 28.5 | 210 | 31 | 170 | 25 |
| 30 | 40 | 45 | 50 | 200 | 29.2 | 215 | 32 | 175 | 26 |
| 31 | 45 | 20 | 40 | 170 | 25.0 | 185 | 28 | 145 | 22 |
| 32 | 45 | 25 | 40 | 175 | 25.7 | 190 | 29 | 150 | 23 |
| 33 | 45 | 30 | 40 | 180 | 26.4 | 195 | 30 | 155 | 24 |
| 34 | 45 | 35 | 40 | 185 | 27.1 | 200 | 31 | 160 | 25 |
| 35 | 45 | 40 | 50 | 200 | 29.2 | 215 | 32 | 175 | 26 |
| 36 | 45 | 45 | 50 | 205 | 29.9 | 220 | 33 | 180 | 27 |

如何用 Visual FoxPro 建立“直 1215”系列数据库呢？

首先在 Window 操作系统下，进入 Visual FoxPro 界面，选择 File 菜单中的 New 菜单项，屏幕上就会出现一个对话框，从中点取 Table 项后按下 New File 按钮，接着出现一个 Create 对话框，键入文件名、路径等信息后按下 Create 钮，随后出现 Table Designer 输入框，这时就可以逐项输入字段名、类型、字段宽度和小数位，输入完毕后按下 OK 键就完成了数据文件的结构定义。接着会出现询问是否要输入数据的对话框，回答 Y，可输入有关数据，形成完整的数据库文件。数据库建立后，可用 View 菜单中的 Table Designer 菜单命令来直接修改数据库结构，用 Browse 来查看和修改数据，也可用 Edit 菜单项修改数据，用 Append 菜单项来追加记录。最后以 ZH1215. DBF 为文件名保存。以上的操作还可在 Command 窗口内直接键入 FoxPro 命令的方式完成。

保存在注塑模具标准模架“直 1215”系列的数据库文件 ZH1215. DBF 的结构如下：

| Name | Type | Width | DecimalNULL |
|---|---|---|---|
| no | Numeric | 2 | 0 |

| | | | |
|---|---|---|---|
| p_a | Numeric | 2 | 0 |
| p_b | Numeric | 2 | 0 |
| s_c | Numeric | 2 | 0 |
| a_h | Numeric | 3 | 0 |
| a_wt | Numeric | 4 | 1 |
| ax_h | Numeric | 3 | 0 |
| ax_wt | Numeric | 3 | 0 |
| b_h | Numeric | 3 | 0 |
| b_wt | Numeric | 3 | 0 |

对照表 2.1 可知，利用 FoxPro 数据库文件可方便地存放模具标准模架数据。

下面给出的是保存在注塑模具标准模架“直 1215”系列的数据库文件 ZH1215.DBF 中的部分数据。

| no | p_a | p_b | s_c | a_h | a_wt | ax_h | ax_wt | b_h | b_wt |
|---|---|---|---|---|---|---|---|---|---|
| 1 | 20 | 20 | 40 | 145 | 21.5 | 160 | 23 | 120 | 17 |
| 2 | 20 | 25 | 40 | 150 | 22.2 | 165 | 24 | 125 | 18 |
| 3 | 20 | 30 | 40 | 155 | 22.9 | 170 | 25 | 130 | 19 |
| 4 | 20 | 35 | 40 | 160 | 23.6 | 175 | 26 | 135 | 20 |
| 5 | 20 | 40 | 50 | 175 | 25.7 | 190 | 27 | 150 | 21 |
| 6 | 20 | 45 | 50 | 180 | 26.4 | 195 | 28 | 155 | 22 |
| … | … | … | … | … | … | … | … | … | … |
| 35 | 45 | 40 | 50 | 200 | 29.2 | 215 | 32 | 175 | 26 |
| 36 | 45 | 45 | 50 | 205 | 29.9 | 220 | 33 | 180 | 27 |

(2) 用 Turbo C 调用“直 1215”系列数据库。在模具设计中用到“直 1215”系列标准模架数据时，需进行数据库的调用，即以程序方式自动从数据库中读取所需的数据。用 Turbo C 来直接读取 FoxPro 数据库文件，运行效率较高，数据库文件的独立性较好。

FoxPro 数据库文件的结构分为两大部分：文件结构说明区和数据区。文件结构说明区包括数据库参数区和记录结构区，见表 2.2。数据库参数区占 32 个字节，见表 2.3。记录结构包括各字段参数，每个字段占 32 个字节，字段说明的主要内容见表 2.4。

**表 2.2　数据库文件结构说明**

| | |
|---|---|
| 0 | 数据库参数区 |
| 10 | 记录结构参数区 |
| 20 | 数据区 |

**表 2.3　数 据 库 参 数 区**

| 字　节 | 内　　容 |
|---|---|
| 0 | 数据库开始标志 |
| 1～3 | 数据库最后更改日期 |
| 4～7 | 记录个数 |
| 8～9 | 文件结构说明长度 |
| 10～11 | 每条记录长度 |
| 12～31 | 保留 |

**表 2.4　数 据 库 参 数 区**

| 字　节 | 内　　容 |
|---|---|
| 0～10 | 字段名称 |
| 11 | 字段类型 C、N、L、D 等 |
| 12～15 | 字段对应所在记录首址的偏移量 |
| 16 | 字段长度 |
| 17 | 小数位数 |

要用 Turbo C 直接读取 FoxPro 的数据库，首先要定义两个数据结构［C 语言中称为结构体（Structure)］：一个是数据库参数结构；另一个为记录的字段结构。

定义数据结构的参考程序：

```
#define MAX 64              /*假设一个记录的字段数最多为 64*/
struct
{
unsigned H_Len;             /*文件结构说明部分长度*/
unsigned R_Len;             /*每条记录长度*/
unsigned F_Num:             /*每条记录字段数*/
unsigned R—Num              /*文件记录总数*/
}
FileStr;                    /*数据库参数结构*/
struct
{char Name [10];            /*字段名*/
char Type;                  /*字段类型*/
int Wide;                   /*字段长度*/
int Dec;                    /*小数位数*/
unsigned Offset;            /*字段相对记录的偏移量*/
}
Field [MAX]                 /*字段结构*/
```

主函数 main（）中定义了指向文件的指针 fp 使用了 fopen、fseek、fread、getw、getc、putchar 和 getchar 等函数。其功能是要求用户输入数据库文件全名，然后打开文件，首先输出字段名，接着按次序逐个输出记录，最后关闭数据库文件。

查找注塑模具标准模架“直 1215”系列数据，从中选择合适的模架。程序的运行结果如下：

please enter the file name

zh1215. dbf

data of this series are

| no | p_a | p_b | s_c | a_h | a_wt | ax_h | ax_wt | b_h | b_wt |
|---|---|---|---|---|---|---|---|---|---|
| 1 | 20 | 20 | 40 | 145 | 21.5 | 160 | 23 | 120 | 17 |
| 2 | 20 | 25 | 40 | 150 | 22.2 | 165 | 24 | 125 | 18 |
| 3 | 20 | 30 | 40 | 155 | 22.9 | 170 | 25 | 130 | 19 |
| 4 | 20 | 35 | 40 | 160 | 23.6 | 175 | 26 | 135 | 20 |
| 5 | 20 | 40 | 50 | 175 | 25.7 | 190 | 27 | 150 | 21 |
| 6 | 20 | 45 | 50 | 180 | 26.4 | 195 | 28 | 155 | 22 |
| … | … | … | … | … | … | … | … | … | … |
| 35 | 45 | 40 | 50 | 200 | 29.2 | 215 | 32 | 175 | 26 |
| 36 | 45 | 45 | 50 | 205 | 29.9 | 220 | 33 | 180 | 27 |

如此就完成了“直 1215”系列数据的调用。如果用户想把设计、数据查询和绘图等连接起来，只需对程序的输入、输出语句稍加改动即可实现，程序通过形参、实参间的参数传递可以直接绘制出标准模架图来，供后续设计使用，在此就不一一阐述了。

# 任务2.4　机械CAD/CAM的计算机网络环境

## 2.4.1　概述

计算机网络可以理解为一个通过某种方式互相连接起来的独立自治的计算机群。具有独立功能的地理上分散的多个计算机系统，在硬件结构上借助通信设备和线路相互连接，在软件上通过网络管理软件（包括网络协议、网络操作系统等）统一管理、进行通信、交换信息、共享资源，即组成了一个计算机网络系统。它是实现CAD/CAM集成的基础环境。最简单的网络只需两台微机通过电缆连接就可组成。

计算机网络具有单个计算机所不具备的下述功能和优点：

(1) 能实现信息快速传输处理。在CAD/CAM系统的不同计算机之间，能快速可靠地相互传输产品设计和加工的数据及程序信息。

(2) 能实现计算机系统资源的共享。共享资源包括硬件资源和软件资源，常见的共享硬件资源如海量磁盘存储设备和大型绘图机等。共享软件资源主要是共享数据和支撑软件，例如，在少数节点存储的公共数据库为整个网络提供服务。对于网络CAD/CAM软件，只要同时使用的节点总数不超过许可数目，网络中各节点都可启用。

(3) 能提高计算机可靠性、均衡负载，并可协同工作及分布处理。连成网络后，各计算机中可以通过网络互为后备，当一个计算机发生故障时，由其他计算机代为管理，若干台计算机可以共同协作完成CAD/CAM任务。计算机网络可以按不同特征分类，目前，人们比较熟悉的则是按网络覆盖范围划分的局域网（Local Area Network，LAN）和广域网（Wide Area Network，WAN）。局域网一般局限于几千米以内，联网的计算机由通信信道相连，广域网覆盖范围较大，可以是一个城市、一个省区，甚至整个全球。广域网由局域网通过输入/输出通信控制设备和通信信道连接组成。因特网（Internet）是目前遍布全球、规模最大且价格最便宜的一个广域网。

在计算机网络中，能提供网络资源服务的计算机称为服务器，只能使用网络资源的计算机称为客户机，能同时使用并提供网络资源的计算机称为同级计算机。网络技术是计算机技术与通信技术紧密结合的产物，它不仅使计算机的作用范围超越了地理位置的限制，而且也大大增强了计算机群体的工作能力。

## 2.4.2　计算机网络的拓扑结构

### 1. 网络的拓扑结构

典型局域网中，每台计算机都配有网卡。各网卡之间通过通信信路连接，其连接的物理布局称为网络拓扑。典型的网络拓扑结构分为总线型、星型、环型以及网状等形式。

(1) 总线型拓扑结构。在总线型拓扑结构中，各节点（独立的计算机）都连接到一条被称为总线的线缆，如图2.12所示。在总线中，一般不再安装其他动态电子设备对信号进行放大。总线型拓扑结构的优点是构建简单，采用的线缆数量最少，是费用最低的配置，是当网络负载过重时会降低网络传输速度，另外总线中一个电缆连接点的故障可能会导致整个网络活动停止。总线型网络适用于规模较小的网络。

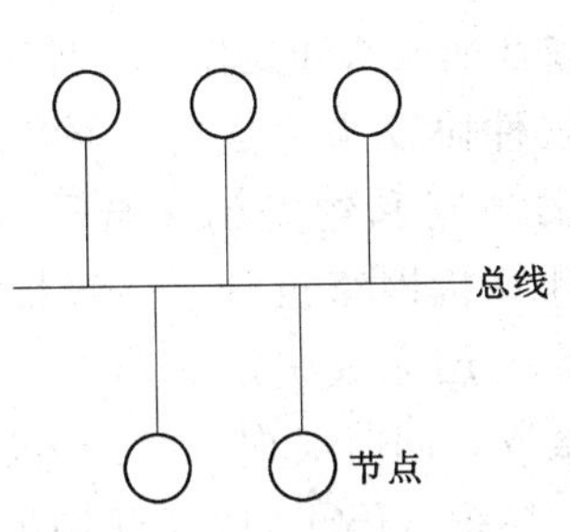


图 2.12　总线型拓扑结构

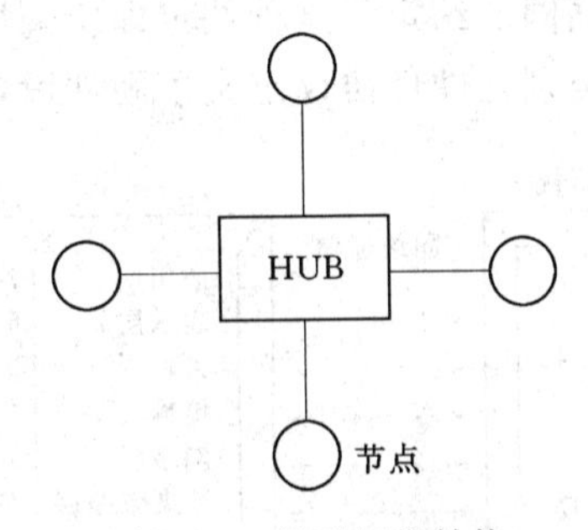


图 2.13　星型拓扑结构

(2) 星型拓扑结构。拓扑结构如图 2.13 所示，各计算机节点都连接到一个中央集线器（HUB）。集线器既可以是有源的，也可以是无源的。有源集线器带有特定的电路，能重新生成电子信号，将它发送给相连接的所有计算机；无源集线器则只起一个连接点的作用。星型拓扑结构的优点是可以很容易地增加或改动计算机节点，并且不会给其他节点计算机带来干扰，另外单台计算机出现故障时，不会影响整个网络。采用智能型集线器，还可以对网络进行集中监视和管理。星型拓扑结构的缺点是，如果中央集线器出现故障，整个网络就不能工作，另外线缆的费用与其他拓扑结构相比要高一些。

(3) 环型拓扑结构。环型拓扑结构如图 2.14 所示，所有计算机连接成圆环状，信息在环型里朝固定方向流动。环型拓扑结构的缺点是只要环内任一节点出现故障，都会影响总体网络。

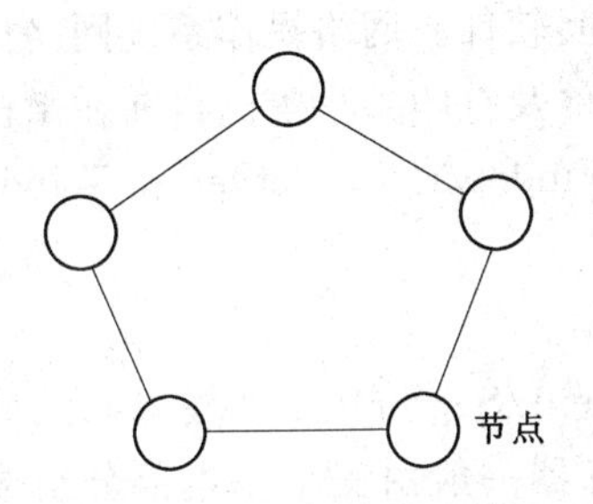


图 2.14　环型拓扑结构

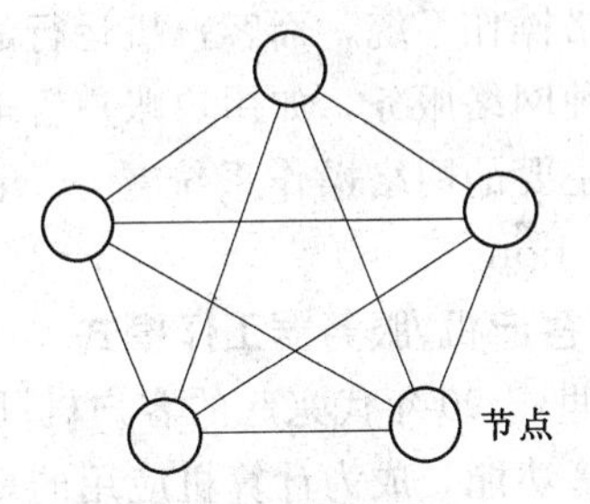


图 2.15　网状拓扑结构

(4) 网状拓扑结构。网状拓扑结构如图 2.15 所示，其显著特点是网络设备之间存在冗余链路。在全连通情况下，网络内任意两个计算机之间都具有直接链路。网状拓扑结构的优点是容错性能好，通信信道容量能得到有效保证；其缺点是安装及配置麻烦。

(5) 混合型拓扑结构。在实际的网络应用中，也可以混合使用总线型、星型及环型拓扑结构，例如星型总线拓扑结构，如图 2.16 所示。它是将关系密切的计算机先组成星型网络，然后用总线电缆作干线，再将几个星型集线器网络连接在一起。

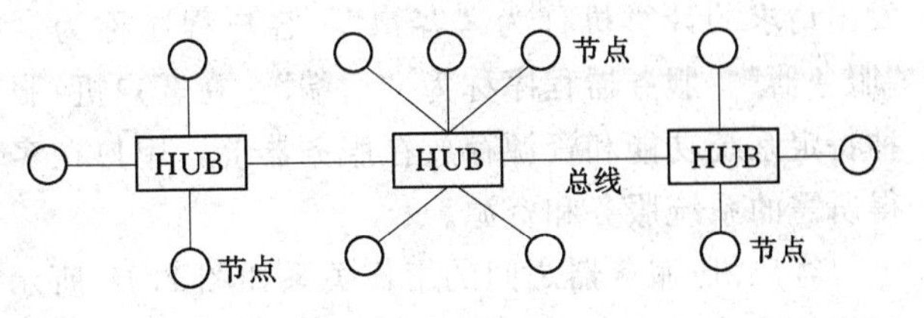


图 2.16　混合型拓扑结构

2. 网络协议和操作系统

(1) 网络协议。在计算机网络中，不同计算机之间进行信息交换（即通信）时，必须遵照某种共同的约定，这种约定即所谓协议。从广义上说，协议可以分为硬件协议和软件协议两大类别，硬件协议定义了硬件设备如何动作以及如何协同工作，而程序之间的通信则是通过软件协议来完成的。网络中通信双方共同遵守的规则和约定的集合称为网络协议。为了规范计算机网络设计，一般将网络功能分为若干层，每层完成确定的功能，并都能从其下层接受服务，同时又向自己的上层提供服务。国际标准化组织（ISO）1977年制定的开放系统互联参考模型（OSI）是得到广泛承认的一种网络模型。OSI包括7层功能及对应协议，图2.17为OSI参考模型。

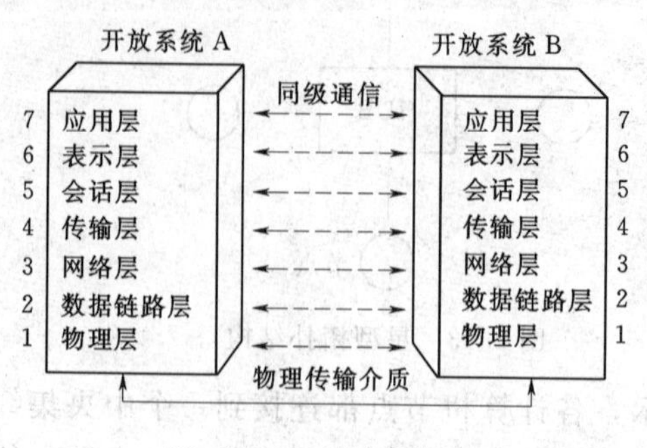

图2.17 OSI参考模型

将图2.17中的协议组合在一起称为协议套件，众所周知的TCP/IP（Transmission Control Protocol/Internet Protocol）就是符合OSI模型的一种协议，它是国际因特网Internet采用的协议。

（2）网络操作系统（Network Operating System，NOS）。网络操作系统为全网范围内提供软件资源、硬件资源的共享及信息通信的机制，它是计算机系统管理软件与通信控制软件的集合。在计算机网络中一般至少配置一台网络服务器，服务器上存放主要的共享资源（如硬盘、打印机等）。较低档次的微机可作为客户机（工作站）接入网中工作。

从技术角度来说，服务器与客户机之间的区别在于它们运行的软件不同。服务器运行的是网络操作系统，而客户机运行的是客户机网络访问软件。网络操作系统网络操作系统提供各种网络服务，如用户账户管理、安全防护、文件及打印共享等。目前在微机局域网中，最主要的网络操作系统是Novell的Netware、Windows NT Server和Windows NT WorkStation。

### 2.4.3 客户机/服务器工作模式

20世纪90年代兴起的客户机/服务器（C/S，Client/Server）工作模式有效地实现了网络计算功能，成为计算机应用的重点。客户机/服务器一般由三个基本部分组成，即客户计算机、服务器及用于连接它们的网络，其本质是将一个计算机应用程序的实际工作分配到若干台相互间请求服务的计算机上。客户机和服务器都是计算机，只是处理能力不同，它们协同工作，分担完成计算机作业所必需的计算工作负荷。多数情况下，客户计算机是普通PC机，服务器可能是一台高档的PC机，或一台小型机，或者是一台大型机。发出请求的计算机称为“客户”，客户程序称为“前端”；为请求提供服务的计算机称为“服务器”，服务器程序称为“后端”。在客户机/服务器工作模式中，把应用程序需要的某种特定系统功能和资源存放在服务器上，用户在客户机上工作，通过网络访问服务器，获得所需的系统服务和资源。

客户机/服务器之间的工作关系如图2.18所示。客户机/服务器的性能优势来自整个网络的计算功能，而不是单个计算机系统的功能大小。整个网络上的客户机和服务器属于分布式计算环境。比如，程序的显示和用户界面功能适合在客户机（如PC机、工作站等终端）上运行，而程序中数据的存

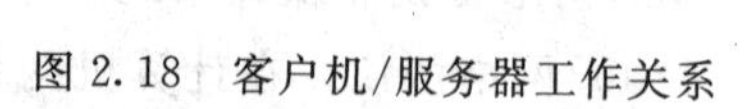

客户机 ⇄（结果/请求）计算机网络 ⟷ 服务器

图2.18 客户机/服务器工作关系

储、数据库检索、文件管理、通信服务、打印、外设管理、系统管理及网络管理等功能可全部或部分安排在服务器上执行。客户机/服务器系统可设置一台或多台服务器，既可以用一台服务器进行多种服务，也可以针对每种服务使用单独的服务器。常见的服务器有以下几种类型：

（1）文件服务器。用来提供文件服务，包括文件的传输、保存、同步更新及归档等。

（2）打印服务器。能对网络打印进行管理与控制，提供打印机共享及高效的打印任务。

（3）应用程序服务器。利用应用程序服务器，客户机可以获取及使用额外的计算能力，并能共享服务器中有价值的软件程序。

（4）报文服务器。报文服务器可用于提供电子邮件等报文服务。

（5）数据库服务器。数据库服务器能够为网络提供强大的数据库能力，包括管理数据库、处理数据请求以及答复客户机等，并且能够提供一些复杂的服务，如数据库安全防护及优化等。在客户机/服务器工作模式中，客户机发出对服务器内信息的请求，服务器针对其请求进行各种服务，并将结果反馈回客户机，然后客户机可以访问反馈数据并进行各种处理。

随着计算机网络技术的发展，适用于分布式计算机系统的分布式数据库也已成为研究的重点。近年，随着 Internet 的发展和普及，客户机/服务器工作模式中也融合了 Internet。服务器与客户端之间采用因特网连接，服务器端通过 Web Server 提供各种服务，而客户端则可通过浏览器（Browser）访问各个站点服务器的多种协议的多媒体信息。形成了 B/S 的 CAD/CAM 工作模式。

## 思　考　题

1. 简述 CAD/CAM系统的基本组成。
2. CAD/CAM 系统应具备的基本功能有哪些？
3. CAD/CAM 系统的选型应考虑哪些因素？
4. CAD/CAM 系统集成的关键技术是什么？
5. 简述工程数据库的特点及其在 CAD/CAM 系统中的作用。
6. 常用的网络拓扑结构有哪几种？
7. 什么是客户机/服务器工作模式？

# 项目3　计算机辅助设计技术（CAD）

## 任务3.1　图形处理技术

### 3.1.1　二维图形变换

图样是人们在生产活动中表达和交流设计思想的一种重要工具。“一幅图抵得千言万语”，这是因为一幅图能容纳大量信息。一张工程图样采用图形加标注的方法，可以完整而准确地表达一个零件。所以，对二维图形的产生、变换与输出，在CAD工作中占据非常重要的一环。其中包括：①图形的产生与坐标系的选取；②窗口与视区；③剪裁；④图形变换等。

1. 二维图形的产生与坐标选取

直线是绘制任意图形的基本单元，在两点之间连成线段便构成直线。点的位置通常是在一个规定的坐标系中被定义。图形系统常使用的坐标系是笛卡儿直角坐标系，在某些特殊情况下，也采用极坐标系。

（1）用户坐标系。图3.1所示是定义二维几何形状的坐标系。坐标轴上的单位是毫米、厘米、米或英寸、英尺等，由设计者（用户）确定，称用户坐标系（User Coordinates）。用户用它来定义二维或三维世界中的物体，故又称世界坐标系（World Coordinates）。其坐标值可以是实型量，也可以为整型量。该坐标系可采用绝对坐标或相对坐标。

在用户坐标中定义的图形各点坐标值，随应用程序输入计算机，并在机内存储，构成了该图形的计算机模型。

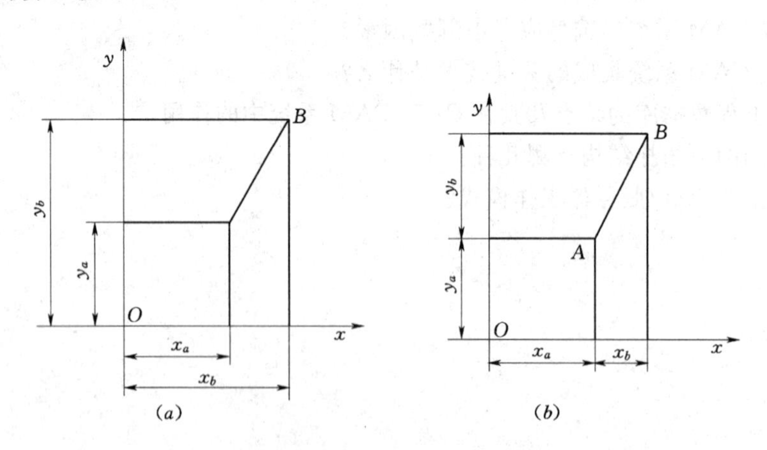


图3.1　绝对坐标系和相对坐标系

(a) 绝对坐标系；(b) 相对坐标系

（2）设备坐标系。图形显示器或绘图机自身有一个坐标系，称它为设备坐标系或物理坐标系。

图3.2所示为某显示器的坐标系。它的原点设在屏幕的左下角，横向为$X$坐标轴，向右为正增量。与$X$轴垂直的$Y$轴，向上为正增量。

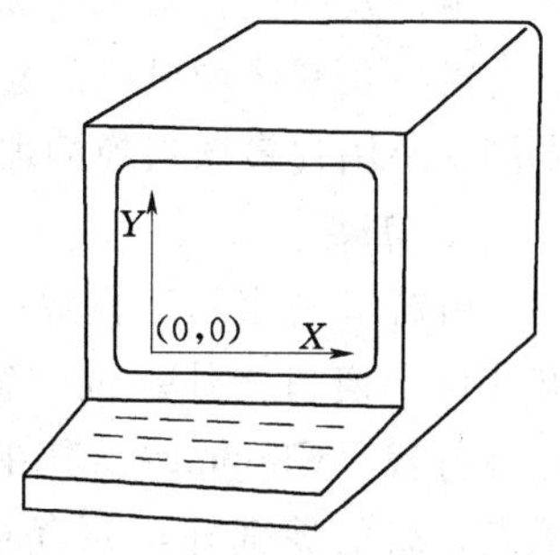


图3.2 显示器的坐标系

设备坐标系中，坐标轴的度量单位是光栅单位数（点数），设备坐标中的界限范围就是显示器的分辨率。对于分辨率达1024×1024的显示器来说，屏面上坐标值最大的一点就在屏的右上角，坐标度量值是（1023，1023）。

（3）假想设备坐标系。假想设备坐标系或称标准设备坐标系。其坐标的度量值在0～1的实数范围内。在从世界坐标系到设备坐标系的变换中，插入这样一个标准设备坐标系，其目的是使所编制的软件可以较方便地应用于不同的具体设备上。

2. 窗口和视区

从理论上讲，用户坐标系是无穷大的，用户域也是连续无限的。计算机图形学的任务之一，就是把物理世界中最感兴趣的那部分取出来，放在屏幕上或在屏幕的某一指定区域中显示出来。

窗口是用户图形的一部分。窗口域是用户域中的一个子域。通常窗口为矩形，可用其左下角点和右上角点坐标表示。它相当于透过一个矩形窗中去观察物理世界中的一部分，或者相当于在用户坐标中透过一个矩形框取出一部分图形，这个矩形称为窗口（Window）。

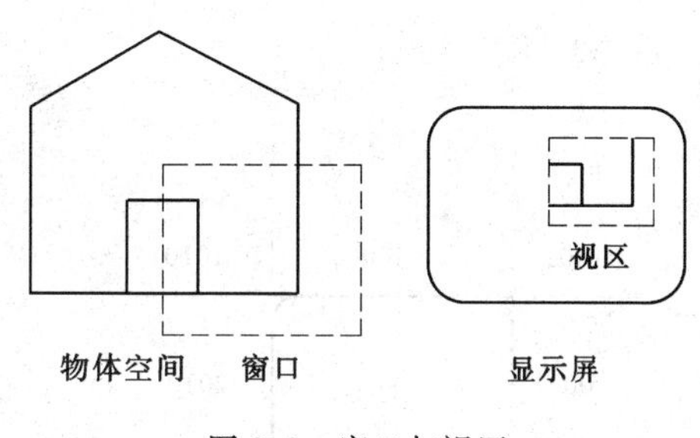


图3.3 窗口与视区

对于一个具体显示器来说，屏幕大小是有限的，屏幕域是设备输出图形的最大区域。把从窗口取得的那一部分物理世界（图形）映射到显示屏上的某一区域，这个区域称为视区（Viewport）。图3.3所示为窗口与视区概念的示意图。

交互式设计中，把屏幕分成几个区，每个区作为一个视图，如图3.4所示。

视图是屏幕域的一部分，它的位置和大小可以用其左下角点及右上角点坐标值来定义。屏幕上各视图有时可以按照工程制图中投影图的关系来布置，如图3.5所示。

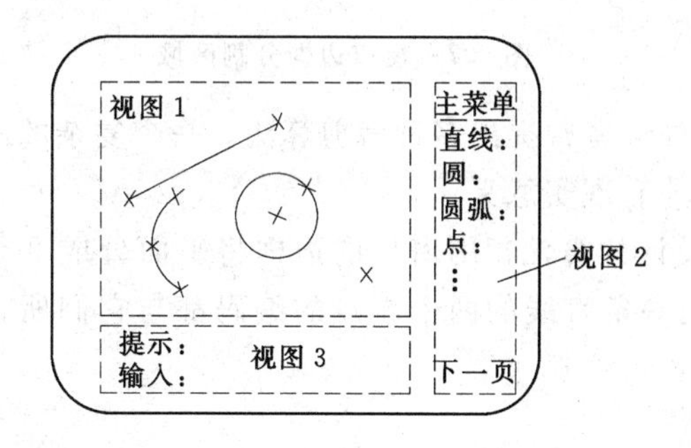


图3.4 显示屏幕上视区的应用

视图1—图形区；视图2—菜单区；视图3—对话区

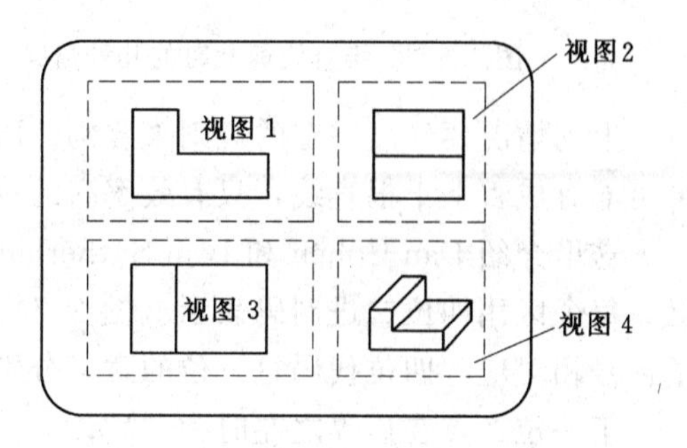


图3.5 按工程制图标准布置视区

视图1—正视图；视图2—侧视图；视图3—俯视图；视图4—轴侧图

窗口及视图在某些情况下也可定义为圆形或其他多边形。

窗口及视区均可以嵌套。例如，第 $i$ 层窗口中再定义第（$i+1$）层窗口。使用窗口技术能反映用户最感兴趣的那部分图形，在有限尺寸的屏幕上显示复杂的大尺寸零部件。

3. 剪裁

由窗口观察物理世界，会产生这样的问题，即物理世界中哪些部分位于窗口之内，哪些位于窗口之外。位于窗口之外的那一部分属不可见部分，应该删去。这个判别处理称剪裁（Clipping）。其中对点和直线的剪取算法是最基本的。在二维剪裁算法中，除了点、线的剪裁外，还有对整块面积（Solid area）的剪裁之分。剪取的对象是各种图形元素，如点、线段、曲线和字符等。其中对点和直线的剪取算法是最基本的。在二维剪裁算法中，除了点、线的剪裁外，还有对整块面积（Solid area）的剪裁，即剪取多边形的算法。

（1）点的剪裁。假设：窗口界限值的坐标为（$x_{min}$，$y_{min}$）和（$x_{max}$，$y_{max}$），任一个点的坐标为（$x$，$y$）。当该点被判为可见时，必须满足下列两个条件

$$x_{min}\leqslant x\leqslant x_{max}，y_{min}\leqslant y\leqslant y_{max}$$

若上述两个条件中任一条件不被满足，该点即判为不可见点。

（2）直线剪裁算法。一根直线相对于窗口可能有几种情况，如图 3.6 所示。$I_1$ 全部在屏内；$I_2$ 起点在屏内；$I_3$ 终点在屏内；$I_4$ 直线中段部分在屏内；$I_5$ 全部在屏外；$I_6$ 直线与屏仅一点相交。

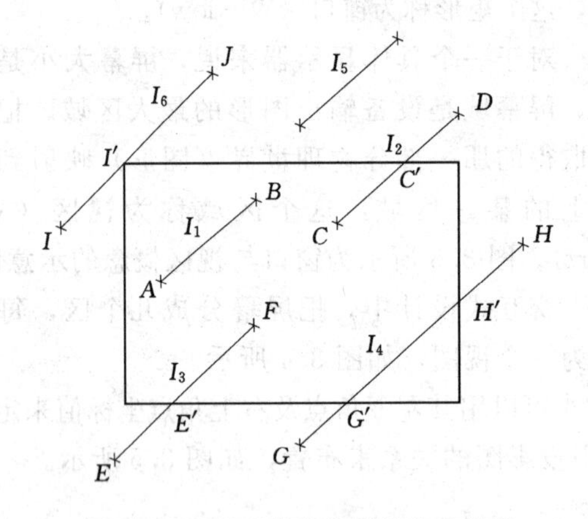


图 3.6 二维直线剪裁时的几种情况

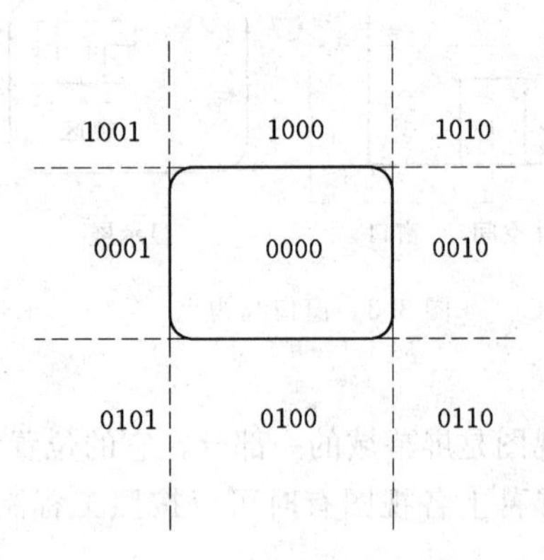


图 3.7 窗口边框分割区域

上列情况要经过一定的规则来鉴别。国内外学者曾提出多种裁剪算法。一个复杂的图形可能有成百上千根直线，只有效率高的算法才有现实意义。

这里介绍 Dan Cohen 和 Ivan Sutherland 设计的算法。用窗口的边框将平面分成 9 个区，每个区用四位二进制码表示（图 3.7），任一条直线的两个端点的编码都与它们所在的区号相对应。四位代码每一位的意义分别为：

第一位：点在边界之左时为“1”；

第二位：点在边界之右时为“1”；

第三位：点在边界之下时为“1”；

第四位：点在边界之上时为“1”；

其余为“0”。

基本思想是，对直线两个端点进行测试，若两个端点的四位代码均为舍弃，整条线位于窗口内；若两个端点处四位代码不全为零，其逻辑乘为零，必须将线段再分。再分的方法是求线段与屏边界的交点，把屏外部分舍弃掉，保留屏内部分。

(3) 多边形剪裁。多边形剪裁是一种面积剪裁。剪取的结果仍然是多边形。进行多边形剪裁时，必须判断多边形在窗内、窗外或是与窗相交。窗内部分应保存；窗外部分应舍弃；多边形与窗框相交时，要计算与窗口边界交点，根据交点重建多边形顶点的拓扑关系。

图3.8介绍的逐边剪裁算法是：取一条窗口的边界，这条直线把二维平面划分成两个区域，包括窗口在内的那个区域认为是窗内，另一个区域认为是窗外；用这条线和多边形相交计算交点，去掉窗外部分的顶点，把窗内区域的顶点和交点重新建立拓扑关系，形成新的多边形。

重复上述操作，四条边运算结束，多边形剪取也就完成了。

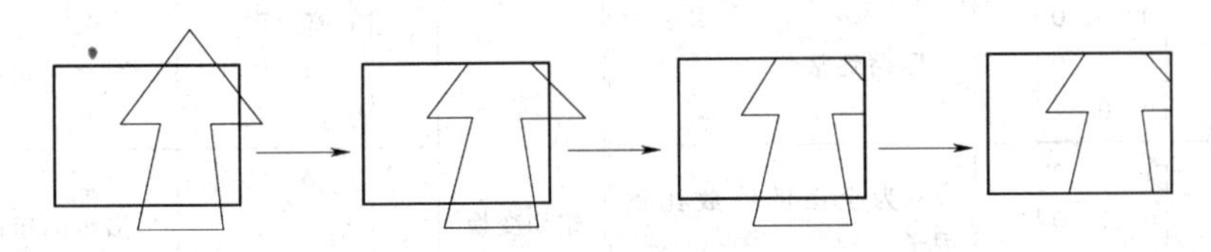

图3.8 逐边剪裁算法

为保持被剪取区域色调或阴影图案不变，对于彩色连续区域的裁剪就要做多边形剪裁。

4. 二维图形的基本变换

图形变换是计算机图形学中的基础技术。主要包括图形的变换比例、平移、旋转及对称变换等。

在仿射几何学中，一条线段通过几何变换仍保持线性，而且点在线上的比例不改变。一个图形可以看作是由若干直线段组成。一条直线可由直线的两个端点唯一确定。二维几何图形的变换可以通过研究一系列点的变换来实现。

在二维空间里，一个点可以用两个坐标 $x$ 和 $y$ 表示。这两个值可以指定为一个行矩阵 $[x, y]$ 来表示，也可以用一个列矩阵 $\begin{bmatrix} x \\ y \end{bmatrix}$ 来表示。

例如，一个三角形的三个顶点的坐标为 $(x_1, y_1)$，$(x_2, y_2)$ 和 $(x_3, y_3)$，则这个三角形可表示为一个三行两列的矩阵

$$\begin{bmatrix} x_1 & y_1 \\ x_2 & y_2 \\ x_3 & y_3 \end{bmatrix}$$

上述这个表示三角形顶点位置的数字矩阵，可以用数组形式存储在计算机内。在表示三角形的坐标变换时，仅需说明各端点的坐标变换即可。当然要注意对于多边形来说变换前后各点连接的顺序不得改变。

二维变换的基本公式在平面几何学中已经学过，为了使用一种统一的方式来表达这些

变换，这里介绍采用齐次坐标的表达方式，各种二维变换的表达式可以归纳为表3.1所示。

**表3.1　　二维图形的基本变换矩阵**

| 变换名称 | 变换矩阵 | 矩阵元素的意义及说明 |
|---|---|---|
| 比例变换 | $\begin{bmatrix} a & 0 & 0 \\ 0 & d & 0 \\ 0 & 0 & 1 \end{bmatrix}$ | $a$为$x$向的比例因子<br>$d$为$y$向的比例因子 |
| 压缩变换 | $\begin{bmatrix} 1 & 0 & 0 \\ 0 & 0 & 0 \\ 0 & 0 & 1 \end{bmatrix}$ | 压缩到$x$轴 |
| | $\begin{bmatrix} 0 & 0 & 0 \\ 0 & 1 & 0 \\ 0 & 0 & 1 \end{bmatrix}$ | 压缩到$y$轴 |
| | $\begin{bmatrix} 0 & 0 & 0 \\ 0 & 0 & 0 \\ 0 & 0 & 1 \end{bmatrix}$ | 压缩到原点 |
| 全比例变换 | $\begin{bmatrix} 1 & 0 & 0 \\ 0 & 1 & 0 \\ 0 & 0 & s \end{bmatrix}$ | $s$为全图的缩放比例因子 |
| 旋转变换 | $\begin{bmatrix} \cos\theta & \sin\theta & 0 \\ -\sin\theta & \cos\theta & 0 \\ 0 & 0 & 1 \end{bmatrix}$ | $\theta$为旋转角，逆时针方向旋转时取正值，顺时针方向旋转时取负值，旋转中心为坐标原点 |
| 对称变换 | $\begin{bmatrix} 1 & 0 & 0 \\ 0 & -1 & 0 \\ 0 & 0 & 1 \end{bmatrix}$ | 对$x$轴对称 |
| | $\begin{bmatrix} -1 & 0 & 0 \\ 0 & 1 & 0 \\ 0 & 0 & 1 \end{bmatrix}$ | 对$y$轴对称 |
| | $\begin{bmatrix} -1 & 0 & 0 \\ 0 & -1 & 0 \\ 0 & 0 & 1 \end{bmatrix}$ | 对坐标原点对称 |
| 错切变换 | $\begin{bmatrix} 1 & 0 & 0 \\ c & 1 & 0 \\ 0 & 0 & 1 \end{bmatrix}$ | 沿$x$向错切 |
| | $\begin{bmatrix} 1 & b & 0 \\ 0 & 1 & 0 \\ 0 & 0 & 1 \end{bmatrix}$ | 沿$y$向错切 |
| | $\begin{bmatrix} 1 & b & 0 \\ c & 1 & 0 \\ 0 & 0 & 1 \end{bmatrix}$ | 沿$x$，$y$两个方向错切 |
| 平移变换 | $\begin{bmatrix} 1 & 0 & 0 \\ 0 & 1 & 0 \\ l & m & 1 \end{bmatrix}$ | $l$为$x$向的平移量，$m$为$y$向的平移量 |

齐次坐标表示法，即用一个（$n+1$）维的矢量来表示一个$n$维矢量时，各种二维变换过程可以统一地表示为

$$[x' \quad y' \quad H]=[x \quad y \quad H]\begin{bmatrix} a & b & p \\ c & d & q \\ l & m & s \end{bmatrix}$$

式中：（$x$，$y$）为变换前的坐标点；（$x'$，$y'$）为变换后的新坐标点；$H$为一个非零标量；$\begin{bmatrix} a & b & p \\ c & d & q \\ l & m & s \end{bmatrix}$为变换矩阵。

为了说明使用齐次坐标系的特点，将变换矩阵写为通式。

变换矩阵中，$a$为$x$轴方向放大系数（当$a<0$时为缩小）；$d$为$y$轴方向放大系数（当$d<0$时为缩小）；$c$为$x$轴方向错切（$b=0$）；$b$为$y$轴方向错切（$c=0$）；$m$为$x$轴方向平移；$n$为$y$轴方向平移；$p$、$q$为透视变换。

如果将该矩阵分块，各个部分的作用可示意为

$$\begin{bmatrix} (2\times2) & (2\times1) \\ \text{比例旋转和错切} & \text{透视变换} \\ \cdots\cdots & \cdots\cdots \\ (1\times2) & (1\times1) \\ \text{平移} & \text{总比例} \end{bmatrix}$$

采用齐次坐标系进行图形变换还有一个特点就是组合变换；当二维图形中一个点的位置进行连续几次变换时，可以写成下式

$$[x' \quad y' \quad H]=[x \quad y \quad 1]\times A\times B\times C\times\cdots\times M\times N$$

式中：$A$、$B$、$C$、…、$M$、$N$ 为各次变换中的变换矩阵。

可将上式中连续几个变换矩阵组合成一个组合变换矩阵 $T$，即

$$T=A\times B\times C\times\cdots\times M\times N$$

然后用 $T$ 对点的向量做矩阵乘法运算来取变换后的坐标。注意上式中乘法次序不能颠倒，当次序不同时，结果就不同。

5. 二维图形的组合变换

以上所讨论的图形变换都是相对于坐标轴或坐标原点的基本变换，而 CAD/CAM 系统所要完成的图形变换往往不是那么简单，工程应用中的图形变化通常是多种多样的，如要求图形绕任意坐标点（非坐标原点）旋转、图形对任意直线（直线不通过坐标原点）做对称变换等。在许多情况下，往往仅用上述一种基本变换是不能实现的，必须由两种或多种基本变换的组合才能得到所需要的最终图形。这种由多种基本变换的组合而实现的变换称为组合变换，即将一个复杂的变换，分解为几个基本变换，给出各个基本变换矩阵，然后将这些基本变换矩阵按照分解顺序相乘得到相应的变换矩阵，称为组合变换矩阵，组合变换矩阵为多个基本变换矩阵的乘积。不管多么复杂的变换，都可以分解为多个基本变换的组合来完成。对此，可以通过一个具体实例说明。

如图 3.9 所示，设有平面直角三角形 $abc$，其三个顶点的坐标分别为 $a(6,4)$，$b(9,4)$，$c(6,6)$。欲将△$abc$ 绕 $A(5,3)$ 点逆时针旋转 $\alpha=90°$ 变换可理解为三个基本变换的组合。

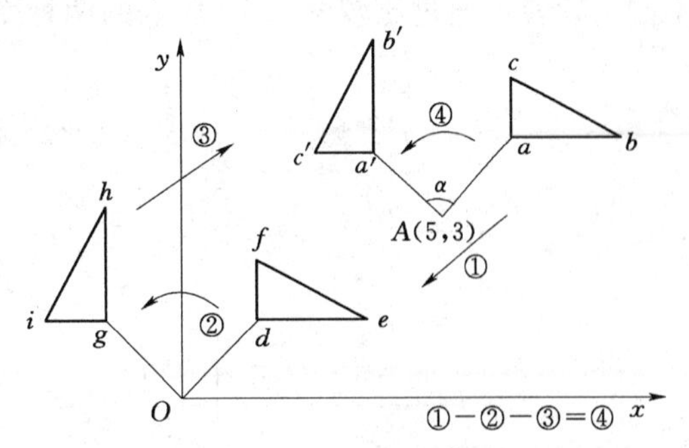


图 3.9　平面三角形旋转

(1) 将三角形连同旋转中心点 $A$ 一起平移，使点 $A$ 与坐标原点重合。这步变换实际就是将三角形沿 $x$ 轴方向平移 $-5$，沿 $y$ 轴方向平移 $-3$，是图形基本变换中的平移变换。参照表 3.1，可将变换矩阵写为

$$T_1=\begin{bmatrix} 1 & 0 & 0 \\ 0 & 1 & 0 \\ -M & -N & 1 \end{bmatrix}$$

(2) 按要求将三角形旋转 90°。显然此变换是图形旋转的基本变换，变换矩阵写为

$$T_2=\begin{bmatrix}\cos\alpha & \sin\alpha & 0\\ -\sin\alpha & \cos\alpha & 0\\ 0 & 0 & 1\end{bmatrix}$$

（3）旋转后的三角形连同旋转中心一起向回平移，使点 $A$ 回到初始位置。变换矩阵可写为

$$T_3=\begin{bmatrix}1 & 0 & 0\\ 0 & 1 & 0\\ M & N & 1\end{bmatrix}$$

三步基本变换的综合结果是$\triangle abc$ 绕点 $A$ 逆时针旋转了一个角度（图 3.9）。其组合变换矩阵为

$$T=T_1\cdot T_2\cdot T_3=\begin{bmatrix}\cos\alpha & \sin\alpha & 0\\ -\sin\alpha & \cos\alpha & 0\\ -M\cos\alpha+N\sin\alpha+M & -M\sin\alpha-N\cos\alpha+N & 1\end{bmatrix}$$

可以认为$\triangle abc$ 通过 $T$ 的变换，到了$\triangle a'b'c'$的位置。即

$$\begin{bmatrix}x_a' & y_a' & 1\\ x_b' & y_b' & 1\\ x_c' & y_c' & 1\end{bmatrix}=\begin{bmatrix}x_a & y_a & 1\\ x_b & y_b & 1\\ x_c & y_c & 1\end{bmatrix}\cdot T$$

矩阵中，$M=5$，$N=3$，$A=90^\circ$，连同$\triangle abc$ 的顶点坐标带入上式得

$$\begin{bmatrix}x_a' & y_a' & 1\\ x_b' & y_b' & 1\\ x_c' & y_c' & 1\end{bmatrix}=\begin{bmatrix}6 & 4 & 1\\ 9 & 4 & 1\\ 6 & 6 & 1\end{bmatrix}\cdot T=\begin{bmatrix}4 & 4 & 1\\ 4 & 7 & 1\\ 2 & 4 & 1\end{bmatrix}$$

从而求得变换后$\triangle a'b'c'$的顶点坐标：$a'(4，4)$，$b'(4，7)$，$c'(2，4)$。

由此可见，复杂的变换是通过基本变换的组合完成的。由于矩阵乘法运算中不能应用交换律，即 $A\cdot B\neq B\cdot A$，因此，组合变换的顺序一般不能颠倒，顺序不同则变换结果不同，读者可通过比较图 3.10 所示的两种变换情况体会其中的差别。

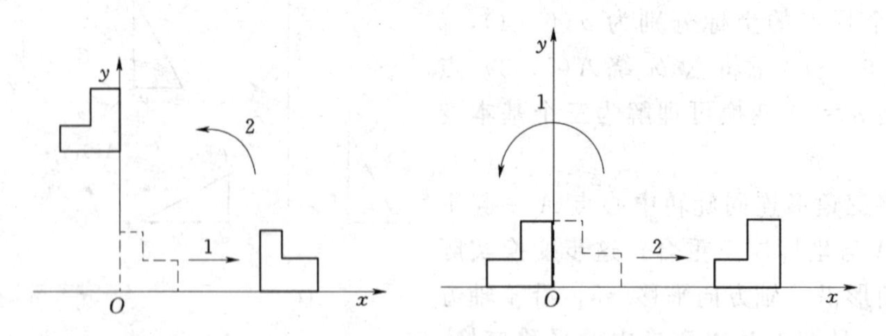


图 3.10 两种变换比较

### 3.1.2 三维图形变换

上面阐述了二维图形的一些处理方法。计算机处理一个三维模型要复杂得多，主要问题是用二维的显示屏来逼真地表现一个三维物体，有许多理论和技术问题需要探索。

工程师靠绘制三视图或轴侧图来描述一个机械零件。用计算机建立一个高度真实感的图像就必须完成以下四个方面任务：

(1) 造型。指用数学方法建立物体的三维几何模型。

(2) 几何变换。将几何模型经过一系列运算转换成投影透视图。

(3) 消隐。消去不可见的隐藏面。

(4) 图形输出。根据光照模型进行光亮度计算。精致的真实感图形除了考虑光线和阴影，还要考虑光泽表面上的亮点、粗糙表面的不平和物体的纹理、透明、颜色等。最后进行图形输出。

下面仅介绍模具CAD/CAM技术中最常用到的三维几何变换、平行投影和透视图的基本算法。

1. 三维图形的基本变换

严格地讲，一维图形变换实际是二维图形变换的特例，三维图形的几何变换可在二维几何图形的基本上进行简单的扩展。因此，前面介绍的二维图形变换的原理和方法，在三维图形变换中都适用，只不过三维图形变换所要处理的问题更为丰富、更为复杂。三维图形的基本变换主要包括比例变换（图形的缩小与放大）、平移变换、旋转变换、对称变换（或映射变换）、错切变换、投影变换和透视变换等。二维图形变换中使用了3×3的满秩矩阵来完成这些变换，依照图形变换的基本原理，三维图形的变换则可借助4×4的矩阵来完成。写成通式为

$$T=\begin{bmatrix} a & b & c & p \\ d & e & f & q \\ g & h & i & r \\ l & m & n & s \end{bmatrix}$$

$T$是4×4阶齐次矩阵，各元素取值不同，实现不同的图形变换，其中：左上角的9个元素（$a$、$b$、$c$、$d$、$e$、$f$、$g$、$h$、$i$）实现比例变换、对称变换、旋转变换、错切变换和正投影变换等，右上角3个元素（$p$、$q$、$r$）实现透视变换，左下角的3个元素（$l$、$m$、$n$）实现平移变换，右下角的1个元素（$s$）实现全图的等比例变换。同二维基本变换一样，为方便学习和应用，将各种变换对应的变换矩阵及图例归纳于表3.2。

**表3.2　三维图形的基本变换矩阵**

| 图形变换名称 | 变换矩阵 | 图例 | 说明 |
|---|---|---|---|
| 比例变换 | $T=\begin{bmatrix} a & 0 & 0 & 0 \\ 0 & e & 0 & 0 \\ 0 & 0 & i & 0 \\ 0 & 0 & 0 & 1 \end{bmatrix}$ | z x o y | $a$、$e$、$i$分别是$x$、$y$、$z$方向的比例因子 |
| 等比例变换 | $T=\begin{bmatrix} 1 & 0 & 0 & 0 \\ 0 & 1 & 0 & 0 \\ 0 & 0 & 1 & 0 \\ 0 & 0 & 0 & s \end{bmatrix}$ | z x o y | $s$是全图的比例因子 |
| 平移变换 | $T=\begin{bmatrix} 1 & 0 & 0 & 0 \\ 0 & 1 & 0 & 0 \\ 0 & 0 & 1 & 0 \\ l & m & n & 1 \end{bmatrix}$ | z x o y | $l$、$m$、$n$分别是$x$、$y$、$z$方向的平移量 |

续表

| 图形变换名称 | 变换矩阵 | 图例 | 说明 |
|---|---|---|---|
| 旋转变换 | $T=\begin{bmatrix}1 & 0 & 0 & 0\\0 & \cos\alpha & \sin\alpha & 0\\0 & -\sin\alpha & \cos\alpha & 0\\0 & 0 & 0 & 1\end{bmatrix}$ | 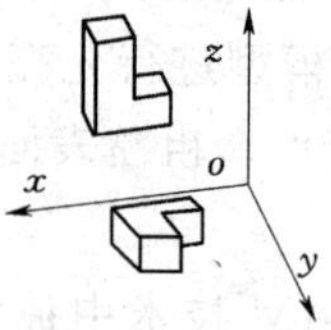  | $\alpha$ 是绕 $x$ 轴的旋转角，逆时针为正，顺时针为负 |
|  | $T=\begin{bmatrix}\cos\beta & 0 & -\sin\beta & 0\\0 & 1 & 0 & 0\\\sin\beta & 0 & \cos\beta & 0\\0 & 0 & 0 & 1\end{bmatrix}$ | 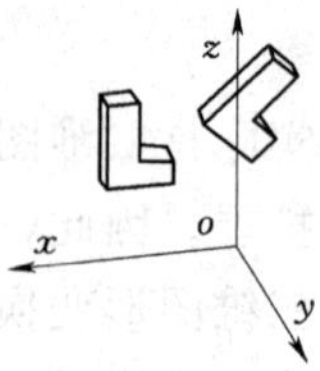  | $\beta$ 是绕 $y$ 轴的旋转角，逆时针为正，顺时针为负 |
|  | $T=\begin{bmatrix}\cos\gamma & \sin\gamma & 0 & 0\\-\sin\gamma & \cos\gamma & 0 & 0\\0 & 0 & 1 & 0\\0 & 0 & 0 & 1\end{bmatrix}$ | 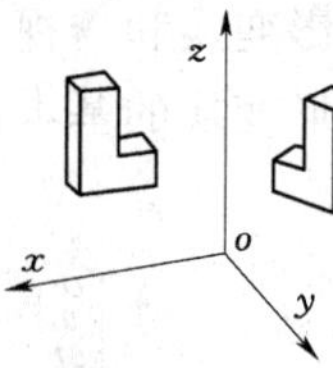  | $\gamma$ 是绕 $z$ 轴的旋转角，逆时针为正，顺时针为负 |
| 对称变换 | $T=\begin{bmatrix}1 & 0 & 0 & 0\\0 & 1 & 0 & 0\\0 & 0 & -1 & 0\\0 & 0 & 0 & 1\end{bmatrix}$ | 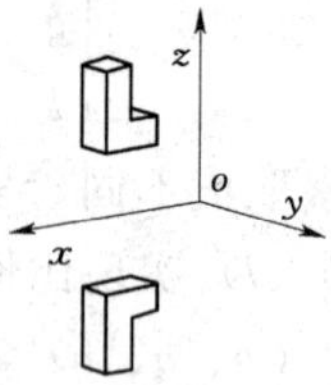  | 对 $xoy$ 平面的对称变换 |
|  | $T=\begin{bmatrix}1 & 0 & 0 & 0\\0 & -1 & 0 & 0\\0 & 0 & 1 & 0\\0 & 0 & 0 & 1\end{bmatrix}$ | 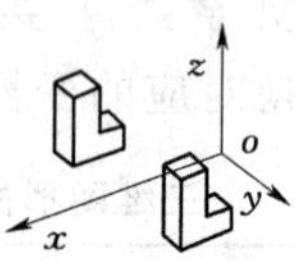  | 对 $xoz$ 平面的对称变换 |
|  | $T=\begin{bmatrix}-1 & 0 & 0 & 0\\0 & 1 & 0 & 0\\0 & 0 & 1 & 0\\0 & 0 & 0 & 1\end{bmatrix}$ | 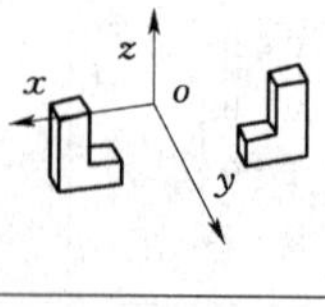  | 对 $yoz$ 平面的对称变换 |
| 错切变换 | $T=\begin{bmatrix}1 & 0 & 0 & 0\\d & 1 & 0 & 0\\0 & 0 & 1 & 0\\0 & 0 & 0 & 1\end{bmatrix}$ | 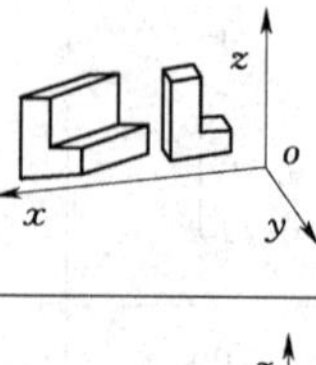  | 沿 $x$ 含 $y$ 的错切，$d$ 是错切因子 |
|  | $T=\begin{bmatrix}1 & 0 & 0 & 0\\0 & 1 & 0 & 0\\g & 0 & 1 & 0\\0 & 0 & 0 & 1\end{bmatrix}$ | 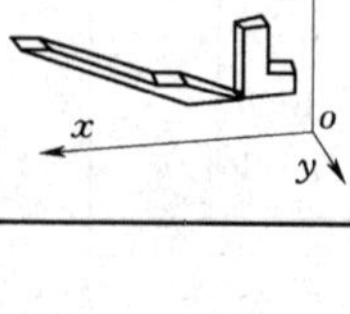  | 沿 $x$ 含 $z$ 的错切，$g$ 是错切因子 |

续表

| 图形变换名称 | 变换矩阵 | 图例 | 说明 |
| --- | --- | --- | --- |
| 错切变换 | $T=\begin{bmatrix}1&b&0&0\\0&1&0&0\\0&0&1&0\\0&0&0&1\end{bmatrix}$ | | 沿 $y$ 含 $x$ 的错切，$b$ 是错切因子 |
| | $T=\begin{bmatrix}1&0&0&0\\0&1&0&0\\0&h&1&0\\0&0&0&1\end{bmatrix}$ | | 沿 $y$ 含 $z$ 的错切，$h$ 是错切因子 |
| | $T=\begin{bmatrix}1&0&c&0\\0&1&0&0\\0&0&1&0\\0&0&0&1\end{bmatrix}$ | | 沿 $z$ 含 $x$ 的错切，$c$ 是错切因子 |
| | $T=\begin{bmatrix}1&0&0&0\\0&1&f&0\\0&0&1&0\\0&0&0&1\end{bmatrix}$ | | 沿 $z$ 含 $y$ 的错切，$f$ 是错切因子 |
| 投影变换 | $T_V=\begin{bmatrix}1&0&0&0\\0&0&0&0\\0&0&1&0\\0&0&0&1\end{bmatrix}$ | 主视图 左视图 俯视图 | 正面投影变换——图形在 $xoz$ 平面的投影，即 $y$ 坐标的比例因子为零 |
| | $T_H=\begin{bmatrix}1&0&0&0\\0&1&0&0\\0&0&0&0\\0&0&0&1\end{bmatrix}$ | | 水平投影变换——图形在 $xoy$ 平面的投影，即 $z$ 坐标的比例因子为零 |
| | $T_W=\begin{bmatrix}0&0&0&0\\0&1&0&0\\0&0&1&0\\0&0&0&1\end{bmatrix}$ | | 侧面投影变换——图形在 $yoz$ 平面的投影，即 $x$ 坐标的比例因子为零 |

2. 三维图形组合变换

CAD/CAM 系统中所涉及的对象绝大多数是三维的，因此讨论三维图形的组合变换更具有工程意义。与二维组合变换类似，三维物体的复杂变换同样可以通过对三维基本变换矩阵的组合来实现。

例如，绕空间任意直线旋转 $\theta$ 角，可通过以下步骤完成：

(1) 平移，使直线经过坐标原点。

(2) 使直线绕 $x$ 轴旋转角度 $\alpha$，使其与 $xoz$ 面共面，再绕 $y$ 轴旋转 $\beta$ 角，使其与 $z$ 轴重合。

（3）将需变换的图形对象绕 $z$ 轴旋转 $\theta$ 角。

（4）对步骤（2）作逆变换，使其回到原先的方位角。

（5）对步骤（1）作逆变换，将轴平移回原位。

将从步骤（1）～（5）中所求得的变换矩阵相乘便可得到其组合变换矩阵，即

$$T=T_1\cdot T_2\cdot T_3\cdot T_4\cdot T_5$$

工程实践中应用比较普遍的组合变换是轴测变换。许多CAD/CAM系统都支持轴测图显示。

轴测变换是一种约定的组合变换，它是由依次绕两个坐标轴旋转，再向一个平面投射三个基本变换组合而来的。例如先绕 $y$ 轴旋转 $\varphi$ 角，再绕 $x$ 轴旋转 $\theta$ 角，最后向 $z=0$ 的平面投射。组合变换矩阵为

$$T=\begin{bmatrix}\cos\varphi & 0 & -\sin\varphi & 0\\ 0 & 1 & 0 & 0\\ \sin\varphi & 0 & \cos\varphi & 0\\ 0 & 0 & 0 & 1\end{bmatrix}\begin{bmatrix}1 & 0 & 0 & 0\\ 0 & \cos\theta & \sin\theta & 0\\ 0 & -\sin\theta & \cos\theta & 0\\ 0 & 0 & 0 & 1\end{bmatrix}\begin{bmatrix}1 & 0 & 0 & 0\\ 0 & 1 & 0 & 0\\ 0 & 0 & 0 & 0\\ 0 & 0 & 0 & 1\end{bmatrix}=\begin{bmatrix}\cos\varphi & \sin\varphi\sin\theta & 0 & 0\\ 0 & \cos\theta & 0 & 0\\ \sin\varphi & -\cos\varphi\sin\theta & 0 & 0\\ 0 & 0 & 0 & 1\end{bmatrix}$$

工程中常采用正二轴侧投影，即两个坐标轴的轴向伸缩系数为1。第三个坐标轴的轴向伸缩系数为0.5，以此计算出绕 $y$ 轴的旋转角 $\varphi=19°28'$，绕 $x$ 轴的旋转角 $\theta=20°42'$。变换矩阵为

$$T=\begin{bmatrix}0.935 & 0.118 & 0 & 0\\ 0 & 0.943 & 0 & 0\\ 0.354 & -0.312 & 0 & 0\\ 0 & 0 & 0 & 1\end{bmatrix}$$

如果采用正等轴测投影，各轴向的伸缩系数均为0.82，轴向呈120°，可计算出绕 $y$ 轴的旋转角 $\varphi=45°$，绕 $x$ 轴的旋转角 $\theta=35°16'$。变换矩阵为

$$T=\begin{bmatrix}0.707 & 0.408 & 0 & 0\\ 0 & 0.816 & 0 & 0\\ 0.707 & -0.408 & 0 & 0\\ 0 & 0 & 0 & 1\end{bmatrix}$$

3. 投影变换

投影是三维物体产生二维图形表示中最重要的一类变换。三维物体的投影是由投影中心发射的许多直的投影射线来定义的。投影射线通过物体的每一点与投影平面相交，形成该物体的平面投影。投影可分为两种基本类型，即平行投影和透视投影。它们的区别在于投影中心与投影平面的关系不同。若再进行细分，平行投影还可以分为正平行投影和斜平行投影。透视投影（中心投影）分为一点透视、二点透视和三点透视等。

（1）平行投影。投影中心和投影平面的距离为无穷远时为平行投影。若投影方向又垂直于投影平面称正平行投影。三面投影视图，即正视图、俯视图、侧视图就属于正平行投影多面视图的一种。现代零件设计中通常都是用三面视图来表达零件形状的。

图3.11所示为三面视图的定义。为了与工程制图的习惯一致，取投影面 $V$ 和 $H$ 的交线为 $x$ 轴，并规定向左为正。取立轴代表 $z$ 轴。

正面投影（正视图），视线与 $y$ 轴平行。它的投影变换矩阵 $T_V$ 为

$$\begin{bmatrix}1&0&0&0\\0&0&0&0\\0&0&1&0\\0&0&0&1\end{bmatrix}$$

水平投影（俯视图）是物体对 $H$ 平面的正投影。它的变换矩阵 $T_H$ 为

$$\begin{bmatrix}1&0&0&0\\0&1&0&0\\0&0&1&0\\0&0&0&1\end{bmatrix}$$

侧面投影（侧视图）如图 3.11 所示，此图所示为左视图，其变换矩阵 $T_W$ 为

$$\begin{bmatrix}0&0&0&0\\0&1&0&0\\0&0&1&0\\0&0&0&1\end{bmatrix}$$

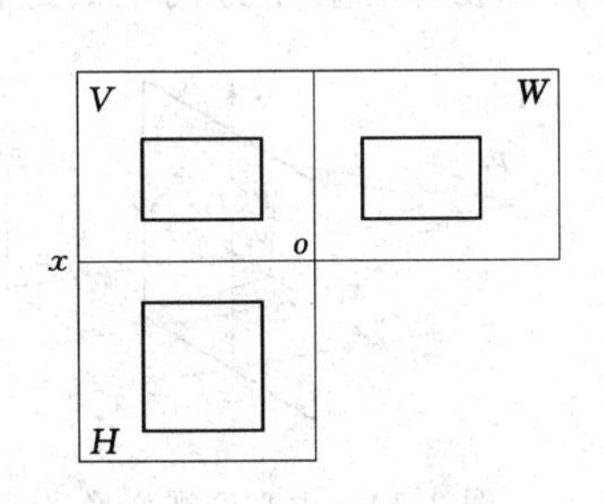


图 3.11　三面视图

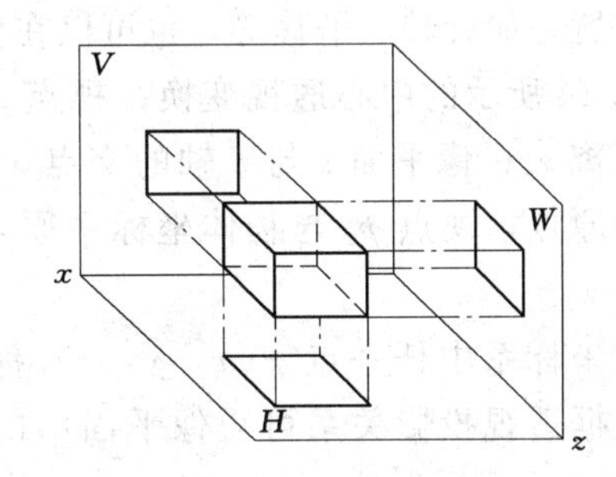


图 3.12　三个视图展开

为了将三个视图展开平画在一张平面图纸上（图 3.12），还需要将投影图旋转重合到一个平面上（如重合到 $xoz$ 平面）。此时，水平投影（俯视图）要绕 $x$ 轴顺时针转 90°。

为了保持俯视图和侧视图能够距主视图有一定距离，尚需分别沿 $-z$ 方向移动距离 $Z_P$ 和 $-x$ 方向平移 $X_L$ 距离。

如果把上述变换写成变换矩阵，则得到俯视图最后的变换矩阵 $T_H$ 和左侧视图的最后变换矩阵 $T_V$。

$$T_H=\begin{bmatrix}1&0&0&0\\0&0&0&0\\0&0&1&0\\0&0&0&1\end{bmatrix}\begin{bmatrix}1&0&0&0\\0&\cos(-90^\circ)&\sin(-90^\circ)&0\\0&-\sin(90^\circ)&\cos(-90^\circ)&0\\0&0&0&1\end{bmatrix}\begin{bmatrix}1&0&0&0\\0&1&0&0\\0&0&1&0\\0&-Z_P&0&1\\0&-Z_P&0&1\end{bmatrix}=\begin{bmatrix}1&0&0&0\\0&0&0&0\\0&-1&0&0\\0&Z_P&0&1\end{bmatrix}$$

$$T_V=\begin{bmatrix}0&0&0&0\\0&1&0&0\\0&0&1&0\\0&0&0&1\end{bmatrix}\begin{bmatrix}\cos90^\circ&0&\sin90^\circ&0\\0&1&0&0\\-\sin90^\circ&0&\cos90^\circ&0\\0&0&0&1\end{bmatrix}\begin{bmatrix}1&0&0&0\\0&1&0&0\\0&0&1&0\\-X_L&0&0&1\end{bmatrix}=\begin{bmatrix}1&0&0&0\\0&1&0&0\\-1&0&0&0\\-X_L&0&0&1\end{bmatrix}$$

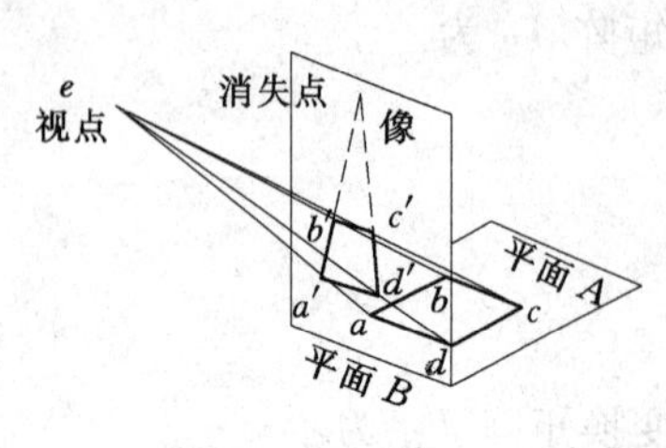


图 3.13 透视投影

（2）三维透视变换。在三维空间里，当以视点（眼睛的位置）为投影中心，将三维物体投影于某投影平面时，便在该平面内产生三维物体的像，这就是透视投影，又称中心投影，如图 3.13 所示。

图中水平面 $A$ 上有一个正方形 $abcd$，在视点 $e$ 与物体之间用一个不通过 $e$ 点的平面 $B$ 切断视线，在平面上 $B$ 上所截得的形状 $a'b'c'd'$ 即为透视变换所成的像，$B$ 平面称为像平面。

在透视变换中，物体离视点越远越小。如图中边长 $ad$ 和 $bc$ 原是等长的，但透视变换后反映在像平面上时，$a'd'>c'd'$ 的延长线将交于一点（称灭点或消失点），这种现象如同从高处眺望很长的铁路线时的感觉一样。这就表明，透视变换能产生类似人眼的视觉效果，这对于尺寸较大的物体尤其明显。

一个物体各方向上的透视图可以由两种方法得到：一种是物体不动，视点绕物体所在坐标系（用户坐标系）的原点在空间变化位置进行观察，从而在垂直于视点和物体坐标系原点连线的像平面上产生该物体各方向的透视图；另一种是视点不动，物体在用户坐标系中变换位置，如旋转、平移等，也可以在像平面上获得该物体在各个方向上的透视图。

图 3.14 所示的中心透视变换，视点 $xoy$ 平面间距离 $z_s$；像平面 $s$ 与 $z$ 轴的交点 $o_s$ 为像平面的原点；视点 $p_e$ 与物体坐标系原点 $o$ 的距离为 $z_o$。

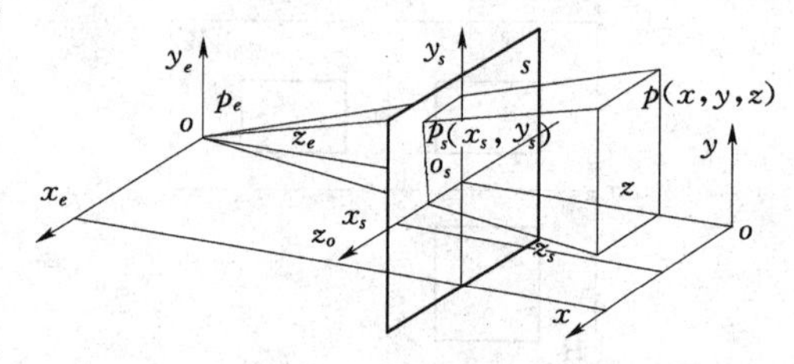


图 3.14 中心透视变换

物体坐标系中任一点 $p(x, y, z)$ 称为像源。根据透视投影关系可得像平面中的像点 $p_s(x_s, y_s, z_s)$。

为了简化，移动像平面使它与 $xoy$ 平面重合，此时 $z_s=0$，视点与像平面的距离称视距，以 $d$ 表示。此时，像点 $p_s$ 的坐标化简为 $p_s(x_s, y_s, 0)$。

如用矩阵表示由像源转变为像点的变换

$$[x_s \quad y_s \quad 0 \quad 1]=[x \quad y \quad z \quad 1]T_p$$

式中：$T_p$ 为由物体坐标系到像平面坐标系的变换矩阵

$$\begin{bmatrix} 0 & 0 & 0 & 0 \\ 0 & 1 & 0 & 0 \\ 0 & 0 & 1 & 0 \\ 0 & 0 & 0 & 1 \end{bmatrix}$$

如果移动视点，使 $d\to\infty$，则由上式可以看出，$T_p$ 蜕变为正投影变换矩阵。这就说明视点位于无穷远处时，透视变换为正投影变换。

上面介绍的是透视变换中最简单的一种特殊情况，主灭点在 $z$ 轴上，投影平面就是物体坐标系中一个面。此时，与 $x$、$y$ 轴平行的线段透视投影后平行于 $x_s$，$y_s$ 轴。$T_p$ 为像平面平行 $xoy$ 平面的一点透视投影变换矩阵式。该矩阵第四列中的 $3\times1$ 子阵中有两个非零元素，即得到二点透视。

当透视画面与投影对象（物体坐标系 $xyz$）的三条坐标轴均不平行时，所得透视图为三点透视图，此时的透视变换矩阵的第四列元素均不为零。

由以上讨论可知，当三维齐次（4×4）变换矩阵，就可以得到透视的投影。

一般情况下，当视点在空间的任意位置时，用一个坐标系来描述透视投影过程比较麻烦，从而引起另一个过渡坐标系，称观察坐标系。

研究透视变换及观察坐标系下的三维剪裁等，可以参阅有关书籍。

# 任务3.2　几 何 建 模 技 术

掌握几何建模的基本概念和几种建模方法的原理、特点及其在计算机内的表示，比较不同方法的使用场合；学会根据物体的结构形状，分析建模过程，画出数据结构图；了解特征建模的基本概念；会使用商品化 CAD/CAM 软件中的几何建模功能。

建模技术是将现实世界中的物体及其属性转化为计算机内部数字化表达的原理和方法。

机械 CAD/CAM 技术处理的对象主要是三维实体。长期以来，机械设计师用二维图形来表达自己的设计意图和要求。在概念设计阶段，设计师的头脑中构思的是三维实体，为了便于表示和交流必须将三维实体按照投影关系映射到图纸上，而后续的加工人员必须通过读图在头脑中重现设计师想要表达的三维实体，整个技术信息的转换处理过程繁杂、抽象，特别是对复杂的零件更是如此。因此，在 CAD/CAM 中，建模技术是定义产品在计算机内部表示的数字模型、数字信息以及图形信息的工具，是产品信息化的源头，直接采用建模技术来构造设计对象模型不仅使设计过程直观、方便，同时也为后续的应用，如产品设计分析、物性计算、工程图生成、工程分析、数控加工编程与加工仿真、三维装配、运动仿真、动力学和运动学分析、渲染处理、数字化加工与装配中的碰撞干涉检查、生产过程管理等各领域的应用提供了有关产品的信息描述与表达方法，对保证产品数据的一致性和完整性提供了技术支持。是实现计算机辅助设计与制造的前提条件，也是实现 CAD/CAM 一体化的核心内容。下面主要介绍 CAD/CAM 中产品几何信息的描述原理和方法，包括建模的基本概念、线框建模、曲面建模、实体建模、特征建模等的基本概念。

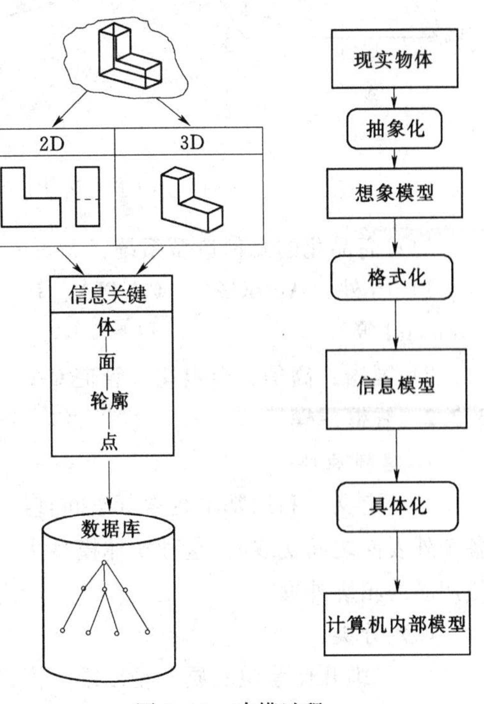


图 3.15　建模过程

### 3.2.1　基本概念

1. 概念

（1）建模。将现实世界中的物体及属性转化为计算机内部数字化表达的原理和方法。

（2）建模的过程。如图 3.15 所示，建模过程就是一个产生、存储、处理、表达现实世界的过程。

（3）数据模型的组成。一般由数据、数据结构、算法三个部分组成。

（4）CAD/CAM 建模技术。是指产品数据模型在计算机内部的建立方法、过程及采用的数据结构和算法。

建模技术是 CAD/CAM 系统的核心技术，计算机集成制造系统（CIMS）的水平与集成在很大程度上取决于三维几何建模软件的系统的功能与水平。

2. 几何建模

（1）含义。几何建模就是形体的描述和表达是建立在几何信息和拓扑信息基础上的建模。

1）几何信息：指物体在欧氏空间中的形状、位置和大小，最基本的几何元素是点、直线、面。

2）拓扑信息：指拓扑元素（顶点、边棱线和表面）的数量及其相互间的连接关系。

（2）特点。几何模型只是对物体几何数据及拓扑关系的描述，无明显的功能、结构和工程含义，所以若从这些信息中提取、识别工程信息是相当困难的。

（3）几何建模分类（图 3.16）。可分为线框模型、表面模型和实体模型等。

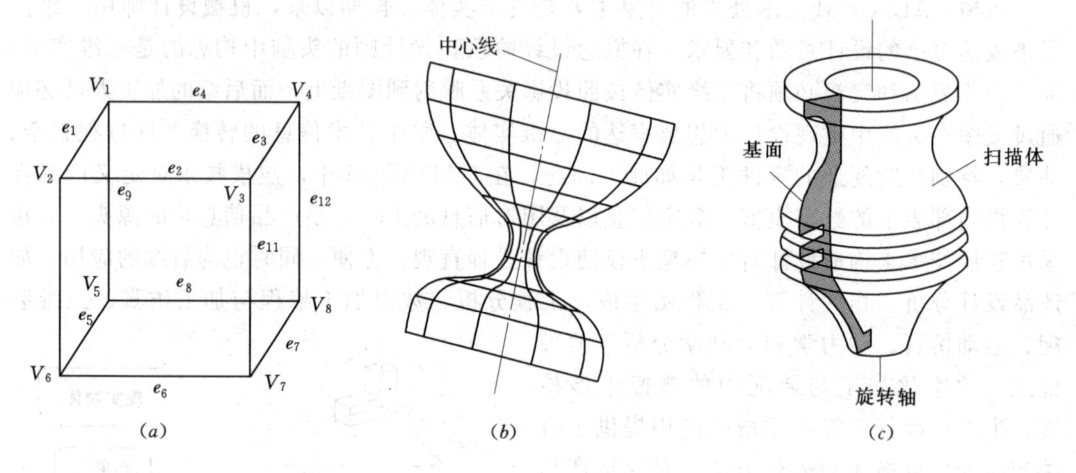


(*a*)　(*b*)　(*c*)

图 3.16　几何建模类型

(*a*) 线框模型；(*b*) 表面模型；(*c*) 实体模型

（4）商品化的几何造型系统。

1）国外：AutoCAD、CATIA、I－DEAS、Pro/Engineer、Unigraphics Ⅱ、ACIS、Parasolid 等。

2）国内：高华、金银花、管道 CAD、制造工程师（ME）、NPU－CAD/CAM 系统。

### 3.2.2　线框建模

1. 建模原理

（1）定义。利用基本线素（空间直线、圆弧和点）来定义物体的框架线段信息（物体各个外表面之间交线）。这种实体模型由一系列直线、圆弧、点及自由曲线组成，描述的是产品的轮廓外形。

（2）分类。

1）二维几何建模实质上是二维线框模型，它以二维平面的基本图元（如点、线、圆弧等）为基础表达二维图形。

二维几何建模系统比较简单适用，同时大部分提供了方便的人机交互功能，如果任务仅局限于计算机辅助绘图或对回转体零件的数控编程，则可采用二维建模系统。但在二维系统中，由于各视图及剖视图是独立产生的，因此不可能将描述同一个零件的不同信息构成一个整体模型，所以当一个视图改变时，其他视图不能自动改变。

2）三维线框模型是二维线框模型的直接拓展和延伸。

2. 数据结构

三维线框模型采用表结构，在计算机内部存储物体的顶点及棱线信息，将实体的几何信息和拓扑信息层次清楚地记录在边表、顶点表中。如图3.17所示的物体在计算机内部是用18条边，12个顶点来表示的。

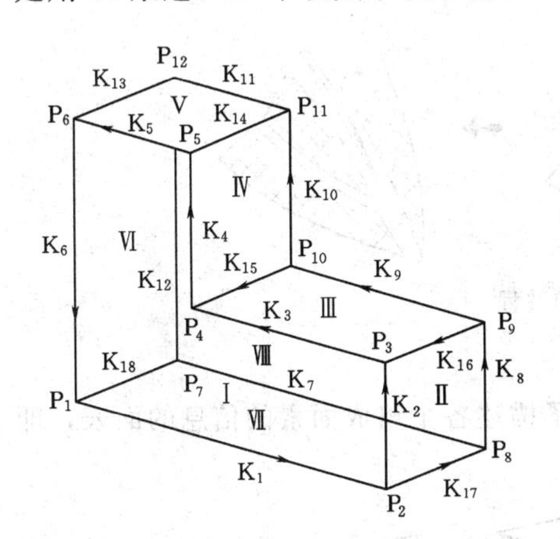


顶点表

| 点号 | $x$ | $y$ | $z$ |
|---|---|---|---|
| $P_1$ | | | |
| $P_2$ | | | |
| ⋮ | | | |
| $P_{12}$ | | | |

边表

| 线号 | 线两端端点编号 | |
|---|---|---|
| $K_1$ | $P_1$ | $P_2$ |
| $K_2$ | $P_2$ | $P_3$ |
| ⋮ | ⋮ | ⋮ |
| $K_{18}$ | $P_1$ | $P_7$ |

图3.17 线框模型数据结构

3. 特点

（1）优点：这种描述方法信息量少，计算速度快，对硬件要求低。数据结构简单，所占的存储空间少，数据处理容易，绘图显示速度快。

（2）缺点：

1）存在二异性，即使用一种数据表示的一种图形，有时也可能看成另外一种图形（图3.18）。

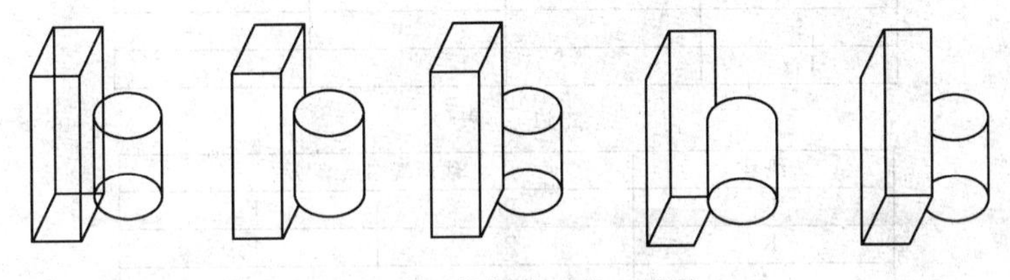

图3.18 线框模型的二异性

2）由于没有面的信息，不能解决两个平面交线问题。

3）由于缺少面的信息，不能消除隐藏线和隐藏面。

4）由于没有面和体的信息，不能对立体图进行着色和特征处理，不能进行物性计算。

5）构造的物体表面是无效的，没有方向性，不能进行数控编程。

4. 应用

线框结构的几何模型是在CAD刚刚起步时惯用的几何模型，它也是一种比较广泛被

采用的模型。

三维线框模型不适用于对物体需要进行完整性信息描述的场合。但在评价物体外部形状、位置或绘制图纸，线框模型提供信息是足够的，同时它具有较好的时间响应性，对于适时仿真技术或中间结果的显示是适用的。

### 3.2.3 曲面建模

1. 建模原理

曲面建模是通过对物体的各个表面或曲面进行描述而构成曲面的一种建模方法。建模时，先将复杂的外表面分解成若干个组成面，这些组成面可以构成一个个基本的曲面元素。然后通过这些面素的拼接就构成了所要的曲面。如图 3.19 所示就是一个曲面的拼接过程。

图 3.19 曲面建模的过程

2. 数据结构

采用表结构，除了边表和顶点表以外，还提供了描述各个组成面素的信息的面表，即曲面是由哪些基本曲线构成的，如图 3.20 所示。

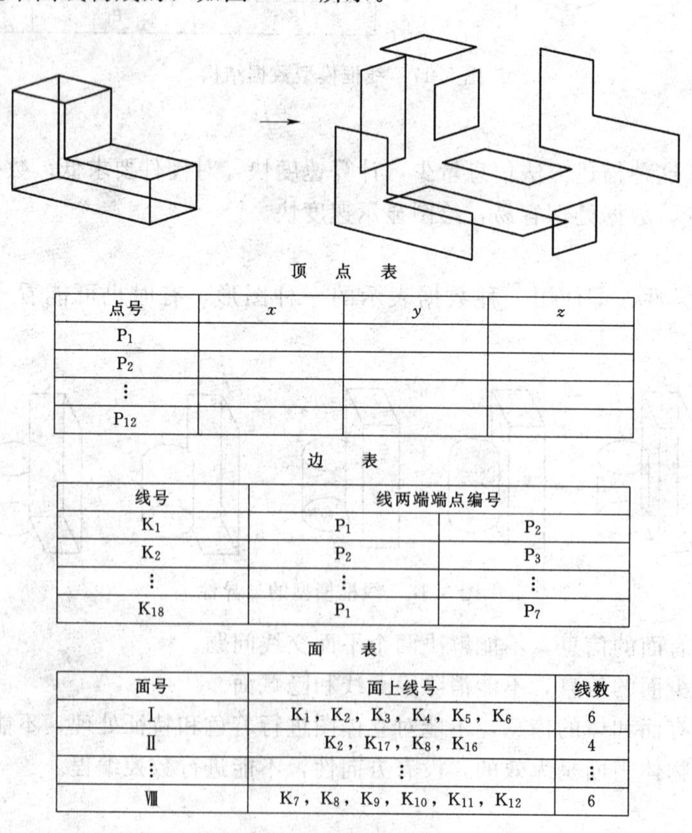

顶 点 表

| 点号 | $x$ | $y$ | $z$ |
|---|---|---|---|
| $P_1$ | | | |
| $P_2$ | | | |
| ⋮ | | | |
| $P_{12}$ | | | |

边 表

| 线号 | 线两端端点编号 | |
|---|---|---|
| $K_1$ | $P_1$ | $P_2$ |
| $K_2$ | $P_2$ | $P_3$ |
| ⋮ | ⋮ | ⋮ |
| $K_{18}$ | $P_1$ | $P_7$ |

面 表

| 面号 | 面上线号 | 线数 |
|---|---|---|
| Ⅰ | $K_1$，$K_2$，$K_3$，$K_4$，$K_5$，$K_6$ | 6 |
| Ⅱ | $K_2$，$K_{17}$，$K_8$，$K_{16}$ | 4 |
| ⋮ | ⋮ | ⋮ |
| Ⅷ | $K_7$，$K_8$，$K_9$，$K_{10}$，$K_{11}$，$K_{12}$ | 6 |

图 3.20 曲面模型数据结构

3. 曲面生成方法

(1) 对于一般常用的曲面，可以采用以下几种简化曲面生成的方法：

1) 线性拉伸面（平移表面）。这是一种将某曲线，沿固定方向拉伸，而产生的曲面的方法，如图3.21所示。

2) 直纹面。给定两条相似的NURBS曲线或其他曲线，它们具有相等的次数和相等的节点个数，将两条曲线上的对应的节点用直线连接，就形成了直纹曲面，如图3.22所示。

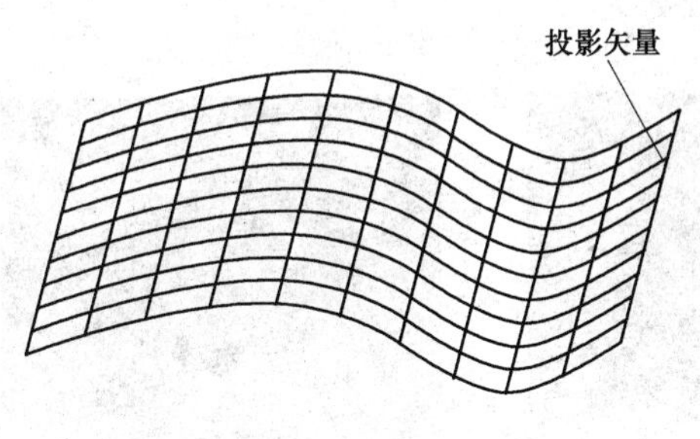


图3.21 平移面

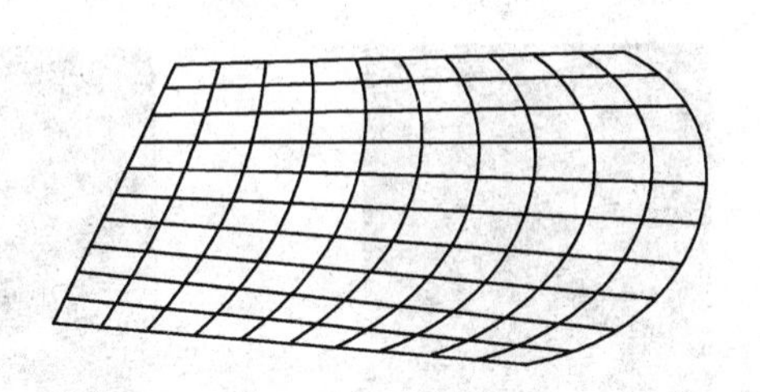

图3.22 直纹面

3) 旋转面。将指定的曲线，绕旋转轴，旋转一个角度，所生成的曲面就是旋转曲面，如图3.23所示。

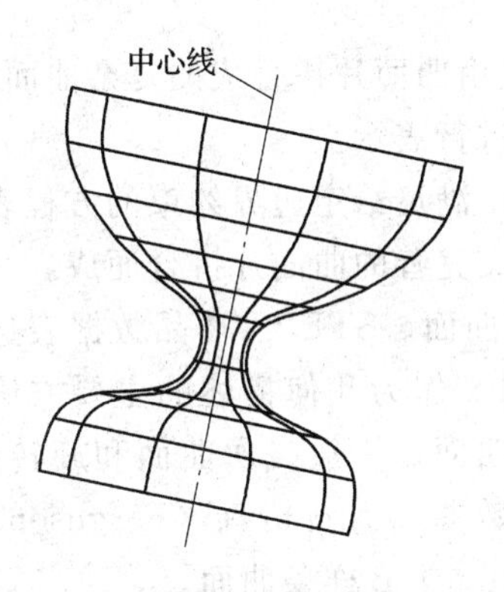


图3.23 旋转面

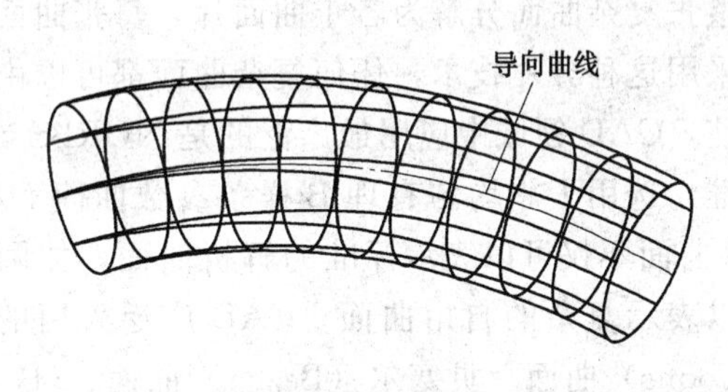


图3.24 扫描面

4) 扫描面。扫描面构造方法很多，其中应用最多、最有效的方法是沿导向曲线（也有称它为控制线）扫描而形成曲面，它适用于创建有相同构形规律的表面，如图3.24所示。

5) 边界曲面。在4条连接直线或多义线间建立一个三维表面，如图3.25所示。

(2) 复杂曲面的生成（图3.26）。

1) Bezier曲面：是一组空间输入点的近似曲面。但不通过给定的点，不具备局部控制功能。

2) B样条曲面：是一组空间输入点的近似曲面，具有局部控制功能。

3) 孔斯（Coons）曲面：由封闭的边界曲

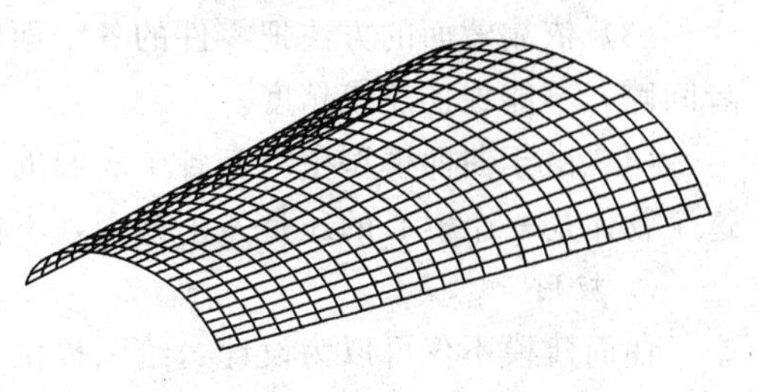

图3.25 边界曲面

线构成。

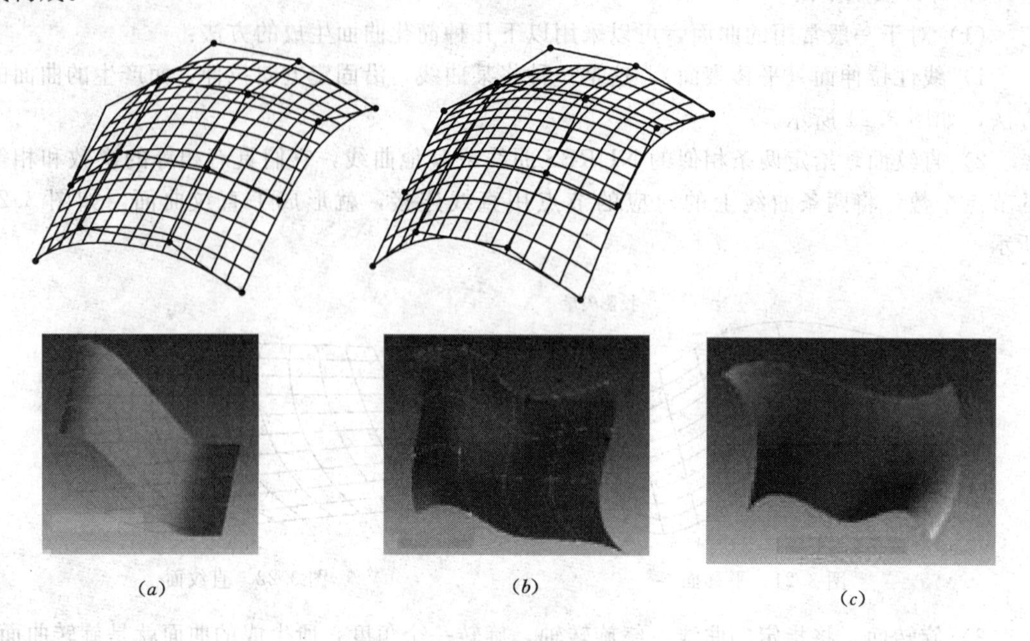

图 3.26  复杂曲面

（a）Bezier 曲面；（b）B样条曲面；（c）孔斯（Coons）曲面

（3）组合曲面。组合曲面（Composite Surfaces）是由曲面片拼合成的复杂曲面。

现实中，复杂的几何产品很难用一张简单的曲面进行表示。

将整张复杂曲面分解为若干曲面片，每张曲面片由满足给定边界约束的方程表示。理论上，采用这种分片技术，任何复杂曲面都可以由定义完善的曲面片拼合而成。

目前，CAD 领域中应用最广泛的是 NURBS 参数曲面。STEP（产品数据表达和交换国际标准）选用了非均匀有理 B 样条参数曲面 NURBS 作为几何描述的主要方法。因为 NURBS 曲面不仅可以表示标准的解析曲面，如圆锥曲面、一般二次曲面和旋转曲面等，而且可以表示复杂的自由曲面。CAD 广泛采用的参数曲面有费格森（Ferguson）曲面、孔斯（Coons）曲面、贝塞尔（Bezier）曲面、（B－Spline）B 样条曲面。

4. 曲面建模的特点

（1）它克服了线框模型的许多缺点，能够完整地定义三维物体的表面，可以在屏幕上生成逼真的彩色图像，可以消除隐藏线和隐藏面。

（2）曲面建模实际上采用蒙面的方式构造零件的形体，因此很容易在零件建模中漏掉某个甚至某些面的处理，这就是常说的“丢面”。

（3）依靠蒙面的方法把零件的各个面粘贴上去，往往会在面与面的连接处出现重叠或者间隙，不能保证建模精度。

（4）由于曲面模型中没有各个表面的相互关系，不能描述物体的内部结构，很难说明这个物体是一个实心的还是一个薄壳，不能计算其质量特性。

5. 应用

曲面建模不仅可以为设计、绘图提供几何图形信息，还可以为其他应用场合继续提供数据，例如当曲面设计完成以后，可以根据用户要求自动进行有限元网格的划分、三坐标

或五坐标NC编程以及计算和确定刀具轨迹等。

表面建模主要适用于其表面不能用简单数学模型进行描述的物体，如飞机、汽车、船舶等的一些外表面。表面建模的重点是曲面建模，用于构造复杂曲面的物体。

### 3.2.4　实体建模

1. 实体建模的基本原理

在曲面建模中是无法确定面的哪一侧存在实体，哪一侧没有实体。而实体建模是在计算机内部以实体描述客观事物，这样一方面可以提供试实体完整的信息，另一方面可以实现对可见边的判断，具有消隐功能。实体建模主要通过定义基本体素，利用体素的集合运算，或基本变形操作实现的，特点在于覆盖三维立体的表面与其实体同时生成。

2. 数据结构（边界表示法数据结构，如图3.27所示）

实体建模采用表结构存储数据，其中棱线表和面表与曲面造型有很大不同，从表中可以看出，棱线表记录的内容更加丰富，可以从面表找到构成面的棱线，从棱线表中可以找到两个构成棱线的面。与曲面建模相比，实体模型不仅记录了全部几何信息，而且记录了全部点、线、面、体的信息。

棱　线　表

| 边号 | 起点 | 终点 | 右面号 | 左面号 | EFP | EAP | 属性 | |
|---|---|---|---|---|---|---|---|---|
| | | | | | | | 线型 | 颜色 |
| $K_1$ | $P_1$ | $P_2$ | Ⅶ | Ⅰ | O | $K_2$ | — | — |
| $K_2$ | $P_2$ | $P_3$ | Ⅱ | Ⅰ | $K_1$ | $K_3$ | — | — |
| $K_3$ | $P_3$ | $P_4$ | Ⅲ | Ⅰ | $K_2$ | $K_4$ | — | — |
| $K_4$ | $P_4$ | $P_5$ | Ⅳ | Ⅰ | $K_3$ | $K_5$ | — | — |
| ⋮ | ⋮ | ⋮ | ⋮ | ⋮ | ⋮ | ⋮ | ⋮ | ⋮ |

EFP棱线循环表的前指针，EAP棱线循环表的后指针。

面　表

| 表面号 | 组成的棱线 | 前　趋 | 后　继 |
|---|---|---|---|
| Ⅰ | $K_1$，$K_2$，$K_3$，$K_4$，$K_5$，$K_6$ | O | Ⅱ |
| Ⅱ | $K_{17}$，$K_8$，$K_{16}$，$-K_2$ | Ⅰ | Ⅲ |
| Ⅲ | $-K_{16}$，$K_9$，$K_{15}$，$-K_3$ | Ⅱ | Ⅳ |
| ⋮ | ⋮ | ⋮ | ⋮ |

图3.27　实体模型数据结构

3. 实体建模的方法

(1) 体素法。利用一些基本的体素（如长方体、圆柱、圆环、圆球等）通过集合运算（布尔运算）组合成产品模型。根据设计需要，对基本几何形体的尺寸参数进行赋值即可得到对应的几何形体。图3.28所示为常见的大多数实体造型系统所支持的常见体素。

(2) 扫描法。

1) 平面轮廓扫描。平面轮廓扫描法是一种将二维封闭的轮廓，沿指定的路线平移或绕任意一个轴线旋转得到的扫描体，一般使用在棱柱体或回转体上，如图3.29所示。

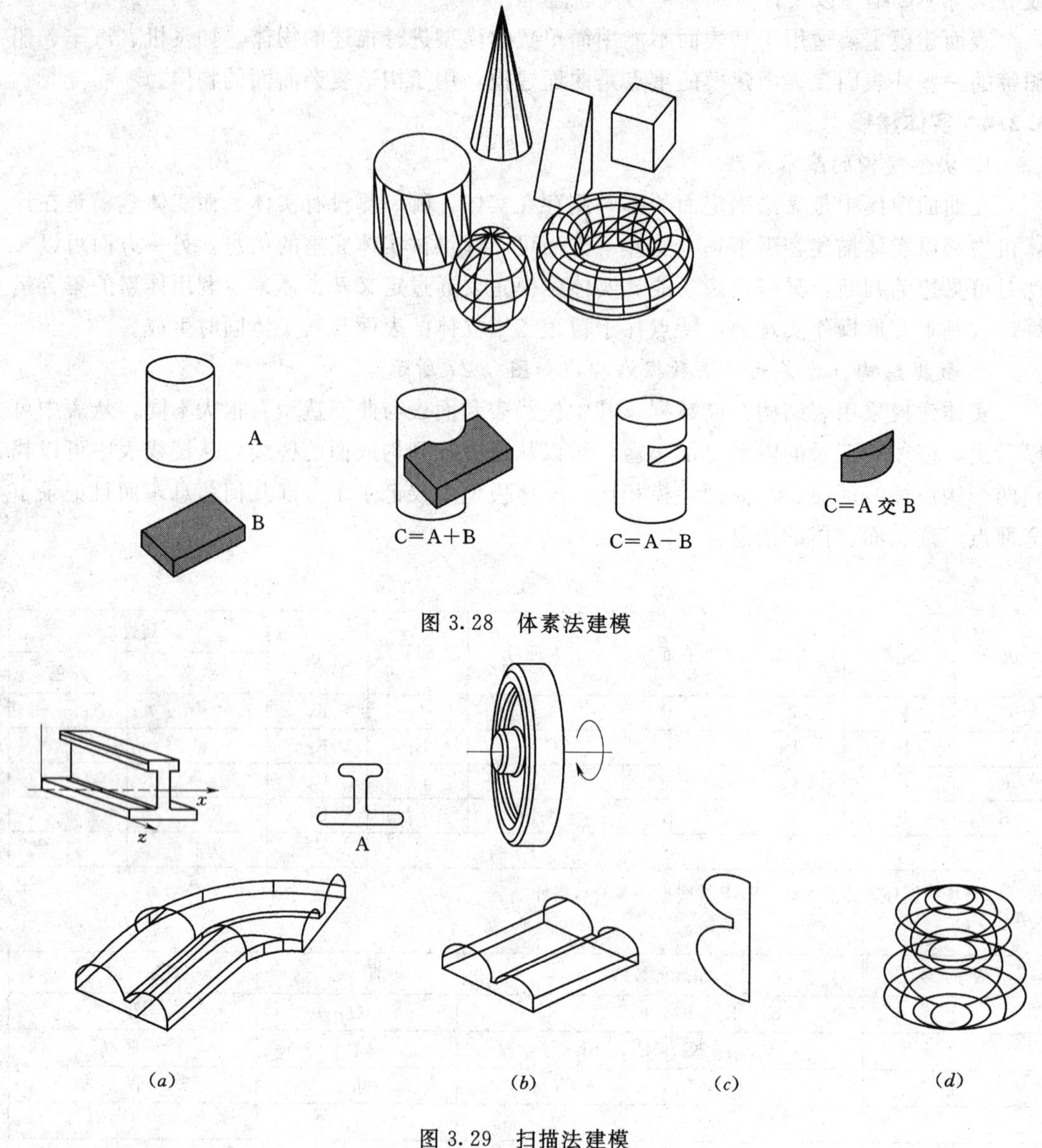


图 3.28 体素法建模

图 3.29 扫描法建模

(a) 沿曲线扫描；(b) 沿直线扫描；(c) 扫描前的轮廓；(d) 旋转扫描

2）三维实体扫描。实体扫描法是用一个三维实体作为扫描体，让它作为基体在空间运动，运动可以是沿某个曲线移动，也可以是绕某个轴的转动，或绕某一个点的摆动。运动的方式不同产生的结果也就不同。

4. 三维实体建模的计算机内部表示（数据结构）

(1) 边界表示法（B-Rep，Boundary Representation）。

1）与表面造型的区别。

a. 概念。边界表示法是用物体封闭的边界表面描述物体的方法，这一封闭的边界表面是由一组面的并集组成的，如图 3.30 所示。

b. 边界表示法层次结构，如图 3.31 所示。

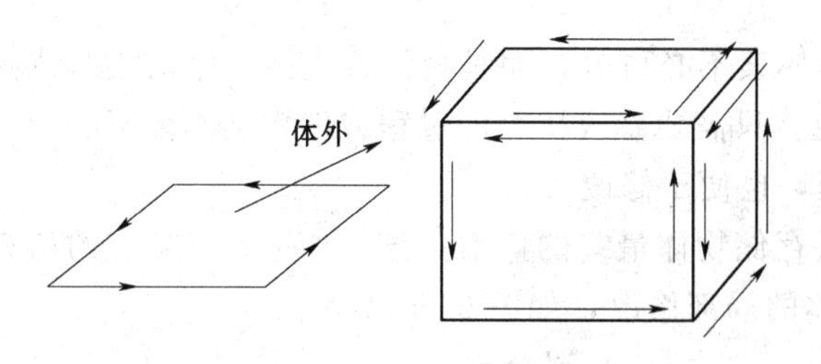


| 表面 $F$ | 棱线号 | | | |
|---|---|---|---|---|
| 1 | 1 | 2 | 3 | 4 |
| 2 | −5 | −6 | −7 | −8 |
| 3 | −1 | −10 | −5 | −9 |
| 4 | 2 | 11 | 6 | 10 |
| 5 | 3 | 12 | 7 | 11 |
| 6 | −4 | −9 | −8 | −12 |

图 3.30　边界表示法数据结构

c. 与表面模型的区别。边界表示法的表面必须封闭、有向，各张表面间有严格的拓扑关系，形成一个整体。而表面模型的面可以不封闭，面的上下表面都可以有效，不能判定面的哪一侧是体内与体外。

此外，表面模型没有提供各张表面之间相互连接的信息。

2）特点。

a. 边界表示法强调的是形体的外表细节，详细记录了形体的所有几何和拓扑信息。

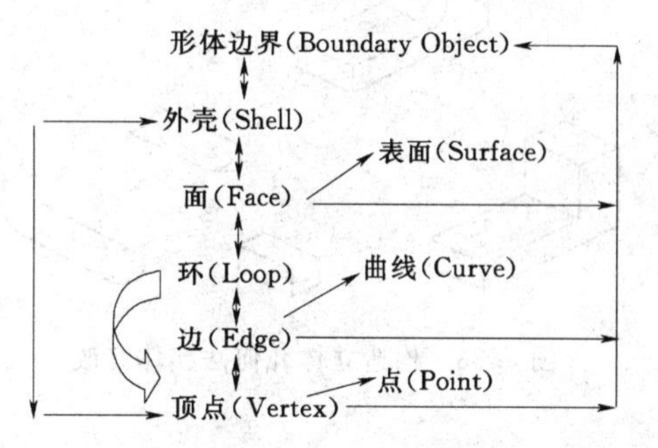


图 3.31　边界表示法层次结构

b. 数据结构在管理上易于实现，也便于系统直接存取组成实体的各种几何元素的具体参数，当需要进行有关几何体的结构运算时，可以直接使用几何体的面、边、体、点定义的数据，进行交、并、差运算，甚至可以直接通过人机交互的方式对实体进行修改。

c. 面的边线存储是按照逆时针存储，因此边在计算机内部存储都是两次，这样边的数据存储有冗余。此外，它没有记录实体是由哪些基本体素构成的，无法记录基本体素。

3）应用。采用边界表示法建立实体的三维模型，有利于生成和绘制线框图、投影图，有利于与二维绘图功能衔接，生成工程图。

（2）构造立体几何法（CSG），如图 3.32 所示。

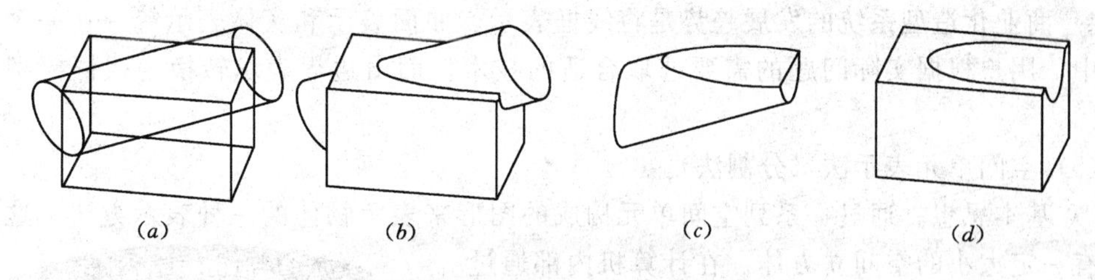


图 3.32　构造立体几何法各种运算

(*a*) 原形；(*b*) 并；(*c*) 交；(*d*) 差

1）基本思想。物体都是一些基本体素按照一定的顺序拼合而成的。通过记录基本体素及它们的集合运算表示物体的生成过程。

2）数据结构。一个物体的 CSG 表示是一个有序的二叉数，树的非终端结点表示各种运算（包括一些变换矩阵）。树的终端结点表示体素。

3）集合的交、并、差运算。

4）特点。

a. 数据结构非常简单，每个基本体素不必再分，而是将体素直接存储在数据结构中。

b. 对于物体结构的修改非常方便，只需要修改拼合的过程或编辑基本体素。

c. 能够记录物体结构生成的过程，也便于修改。

d. 记录的信息不是很详细，无法存储物体最终的详细信息，如边界、顶点的信息等。

5）应用。可以方便地实现对实体的局部修改，如图3.33所示。

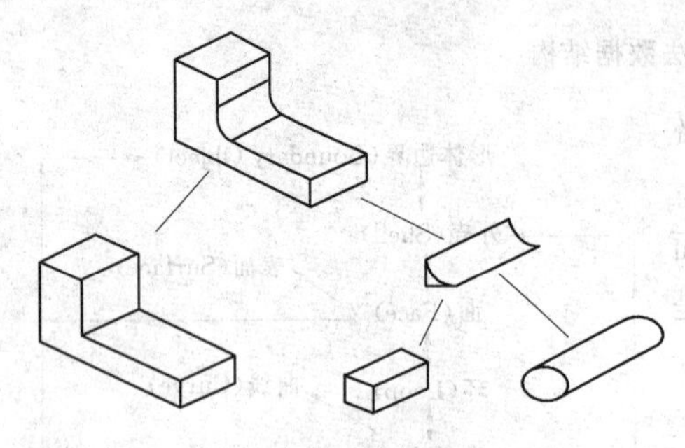

图3.33　构造立体几何法实体修改

（3）混合模型。

1）B－Rep法强调的是形体的外表细节，详细记录了形体的所有几何和拓扑信息，具有显示速度快等优点，缺点在于不能记录产生模型的过程。

2）CSG法具有记录产生实体过程的优点，便于交、并、差运算等优点，缺点在于对物体的记录不详细。

3）由于CSG法描述实体的能力强，故几乎在所有基于边界表示法的实用系统中，都采用CSG法作为实体输入手段。

例如，在实用系统中，有建立体素的命令，进行各种体素拼合的命令，以及修改某个体素的命令等；当执行这些命令时，相应地生成或修改边界表示数据结构中的数据。

（4）实用造型系统中的应用。在实用造型系统中，边界表示法已逐渐成为实体的主要表示形式。这是因为：

1）用CSG法构造复杂的实体存在局限性。

2）边界表示法采用了自由曲面造型技术，能够构造像飞机、汽车那样具有复杂外形的实体，用CSG法的体素拼合则难以做到。

3）从CSG模型通过计算可直接转换成边界表示模型，但反之不然。尚没有从边界表示模型到CSG模型的一般转换算法，因此两种表示法不可交换。

4）商业化造型系统的发展趋势是将线框表示、曲面表示和实体表示统一在一个统一框架中，用户根据实际问题的需要选取合适的技术。而由边界表示转换为线框模型非常简单。

（5）空间单元表示法（分割法）。

1）基本思想。通过一系列空间单元构成的图形来表示物体的一种表示方法。这些单元是有一定大小的空间立方体。在计算机内部通过定义各个单元的位置是否填充来建立整个实体的数据结构，如图3.34所示。

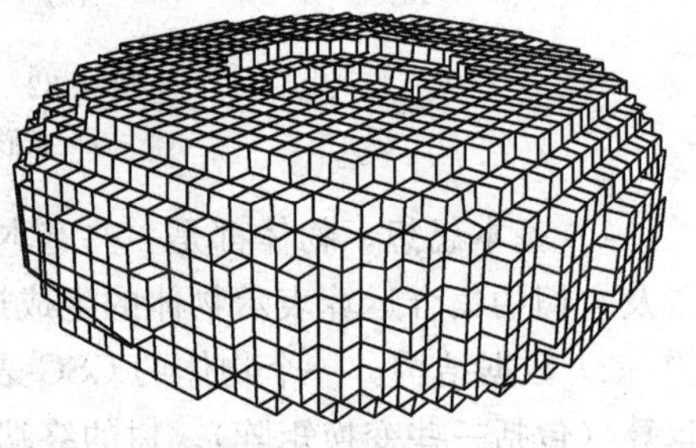

图3.34　空间单元表示法模型

2）数据结构。数据结构通常是四叉树或八叉树，四叉树常用作二维物体描述，对三维实体需采用八叉树。

3）判定方法。首先定义三维实体的外接立方体，并将其分割成八个子立方体，依次判断每个子

立方体，若为空，则表示无实体；若为满表示有实体充满；若判断结果为部分有实体填充，将该子立方体续分解，直到所有的子立方体或为空，或为满，直到达到给定的精度，如图 3.35 所示。

4）特点。采用八叉树表示后，物体之间的集合运算变得十分简单，八叉树的数据结构也大大简化了消隐算法，同时极利于作局部修改。

缺点是数据存储量大，且不能表示物体各部分之间的关系，也没有点、线、面的概念。

优点是算法简单，便于物性计算和有限元分析。

表 3.3 是零件造型技术的优缺点比较和应用场合。

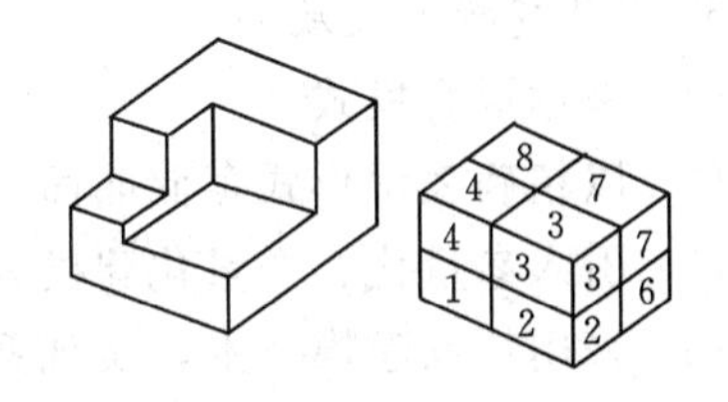


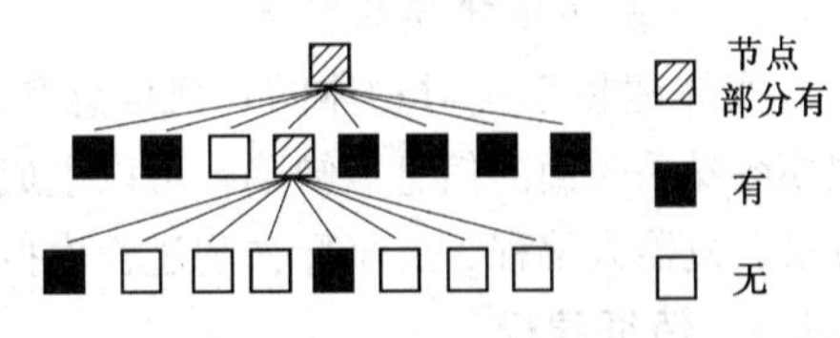


图 3.35 空间单元表示法数据结构

**表 3.3 零件造型技术的比较与选用**

| 序号 | 造型技术 | 优　点 | 缺　点 | 应　用 |
|---|---|---|---|---|
| 1 | 线框造型 | ①所需信息最少；<br>②可以产生任意视图；<br>③容易掌握、处理 | ①只能表示棱边；<br>②没有面的信息；<br>③不能计算几何特性 | ①用作虚体特征；<br>②用作布局图；<br>③用作有限元网格显示等 |
| 2 | 曲面造型 | ①增加了面的信息；<br>②可以完整定义三维立体表面；<br>③可用于有限元网格划分等 | ①不能描述零件内部信息；<br>②不能考察与其他零件相关联的性质 | ①用作虚体特征；<br>②构造汽车车身、飞机机翼等模型 |
| 3 | 实体造型 | 能完整表达零件的几何信息及相互间的拓扑关系，计算物体的几何特性（面积、体积、几何中心） | ①不能表达零件的材料、公差、粗糙度及其他技术要求等有工程意义的非几何信息；<br>②无约束，不能修改 | 用作特征造型的基础，其几何模型描述语言被现代 3D 软件所采用，如 SolidWorks、Solid Edge 用 Parasolid |
| 4 | 特征造型 | ①有利于产品的信息集成；<br>②有利于集中精力进行创新构思与设计；<br>③有利于开展协同设计；<br>④有利于实现标准化、系列化和通用化 | 特征之间一般不能做布尔运算（如 Pro/E） | 用作参数化造型和变量化造型的基础 |
| 5 | 参数化造型 | ①基于特征造型；<br>②数据全相关；<br>③尺寸驱动设计修改 | ①全尺寸约束，不能漏注尺寸；<br>②其他工程关系约束不直接参与约束管理 | 用于全约束下的结构形状已比较定形的产品设计 |
| 6 | 变量化造型 | ①基于特征造型；<br>②数据全相关；<br>③约束驱动设计修改，允许欠约束，约束是广义的，是零件全部特征信息的集合 | 由于设计的修改太宽松自由，用于定型产品设计时，不如参数化造型好操作 | 用于任意约束下的新产品设计 |

5. 实体建模的发展趋势

（1）采用混合模式。

（2）以精确表示形式存储曲面实体模型。

（3）引入参量化、变量化建模方法，便于设计修改。

（4）采用特征建模技术，实现系统集成。

6. 三维实体建模的特点

实体建模系统对物体的几何信息和拓扑信息的表达克服了线框建模存在二义性以及曲面建模容易丢失面的信息等缺陷。可以生成真实感的图像和进行干涉检查，特别是在机械有限元分析、机器人编程、五坐标铣削过程模拟、空间技术、运动学分析上成为不可缺少的工具。

### 3.2.5　特征建模

几何建模的局限性：

（1）几何模型难以修改，不能适应产品开发的动态过程。

（2）只能详细地描述物体的几何信息和拓扑信息，但是缺乏明显的工程含义，产品设计中的一些非几何信息如定位基准、公差、表面粗糙度、加工和装配精度及材料信息等也是加工该零件所需信息的有机组成部分，但是在几何建模中不能有机而充分地描述。

（3）所提供的造型手段不符合工程师的设计习惯。

几何建模只提供了点、线、面或体素拼合这些初级构形手段，不能满足设计、制造对构形的需要。因为设计工程师和制造工程师在设计一个零件时，总是从那些对设计或制造有意义的基本特征出发进行构思以形成所需的零件。其中的特征包括各种槽（如方形槽、V形槽、燕尾槽、盲槽）、凹坑、圆孔、螺纹孔、顶尖孔、退刀槽、倒角等。

特征造型是以实体造型为基础，用具有一定设计或加工功能的特征作为造型的基本单元建立零部件的几何模型。

1. 特征的定义

（1）概念。特征的几种定义如下：

1）1992年Brown所给出的：特征就是任何已被接受的某一个对象的几何、功能元素和属性，通过特征可以很好地理解该对象的功能、行为和操作。

2）特征就是一个包含工程含义或意义的几何原型外形。特征在此已不是普通的体素，而是一种封装了各种属性（Attribute）和功能（Function）的功能要素。

3）以DIXON为代表的学者从设计自动化入手，将特征与产品设计知识表示和功能要求相连，将特征定义为：具有一定几何形状的实体，与CIMS一个或多个功能相关，可以作为基本单元进行设计和处理。

4）以WILSON为代表的学者从制造领域入手，将特征与工艺过程设计、NC自动编程、自动检测相连，将特征定义为：对应一定基本加工操作的几何形状。

5）在机械行业中特征通常指的是形状特征。

面向设计的形状特征定义：工件的特征定义为在工件的表面、边或角上形成的特定的几何构型。

面向工艺的形状特征定义：工件上一个有一定特性的几何形状，其对于一种机械加工过程是特定的，或者用于装夹或测量目的。

形状特征的通用定义：形状特征为具有一定拓扑关系的一组几何元素构成的形状实

体，它对应零件上的一个或多个零件功能，能够被固定的加工方法加工成形。

(2) 在CAD/CAM领域的特征必须满足如下条件：

1) 特征必须是一个实体或零件中的具体构成之一。

2) 特征能对应到某一种形状。

3) 特征应该具有工程上的意义。

4) 特征的性质是可以预料的。

(3) 特征的含义。特征是产品信息的集合，它不仅具有按一定拓扑关系组成的特定形状，且反映特定的工程语义，适宜在设计、分析和制造中使用。

应该将特征理解为一个专业术语，它兼有形状和功能两种属性，从它的名称和语义足以联想其特定几何形状、拓扑关系、典型功能、绘图表示方法、制造技术和公差要求。

2. 特征的分类

(1) 根据制造方法不同分为：铸、锻、焊、机加工和注塑成型特征。

(2) 按零件类型不同分为：轴类零件、盘类零件、箱体类零件等。

(3) 按照零件的复杂程度分：

1) 简单特征：简单特征为独立的形状特征。

2) 复合特征：复合特征为简单特征的组合结构，如周向均布的孔、矩形阵列的孔等。

(4) 一般分类。

1) 造型特征：造型特征（又称为形状特征）是指那些实际构造出零件的特征。

a. 基本特征：指构成零件主要形状的特征。

b. 二次特征：是指用来修改基本特征的特征。

a) 正特征：正特征对应于材料添加的形状，如凸台等。

b) 负特征：负特征则是从零件实体中减去的形状，如孔、槽等。

如图3.36所示为特征分类。

2) 面向过程的特征。不实际参与零件几何形状的构造，又可以细分为精度特征、技术要求特征、材料特征、管理特征、分析特征、夹具特征、制造特征和装配特征。

3. 特征建模系统框架

特征建模是面向整个设计、制造过程的，必须能够完整、全面地描述零件生产过程的各个环节的信息以及这些信息之间的关系。

特征建模是一种以实体建模为基础，包括上述信息的产品建模方案，通常由形状特征模型、精度特征模型、材料特征模型组成，而形状特征模型是特征建模的核心和基础。

(1) 形状特征模型。前面将形状特征定义为具有一定拓扑关系的一组几何元素构成的形状实体，它对应零件上的一个或多个零件功能，能够被固定的加工方法加工成形。例，根据机械零件的轮廓特点和相应的总体加工特点，零件分类如图3.37所示。

形状特征通过参数描述，每一个特征都对应一组唯一确定该特征的控制参数，将一种形状定义为一个特征，每种特征都在产品中实现各自的功能；其尺寸标注、定位方式都遵循一定的原则；并对应各自的加工方法、加工设备和刀具、量具、辅具。

形状特征模型以实体建模为基础，其数据结构是以实体建模中的B-Rep法为基础，数据结点包括特征类型、序号、尺寸及公差等。通常它包含两个层次，一个是低层次的点、线、面、环等组成的B-Rep法结构；另一个是高层次的由特征信息组成的结构。

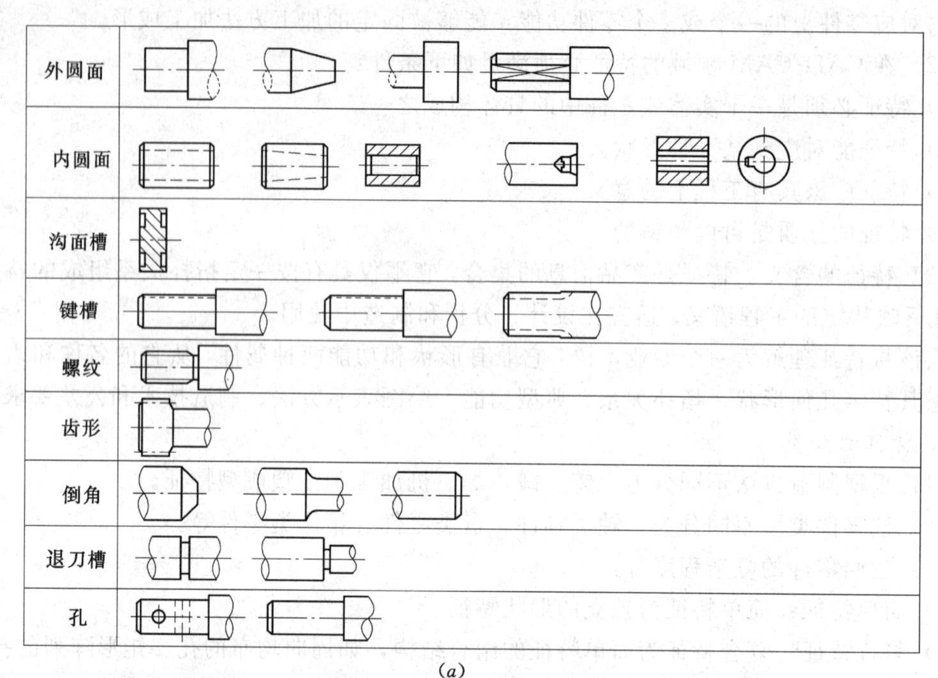


图 3.36　特征分类

(a) 轴盘类零件的基本特征；(b) 孔槽类零件的基本特征

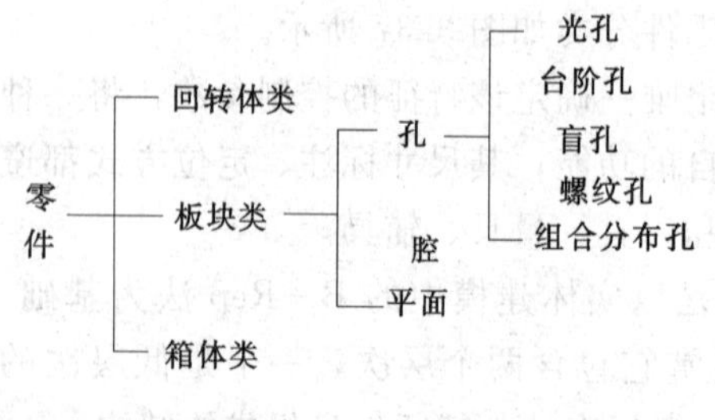


图 3.37　零件分类

(2) 精度特征和材料特征模型。精度特征用来表达零件的精度信息，包括尺寸公差、形状公差、位置公差、表面粗糙度。材料特征包括材料的种类、性能、热处理要求等。

(3) 特征建模的框架结构。特征建模的框架结构如图 3.38 所示，其中，形状特征、精度特征、材料特征分别对应各自的特征库，从中获取

特征描述信息。产品的数据库建立在这些特征库的基础上，系统与数据库之间双向交流，建模以后的产品信息送入产品数据库，并随着造型的过程而不断修改，而造型过程所需的参数从库中查询。

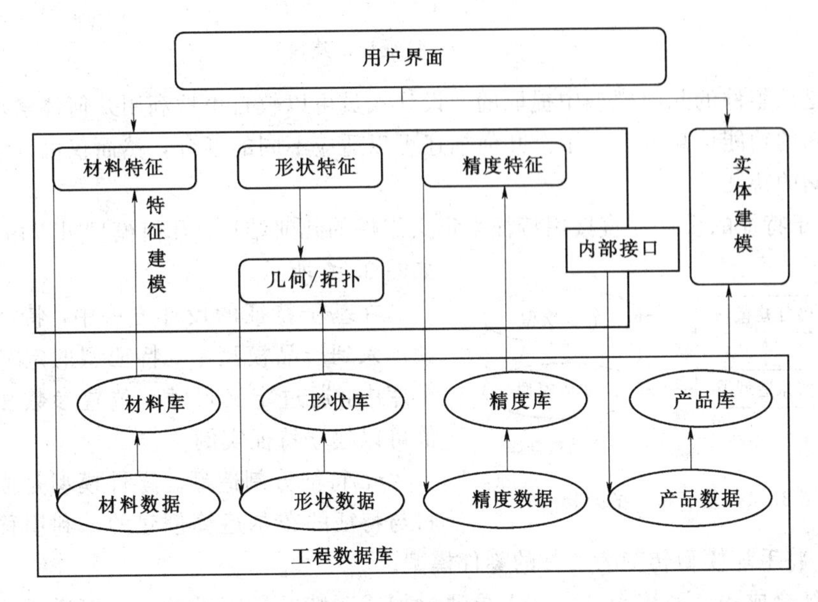


图3.38 特征建模的框架结构

4. 特征的表示方法（主要探讨形状特征）

(1) 基于B-Rep的方法。在B-Rep方法中，特征被定义为一个零件的相互联系的面的集合（面集）。这些特征也被称为“面特征”。

(2) 基于CSG的方法。基于CSG的特征表达方法将特征定义为体素，体素通过布尔操作构造零件。

(3) 基于混合CSG/B-Rep的方法。混合CSG/B-Rep方法是设计系统中表示特征的较好方法，这是因为它同时兼有CSG模型及B-Rep模型的优点：CSG模型易于对高层元素操作，B-Rep模型易于与低层元素（点、线、面）附加尺寸、公差和其他属性。

5. 参数化特征

特征设计应该能方便地进行修改，采用参数化定义的特征，特征本身就是参数化的，它们之间的组装是变量化的，即为尺寸驱动，特征参数化可以方便地修改形状、尺寸、公差、表面粗糙度等信息，最终满足所需的设计要求。在提供产品信息时，设计人员将少量集合参数输入系统，系统用这些参数自动生成特征的其他大量集合信息。

6. 特征模型的建立方法

(1) 特征模型。以特征来表示零件的方式即为零件的特征模型。由于特征的定义常依赖于应用，因而对不同的应用就有不同的特征模型，例如，有设计特征模型、制造特征模型、形状特征模型等。

(2) 建立特征模型方法。

1) 特征识别。首先建立一个几何模型，然后由程序将几何模型的某部分与预定义的特征型相比较，进而识别并提取出相匹配的特征实例，如图3.39所示。目前有很多特征

识别算法。

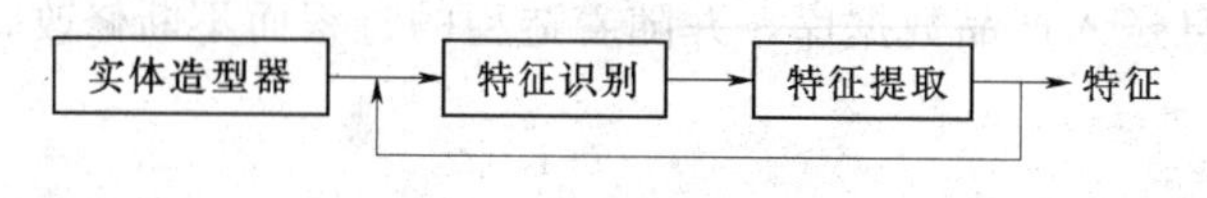


图 3.39 特征识别建模

特征是从零件的几何模型中提取的，设计人员可以较自由地利用几何体素定义物体形状，但已知的功能信息就丢失了。几何描述可以适应不同的场合，然而仅可以识别出数据库中已存储的特征。

2）基于特征的设计。直接用特征来定义零件的几何结构，几何模型可以由特征生成，如图 3.40 所示。

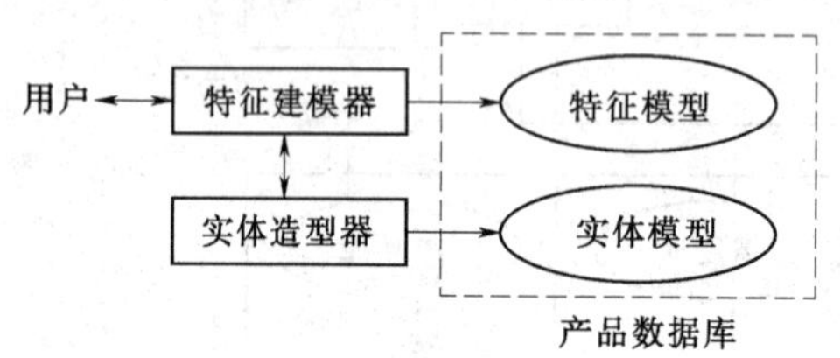


图 3.40 基于特征的建模

在基于特征的设计方法中，特征从一开始就加入到产品模型中，特征型的定义被放入一个库中，通过定义尺寸、位置参数和各种属性值可以建立特征实例。

a. 特征分割造型。零件模型是通过毛坯材料与特征的布尔运算创建的，利用移去毛坯材料的操作，将毛坯模型转变为最终的零件模型。

b. 特征合成法。系统允许设计人员通过加或减特征进行设计。首先通过一定的规划和过程预定义一般特征，建立一般特征库，然后对一般特征实例化，并对特征实例进行修改、拷贝、删除生成实体模型，导出特定的参数值等操作，建立产品模型。

利用基于特征的设计方法，特征模型是在设计阶段创建的，这样设计人员所得到的信息就会立即包含在模型中，可是用户在面向一个特定的应用之前就需要特征的定义。这种方式，用于设计的特征集是有限的，而且生成的特征模型是严格地依赖于某一个应用场合的，它不能在不同的应用场合之间共享。

3）特征设计与识别的集成建模方法。基于集成方法的系统应该提供以下功能：利用特征和几何体素生成产品的特征模型，创建特定应用的特征类别，在不同的应用场合之间对特征集进行映射。这样，用户可以直接使用特征，设计零件的一部分；同时还可以使用底层的实体造型器，设计零件的其他部分。

7. 特征造型的特点和作用

（1）特征造型着眼于更好地表达产品的完整技术和生产管理信息，为建立产品的集成信息模型服务。它的目的是用计算机可以理解和处理的统一产品模型，替代传统的产品设计和施工成套图纸以及技术文档，使得一个工程项目或机电产品的设计和生产准备各环节可以并行展开，信息流畅通。

（2）特征造型使产品设计工作在更高的层次上进行，设计人员的操作对象不再是原始的线条和体素，而是产品的功能要素，像螺纹孔、定位孔、键槽等。特征的引用直接体现设计意图，使得建立的产品模型容易为别人理解和组织生产，设计的图样更容易修改。设计人员可以将更多的精力用在创造性构思上。

（3）特征造型有助于加强产品设计、分析、工艺准备、加工、检验各部门间的联系，更好地将产品的设计意图贯彻到各个后续环节并且及时得到后者的意见反馈，为开发新一

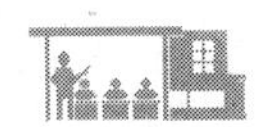

代的基于统一产品信息模型的CAD/CAPP/CAM集成系统创造前提。

(4) 特征造型有助于推动行业内的产品设计和工艺方法的规范化、标准化和系列化，使得产品设计中及早考虑制造要求，保证产品结构有更好的工艺性。

(5) 特征造型将推动各行业实践经验的归纳总结，从中提炼更多规律性知识，以丰富各领域专家的规则库和知识库，促进智能CAD系统和智能制造系统的逐步实现。

# 任务3.3 装 配 建 模 技 术

## 3.3.1 装配建模技术中的基本概念

在实际的产品开发中把零件装配成部件，再把部件装配成机器，这种装配是通过各种各样的配合来建立零件之间的连接关系。CAD系统同样具备这种能力，在零件造型之后，可以采用装配模块把各个零件装配到一起，形成一个完整的数字装配方案，可以在计算机上进行模拟装配，因此，可以继续对产品进行修改、编辑，直至对设计满意为止。这种在计算机上将各种零部件组合在一起形成一个完整装配体的过程称为装配建模或装配设计。装配建模中主要采用了装配约束和装配树管理技术。

1. 装配约束技术

(1) 零件自由度分析。三维空间中，零件运动灵活性与零件（刚体）的运动自由度DOF（Degree of Freedom）有密切的关系。一个自由零件（刚体）的自由度主要由3个绕坐标轴的转动和3个绕坐标轴的移动组成，可以使零件能够运动到空间的任意位置，并达到任何一种姿态，如图3.41（*a*）所示。但是，当给零件的运动施加一系列限制时，零件运动的自由度将减少，例如，规定该零件的下表面必须在$xy$面上，此时零件就只能在该平面内作平面运动，它的DOF就减少到3个，2个移动（沿$x$，$y$轴）和1个转动（绕$z$轴），如图3.41（*b*）所示。如果继续规定该零件的一个侧面不能离开$xz$面，此时零件就只能沿$x$轴作移动了，DOF继续减少到1个，如图3.41（*c*）所示。如果继续规定该零件的角点不能离开原点，那么该零件就不能运动，其DOF等于0，如图3.41（*d*）所示，此时零件就完全固定在该坐标系中了。

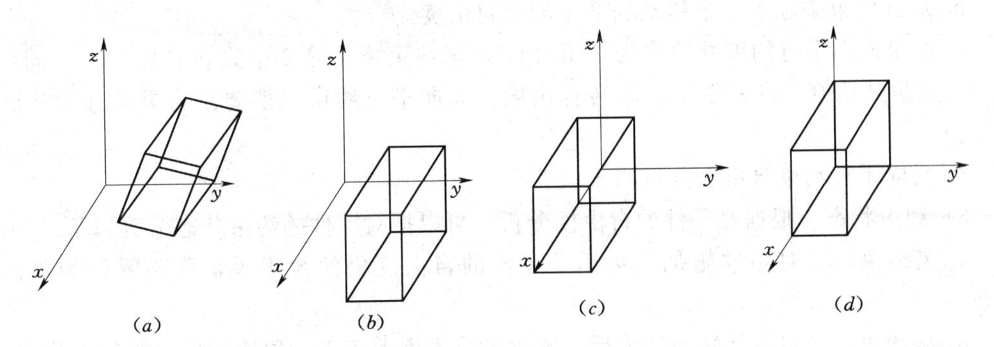


图3.41 零件的自由度

(*a*) DOF=6；(*b*) DOF=3；(*c*) DOF=1；(*d*) DOF=0

由此可见，零件的自由度在0～6之间变化，当某零件的自由度为0时，称为完全定位。

（2）装配约束分析。实际上，对零件的自由度进行限制的过程是装配建模过程的表现，因为设备中的大部分零部件是不允许随便运动的（运动部件除外）。对零件施加各种约束是限制零件自由度的手段，通过约束来确定两个零件或多个零件之间的相对位置关系以及它们的相对几何关系，因此，理解并应用各种装配约束方法以及相关的操作命令是学习装配建模的关键。

1）装配约束类型。装配建模经常使用的装配约束类型有以下四类：

a. 贴合。贴合约束是一种最常用的装配约束，它可以对所有类型的物体进行定位安装。使用贴合约束可以使一个零件上的点、线（有方向性）、面（有方向性）与另一个构件上的点、线（方向相反）、面（方向相反）贴合在一起，这就是俗称的“共点”、“共线”、“共面”。

b. 对齐。使用对齐约束可以使两个零件产生共面位置关系。对齐约束使一个零件上的某个面（有方向性）与另一个零件上的某个面（与前一个面同向）实现同向共面对齐，和上一种约束中的“共面”的唯一区别是两个面“同向共面”。

c. 同向平行。使用同向平行约束可以使两个零件上的指定的线或平面生成同向平行联系。同向平行约束使一个零件上的线或面（有方向性）与另一个零件上的线或面（方向相同）实现同向平行对正。

d. 反向平行。使用反向平行约束可以使两个零件上的指定的线或平面生成反向平行联系。反向平行约束使一个零件上的线或面（有方向性）与另一个零件上的线或面（方向相反）实现反向平行对正，它和上一种约束的唯一区别是“反向平行”。

注意：为了达到所希望的约束程度（例如完全约束），往往要采用上述约束的不同组合才能实现。

2）各种装配约束的自由度分析。使用各种约束将会减少零件的自由度，每当在两个零件之间添加一个装配约束，它们之间的一个或多个自由度就被消除了，为了完全约束构件，必须采取不同的约束组合。各种装配约束对零件自由度的影响是：

a. 贴合约束中的共点约束去除了3个移动自由度；共线约束去除了2个移动和2个转动自由度；共面约束去除了1个移动和2个旋转自由度。

b. 对齐约束去除了1个移动和2个转动自由度。

c. 如果同向平行约束的角度为0°和180°，该约束将去除2个旋转自由度，若同向平行的角度是其他值，将去除1个旋转自由度。同向平行约束一般要结合贴合或对齐约束使用。

d. 反向平行约束自由度分析同c.。

3）约束状态。根据对零件的自由度分析，可以把对零件的约束状态分为以下三种：

a. 欠约束。当对零件施加约束后，零件的自由度仍然大于零，称该零件为欠约束状态。

b. 满约束。当对零件施加约束后，零件的自由度等于零，称该零件为满约束状态。

c. 过约束。当零件已经处于满约束状态时，仍然继续对零件约束，则称该零件为过约束状态。在施加约束时，要避免出现过约束状态，但是否要达到满约束状态则要视具体情况而定。

4）装配约束规划。在某个零件上施加的约束类型和数量，决定了当一个零件或装配

模型修改时装配模型被刷新的充分性，即约束情况决定了装配模型刷新变化的表现和结果。由约束的自由度分析可知，任意的单个约束形式都无法完全确定零件之间的关系，称零件之间的自由度不为零时的装配关系为不完整约束装配。严格地说，如果零件之间不存在规定的运动，那么零件之间应尽量做到完全约束装配（尽管有时允许不完全约束装配的存在），这样当对该装配模型进行修改后，整个装配模型的刷新将更彻底，更能体现设计思想。

在进行装配建模时应注意以下约束习惯：

a. 按零件在机器中的物理装配关系建立零件之间的装配顺序。

b. 对于运动机构，按照运动的传递顺序建立装配关系。

c. 对于没有相对运动的零件，最好实现满约束，要防止出现几何到位而实际上欠约束的不确定装配现象。

d. 按照零件之间的实际装配关系建立约束模型。

2. 装配树的概念

（1）装配树。一个复杂机器可以看成是由多个部件组成，每个部件又可以根据复杂程度的不同继续划分为下一级的子部件，如此类推，直至零件，这就是对机器的一种层次描述。采用这种描述可以为机器的设计、制造和装配带来很大的方便。

同样，机器的计算机装配模型也可以表示成这种层次关系（或父子关系、目录关系），这种层次关系可以用装配树的概念清晰地加以表达。整个装配建模的过程可以看成是这棵装配树的生长过程，即从树根开始，生长出一个一个的子树枝（部件），每个子树枝再生长出子树枝（子部件），直至最后长出叶子（零件），这样，在一棵装配树中就记录了零部件之间的全部结构关系以及零部件之间的装配约束关系。如图 3.42 所示为减速器装配树，其中第二层的前四个装配体均为子装配体，其余均为零件。

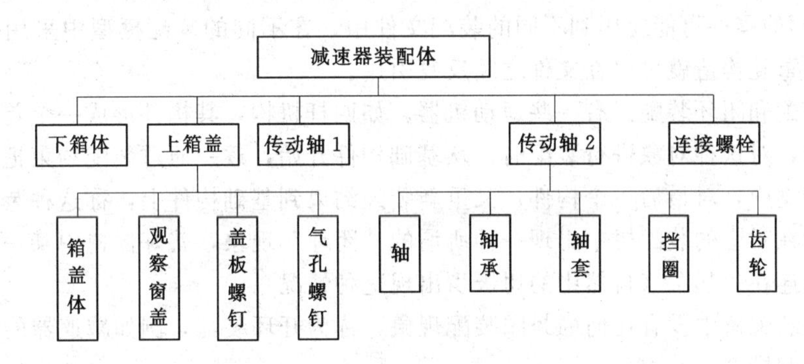


图 3.42 减速器装配树

（2）根构件。装配模型的最底层结构是根构件，也是装配模型的图形文件名或称为主目录。当创建一个新装配模型文件时，根构件就自动产生，此后引入该图形文件的任何零件都会跟在该构件之后。注意，根构件不是一个具体零部件，而是一个装配体的总称，如图 3.42 所示的减速器装配树。

（3）构件与部件。装配模型的零件或子装配体均简称为构件，对子装配体有时又称为部件。部件是由一系列零件装配而形成的附属于大装配体的一种较小的装配体，它是装配模型中逻辑上附属于上层体系的一种零件组，如同子目录附属于上层目录的一个文件组一样。部件可以任意嵌套，部件既可以在当前的装配文件中创建或驻留，也可以在外部装配模型文件中创建或驻留，然后引用到当前文件中来。

（4）基础构件。在根构件之后首先引入到装配模型中的第一个构件称为基础构件，它是装配模型的最上层构件，其后引用的各个零部件在装配树中都要依次向后排列，如图3.42所示下箱体。基础构件在装配模型中的自由度为零，无须施加任何装配约束（因为是第一个零件，也无法施加约束），因此，在装配模型中，它是默认不动的；此后，可以继续选取构件并对构件施加装配约束，伴随着这个过程，装配树在不断扩大，直至完成整个装配。必须注意的是，在对两个构件施加装配约束时，后引用的构建总是要移向先引用的构件。

（5）内部构件和外部构件。

1）内部构件。在本装配模型内部创建的构件（零部件）为内部构件。内部构件可以外部化，即可以把部分或全部的内部构件保存为专门的文件，供其他文件调用。

2）外部构件。把外部文件模型引入到当前装配文件中，并参与当前的装配建模，这种构件称为外部构件。

（6）构件样本。同样一个零件有可能在装配模型中使用多次，这时可以对该零件制作多个拷贝，这样的拷贝也可称为构件样本，习惯上把构件样本的使用称为构件引用。构件样本有以下重要性质：

1）当在同一个装配模型中需要多次引用同一个零件时，例如要在当前装配模型中的6个不同的地方用到相同的螺栓和螺母，这时只需要在模型系统中存储一个该零件的图形文件即可，这样就大大减少了模型占用的磁盘空间。

2）当对某个构件定义进行修改时，所有引用过该构件样本的装配模型都会自动刷新，无须逐个修改，从而大大减少了工作量，同时避免了因为修改遗漏所带来的错误。

3）相同的零件可能应用到不同的装配文件中，在不同的装配模型中采用外部引用的方式不需要重复构造就可以在文件之间反复引用。

（7）装配和闭环装配。有一些运动机器，如四杆机构，其构件形成一个首尾相接的封闭装配模型，对这种对象进行装配时，从基础构件开始，逐一通过装配约束把各个构件引入到装配模型中，对最后一个构件，又重新装配约束到基础构件上，称这种装配为闭环装配。此时，在对应的装配树中出现一种所谓的“闭环”现象，就好像树中某一个树枝和另一个树枝粘连在一起了（自然中的树极少出现这种情况）。

反之，装配树中没有任何的封闭装配现象，称为开环装配，例如减速器的装配模型就属于开环装配模型。

在封闭装配中要注意各个构件的初始装配位置，要保证该初始位置和机器的实际位置基本吻合，否则，由于机构存在各种初始构形，CAD/CAM系统在进行封闭求解时可能会得出和实际机器构形完全不同的装配结果。

3. 装配模型的管理

（1）装配模型的编辑 可以方便地结合装配树和装配图形窗口对装配模型进行管理，主要包括以下内容：

1）查看装配零件的层次关系、装配结构和状态。

2）查看装配体中各零件的状态。

3）选择、删除和编辑零部件。

4）查看和删除零件的装配关系。

5）编辑装配关系里的有关数据。

6）可以显示零件自由度和显示构件物性。

注意：在对装配模型中的构件进行编辑修改时，该构件的变化不仅仅会体现在装配模型的变化上，当修改的构件已经被定义为外部文件时，凡是引用了该构件的其他装配模型也会自动修改。但是，在装配中无法直接修改外部构件，而必须进入外部构件的定义文件中进行构件的修改。

（2）装配约束的维护。在修改装配模型中的构件时，构件之间的约束关系并不会改变，因此，当构件的位置或尺寸发生变化时，整个模型会刷新，并保证严格的装配关系。例如，对四杆机构的装配模型，当改变了曲柄的姿态时，系统会自动对装配约束进行维护，以便调整每个构件的位置和姿态，继续保证四杆机构的封闭特征。同样对开环装配模型，当模型的装配数据或构件尺寸发生变化时，系统也会自动对装配模型进行维护，及时调整每个构件的位置，以继续保持正确的约束关系。CAD 系统的这种装配约束维护功能实际上是由系统内部的约束求解器自动完成的，无须人工参与。

4. 装配模型分析及使用

当完成机器的装配建模之后，可以对该模型进行很多必要和有用的分析，以便了解设计质量，发现设计中的问题。主要的分析包括装配干涉分析和物性分析。

（1）装配干涉分析。装配干涉是指零部件之间在空间发生体积相互侵入的现象，这种现象将严重影响产品设计质量，因为相互干涉的零件之间会互相碰撞，无法正确安装，因此在设计阶段就必须发现这种设计缺陷，并予以排除。对运动机构，碰撞现象更为复杂，因为装配模型中的构件在不断运动，构件的空间位置在不断发生变化，在变化的每一个位置都要保证构件之间不发生干涉现象。CAD 系统的干涉分析功能已经是一种基本功能，只需要在支配模型中指定一对或一组构件，系统将自动计算构件的空间干涉情况。若发现干涉，会把干涉位置和干涉体积计算并显示出来，这时，就必须对设计进行修改。对运动过程中的干涉检查就要复杂得多，因为必须检查运动中每一个位置的干涉情况，因此必须先进行运动学计算，生成每一个中间位置的装配模型，再进行该位置的干涉检查。通常这种分析要借助专门的运动学分析软件才能完成。

（2）物性分析。物性是指构件或整个装配件的体积、质量、质心和惯性矩等物理属性，简称物性。这些属性对设计具有重要的参考价值，但是依靠人工计算这些属性非常困难，有了计算机装配模型，系统可以方便地计算构件（零部件）的物理属性，供设计参考。

（3）装配模型的爆炸视图。由装配模型可以自动生成它的爆炸场景视图。在这种视图中，装配模型的各个构件会以一定的距离分隔显示，这样整个模型就好像炸开了一样，通过这种视图可以更直观、更清晰地表达装配造型中各个构件的相互位置关系。分隔距离可以由“爆炸因子”灵活调整，可以设置统一的爆炸因子，也可以单独对构件设置不同的爆炸因子。一个装配模型可以生成多幅场景视图并分别保存备用。

对装配模型爆炸场景的主要操作包括：

1）采用专门命令建立场景视图。

2）删除场景视图或迹线，所谓迹线是构件爆炸的方向参考线。

3）编辑修改爆炸因子，修改编辑装配模型的迹线轨迹。

4）管理设置爆炸视图中构件的可见性。爆炸视图可以在装配模型的任何装配层次上生成，也就是说，既可以为整个装配模型生成爆炸视图，也可以为其中的某部件生成单独的爆炸视图。要为整个装配生成爆炸视图时必须炸开根构件。

（4）装配模型的二维工程图。同样可以在装配模型的基础上由CAD系统自动生成二维装配工程图，生成过程和方法与二维零件图类似。除了可以生成图形，还可以生成材料清单，即BOM表（Bill of Material）。BOM是产品的重要信息，特别是在生产加工和管理过程中，要经常用到产品的BOM表，因此，在CMS系统中BOM表是CAD系统和MB系统集成的纽带。

### 3.3.2 装配建模的一般方法和技巧

在进行机器的装配设计时，有两种典型的方法：

一种是“自下而上”的装配设计方法，即模仿实际机器的装配，把事先制造好的零件装配成部件，再把零部件装配成机器。计算机辅助装配时也可以采用这种方法，先构造好所有的零件模型，然后把零件模型装配成子部件，最后装配成机器，采用由最底层的零件开始展开装配，并逐级向上进行装配建模。

另一种为“自上而下”的装配设计方法，是模仿产品的开发过程的，即先从总体设计开始，再把机器分解为一系列的部件，并大致确定部件的结构和尺寸，然后进入部件设计，并继续大致确定部件中的零件结构和尺寸，最后进行零件的详细设计，当零件设计完成了，机器的设计也基本完成了。

两种装配设计方法各有所长，并各有其应用场合。例如，在开展系列产品设计时，机器的零部件结构相对稳定，零件设计基础较好，大部分的零件模型已经具备，只需要补充部分设计或修改部分零件模型，这时，采用自下而上的装配设计方法就比较恰当。而在创新性设计中，事先对零件结构细节不可能非常具体，设计时总是要从比较抽象的装配模型开始，边设计边细化，边设计边修改，逐步求精，这时，就很难开展自下而上的设计，而必须采取自上而下的设计方法。这种方法特别有利于创新性设计，因为这种设计一直能把握整体的设计情况，一直能着眼于零部件之间的关系，并且能够及时地发现、调整和方便地修改设计中的问题。采取这种逐步求精的设计方法能实现设计的一次成功，提高设计效率和设计质量。

当然，两种方法不是截然分开的，完全可以根据实际情况综合应用这两种装配设计方法来开展产品设计，这就是所谓的“自中向外”的设计方法。这种方法有更大的灵活性和运用范围。这种方法的特点是对现有的设计零件进行自下而上的装配，然后在装配树中设计新的子装配体，并在外部文件中设计子装配体中的所需要的零件，最后把这些零件引入该子装配体中，并进行子装配体内部的约束装配以及子装配体和总装配体的约束装配。

1. 自下而上的装配设计

开展自下而上的装配设计的基本步骤如下：

（1）零件设计。逐一构造装配体中的所有零件的特征实体模型，这些零件可以在同一个文件中构造，也可以分成多个文件构造。对较复杂的设计对象，建议根据功能或结构的不同特点，分多个文件进行零件数据的构造。对于一些通用的零部件，采用单独文件保

存，以便在不同场合下以外部文件引用方式进行调用。

（2）零部件的引用。对当前文件中的零件可以随时引用，对外部文件可以采用专门命令进行引用；零件或外部文件可以仅引用一次也可以引用多次。

（3）装配规划。这是装配建模中最关键的一个内容，主要考虑下列问题：

1）为新的装配模型取名（即创建根构件）。

2）分析基础构件。由于基础构件自由度默认为零，因此，应该把机器中实际的基础零件作为基础构件。

3）分析构件的引入顺序以及构件之间的约束方法。考虑构件的装配顺序要注意以下几点：

a. 反映机器本身的装配顺序。例如减速器、下箱体应该作为基础构件，轴承部件应装配在箱体上，传动轴应该装配在轴承部件上，齿轮和定位元件应该安装在传动轴上。

b. 反映机器运动的传动顺序。对于运动机构，运动是从动力源开始经由传动构件传递到工作执行部件上去的，在进行该类机器的装配设计时，装配顺序和这种传递顺序应该保持一致。

4）考虑是否建立子装配体。对复杂机器，建议采用按部件划分成多层次的装配方案，进行装配数据的组织和实施装配，特别是对一些变化很少的通用零部件，事先做成独立的子装配文件，然后采取外部引用的方式调进装配模型。当需要修改零部件时，可以打开相关文件，在较小规模的数据文件中进行修改。

5）全面考虑模型的参数化方案。这个问题是装配建模的核心问题，为了建立一个灵活的、易于修改的、参数化的装配模型，除了考虑零件的参数方案之外，更应该考虑整体的参数化方案。例如减速器，希望修改齿轮直径参数后，箱体部件、支撑部件能够自动修改相关尺寸，并获得一个新的减速器装配模型，为此，大部分CAD/CAM系统都提供了全局参数化技术，必须在零件建模时就考虑全局参数化方案。

（4）装配操作。在上述准备工作基础上，采用系统提供的装配命令，逐一把零部件装配成装配模型，这一过程中的主要问题是熟悉和熟练掌握系统的有关命令。

（5）装配管理和修改。这也是一个系统命令的熟练应用问题，但涉及的命令内容更多，技巧性更强。

（6）装配分析。在完成了装配模型之后，采用系统提供的专门命令，开展干涉状态分析、零部件的物性分析。若发现干涉碰撞现象或物性表现不理想，可以回到上一步，对装配模型进行修改。

（7）生成工程图。在装配分析并得出正确性结论后，可以采用系统提供的专门命令生成爆炸视图、二维装配工程图及零件材料表（BOM）。

2. 自上而下的装配设计

开展自上而下的装配设计的基本步骤如下：

（1）装配规划。这是自上而下装配建模的第一步，也是最为关键的一个内容。虽然还不知道零件的具体结构，但是可以事先设计好装配体的组成，也就是要首先设计装配树的结构。具体内容包括：

1）划分装配体的层次结构，并为每一个构件取名。由于采用层次结构表达装配体，因此可以采取逐步划分的方法，逐步地扩充装配的细节，例如减速器装配体的层次结构如

图 3.42 所示。

2）计划部件之间的装配约束方法。虽然还没有任何的几何信息，还无法开展真正的装配操作，但是，和自下而上的装配设计方法一样，应该事先规划部件或零件之间的装配约束方法。考虑到装配结构的层次关系，这种装配约束规划可以逐渐深入。

3）全局参数化方案设计。由于这种设计方法更加注重零部件之间的协调，设计过程中的修改更加频繁，因此，应该提前考虑参数化问题，特别是全局参数化问题。应该设计一个灵活的、易于修改的全局参数化方案，同时该方案与零件级的参数方案要协调一致。

注意：由于没有零部件的几何模型，以上工作主要体现为一种设计准备，还没有过多的实际命令操作，但是对装配结构的设计是可以利用装配树管理功能完成的，此时仅仅建立了构件的名称和结构关系，但是没有零件的几何信息。

（2）部件级设计与装配采取由粗到精的策略。首先设计部件的轮廓或零件的轮廓，暂时不考虑细节，大致轮廓要求能基本反映零部件的结构，对于一些主要的配合部位，要尽量详细，同时注意全局变量的使用。在粗略的几何模型基础上，再按照装配规划，对初始轮廓模型加上正确的装配约束。采取同样的方法对部件中的子部件进行由粗到精的设计，初显零件的轮廓，此期间可以采用装配模型的编辑功能进行装配模型的管理。

（3）零件级设计。采取特征造型的方法细化零件结构，修改零件尺寸，特别注意零件级的参数化方案与全局化方案的协调关系。随着零件级设计的深入，可以继续在零部件之间补充和完善装配约束。

在零件级的设计过程中可以采用特征管理技术对特征进行灵活的管理和修改，同时可以采取装配模型的编辑功能进行装配模型的管理和修改。

注意：以上第（2）步和第（3）步的设计工作是一个不断反复、不断细化的过程。同时可以随时对装配模型进行干涉分析，以便及时发现问题，及时修改设计。

（4）零部件的引用。对于一些可以利用的外部构件，也可以在设计过程中采用专门命令进行直接引用。

（5）生成工程图。由于设计过程中在不断地细化、不断地完善设计，因此，装配设计结束后，可以直接生成爆炸视图、二维装配工程图及零件材料表（BOM）。

3. 自中向外的装配设计

开展自中向外的装配设计的基本步骤如下：

（1）装配规划。装配规划也是自中向外的装配设计中至关重要的第一步，要考虑好整个装配关系，考虑好哪些零部件可以直接利用，哪些需要重新设计。对需要重新设计的零部件，虽然并不知道具体结构，但是可以事先设计好子装配体的组成及装配约束方法。

（2）零部件的引用。对于可以直接采用的零件可以随时引用，内部零件或外部文件可以仅引用一次，也可以引用多次。

（3）设计子装配体。对于全新设计部分，虽然还不知道设计的具体结构，但是必须事先在装配树中设计好子装配体的位置，即应该创建子装配体，并为子装配体取名。由于采用层次结构表达装配体，因此对于复杂的机器，可以采用这种方法逐层划分子装配树。由于还没有任何的几何信息，因此该子装配体是空的，还无法开展真正的装配操作。

（4）在外部文件中设计子装配体中的零件。可以事先设计零件的轮廓（但是对于一些主要的配合部位要尽量详细，同时注意全局变量的使用），细节部分在装配分析以后再采

用特征修改编辑的方法继续细化，也可以在外部文件中完成零件的精细设计。

（5）新零件的引用。在装配主模型中激活子装配体，并采用外部引用的方式把新的外部零件引入该子装配体。

（6）子装配体的约束装配。完成子装配体内部的约束装配以及子装配体在总装配体中的约束装配。

（7）生成工程图。由于设计过程中在不断地细化、不断地完善设计，因此，装配设计结束后，可以直接生成爆炸视图、二维装配工程图及零件材料表（BOM）。

## 思　考　题

1. 说明系统中常用坐标系的种类和用途。

2. 简述窗口与视区的区别。

3. 试写出二维基本变换的变换矩阵，并说明变换矩阵中非零元素的意义。

4. 试写出三维基本变换的变换矩阵，并说明变换矩阵中非零元素的意义。

5. 简述零件常用的造型技术有哪些。简述各种零件造型技术的优缺点比较和应用场合。

6. 装配约束类型在装配建模中经常使用的装配约束类型有几类？分别加以描述。

7. 在进行装配建模时应注意哪些约束习惯？什么是装配树？

8. 在进行机器的装配设计时，有两种典型的方法，对这两种方法的优缺点进行叙述。

# 项目 4　CAD 技术在机械工程中的应用

## 任务 4.1　Pro/E 中的零件设计

### 4.1.1　Pro/ENGINEER

1. PTC 公司简介

无论是全球性制造企业还是小型加工厂，产品成功与否在很大程度上决定着公司的成功。现今，CAD/CAM/CAE 解决方法已经成为开发出色产品的必备条件。

作为全球顶级的机械 CAD/CAM/CAE 开发软件供应商的 PTC 公司于 1985 年成立。1989 年，公司上市即引起机械 CAD/CAM/CAE 界的极大振动，其销售额及净利润连续 45 个季度递增，现股市价值已突破 70 亿美元，年营业收入超过 10 亿美元，成为 CAID/CAD/ CAE/CAM/PDM 领域最具代表性的软件公司。

PTC 公司的代表产品 Pro/ENGINEER 自 1988 年问世以来，经过短短十几年时间就成为了全世界应用最为广泛的三维设计软件，广泛应用于机械、汽车、航天、家电、模具、工业设计等行业。Pro/ENGINEER 提供了一套完整的机械产品解决方案，内容包括工业设计、机械设计、模具设计、加工制造、机构分析、钣金件设计、电路布线、装配管路设计、有限元分析以及产品的数据库管理等，是一个十分理想的设计环境。

PTC 公司提出的单一数据库、参数化、基于特征、全相关的概念改变了 CAD/CAE/CAM 的传统观念。这种全新的观念已经成为当今世界机械 CAD/CAE/CAM 领域的新标准。利用这一概念开发出的 Pro/ENGINEER 软件能将设计生产的全过程集成到一起，使所有用户都能够同时进行同一产品的设计制造，即实行了所谓的并行工程。PTC 公司集成的计算机系统已经帮助众多的用户提高了生产率，缩短了从概念设计到制造的周期，提高了产品的质量，加速了新产品的上市。

PTC 公司现有用户 35000 多家，赢得了许多全球知名公司的订单，如 FORD、BMW、TOYOTA 等。目前，PTC 公司在国内拥有客户近 1500 家，包括航空航天、汽车、家用电器、通用机械等各行各业。

2. Pro/ENGINEER 简介

Pro/ENGINEER 是一套由设计至生产的机械自动化软件，是新一代的产品造型系统，是一个参数化、基于特征的实体造型系统，并且具有单一数据库功能。

参数化设计和特征功能：Pro/ENGINEER 是采用参数化设计的、基于特征的实体模型化系统，工程设计人员采用具有智能特性的基于特征的功能去生成模型，如腔、壳、倒角及圆角，设计者可以随意勾画草图，轻易改变模型。这一功能特性给工程设计者提供了在设计上从未有过的简易、灵活和便利。

单一数据库：Pro/ENGINEER 是建立在统一基础的数据库上，不像一些传统的 CAD/CAM 系统建立在多个数据库上。所谓单一数据库，就是工程中的资料全部来自一个库，使得每一个独立用户在为同一件产品造型而工作，不管他是哪一个部门的。换言

之，在整个设计过程的任何一处发生改动，亦可以前后反应在整个设计过程的相关环节上。例如，一旦工程详图有改变，NC（数控）工具路径也会自动更新；组装工程图如有任何变动，也完全同样反应在整个三维模型上。这种独特的数据结构与工程设计的完整结合，使得一件产品的设计结合起来。这一优点，使得设计更优化，成品质量更高，产品能更好地推向市场，价格也更便宜。

(1) Pro/ENGINEER。Pro/ENGINEER 是软件包，并非模块，它是该系统的基本部分，其中功能包括参数化功能定义、实体零件及组装造型，三维实体着色或线框造型，产生完整工程图及不同视图（三维造型还可移动、放大或缩小和旋转）。Pro/ENGINEER 是一个功能定义系统，即造型是通过各种不同的设计专用功能来实现的，其中包括筋（Ribs）、孔（Holes）、倒角（Chamfers）和壳（Shells）等，采用这种手段来建立形体，对于工程师来说是更自然、更直观，无需采用复杂的几何设计方式。

该系统的参数化功能是采用符号参数的赋予形体尺寸，不像其他系统是直接指定一些固定数值于形体，这样工程师可任意建立形体上的尺寸和功能之间的关系，任何一个参数改变，其他相关的特征也会自动修正。这种功能使得修改更为方便，也可令设计优化更趋完美。利用 Pro/ENGINEER 完成的三维模型不单可以在屏幕上显示，还可传送到绘图仪上或一些支持 Postscript 格式的彩色打印机。Pro/ENGINEER 还可通过标准数据交换格式，输出三维和二维图形与其他应用软件（如有限元分析软件 ANSYS、后处理软件等）共享。用户利用 Pro/ENGINEER 的强大二次开发能力，使用其中的模块或直接利用 C 语言编程，以增强软件的功能。它在单用户环境下（没有任何附加模块）具有大部分的设计能力、组装能力和工程制图能力，并且支持符合工业标准的绘图仪和黑白及彩色打印机的二维和三维图形输出。

Pro/ENGINEER 功能特点如下：

1）特征驱动：凸台、孔、倒角、腔、壳等。

2）参数化：参数=尺寸、图样中的特征、载荷、边界条件等。通过零件的特征值之间，载荷/边界条件与特征参数之间的关系来进行设计。

3）支持大型、复杂组合件的设计：规则排列的系列组件，交替排列，Pro/PROGRAM 的各种能用零件设计的程序化方法等。

4）贯穿所有应用的全局相关性：设计中，任何部分的变动都将引起与之有关的每个部分变动。

(2) 其他辅助模块。Pro/ENGINEER 的其他辅助模块将进一步提高扩展 Pro/ENGINEER 的基本功能。

1）Pro/ASSEMBLY。Pro/ASSEMBLY 是一个参数化组装管理系统，能提供用户自定义手段去生成一组组装系列并可自动地更换零件。Pro/ASSEMBLY 是 Pro/ADSSEMBLY 的一个扩展选项模块，只能在 Pro/ENGINEER 环境下运行，它具有如下功能：

a. 在组合件内自动零件替换：交替式。

b. 规则排列的组合：支持组合件子集。

c. 组装模式下的零件生成：考虑组件内已存在的零件来产生一个新的零件。

d. Pro/ASSEMBLY 里有一个 Pro/PROGRAM 模块，它提供一个开发工具。使用户能自行编写参数化零件及组装的自动化程序，这种程序可使不是技术性用户也可产生自定义设计，只需要输入一些简单的参数即可。

e. 组件特征：给零件和由零件组成的组件附加特征值。如给两个零件之间加一个焊接特征等。

2）Pro/CABLING。Pro/CABLING提供了一个全面的电缆布线功能，它为在Pro/ENGINEER的部件内真正设计三维电缆和导线束提供了一个综合性的电缆铺设功能包。三维电缆的铺设可以在设计和组装机电装置时同时进行，它还允许工程设计者在机械与电缆空间进行优化设计。

Pro/CABLING功能包括：

a. 新特征包括电缆、导线和电线束。

b. 用于零件与组件的接插件设计。

c. 在Pro/ENGINEER零件和部件上的电缆、导线及电线束铺设。

d. 生成电缆/导线束直线长度及BOM信息。

e. 从所铺设的部件中生成三维电缆束布线图。

f. 对参数位置的电缆分离和连接。

g. 空间分布要求的计算，包括干涉检查。

h. 电缆质量特性，包括体积、质量惯性、长度。

i. 用于插头和导线的规定符号。

3）Pro/CAT。Pro/CAT是选用性模块，提供Pro/ENGINEER与CATIA的双向数据交换接口，CATIA的造型可直接输入Pro/ENGINEER软件内，并可加上Pro/ENGINEER的功能定义和参数工序，而Pro/ENGINEER也可将其造型输出到CATIA软件里。这种高度准确的数据交换技术令设计者得以在节省时间及设计成本的同时，扩充现有软件系统的投资。

4）Pro/CDT。Pro/CDT是一个Pro/ENGINEER的选件模块，为CAD/CAM 2D工程图提供PROFESSIONAL CAD/CAM与Pro/ENGINEER双向数据交换直接接口。CAD/CAM工程图的文件可以直接读入Pro/ENGINEER，亦可用中性的文件格式，经由PROFESSIONAL CAD/CAM输出或读入任何运行Pro/ENGINEER的工作站上。Pro/CDT避免了一般通过标准文件格式交换信息的问题，并可使新客户在转入Pro/ENGINEER后，仍可继续享用原有的CAD/CAM数据库。

5）Pro/CMPOSITE。Pro/COMPOSITE是一个Pro/ENGINEER的选件模块，需配用Pro/ENGINEER及Pro/SURFACE环境下运行。该模块能用于设计、复合夹层材料的部件。Pro/COMPOSITE在Pro/ENGINEER的应用环境里具备完整的关联性，这个自动化工具提供的参数化、特征技术，适用于整个设计工序的每个环节。

6）Pro/DEVELOP。Pro/DEVELOP是一个用户开发工具，用户可利用这软件工具将一些自己编写或第三家的应用软件结合并运行在Pro/ENGINEER软件环境下。Pro/DEVELOP包括C语言的副程序库，用于支援Pro/ENGINEER的交接口，以及直接存取Pro/ENGINEER数据库。

7）Pro/DESIGN。Pro/DESIGN可加速设计大型及复杂的顺序组件，这些工具可方便地生成装配图层次等级，二维平面图布置上的非参数化组装概念设计，二维平面布置上的参数化概念分析，以及3D部件平面布置。Pro/DESIGN也能使用2D平面图自动组装零件。它必须在Pro/ENGINEER环境下运行。其功能有：

a. 3D 装配图的连接层次等级设计。

b. 整体与局部的尺寸、比例和基准的确定。

c. 情况研究—参数化详细草图（2D 解算器、工程记录和计算）绘制。

d. 组装：允许使用 3D 图块表示零组件了定位和组装零件位置。

e. 自动组装。

### 4.1.2　基础特征

基础特征，顾名思义，就是最简单、最基础的特征。但千万不要小看基础特征，实际的三维模型中，使用最多的就是基础特征。

三维实体模型可以看作是一个个的特征，按照一定的先后创建顺序，所组成的集合。可以说，基础特征是三维实体造型的基石，没有基础特征，就无法创建出合乎设计者要求的三维模型。

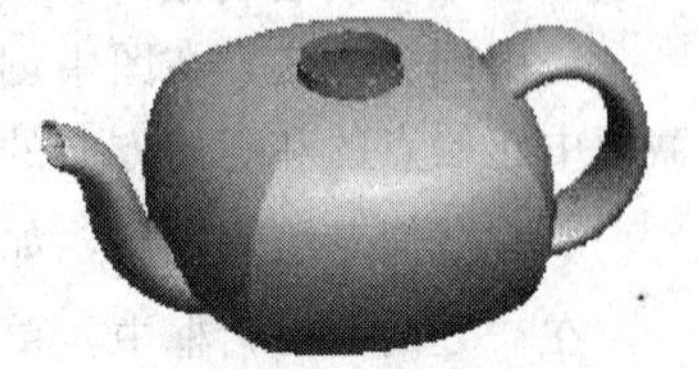

图 4.1　基础特征实例

如图 4.1 所示的茶壶模型，基本是用基础特征搭建而成的，图 4.2 所示说明其详细的创建过程，下面具体介绍。

图 4.2　茶壶创建过程

步骤 1：创建新文件。

单击“文件”工具栏中的 按钮，或者单击【文件】→【新建】，系统弹出“新建”对话框，输入所需要的文件名“example _ chap5 _ 1”，取消“使用缺省模板”选择框后，单击【确定】，系统自动弹出“新文件选项”对话框，在“模板”列表中选择“mmns _ part _ solid”选项，单击【确定】，系统自动进入零件环境。

步骤 2：使用平行混合特征创建壶体。

壶体部分是用平行混合特征创建的。在主菜单中单击【插入】→【混合】→【伸出项】后，在弹出的“混合选项”菜单中选择【平行】、【规则截面】、【草绘截面】后，单击【完成】，如图 4.3 所示。在弹出的“混合”对话框中，逐次定义“属性”、“截面”、“方向”、“深度”等 4 个元素。

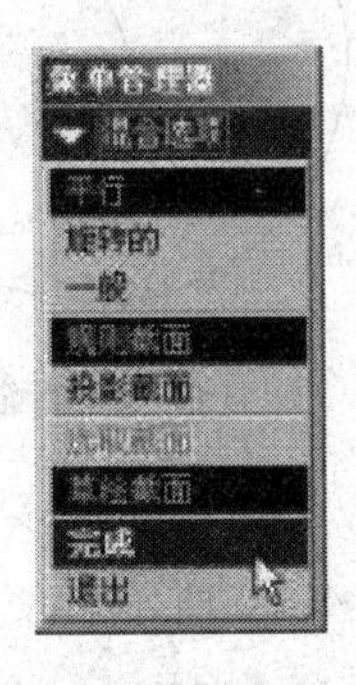


图 4.3　“混合选项”菜单

图 4.4　“属性”菜单

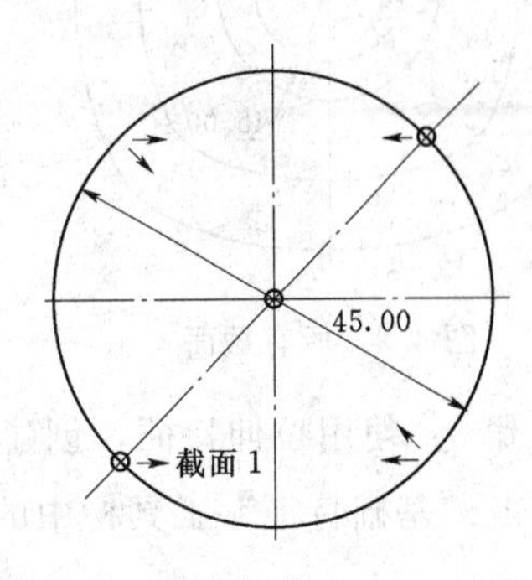


图 4.5　截面 1

在“属性”菜单中，单击【光滑】选项后，单击【完成】，如图4.4所示。

进入草绘截面后，绘制截面1如图4.5所示。注意，其中需要用工具在圆周上创建4个截面。

为清楚地表示每个截面的形状和参数，下面将每个截面都单独绘制了一份图（其中没有标出起始点和起始方向），但实际创建过程中，只是用【切换剖面】命令切换所绘制的剖面，已经绘制的剖面以灰色显示，但仍然可见！

截面1绘制完成后，在图形窗口中右击，在弹出的快捷菜单中单击【切换剖面】，在草绘环境中继续绘制截面2，如图4.6所示。

使用同一方法，在图中创建截面3～截面6，分别为图4.6～图4.8所示，注意各个截面中起始点的和起始方向的设置要一致。

所有截面草绘完成后，如图4.9所示，单击按钮完成截面定义。

在“方向”对话框中，单击【正向】，如图4.10所示。

在文本框中依次输入截面2～截面5的深度，分别为3、10、40、10、5。

在“混合”对话框中，单击【确定】，生成平行混合特征如图4.11所示。

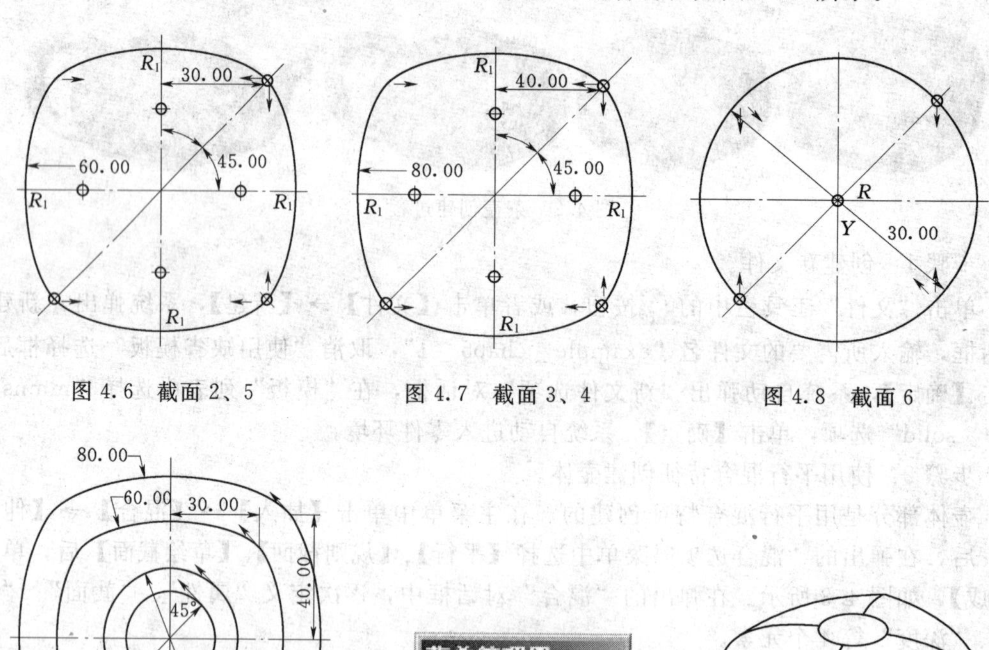


图4.6 截面2、5　　图4.7 截面3、4　　图4.8 截面6

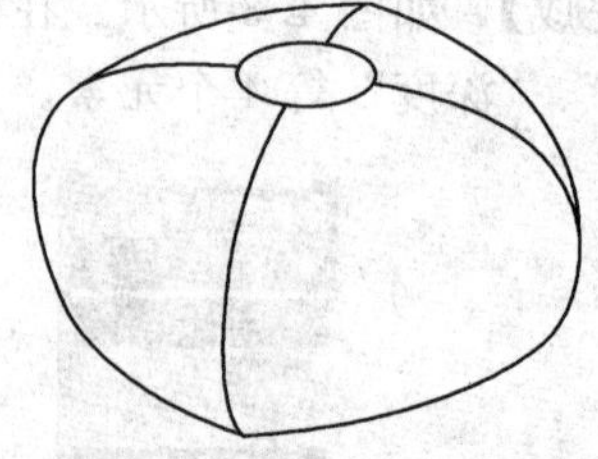

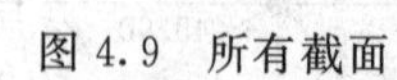

图4.9 所有截面　　图4.10 “方向”对话框　　图4.11 平行混合特征

步骤3：使用拉伸特征，创建壶脚和壶口。

单击“基础特征”工具栏中的按钮，选择草绘平面如图4.12所示，使用按钮，绘制如图4.13所示的截面，设置拉伸深度为5，拉伸方向如图4.14所示，单击按钮，

生成拉伸特征用作壶脚。

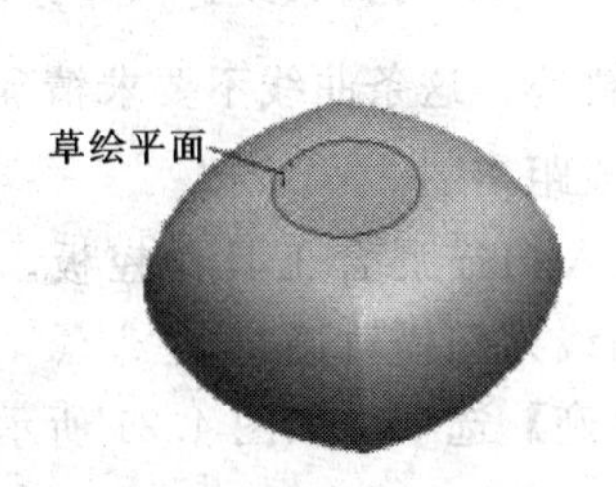


图 4.12　选择草绘平面

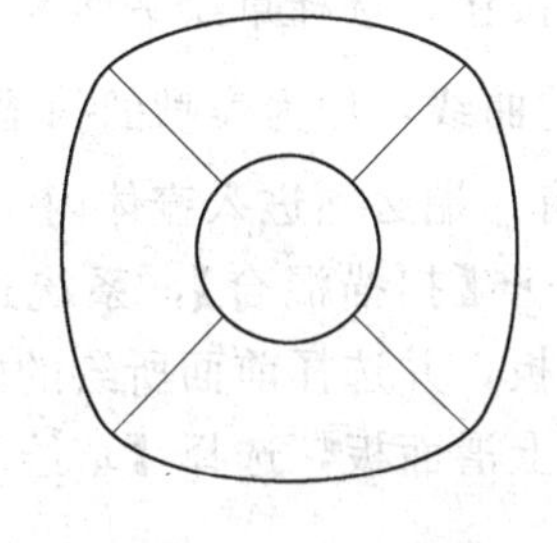

图 4.13　拉伸剖面草绘

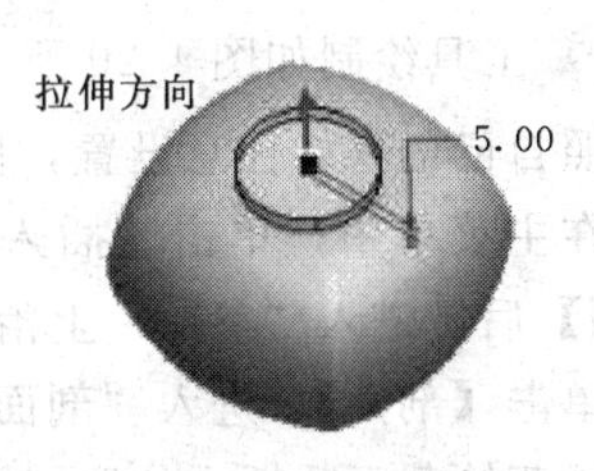


图 4.14　拉伸方向

用同样的方法，在壶的上侧创建一个厚度也为 5 的拉伸特征。

步骤 4：使用扫描特征创建壶把。

单击“基准”工具栏中的按钮，选择草绘平面为 FRONT 后，系统进入草绘环境，使用工具绘制如图 4.15 所示的曲线，作为壶把的扫描轨迹。这条曲线不要求精确，可以按照自己的喜好任意设置，但两端必须与壶体相接触。

在主菜单中，单击【插入】→【扫描】→【伸出项】后，在弹出的“扫描轨迹”菜单中单击【选取轨迹】选项后，在图形窗口中单击前面所给曲线，完成后，在弹出的“属性”菜单中，单击【合并终点】选项后，单击【完成】，如图 4.16 和图 4.17 所示。

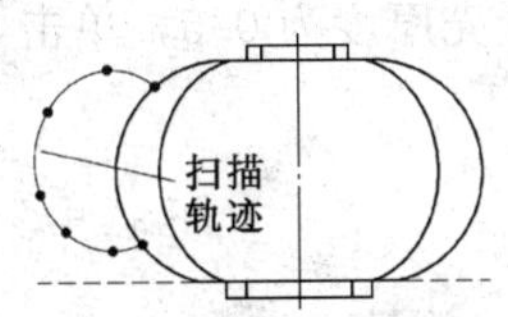
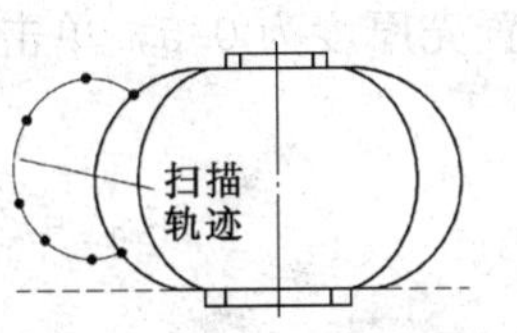


图 4.15　绘制扫描轨迹

图 4.16　“扫描轨迹”菜单

图 4.17　“属性”菜单

系统自动进行草绘环境。使用工具绘制如图 4.18 所示的椭圆后，单击按钮完成截面草绘。

在“扫描”对话框中，单击【确定】，生成扫描特征，如图 4.19 所示。

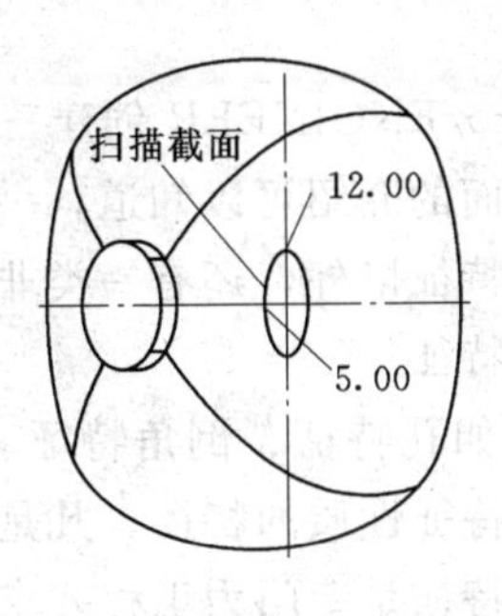


图 4.18　扫描截面

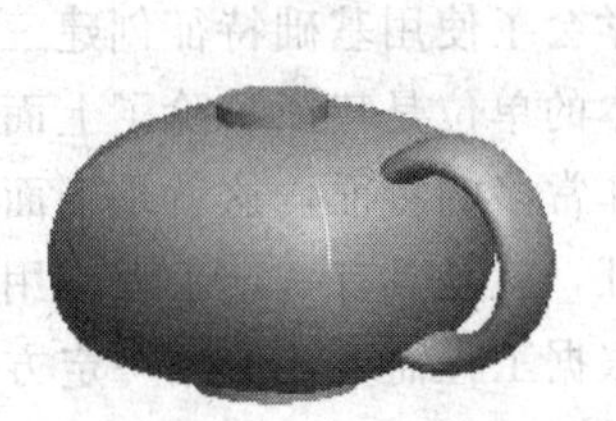

图 4.19　壶把

步骤5：使用扫描混合特征创建壶嘴。

单击“基准”工具栏中的按钮，选择草绘平面为FRONT后，系统进入草绘环境，使用工具绘制如图4.20所示的曲线，作为壶嘴的扫描轨迹。这条曲线不要求精确，可以按照自己的喜好任意设置，但有一端必须进入壶体内一段距离。

在主菜单中，单击【插入】→【扫描混合】，系统进入扫描混合工具操控板。单击【参照】后，进入“参照”上滑面板，并选择前面所绘的曲线为扫描轨迹。

单击【剖面】，进入“剖面”上滑面板，选择【草绘轨迹】选项，如图4.21所示，逐次选择草绘截面的插入位置。

分别绘制混合截面如图4.22和图4.23所示。

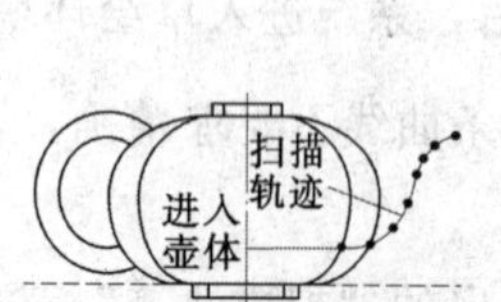

图4.20　扫描轨迹

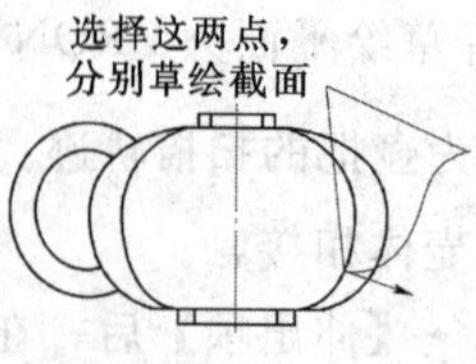

图4.21　选择草绘位置

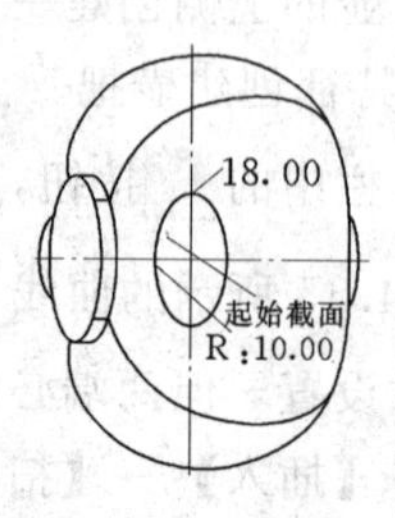

图4.22　起始截面

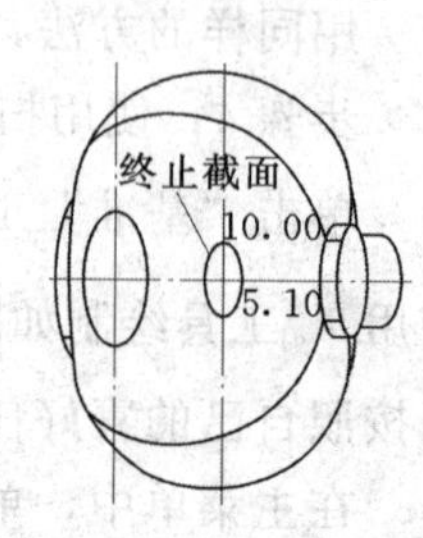

图4.23　终止截面

单击按钮，确保生成实体特征后，单击按钮完成扫描混合特征的创建。

步骤6：创建壳特征。

单击“工程特征”工具栏中的按钮，进行壳特征工具操控板。

按住Ctrl键，选择要移除的曲面，如图4.24所示，设置壳厚度为0.5，单击完成特征创建。最终完成的模型如图4.25所示。

图4.24　壶嘴

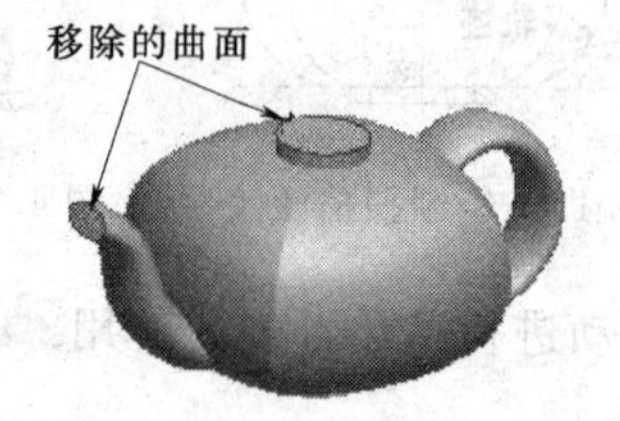

图4.25　移除的曲面

### 4.1.3　工程特征

在前面，介绍了基础特征的创建方法，了解了Pro/ENGINEER创建三维实体模型的一般步骤，学会了使用基础特征创建三维模型。由前面的介绍可以知道，一个三维实体模型，它最基本的单位是特征，除了上面所介绍的基础特征以外，还有一类非常重要的，在工程中使用非常多的特征，这就是下面要介绍的工程特征。

工程特征，就是具有一定工程应用价值的特征，如孔特征、倒角特征、圆角特征等。工程特征是根据工程需要，使用一定方法创建的具有特征性质的特征。凡是工程特征能够创建的实体模型，使用基础特征都可以创建，但工程特征是专门为工程要求设计的，效率较高。

工程特征的一个显著特点是它并不能够单独存在。工程特征必须依附于其他已经存在的特征之上，例如，孔特征必须切除已经存在的实体材料，倒圆角特征一般会旋转在已经存在的边线处。在使用 Pro/ENGINEER 进行实体建模时，一般选创建基础特征，然后再添加工程特征进行修饰，最后生成满意的实体模型。

如图 4.26 所示的实体模型中，使用了多种工程特征，除此之外，还使用了镜像、阵列等特征操作方法。下面详细介绍该模型的创建过程。

图 4.26　工程特征应用实例

步骤 1：创建新文件。

单击“文件”工具栏中的按钮，或者单击【文件】→【新建】，系统弹出“新建”对话框，输入所需要的文件名“example _ chap6 _ 1”，取消“使用缺省模板”选择框后，单击【确定】，系统自动弹出“新文件选项”对话框，在“模板”列表中选择“mmns _ part _ solid”选项，单击【确定】，系统自动进入零件环境。

步骤 2：使用拉伸特征创建基座。

单击“基础特征”工具栏中的按钮，进入拉伸特征工具操控板，选择 FRONT 平面作为草绘平面后，绘制如图 4.27 所示的拉伸截面，单击完成截面草绘创建。

设置拉伸特征的深度选项为，拉伸深度值为 15，设置完成后单击按钮完成拉伸特征创建。完成后的基座如图 4.28 所示。

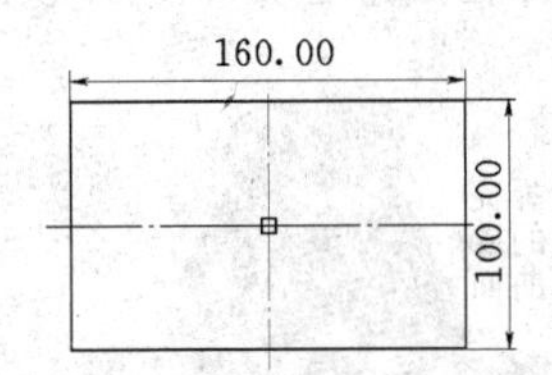


图 4.27　拉伸截面草绘

图 4.28　完成后的基座

步骤 3：使用拉伸特征创建顶部圆环。

单击“基础特征”工具栏中的按钮，进入拉伸特征工具操控板，选择 RIGHT 平面作为草绘平面后，绘制如图 4.29 所示的拉伸截面，单击完成截面草绘创建。

设置拉伸特征的深度选项为，拉伸深度值为 60，设置完成后单击按钮完成拉伸特征创建。完成后的顶部圆环如图 4.30 所示。

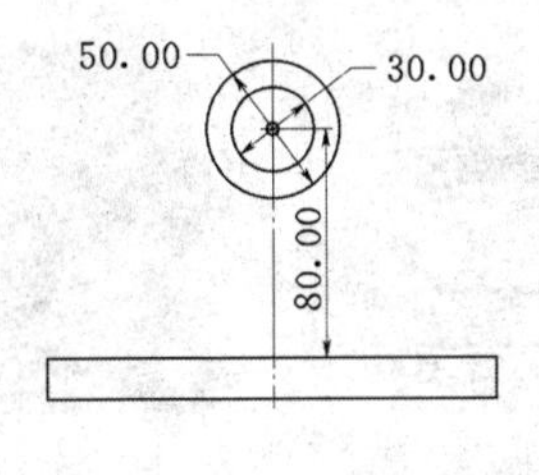


图 4.29　拉伸截面草绘

图 4.30　顶部圆环

步骤 4：使用拉伸特征创建中间连接。

单击“基础特征”工具栏中的按钮，进入拉伸特征工具操控板，选择 RIGHT 平面作为草绘平面后，进入草绘环境。

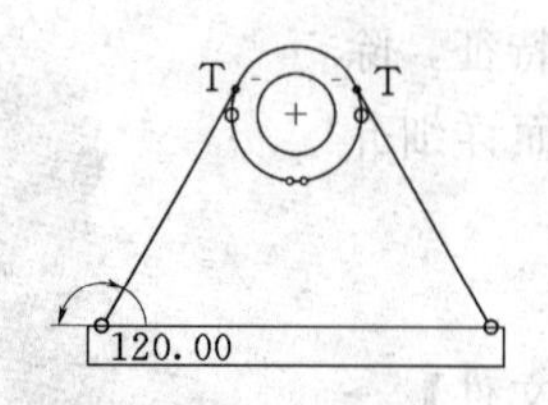

图 4.31　拉伸截面草绘

图 4.32　实体模型毛坯

充分使用工具和工具，绘制如图 4.31 所示拉伸截面，单击完成截面草绘创建。

设置拉伸特征的深度选项为，拉伸深度值为 20，设置完成后单击按钮完成拉伸特征创建。完成后如图 4.32 所示，至此，整个模型的毛坯创建完成。

步骤 5：创建拔模特征。

单击“工程特征”工具栏中的按钮，进入拔模特征工具操控板。单击【参照】，进入“参照”上滑面板后，单击“拔模曲面”收集器右侧的【细节】，在系统弹出的“曲面集”对话框中单击【添加】。

使用“环曲面”方式选择拔模曲面，其锚点曲面和环边的选择如图 4.33 所示，选择完成后的拔模曲面如图 4.34 所示。当然，直接使用鼠标在图形窗口中选择该曲面也可以。

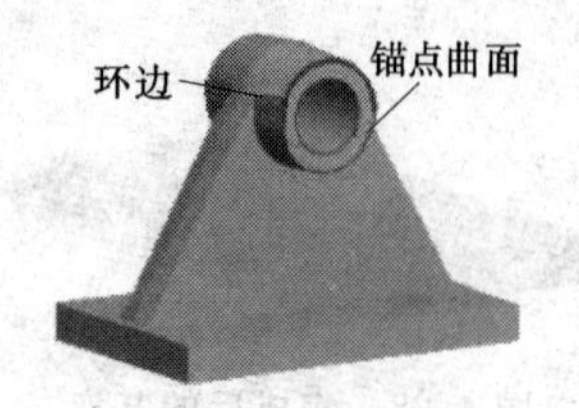

图 4.33　锚点曲面和环边

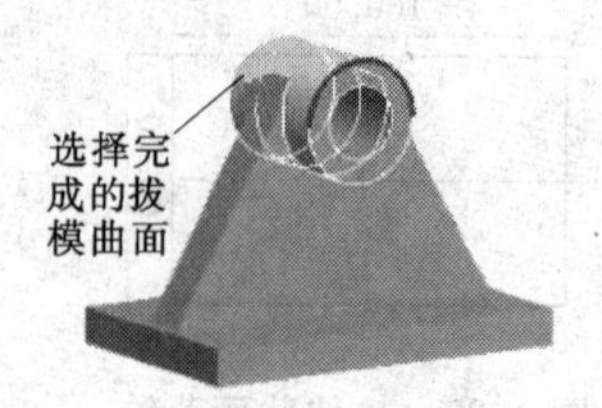

图 4.34　拔模曲面

激活“拔模枢轴”收集器后，选择 FRONT 平面为拔模枢轴，系统自动选定拖动方向，如图 4.35 所示。

单击【分割】，进入“分割”上滑面板中，选择“分割选项”为【根据拔模枢轴分割】，选择“侧选项”为【独立拔模曲面】，如图 4.36 所示。

设拔模曲面两侧的拔模角度都为 5，使用按钮，使拔模特征预览如图 4.37 所示。

图 4.35　拔模枢轴和拖动方向

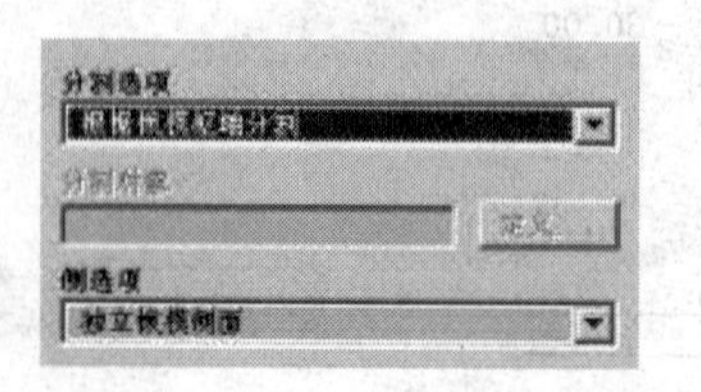

图 4.36　“分割”上滑面板

图 4.37　拔模特征预览

单击按钮完成拔模特征创建，如图 4.38 所示。

步骤 6：创建孔特征 1。

单击“工程特征”工具栏中的按钮，进入孔特征工具操控板。单击【放置】，进入“放置”上滑面板中。

设孔的定位方式为线性，取基座的上表面为孔特征的主参照，上表面的两条相邻边线为次参照，如图 4.39 所示。设孔特征与两个次参照的偏移值都为 15。

图 4.38　完成拔模特征

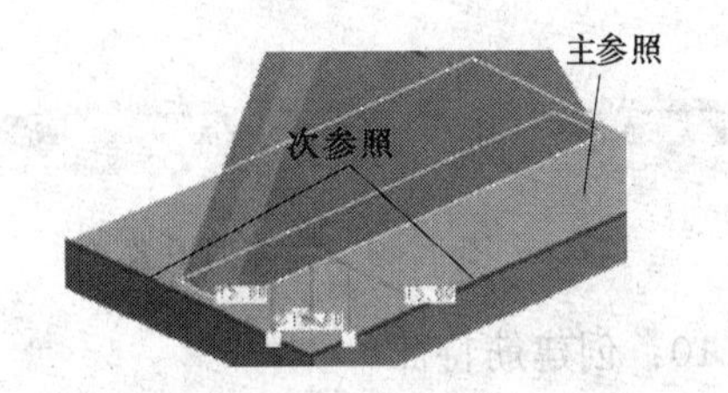


图 4.39　孔特征 1 的主参照和次参照

设置孔特征的直径为 10，孔特征深度选项为，单击创建孔特征。

步骤 7：镜像孔特征 1。

选中前一步中创建的孔特征，单击“编辑特征”工具栏中的按钮，直接选择 TOP 平面作为镜像平面，单击完成特征镜像，如图 4.40 所示。

图 4.40　完成孔特征 1 镜像

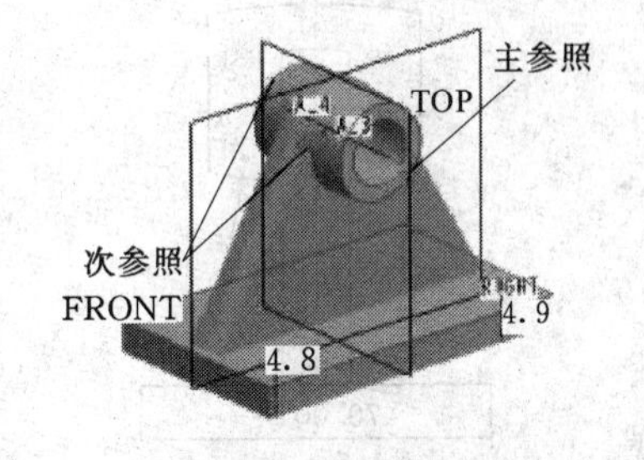


图 4.41　孔特征 2 的主参照和次参照

步骤 8：创建孔特征 2。

单击“工程特征”工具栏中的按钮，进入孔特征工具操控板。单击【放置】，进入“放置”上滑面板中。

设孔特征的定位方式为直径，如图 4.41 所示，取上圆环的前表面为主参照，取圆环轴 A _ 3 及 TOP 平面为次参照，设直径为 36，角度为 60，如图 4.42 所示。

单击完成孔特征创建。

步骤 9：阵列孔特征 2。

选中前一步中创建的孔特征，单击“编辑特征”工具栏中的按钮，进入“阵列”工具操控板。

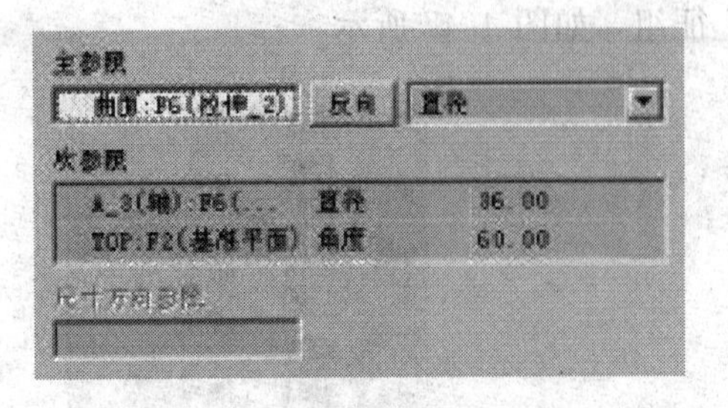


图 4.42　“放置”上滑面板

在操控板中的第一个下拉列表框中选择【轴】选项后，选择上圆环的旋转轴 A_3 作为阵列轴。在后面的两个文本框中依次填入 6 和 60（图 4.43）后，单击 按钮完成特征阵列，如图 4.44 所示。

图 4.43　轴阵列设置

图 4.44　完成孔特征 2 阵列

步骤 10：创建筋特征。

单击“工程特征”工具栏中的 按钮，进入筋特征工具操控板，单击【参照】，进入“参照”上滑面板。

单击【定义】，选择 TOP 平面为草绘平面，草绘筋特征截面，如图 4.45 所示，单击 按钮完成草绘，定义筋特征厚度为 12，单击 按钮，调整筋特征厚度方向为 TOP 平面的两侧后，单击 完成筋特征创建，如图 4.46 所示。

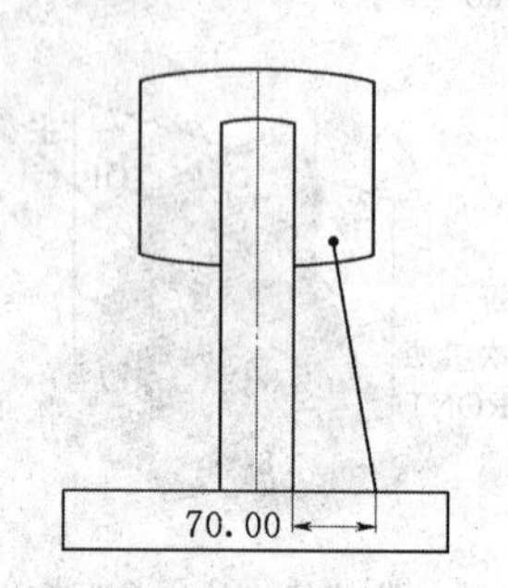


图 4.45　筋特征截面草绘

图 4.46　创建的筋特征

步骤 11：创建特征组。

在模型树中选中前面所创建孔特征 1、孔特征 1 的镜像、孔特征 2、孔特征 2 的阵列及筋特征后，右击鼠标，在弹出的快捷菜单中选中【组】选项后，所选特征即成为一个特征组，如图 4.47 所示。

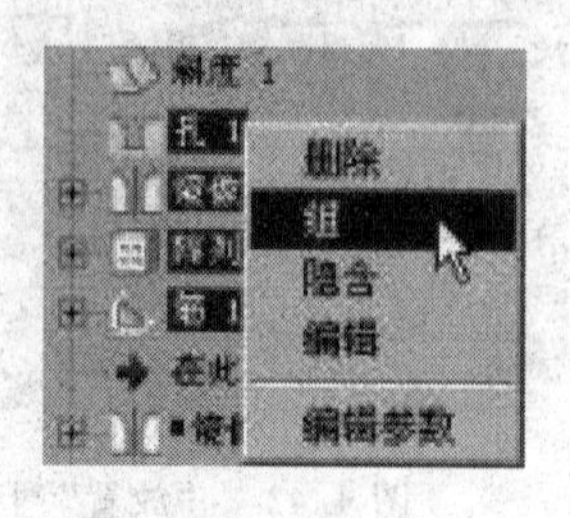


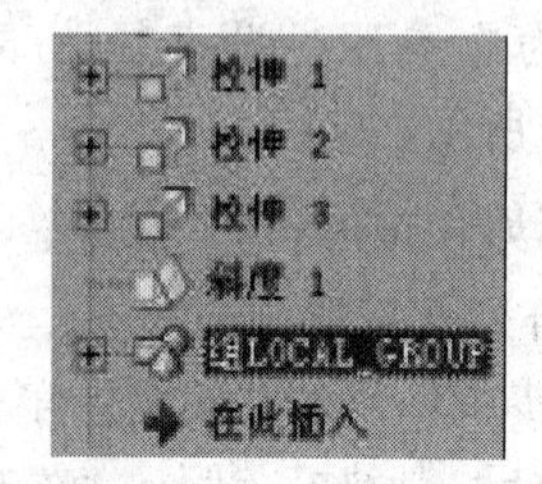


图 4.47　创建特征组

步骤 12：镜像特征组。

选中前一步中所创建的特征组后，单击“编辑特征”工具栏中的按钮，选取 RIGHT 平面作为镜像平面后，单击按钮完成镜像特征操作，如图 4.48 所示。

图 4.48　完成组特征镜像

步骤 13：创建倒角特征。

单击“工程特征”工具栏中的按钮，进入倒角特征工具操控板，单击【集】，进入“集”上滑面板。

该倒角特征中包括三个倒角集，其标注形式都是【D×D】，三个倒角集的 D 值分别为 1、10 和 2，各个倒角集的倒角参照如图 4.49 所示，其中使用粗线加亮显示的部分分别为倒角集 1、2、3 的倒角参照。

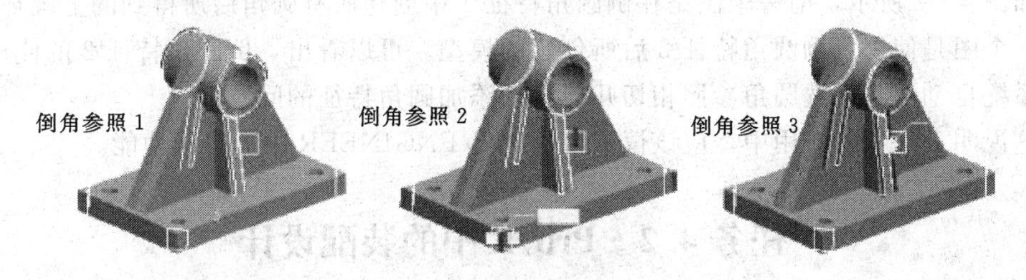


图 4.49　倒角集中的倒角参照选择

单击按钮，完成倒角特征创建。

步骤 14：创建倒圆角特征 1。

单击“工程特征”工具栏中的按钮，进入倒圆角特征工具操控板，单击【设置】，进入“设置”上滑面板。

该圆角特征中包括两个倒角集，其圆角截面都是圆形，半径值分别为 5 和 2，选择各个倒圆角集的圆角参照如图 4.50 所示。注意，倒圆角集 1 中，上圆环与连接板的交线只取一半！

单击按钮，完成倒圆角特征 1 创建。

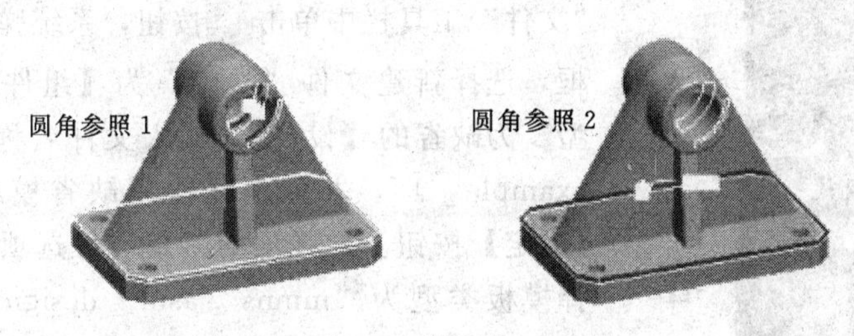


图 4.50　圆角参照

步骤 15：创建倒圆角特征 2。

单击“工程特征”工具栏中的按钮，进入倒圆角特征工具操控板，直接在图形窗口中选择如图 4.51 所示的圆角参照，设圆角半径为 5，单击按钮，完成倒圆角特征 2 创建。

至此，图4.26所示实体模型完全创建完成。

倒圆角特征1中，只取上圆环与连接板连线的一半作为圆角参照，另一半专门使用倒圆角特征2来创建。这样做并不是浪费时间。

图4.51　圆角参照说明

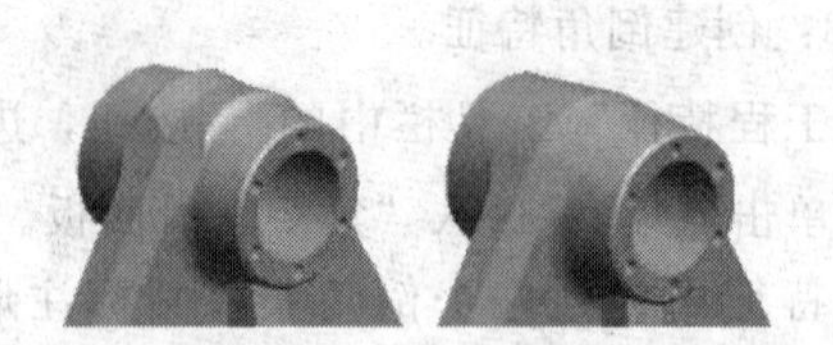
图4.52　圆角特征对比

如图4.52所示，前一个图是在倒圆角特征1中创建所有圆角后所得到的上圆环模型，而后一个图是使用了倒圆角特征2后所创建的模型。可以看出，倒圆角特征2的使用，避免了系统自动将与所选圆角参照相切几何自动添加圆角特征的问题。

这说明，在实际应用中，应该慎重使用Pro/ENGINEER中的自动功能。

## 任务4.2　Pro/E中的装配设计

前面已经介绍了利用Pro/ENGINEER进行三维实体模型设计的方法，利用基础特征、工程特征等方法，可以进行零件的设计和建模。但在现代工业设计中，零件设计只是最基础的环节，只有将各个零件按照设计要求组装到一起，才能组成一个完整的系统，以实现设计所需要的功能。下面将使用实例来说明组件装配的一般过程。

下面通过一个连杆活塞机构的装配实例，说明一般组件的装配过程。

如图4.53所示的实体模型，是一个连杆活塞机构，它由上盖、基底、曲轴、连杆和活塞五部分组成，下面介绍它的详细装配过程。

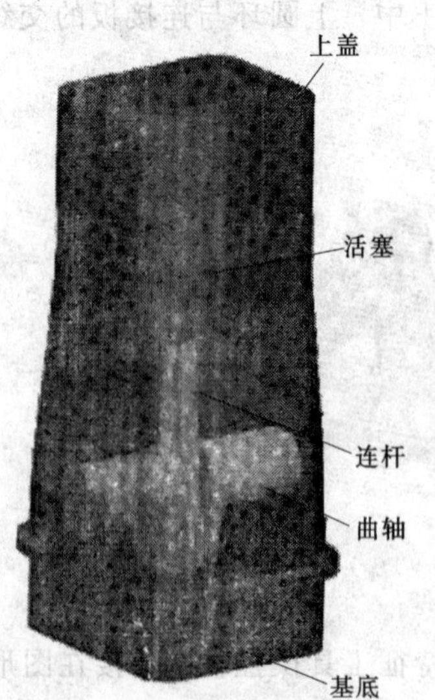

图4.53　连杆活塞机构

步骤1：创建新文件。

在主菜单中，单击【文件】→【新建】，或者在“文件”工具栏中单击按钮，系统弹出“新建”对话框，选择新建文件“类型”为【组件】后，取“子类型”为缺省的【设计】，输入文件名称为“assemble_example_1”，并取消【使用缺省模板】选项，单击【确定】按钮。在弹出的“新文件选项”对话框中，选择模板类型为“mmns_asm_design”后，直接单击【确定】按钮，进入组件环境。

步骤2：复制文件。

将前面创建的所有连杆活塞机构的文件拷贝到用户的当前工具目录下。

步骤3：设置模型树可见性。

在组件环境中，缺省情况下，模型树中只显示零

件，而不显示特征，这在利用基准平面等装配时很不方便，因此，要改变组件环境的显示方法。

在模型树窗口的右上角单击【设置】按钮，如图 4.54 所示，系统弹出“模型树项目”对话框（图 4.55），选中该对话框左上角的【特征】选项后，单击【确定】，返回主窗口。此时，模型树窗口中将会显示组件中、包括各个零件中的所有特征。

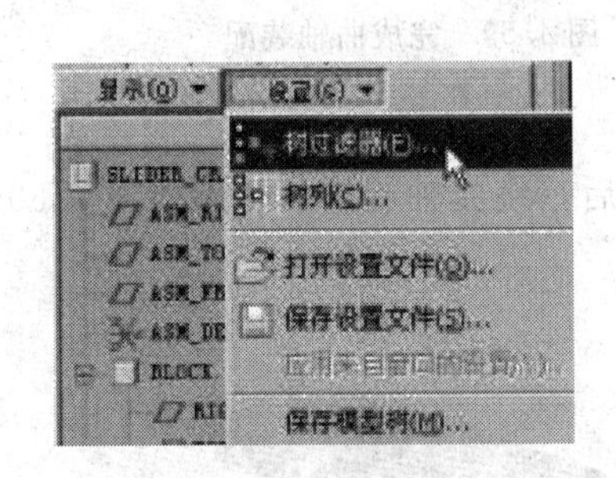


图 4.54　设置树过滤器

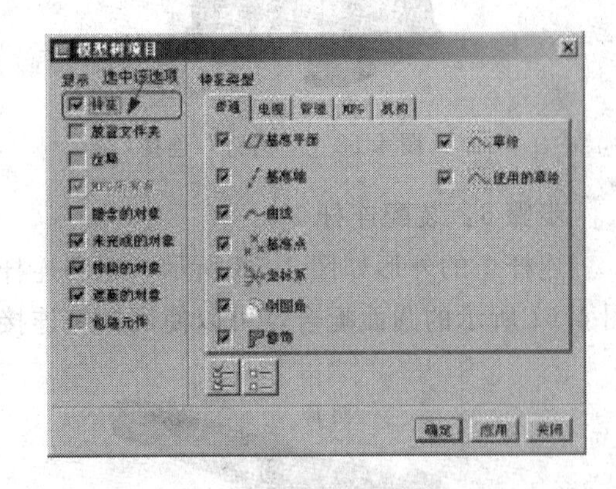


图 4.55　“模型树项目”对话框

步骤 4：放置上盖。

在组件环境中，单击“工程特征”工具栏中的按钮，导入 BLOCK.PRT 文件。由于是组件中的第一个实体零件，因此需要使用放置约束。

在“元件放置”工具栏中，选择使用放置约束，约束类型为，用户需要自定义几组约束，使该元件完全约束住。

为简单起见，使用三组对齐约束，将 BLOCK.PRT 文件中，零件的 FRONT、RIGHT、TOP 平面和组件中的 ASM _ FRONT、ASM _ RIGHT、ASM _ TOP 平面相对齐，上盖即被完全约束，单击按钮完成零件放置。

步骤 5：装配曲轴。

曲轴的外形如图 4.56 所示，它在机构中旋转，其表面和上盖中的轴套（图 4.57）表面相配合，可以使用销钉约束来连接曲轴和上盖。

图 4.56　曲轴外形

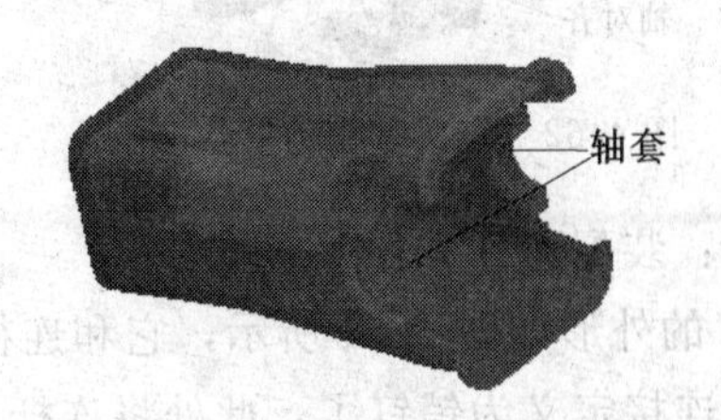


图 4.57　上盖中的轴套

单击“工程特征”工具栏中的按钮，导入 CRANK _ SHAFT.PRT 文件，选择连接约束的种类为销钉。销钉连接包括两部分，分别为“轴对齐”和“平移”。如图 4.58 所示，完成销钉连接定义后，单击按钮完成曲轴装配，如图 4.59 所示。

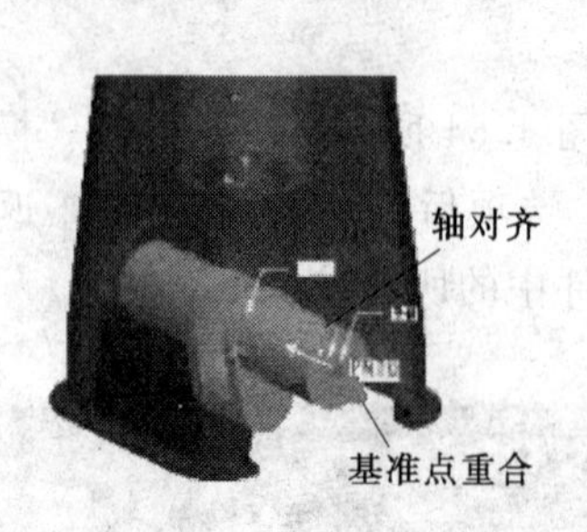

图 4.58 “销钉”连接

图 4.59 完成曲轴装配

步骤 6：装配连杆 1。

连杆 1 的外形如图 4.56 所示，它和连杆 2 相配合后，绕曲轴旋转，使用如图 4.60 和图 4.61 所示的圆面配合，可以使用销钉连接。

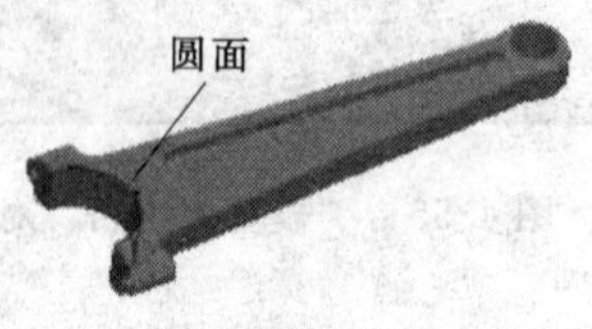

图 4.60 连杆

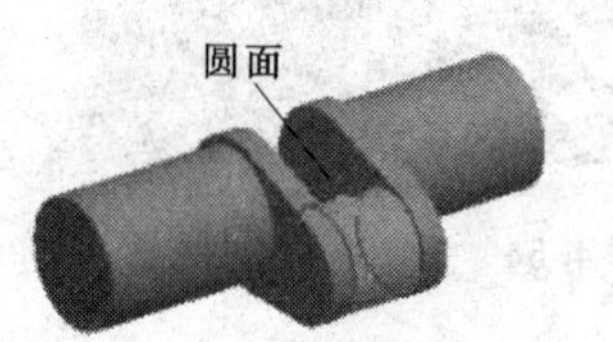

图 4.61 曲轴

单击“工程特征”工具栏中的按钮，导入 CON _ ROD. PRT 文件，选择连接约束的种类为销钉。销钉连接包括两部分，分别为“轴对齐”和“平移”。如图 4.62 所示，完成销钉连接定义后，单击按钮完成连杆 1 装配，如图 4.63 所示。

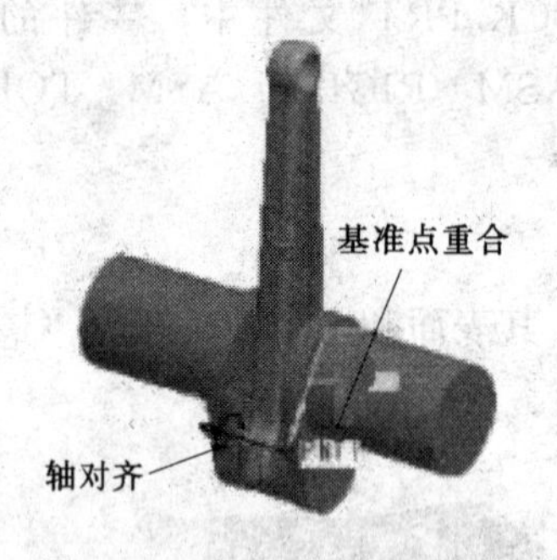

图 4.62 定义“销钉”连接

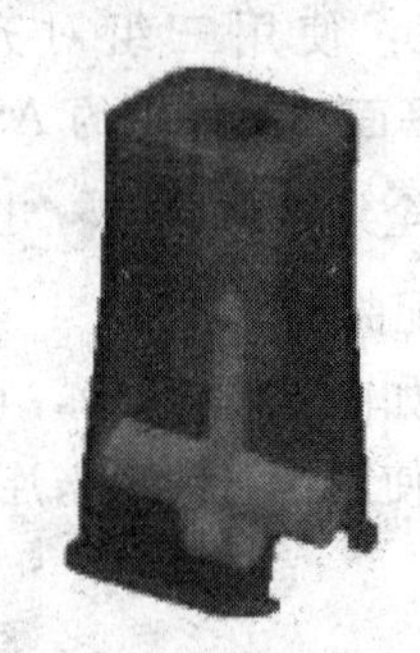
图 4.63 完成连接 1 装配

步骤 7：装配连杆 2。

连杆 2 的外形如图 4.64 所示，它和连杆 1 相配合后，绕曲轴旋转。前面已经将连杆 1 与曲轴的连接定义为销钉了，此处将连杆 2 和连杆 1 固连。

单击“工程特征”工具栏中的按钮，导入 END _ CAP. PRT 文件，选择旋转约束的种类为刚性。如图 4.64 和图 4.65 所示，连杆 1 和连杆 2 通过一对曲面配合、两对轴配合而刚性连接，单击【放置】，在“放置”上滑面板中完成刚性约束定义后，单击按钮完成连杆 1 和连杆 2 的连接，如图 4.66 所示。

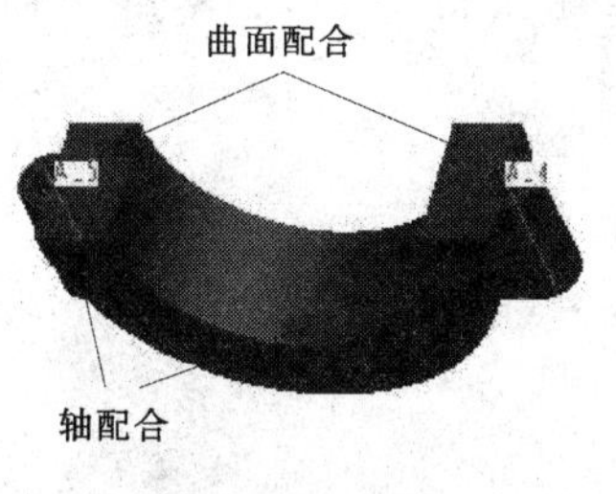


图 4.64　连杆 2

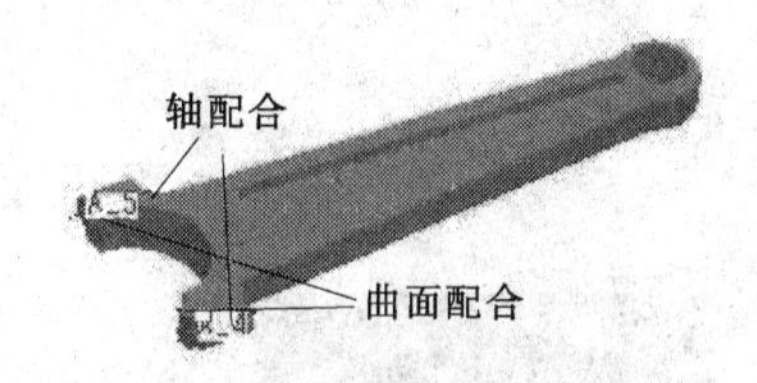


图 4.65　连杆 1 与连杆 2 的配合

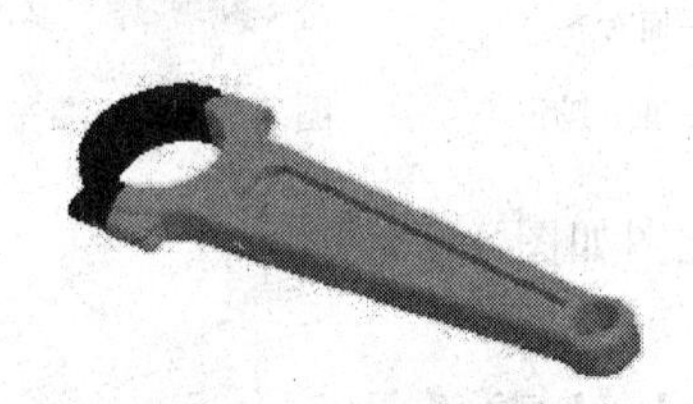

图 4.66　装配完成的连杆 1 和连杆 2

图 4.67　活塞

步骤 8：装配活塞。

活塞的外形如图 4.67 所示，它和连杆 1 相连，同时还和上盖的内壁相配合，在上盖的内壁中，作往复运动，驱动连杆。

所以，对于活塞，需要定义两个连接约束，分别用于模拟活塞和上盖的连接以及活塞与连杆的连接。这两个连接都可以使用“圆柱”约束。

单击“工程特征”工具栏中的按钮，导入 PISTON _ HEAD. PRT 文件，选择连接约束的种类为圆柱。如图 4.68 所示，活塞中圆孔的轴和连杆头上圆孔的轴对齐，定义了第一个圆柱约束；而图 4.69 中所示为活塞的外圆轴和上盖圆形内壁的轴对齐，定义了第二个圆柱约束。两个圆柱约束定义完成后，如图 4.70 所示。单击按钮完成活塞装配。

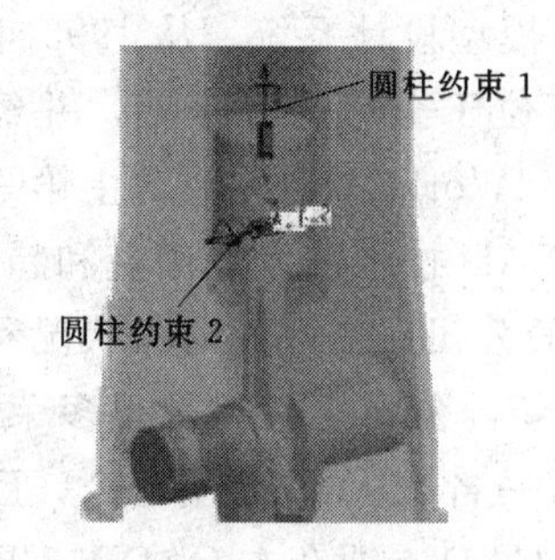


图 4.68　两个“圆柱”约束

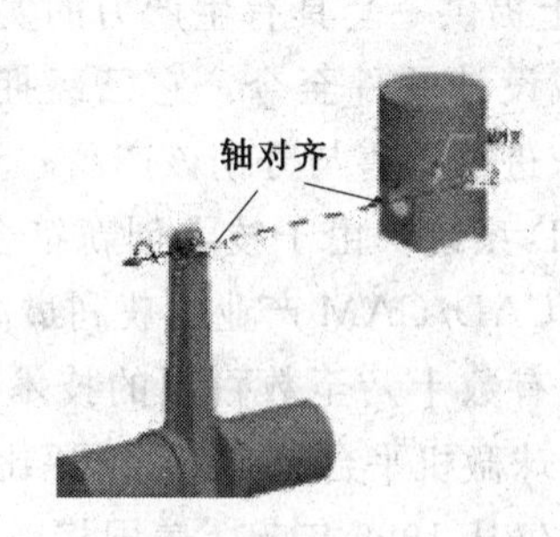


图 4.69　圆柱约束 1

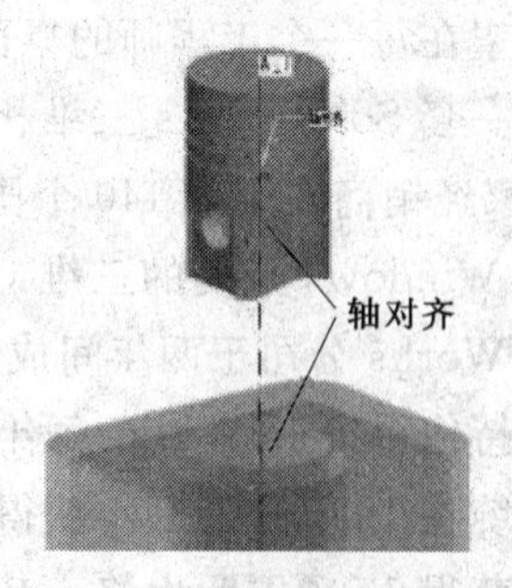


图 4.70　圆柱约束 2

步骤 9：放置基底。

基底和上盖在一般情况下是使用螺栓等固连在一起的，因此将它与上盖使用完全的放置约束固定在一起。

单击“工程特征”工具栏中的按钮，导入 BASE. PRT 文件，选择放置约束的种

类为“自动”。创建三组放置约束，分别为曲面匹配（图 4.71）、基准平面对齐（图 4.72）、基准平面对齐（图 4.73）。

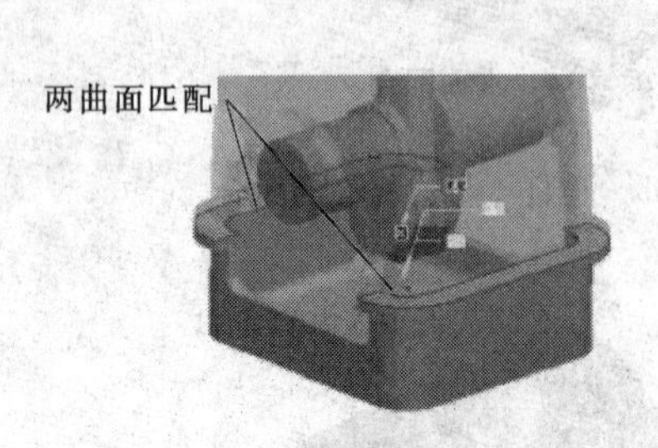


图 4.71 曲面匹配

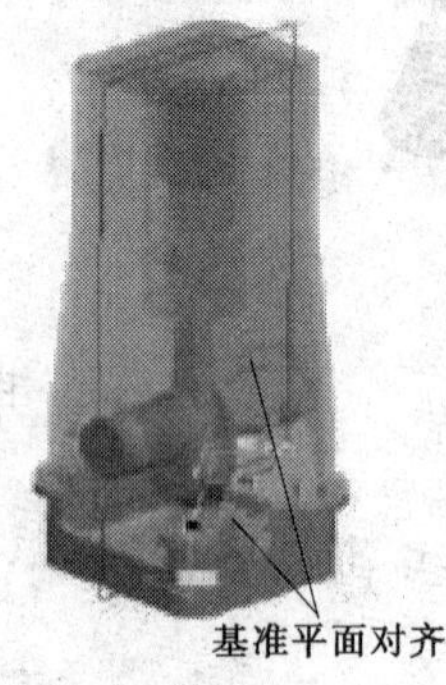


图 4.72 基准平面对齐

图 4.73 基准平面对齐

完成约束定义后，单击✓按钮，所完成的装配图如图 4.53 所示。

# 任务 4.3 SolidWorks 中的零件设计

## 4.3.1 SolidWorks 简介

1. SolidWorks 公司简介

SolidWorks 为达索系统（Dassault Systemes S. A）下的子公司，专门负责研发与销售机械设计软件的视窗产品。达索公司是负责系统性的软件供应，并为制造厂商提供具有 Internet 整合能力的支援服务。该集团提供涵盖整个产品生命周期的系统，包括设计、工程、制造和产品数据管理等各个领域中的最佳软件系统，著名的 CATIAV5 就出自该公司，目前达索的 CAD 产品市场占有率居世界前列。

SolidWorks 公司成立于 1993 年，由 PTC 公司的技术副总裁与 CV 公司的副总裁发起，总部位于马塞诸塞州的康克尔郡（Concord，Massachusetts）内，当初所赋予的任务是希望在每一个工程师的桌面上提供一套具有生产力的实体模型设计系统。从 1995 年推出第一套 SolidWorks 三维机械设计软件至今，它已经拥有位于全球的办事处，并经由 300 家经销商在全球 140 个国家进行销售与分销该产品。SolidWorks 软件是世界上第一个基于 Windows 开发的三维 CAD 系统，由于技术创新符合 CAD 技术的发展潮流和趋势，SolidWorks 公司于两年间成为 CAD/CAM 产业中获利最高的公司。良好的财务状况和用户支持使得 SolidWorks 每年都有数十乃至数百项的技术创新，公司也获得了很多荣誉。该系统在 1995～1999 年获得全球微机平台 CAD 系统评比第一名；从 1995 年至今，已经累计获得 17 项国际大奖，其中仅从 1999 年起，美国权威的 CAD 专业杂志 CADENCE 连续 4 年授予 SolidWorks 最佳编辑奖，以表彰 SolidWorks 的创新、活力和简明。至此，SolidWorks 所遵循的易用、稳定和创新三大原则得到了全面的落实和证明，使用它，设计师大大缩短了设计时间，产品快速、高效地投向了市场。

由于 SolidWorks 出色的技术和市场表现，不仅成为 CAD 行业的一颗耀眼的明星，也成为华尔街青睐的对象。终于在 1997 年由法国达索公司以 3.1 亿美元的高额市值将

SolidWorks 全资并购。公司原来的风险投资商和股东，以 1300 万美元的风险投资，获得了高额的回报，创造了 CAD 行业的世界纪录。并购后的 SolidWorks 以原来的品牌和管理技术队伍继续独立运作，成为 CAD 行业一家高素质的专业化公司，SolidWorks 三维机械设计软件也成为达索企业中最具竞争力的 CAD 产品。

由于使用了 Windows OLE 技术、直观式设计技术、先进的 parasolid 内核（由剑桥提供）以及良好的与第三方软件的集成技术，SolidWorks 成为全球装机量最大、最好用的软件。资料显示，目前全球发放的 SolidWorks 软件使用许可约 28 万，涉及航空航天、机车、食品、机械、国防、交通、模具、电子通信、医疗器械、娱乐工业、日用品/消费品、离散制造等分布于全球 100 多个国家的约 3 万 1000 家企业。在教育市场上，每年来自全球 4300 所教育机构的近 145000 名学生通过 SolidWorks 的培训课程。

在美国，包括麻省理工学院（MIT）、斯坦福大学等在内的著名大学已经把 SolidWorks 列为制造专业的必修课，国内的一些大学（教育机构）如清华大学、北京航空航天大学、北京理工大学、上海教育局等也在应用 SolidWorks 进行教学。相信在未来的 5～8 年，SolidWorks 将会成为与当今 AutoCAD 一样，成为 3D 普及型主流软件乃至于 CAD 的行业标准。

2. Solidworks 软件简介

Solidworks 软件功能强大，组件繁多。功能强大、易学易用和技术创新是 SolidWorks 的三大特点，使得 SolidWorks 成为领先的、主流的三维 CAD 解决方案。SolidWorks 能够提供不同的设计方案、减少设计过程中的错误以及提高产品质量。SolidWorks 不仅提供如此强大的功能，同时对每个工程师和设计者来说，操作简单方便、易学易用。

（1）Top Down（自顶向下）的设计。自顶向下的设计是指在装配环境下进行相关设计子部件的能力，不仅做到尺寸参数全相关，而且实现几何形状、零部件之间全自动完全相关，并且为设计者提供完全一致的界面和命令进行全自动的相关设计环境。

用户可以在装配布局图做好的情况下，进行设计其他零部件，并保证布局图、零部件之间全自动完全相关，一旦修改其中一部分，其他与之相关的模型、尺寸等自动更新，不需要人工参与。

（2）Down Top（自下向上）的设计。自下向上的设计是指在用户先设计好产品的各个零部件后，运用装配关系把各个零部件组合成产品的设计能力，在装配关系定制好之后，不仅做到尺寸参数全相关，而且实现几何形状、零部件之间全自动完全相关，并且为设计者提供完全一致的界面和命令进行全自动的相关设计环境。

用户可以在产品的装配图做好后，可以设计其他零部件、添加装配关系，并保证零部件之间全自动完全相关，一旦修改其中一部分，其他与之相关的模型、尺寸等自动更新，不需要人工参与。

（3）配置管理。在 SolidWorks 中，用户可利用配置功能在单一的零件和装配体文档内创建零件或装配体的多个变种（即系列零件和装配体族），而其多个个体又可以同时显示在同一总装配体中。其他同类软件无法在同一装配体中同时显示一个零件的多个个体，其他同类软件也无法创建装配体族。具体应用表现在：设计中经常需要修改和重复设计，并需要随时考查和预览同一零部件的不同设计方案和设计阶段，或者记录下零部件在不同尺寸时的状态或不同的部件组合方案，而不同的状态和方案又可同时在一张工程图或总装配体内同时显示出来，因而SolidWorks利用配置很好地捕捉了实际设计过程中的修改和变化，满足了各种设计需求。特定的设计过程如钣金折弯的状态和零件的铸造毛坯还是加工后的状态可从单一零件文档中浏览或描述在同一工程图中，其他同类软件只有通过使用派生零件的方法才能实现。

（4）易用性及对传统数据格式的支持。SolidWorks完全采用了微软Windows的标准技术，如标准菜单，工具条，组件技术，结构化存取，内嵌VB（VBA）以及拖放技术等。设计者进行三维产品设计的过程自始至终享受着Windows系统所带来的便捷与优势。其他同类软件虽然也是与Windows兼容的产品，但其仍无法真正在整个系统内采用拖放技术，也无法在系统内自动地进行VB编程和过程回放。

SolidWorks完全支持dwg/dxf输入输出时的线型，线色，字体及图层。并所见即所得地输入尺寸，使用一个命令即可将所有尺寸变为SolidWorks的尺寸并驱动草图，而且可以任意修改尺寸公差和精度等。其他同类软件只能成组地输入尺寸，因而这些尺寸无法被修改和变得像在原始系统内那样灵活，这使得其他同类软件要想利用已有工程图变得非常困难。

SolidWorks提供各种3D软件数据接口格式，其中包括Iges、Vdafs、Step、Parasolid、Sat、STL、MDT、UGII、Pro/E、SolidEdge、Inventor等格式输入为零件和装配，还可输出VRML、Tiff、Jpg等文件格式。

（5）零部件镜像。SolidWorks中提供了零部件的镜像功能，不仅镜像零部件的几何外形，而且包括产品结构和配合条件，还可根据实际需要区分是作简单的拷贝还是自动生成零部件的对称件。这一功能将大大节约设计时间，提高设计效率。而其他同类软件是没有这一重要功能的。

（6）装配特征。SolidWorks提供完善的产品级的装配特征功能，以便创建和记录特定的装配体设计过程。实际设计中，根据设计意图有许多特征是在装配环境下在装配操作发生后才能生成的，设计零件时无需考虑的。在产品的装配图作好之后，零件之间进行配合加工比如：零件焊接、切除、打孔等功能。

SolidWorks支持大装配的装配模式，拥有干涉检查、产品的简单运动仿真、编辑零件装配体透明的功能。

（7）工程图。SolidWorks提供全相关的产品级二维工程图，现实世界中的产品可能由成千上万个零件组成，其工程图的生成至关重要，其速度和效率是各3D软件均要面临的问题。SolidWorks采用了生成快速工程图的手段，使得超大型装配体的工程图的生成和标注也变得非常快捷。

SolidWorks可以允许二维图暂时与三维模型脱离关系，所有标注可以在没有三维模型的状态下添加，同时用户又可随时将二维图与三维模型同步。从而大大加速工程图的生成过程。

SolidWorks在已有配置管理的技术基础上提供了生成交替位置视图的功能，从而在工程图中清晰地描述出类似于运动机构等的极限位置视图。其他同类软件是无法生成这种视图的。因为其他同类软件没有配置管理，也就无法提供由此而创新出的各种功能。SolidWorks提供GB标注标准，可以生成符合国内企业需要的工程图，用于指导生产。

（8）eDrawing。SolidWorks一向以创新领先而著称，其中eDrawing的出现就是一个

典型代表。长期以来，工程技术人员交换工程设计信息的主要方式就是二维工程图，而要读懂一张复杂的产品工程图是一件非常费时费力的事。

eDrawing 的出现使得工程师们交换设计信息变得便捷而又轻松，还是一张二维工程图，却赋予了更多的智能和信息，轻松实现二维图纸三维看，而且以三维动画方式展现产品各个角度和剖面的细节，结构再复杂的产品也可让设计者在几分钟内了如指掌。同时，所生成的电子文件体积小巧，便于传递。文档内还包含了免费的浏览工具，任何人可以在任何一台装有 Windows 系统的 PC 机上进行自由地浏览，而无需其他软件的支持。

（9）钣金设计。SolidWorks 提供了非常强劲的钣金设计能力，任意复杂的钣金成型特征均可在一拖一放中完成；钣金件的展开件也会自动生成，可以制作企业内部的钣金特征库、钣金零件库。

SolidWorks 中钣金设计的方式与方法与零件设计的完全一样，用户界面和环境也相同，而且还可以在装配环境下进行关联设计；自动添加与其他相关零部件的关联关系，修改其中一个钣金零件的尺寸，其他与之相关的钣金零件或其他零件会自动进行修改。因为钣金件通常都是外部围绕件或包容件，需要参考别的零部件的外形和边界，从而设计出相关的钣金件，以达到其他零部件的修改变化会自动影响到钣金件变化的效果。

SolidWorks 还利用配置的优越性，收集所有折弯并可单独压缩从而展示零件的加工过程。SolidWorks 提供了把三维建模和钣金零件设计进行混全设计的能力，通过这种能力，用户可以设计出相关复杂的钣金零件。

SolidWorks 提供了两次折弯、自动卷边、一次折弯、建立成型工具、插入折弯系数表、展开、展开除料、成型零件除料等多方面功能，用户可以结合实际综合运用这些功能，并设计出比较符合产品设计需要的零件。

SolidWorks 的二维工程图可以生成成型的钣金零件零件工程图，也可以生成展开状态的工程图，也可以把两种工程图放在一张工程图中，同时可以提供加工钣金零件的一些过程数据，生成加工过程中的每个工程图。

（10）3D 草图。SolidWorks 提供了直接绘制三维草图的功能，在友好的用户界面下，像绘制线架图一样不再局限在平面上，而是在空间直接画草图，因而可以进行布线，管线及管道系统的设计；这一功能在主流实体造型领域内是独一无二的，而且是作为 SolidWorks 内置功能。

如果设计中有管线零部件，SolidWorks 可直接解决问题；此外 3D 草图还可作为装配环境下的布局草图进行关联设计。其他同类软件是没有这一功能的。

（11）曲面设计。曲面设计功能对三维实体造型系统尤为重要，SolidWorks 提供了众多的曲面创建命令，同时还提供了多个高级曲面处理和过渡的功能，如混合过渡，剪裁，延伸和缝合等，而且是完全参数化的；从而帮助设计者快捷而方便地设计出具有任意复杂外形的产品。

（12）基于 Internet 的协同工作。现在的时代是网络的时代，SolidWorks 深知这一点，因而采用了超链接，3D 会议，eDrawings，Web 文件夹以及 3D 实时托管网站等技术来实现基于 Internet 的协同工作。3D 实时托管网只需一点鼠标即可将三维产品以多种通用格式发布到网上，便于大家浏览与切磋；网站既可以建立在局域网上，也可以发布到 SolidWorks 所托管的网站上。SolidWorks 以 Web 文件夹作为局域网和 Internet 的共同共享文件夹和资源中心，方便地实现对零件、装配和工程图的共同拥有和协同合作。其他同类软件不支持Web文件夹。

(13) 动画功能——Animator。SolidWorks提供了一个动画功能，它把屏幕上的三维模型以及人们所作的操作记录下来，生成脱离软件环境并可直接在Windows平台下面运行的动画文件。利用这些文件用户可制作产品的多媒体文件，以供设计评审、产品宣传、用户之间交流，技术协调运用。动画功能可以生成产品的装配过程、爆炸过程、运动过程的动画文件，同时也生成各个过程的组合的动画文件。

(14) 渲染功能——PhotoWorks。SolidWorks提供了产品的渲染功能，提供了材质库、光源库、背景库，可以在产品设计完成还没有加工出来的情况下，生成产品的宣传图片，同输出通过的图片文件格式如：JPG、GIF、BMP、TIFF等用户可以通过调整软件环境下的光源、背景和产品的材质，并在产品的一些面上进行贴图操作，可以生成专业级的产品图片。

(15) Toolbox工具箱。SolidWorks的Toolbox工具箱提供了建立企业库文件的工具，可以对轴承等一些通用的标准零件进行计算，提供了ISO、ANSI等标准的标准件库，并可与装配环境进行自动插入。

(16) 管道设计——Piping。对于化工或对设计管道的企业，运用管道设计——Piping功能可以自动布置管道，并生成相关的管道布置图。同时，它提供了制作管道库的工具。

(17) 特征识别——FeatureWorks。SolidWorks提供了特征识别的功能，它可以把其他软件的数据进行分析，自动生成可识别的特征，并可进行编辑和修改。

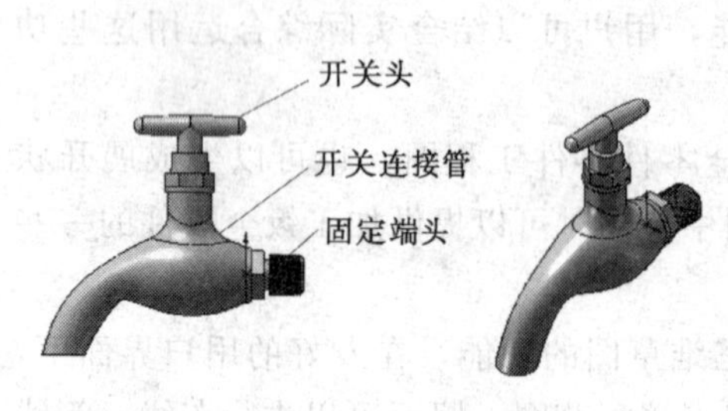

图4.74 水龙头效果图

### 4.3.2 实例说明

水龙头是常见的工业产品。本节综合运用SolidWorks软件的强大造型功能，进行水龙头的三维设计。如图4.74所示，水龙头可以认为是由开关连接管、开关头和固定端头三部分组成。开关连接管使用放样造型来实现，开关头使用拉伸造型来实现，固定端头使用拉伸、扫描和扫描切除特征来实现。绘制中注意各部分的连接关系。

### 4.3.3 作图步骤

(1) 单击【标准】工具栏中的【新建】按钮，系统弹出【新建SolidWorks文件】对话框，单击【零件】图标，单击【确定】按钮，进入SolidWorks 2007的零件工作界面。

(2) 单击【参考几何体】工具栏中的【基准面】按钮，设置如图4.75所示的【基准面1】属性，完成基准面1的定义。

(3) 单击【参考几何体】工具栏中的【基准面】按钮，设置如图4.76所示的【基准面2】属性，完成基准面2的定义。

(4) 单击【参考几何体】工具栏中的【基准面】按钮，设置如图4.77所示的【基准面3】属性，完成基准面3的定义。

(5) 单击【参考几何体】工具栏中的【基准轴】按钮，设置如图4.78所示的【基准轴1】属性，完成基准轴1的定义。

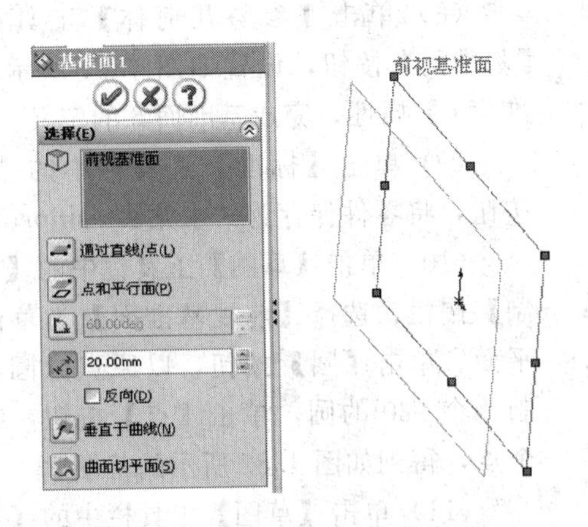


图 4.75 设置【基准面 1】属性

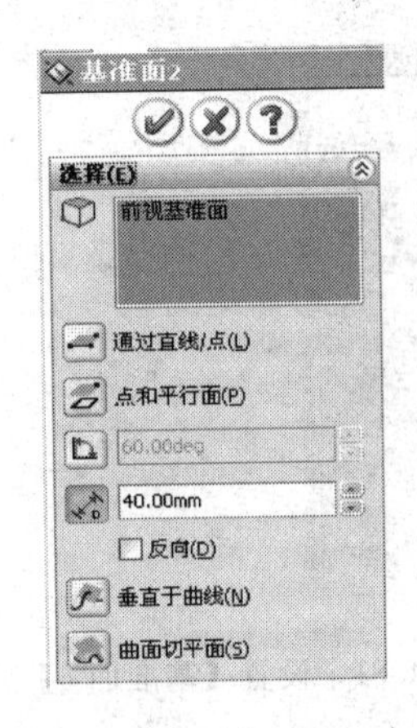


图 4.76 设置【基准面 2】属性

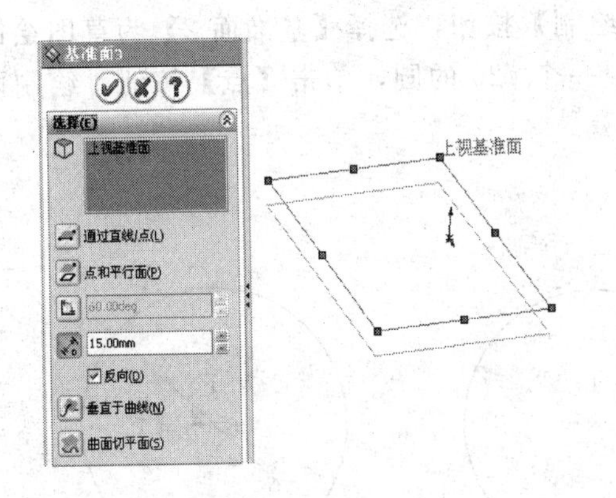


图 4.77 设置【基准面 3】属性

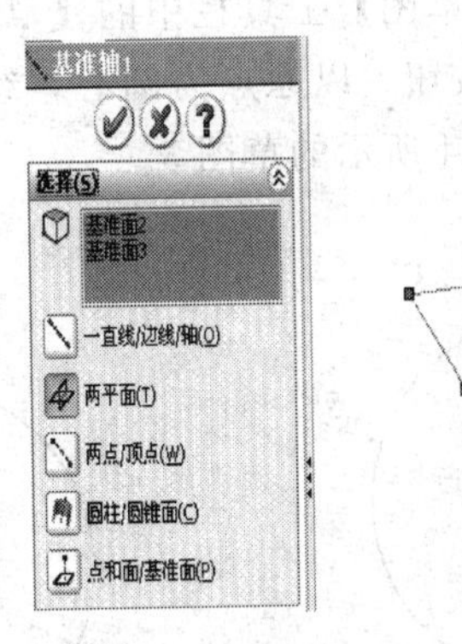


图 4.78 设置【基准轴 1】属性

（6）单击【参考几何体】工具栏中的【基准面】按钮，设置如图 4.79 所示的【基准面 4】属性，完成基准面 4 的定义。

（7）单击【参考几何体】工具栏中的【基准面】按钮，设置如图 4.80 所示的【基准面 5】属性，完成基准面 5 的定义。

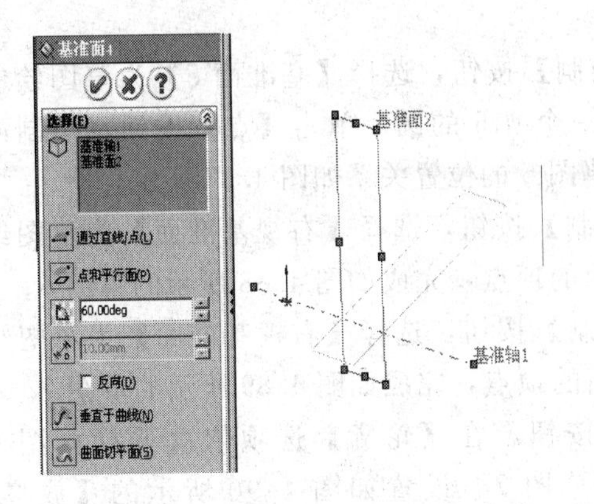


图 4.79 设置【基准面 4】属性

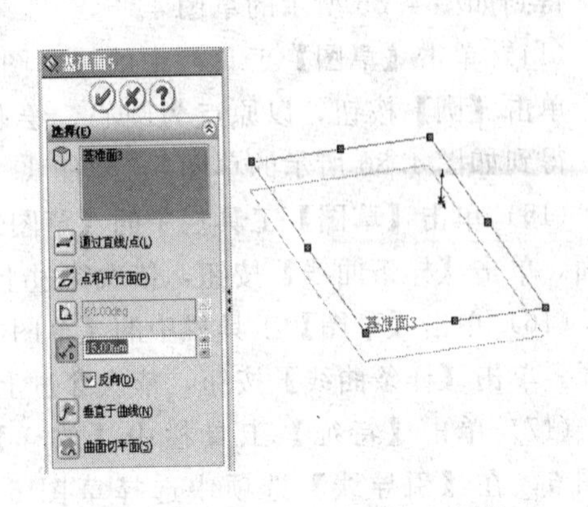


图 4.80 设置【基准面 5】属性

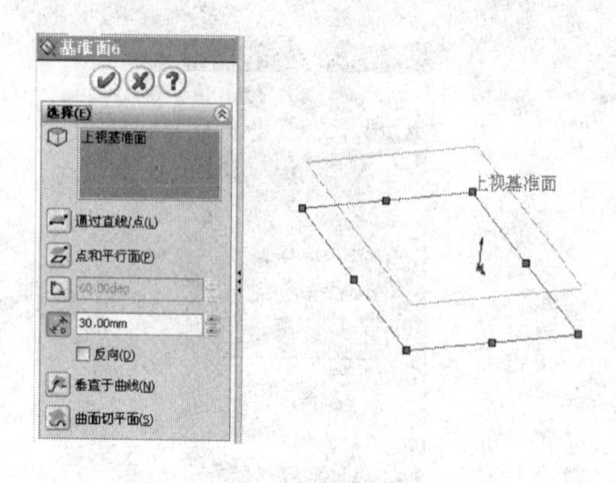


图 4.81 设置【基准面 6】属性

(8) 单击【参考几何体】工具栏中的【基准面】按钮，设置如图 4.81 所示的【基准面 6】属性，完成基准面 6 的定义。

(9) 单击【标准】工具栏中的【保存】按钮，将零件保存为“水龙头.sldprt”。

(10) 单击【草图】工具栏中的【草图绘制】按钮，选择【前视基准面】为草图绘制平面。单击【圆】按钮，以原点为圆心，绘制一个 $\phi20$ 的圆，单击【点】按钮，绘制两个点，得到如图 4.82 所示的草图 1。

(11) 单击【草图】工具栏中的【草图绘制】按钮，选择【基准面 1】为草图绘制平面。单击【圆】按钮，以原点为圆心，绘制一个 $\phi30$ 的圆，单击【点】按钮，绘制两个点，得到如图 4.83 所示的草图 2。

(12) 单击【草图】工具栏中的【草图绘制】按钮，选择【基准面 2】为草图绘制平面。单击【圆】按钮，以原点为圆心，绘制一个 $\phi20$ 的圆，单击【点】按钮，绘制两个点，得到如图 4.84 所示的草图 3。

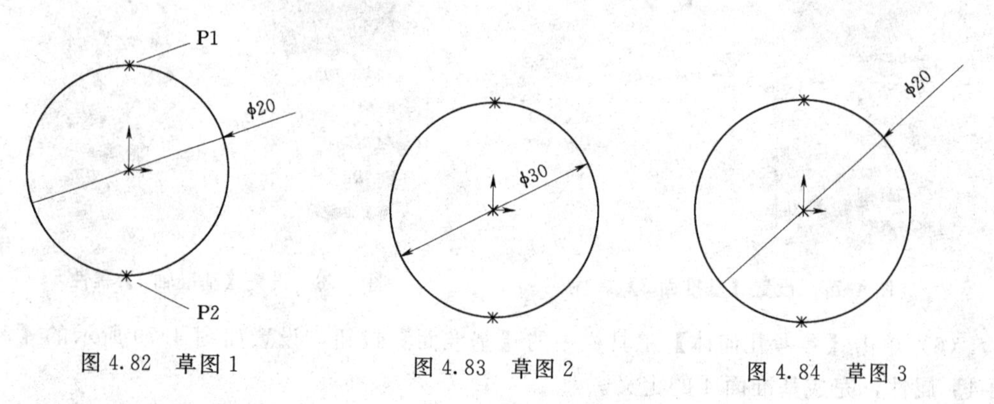


图 4.82 草图 1　　图 4.83 草图 2　　图 4.84 草图 3

(13) 单击【草图】工具栏中的【草图绘制】按钮，选择【基准面 4】为草图绘制平面。单击【圆】按钮，以原点为圆心，绘制一个 $\phi15$ 的圆，单击【点】按钮，绘制两个点，得到如图 4.85 所示的草图 4。

(14) 单击【草图】工具栏中的【草图绘制】按钮，选择【基准面 5】为草图绘制平面。单击【圆】按钮，以原点为圆心，绘制一个 $\phi15$ 的圆，单击【点】按钮，绘制两个点，得到如图 4.86 所示的草图 5。草图 1～草图 5 的位置关系如图 4.87 所示。

(15) 单击【草图】工具栏中的【草图绘制】按钮，选择【右视基准面】为草图绘制平面。单击【样条曲线】按钮，依次穿过上面的顶点，完成如图 4.88 所示的草图 6。

(16) 单击【草图】工具栏中的【草图绘制】按钮，选择【右视基准面】为草图绘制平面。单击【样条曲线】按钮，依次穿过上面的顶点，完成如图 4.89 所示的草图 7。

(17) 单击【特征】工具栏中【放样】按钮，在【轮廓】选项依次选择草图 1～草图 5，在【引导线】选项中选择草图 6、草图 7。设置如图 4.90 所示的【放样 1】属性。

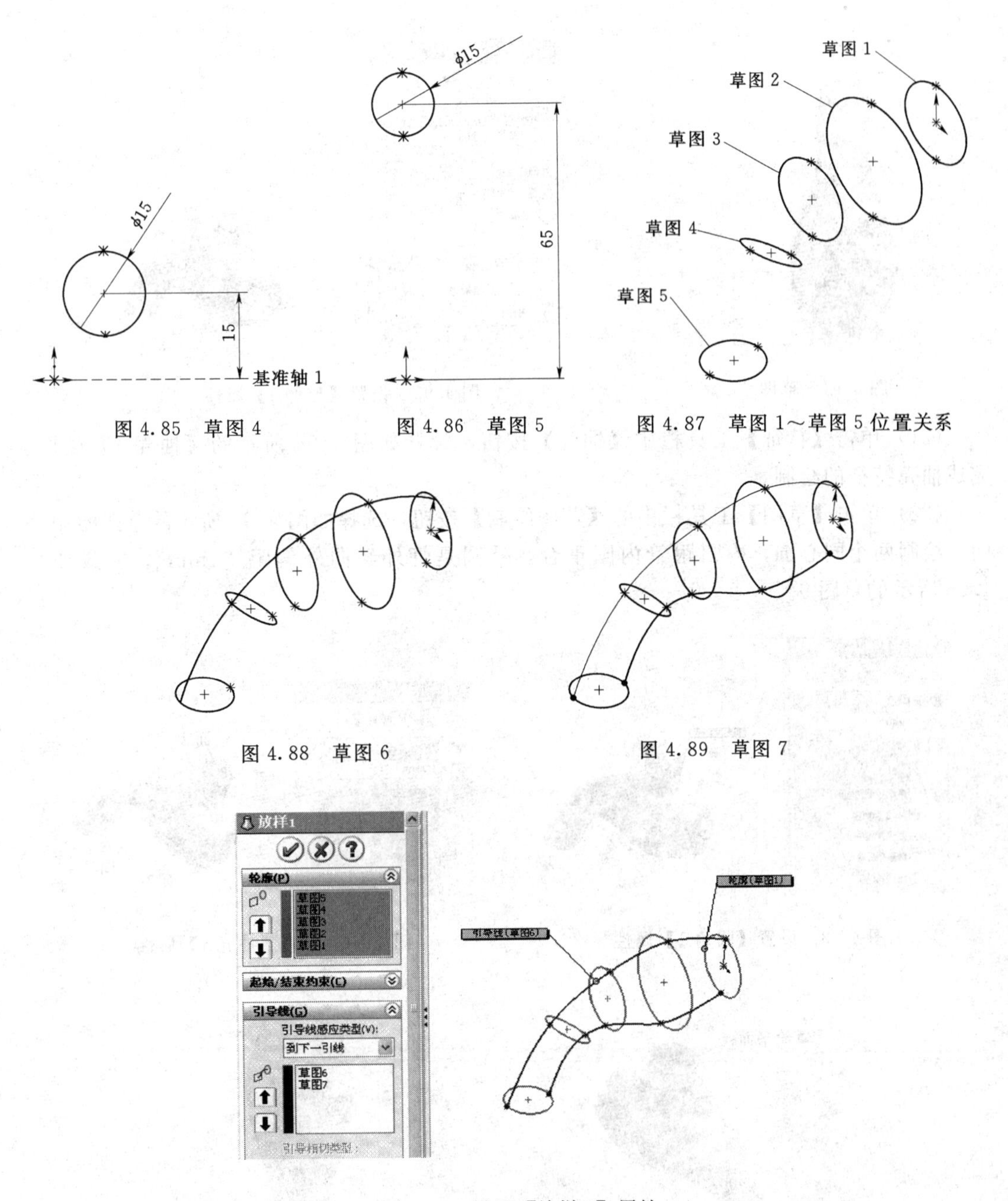


图 4.85　草图 4　　图 4.86　草图 5　　图 4.87　草图 1～草图 5 位置关系

图 4.88　草图 6　　图 4.89　草图 7

图 4.90　设置【放样 1】属性

(18) 单击【草图】工具栏中的【草图绘制】按钮，选择【基准面 6】为草图绘制平面。单击【圆】按钮，以原点为圆心，绘制一个 $\phi15$ 的圆，完成如图 4.91 所示的草图 8。

(19) 单击【特征】工具栏中【拉伸】按钮，将草图 8 拉伸至“放样特征 1”的上表面，设置如图 4.92 所示的【拉伸 1】属性。

(20) 单击【特征】工具栏中【圆角】按钮，设置如图 4.93 所示的【圆角 1】属性。完成圆角特征的绘制。

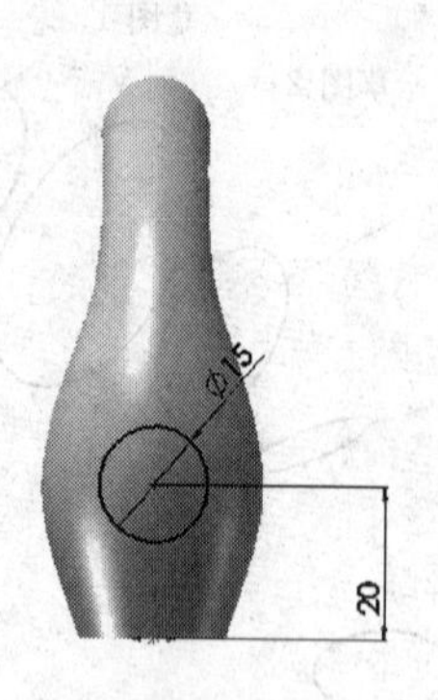


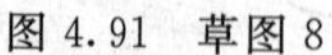

图 4.91　草图 8

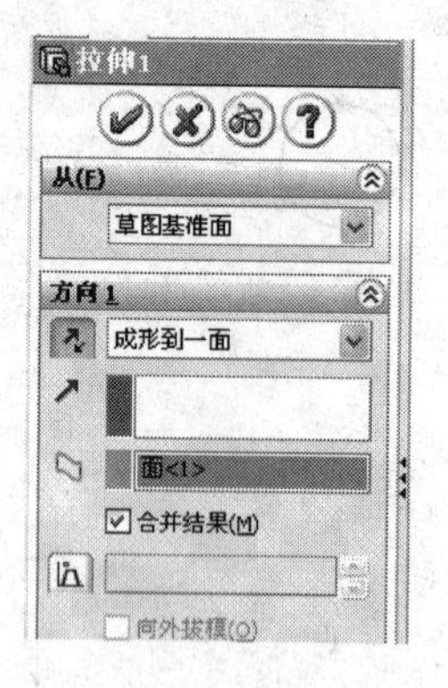


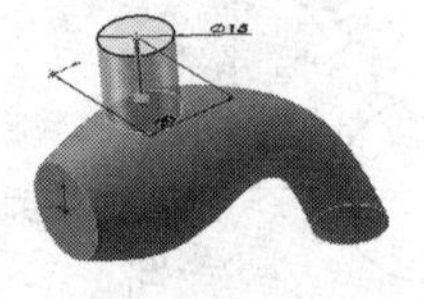

图 4.92　设置【拉伸 1】属性

(21) 单击【特征】工具栏中【抽壳】按钮，设置如图 4.94 所示的【抽壳 1】属性。完成抽壳特征的绘制。

(22) 单击【草图】工具栏中的【草图绘制】按钮，选择如图 4.95 所示的草图绘制平面。绘制两个同心圆，内圆跟管内圆重合，外圆是管外经向外偏距“1mm”。完成如图 4.96 所示的草图 9。

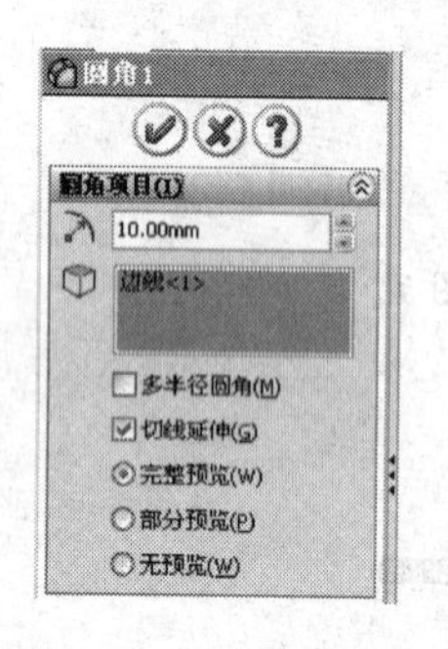


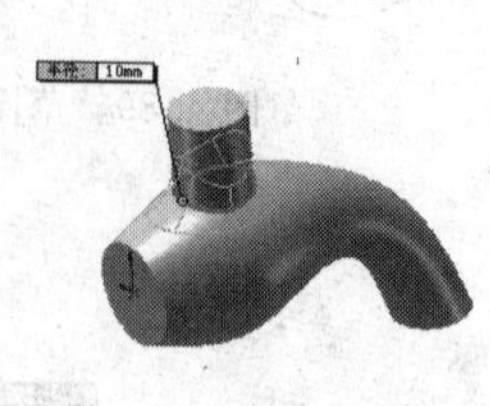

图 4.93　设置【圆角 1】属性

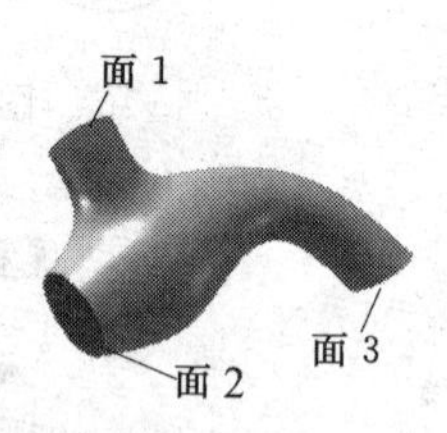


图 4.94　设置【抽壳 1】属性

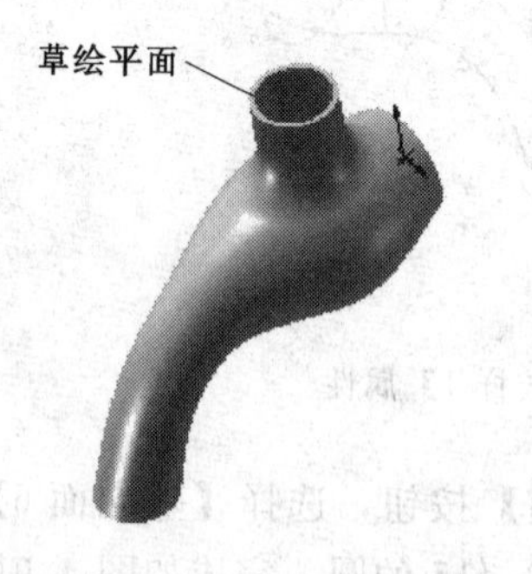


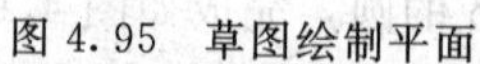

图 4.95　草图绘制平面

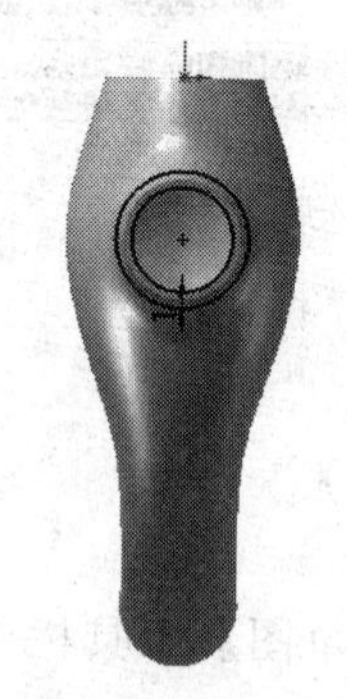

图 4.96　草图 9

(23) 单击【特征】工具栏中【拉伸】按钮，将草图 9 拉伸，设置如图 4.97 所示的【拉伸 2】属性，完成拉伸 2 特征的绘制。

(24) 单击【草图】工具栏中的【草图绘制】按钮，选择拉伸 2 特征上表面为草图绘制平面。绘制如图 4.98 所示的草图 10。

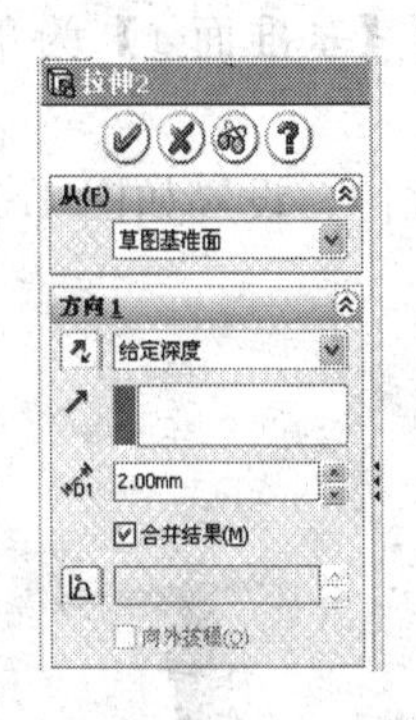

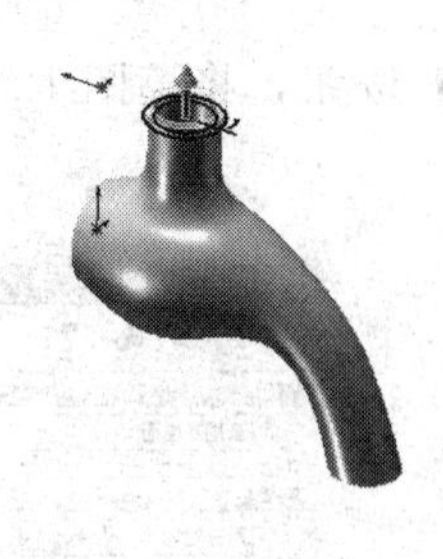

图 4.97　设置【拉伸 2】属性

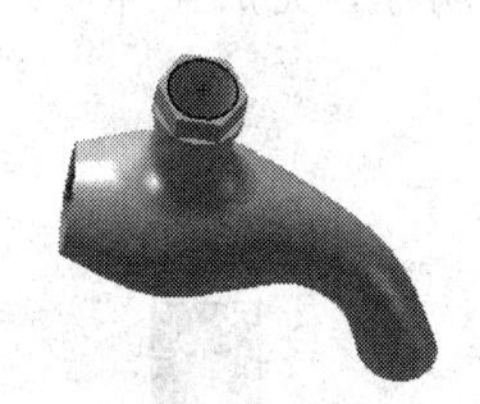

图 4.98　草图 10

（25）单击【特征】工具栏中【拉伸】按钮，将草图 10 拉伸，设置如图 4.99 所示的【拉伸 3】属性，完成拉伸 3 特征的绘制。

（26）单击【草图】工具栏中的【草图绘制】按钮，选择拉伸 3 特征上表面为草图绘制平面。绘制如图 4.100 所示的草图 11。

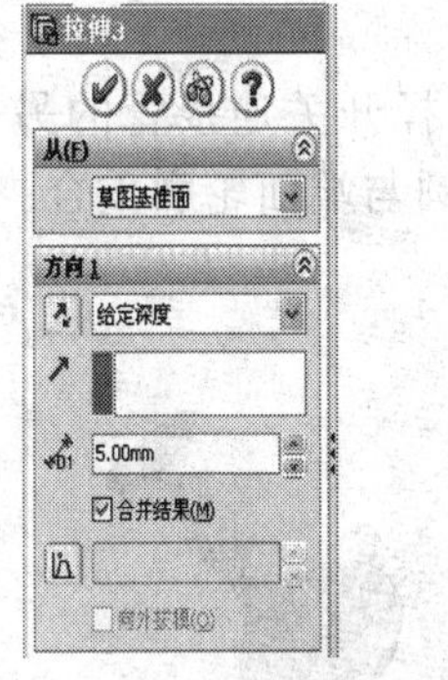

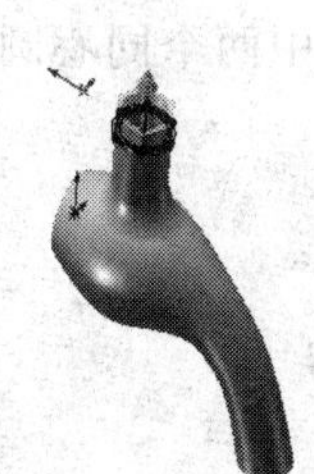

图 4.99　设置【拉伸 3】属性

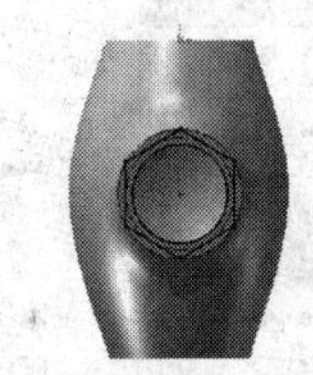

图 4.100　草图 11

（27）单击【特征】工具栏中【拉伸】按钮，将草图 11 拉伸，设置如图 4.101 所示的【拉伸 4】属性，完成拉伸 4 特征的绘制。其中拉伸高度为“7mm”，拔模角度为“3deg”。

（28）单击【草图】工具栏中的【草图绘制】按钮，选择拉伸 4 特征上表面为草图绘制平面，绘制如图 4.102 所示的草图 12。

（29）单击【特征】工具栏中【拉伸】按钮，将草图 12 拉伸，设置如图 4.103 所示的【拉伸 5】属性，完成拉伸 5 特征的绘制。

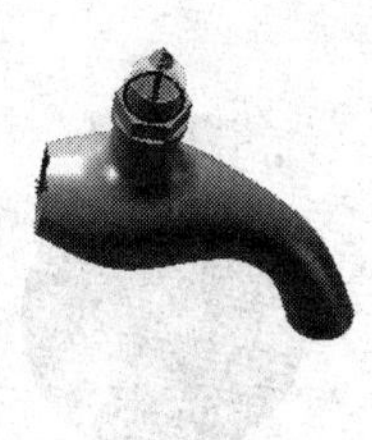

图 4.101　设置【拉伸 4】属性

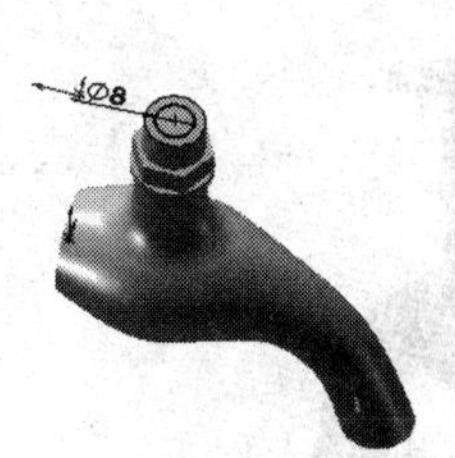


图 4.102　草图 12

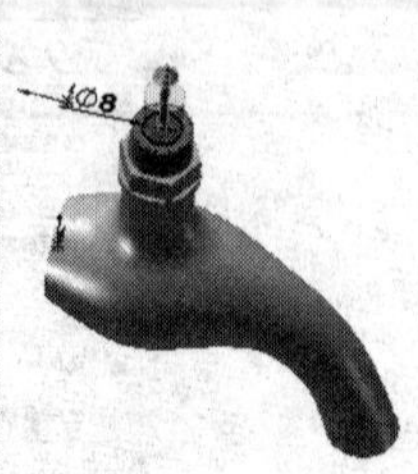


图 4.103　设置【拉伸 5】属性

(30) 单击【草图】工具栏中的【草图绘制】按钮，选择【基准面1】为草图绘制平面，绘制如图4.104所示的草图13。

(31) 单击【特征】工具栏中【拉伸】按钮，将草图12拉伸，设置如图4.105所示的【拉伸6】属性，完成拉伸6特征的绘制。

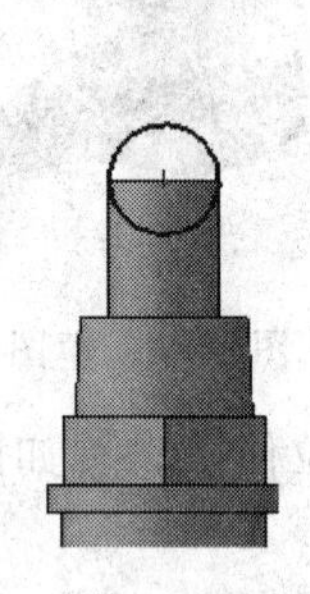

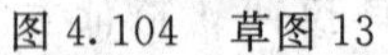

图4.104　草图13

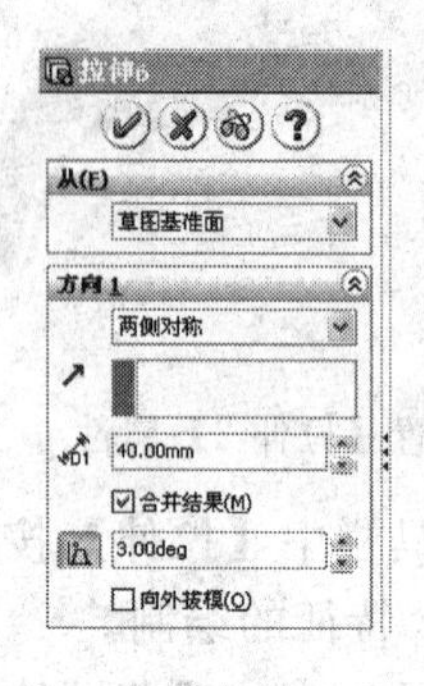


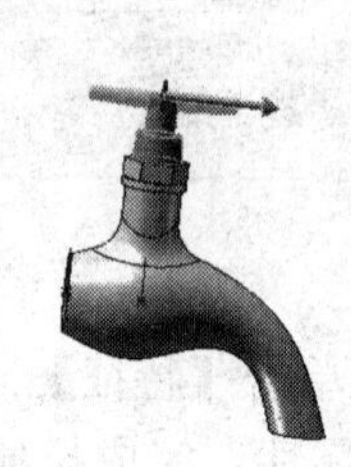

图4.105　设置【拉伸6】属性

(32) 单击【特征】工具栏中【圆角】按钮，设置如图4.106所示的【圆角2】属性，完成圆角特征的绘制。

(33) 单击【草图】工具栏中的【草图绘制】按钮，选择开关连接管的另一端为草图绘制平面，绘制如图4.107所示的草图14。其中两个同心圆与端面轮廓重合。

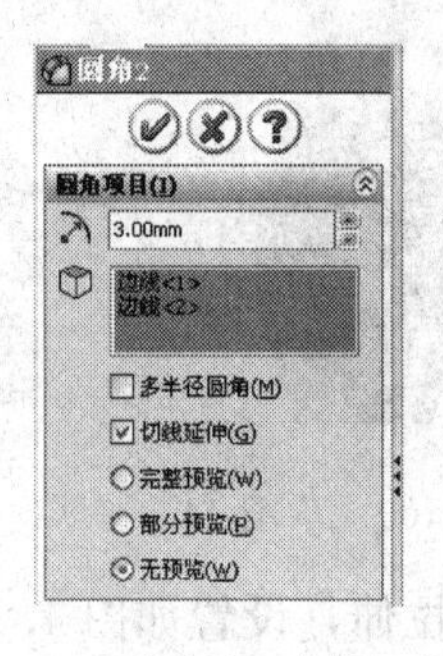


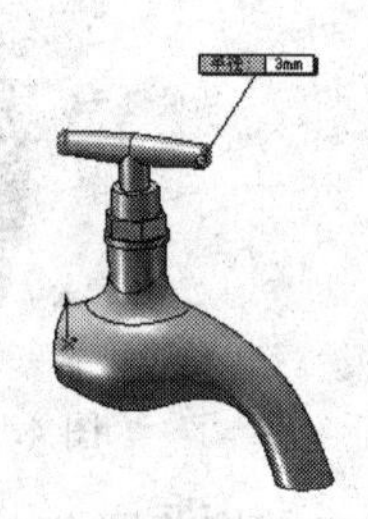

图4.106　设置【圆角2】属性

图4.107　草图14

(34) 单击【特征】工具栏中【拉伸】按钮，将草图14拉伸“2mm”，设置如图4.108所示的【拉伸7】属性，完成拉伸7特征的绘制。

(35) 单击【草图】工具栏中的【草图绘制】按钮，选择拉伸7特征的端面为草图绘制平面。绘制如图4.109所示的草图15。

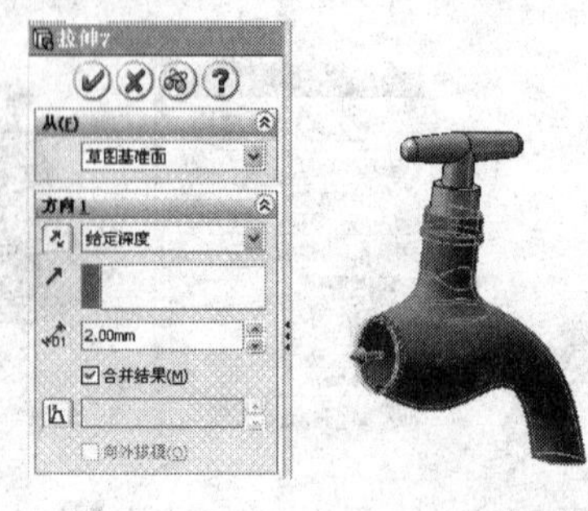


图4.108　设置【拉伸7】属性

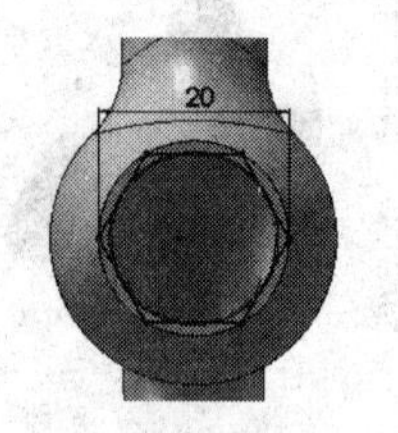


图4.109　草图15

(36) 单击【特征】工具栏中【拉伸】按钮，将草图 15 拉伸“5mm”，设置如图 4.110 所示的【拉伸 8】属性，完成拉伸 8 特征的绘制。

(37) 单击【草图】工具栏中的【草图绘制】按钮，选择拉伸 8 特征的端面为草图绘制平面。绘制如图 4.111 所示的草图 16。

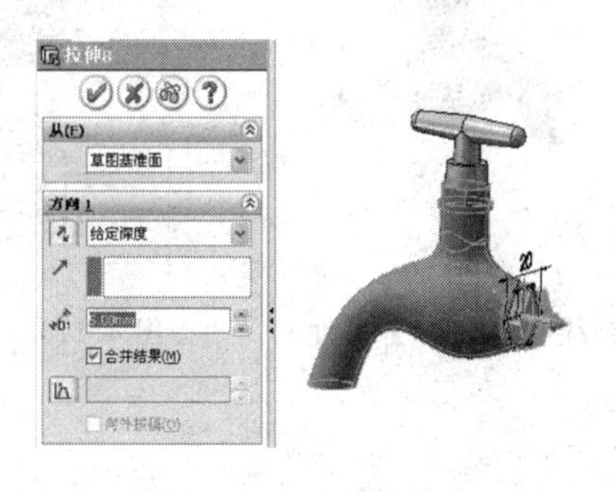

图 4.110　设置【拉伸 8】属性

图 4.111　草图 16

(38) 单击【特征】工具栏中【拉伸】按钮，将草图 15 拉伸“15mm”，设置如图 4.112 所示的【拉伸 9】属性，完成拉伸 9 特征的绘制。

(39) 单击【特征】工具栏中【倒角】按钮，设置如图 4.113 所示的【倒角 1】属性，完成圆角特征的绘制。

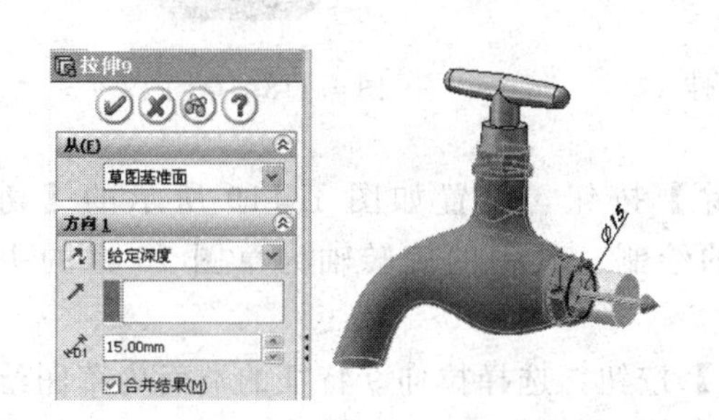


图 4.112　设置【拉伸 9】属性

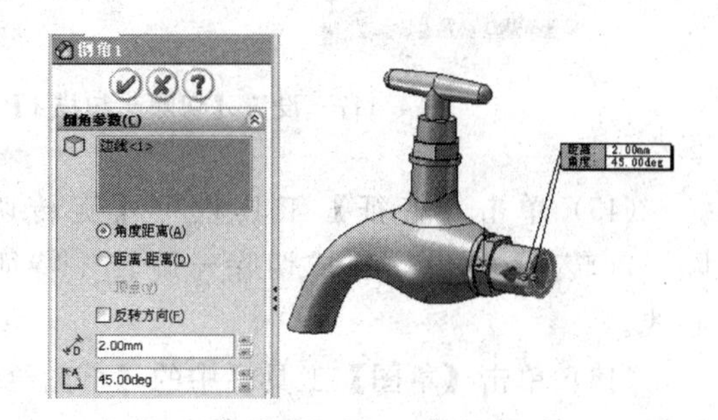


图 4.113　设置【倒角 1】属性

(40) 单击【草图】工具栏中的【草图绘制】按钮，选择拉伸 9 特征的端面为草图绘制平面。绘制如图 4.114 所示的草图 17。

(41) 单击【曲线】工具栏中的【螺旋线/涡状线】按钮，设置如图 4.115 所示的【螺旋线/涡状线 1】属性，完成螺旋线/涡状线 1 特征的绘制。

(42) 单击【草图】工具栏中的【草图绘制】按钮，选择【上视基准面】为草图绘制平面，绘制如图 4.116 所示的草图 18。

(43) 单击【特征】工具栏中【扫描切除】按钮，选择“草图 18”为截面轮廓，“螺旋线”为扫描路径，设置如图 4.117 所示的【切除一扫描 1】属性，完成切除一扫描 1 特征的绘制。

(44) 单击【草图】工具栏中的【草图绘制】按钮，选择【上视基准面】为草图绘制平面。绘制如图 4.118 所示的草图 19。

图 4.114　草图 17

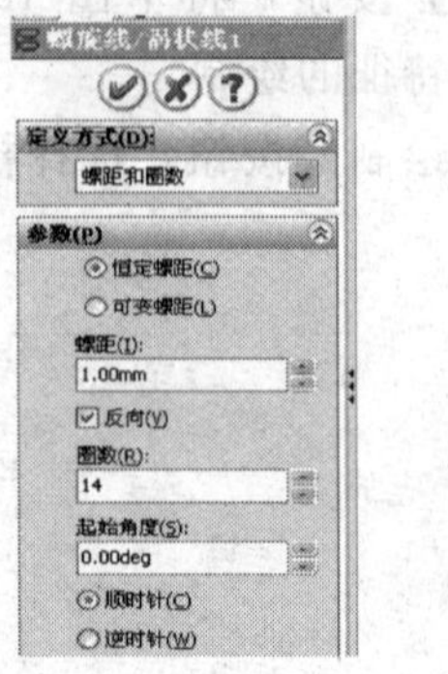


图 4.115　设置【螺旋线/涡状线 1】属性

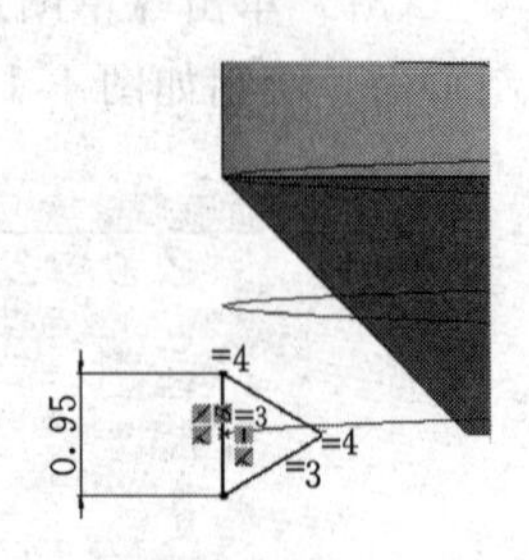


图 4.116　草图 18

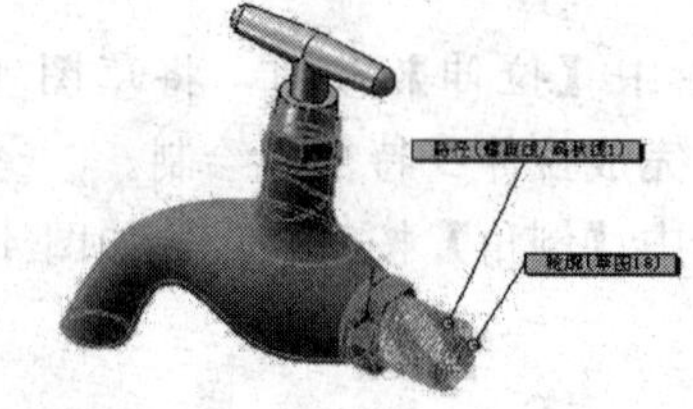

图 4.117　设置【切除－扫描 1】属性

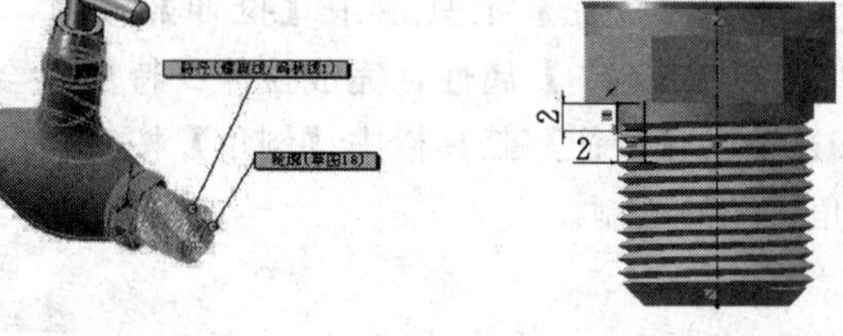


图 4.118　草图 19

(45) 单击【特征】工具栏中【旋转切除】按钮，设置如图 4.119 所示的【切除－旋转 1】属性，完成切除－旋转 1 特征的绘制。其中的旋转轴为草图 19 中的中心线。

(46) 单击【草图】工具栏中的【草图绘制】按钮，选择拉伸 9 特征的端面为草图绘制平面。绘制如图 4.120 所示的草图 20。

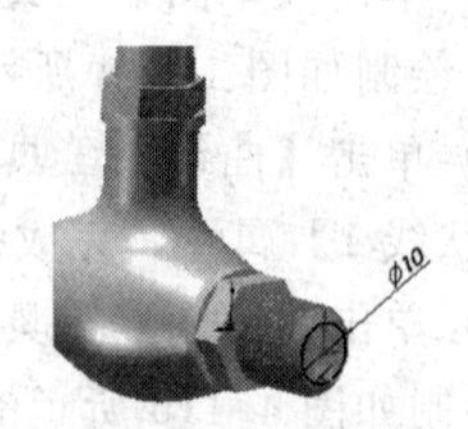


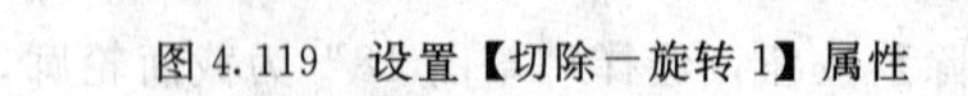

图 4.119　设置【切除－旋转 1】属性

图 4.120　草图 20

(47) 单击【特征】工具栏中【拉伸切除】按钮，设置如图 4.121 所示的【切除－拉伸 1】属性，完成切除－拉伸 1 特征的绘制，效果如图 4.122 所示。

(48) 单击【标准】工具栏中的【保存】按钮。

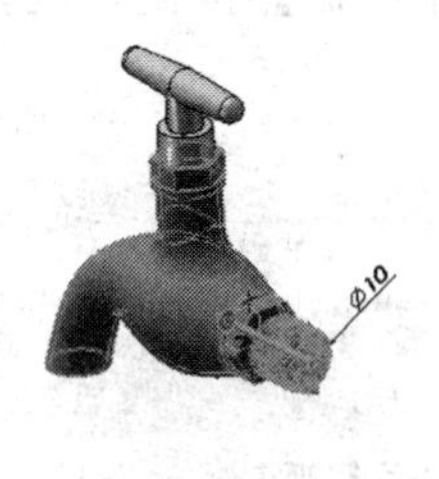

图 4.121　设置【切除一拉伸 1】属性

图 4.122　水龙头

# 任务 4.4　SolidWorks 中的装配设计

## 4.4.1　实例说明

如图 4.123 所示，显示器外壳由前盖和后盖组成，要使前盖和后盖在装配时完全吻合，就必须保证其连接处尺寸完全吻合。为了方便快捷地实现这一要求，通常采用三大步骤：①生成母体，将母体分割成相关联的子体；②分别完成子体的细节部分；③装配子体。本例中先生成显示器的母体，并将母体分割成前盖和后盖两个子体，再分别完成前盖和后盖的细节部分，最后装配在一起。

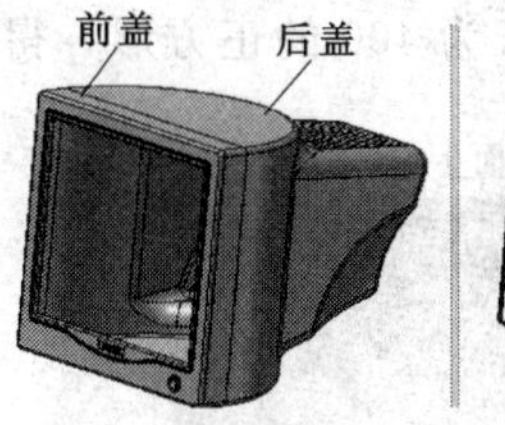


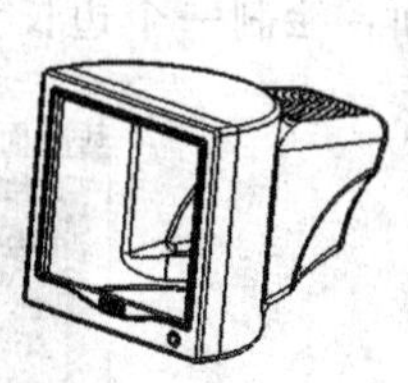

图 4.123　显示器外壳效果图

## 4.4.2　作图步骤

1. 显示器母体

(1) 单击【标准】工具栏中的【新建】按钮，系统弹出【新建 SolidWorks 文件】对话框，单击【零件】图标，单击【确定】按钮，进入 SolidWorks 2007 的零件工作界面。

(2) 单击【绘图】工具栏中的【草图绘制】按钮，选择【上视基准面】为草图绘制平面，绘制如图 4.124 所示的草图 1。

(3) 单击【特征】工具栏中【拉伸】按钮，将草图 1 双面拉伸，设置如图 4.125 所示的【拉伸 1】属性。

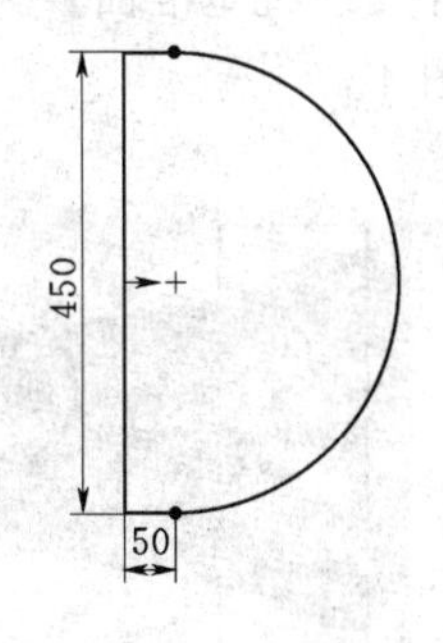

图 4.124　草图 1

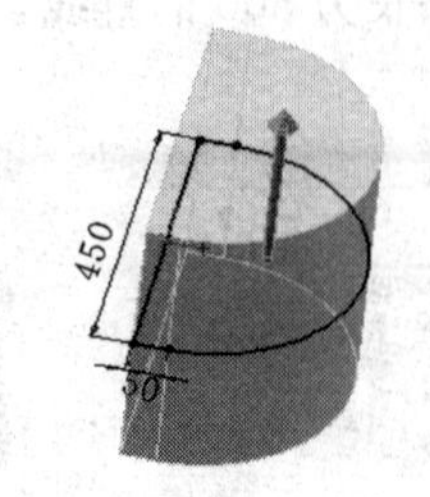


图 4.125　设置【拉伸 1】属性

(4) 单击【参考几何体】工具栏中的【基准面】按钮，设置如图 4.126 所示的【基准面 1】属性，完成基准面 1 的定义。

(5) 单击【参考几何体】工具栏中的【基准面】按钮，设置如图 4.127 所示的【基准面 2】属性，完成基准面 2 的定义。

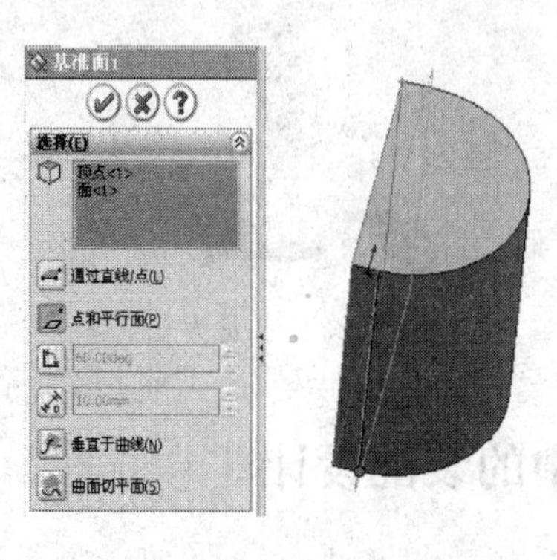


图 4.126　设置【基准面 1】属性

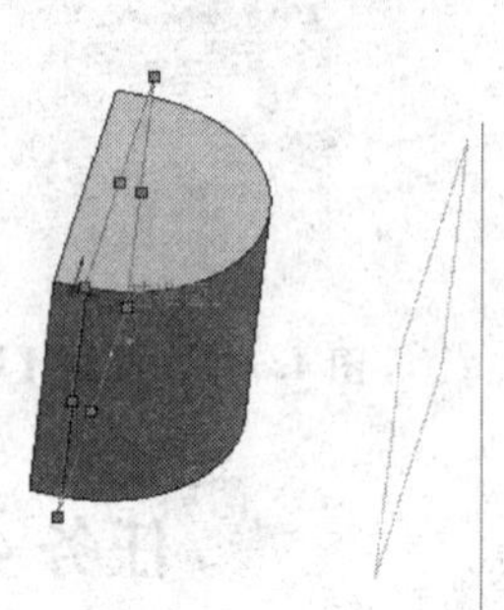

图 4.127　设置【基准面 2】属性

(6) 单击【绘图】工具栏中的【草图绘制】按钮，选择【基准面 1】为草图绘制平面，绘制一个边长为 400 的正方形，得到如图 4.128 所示的草图 2。

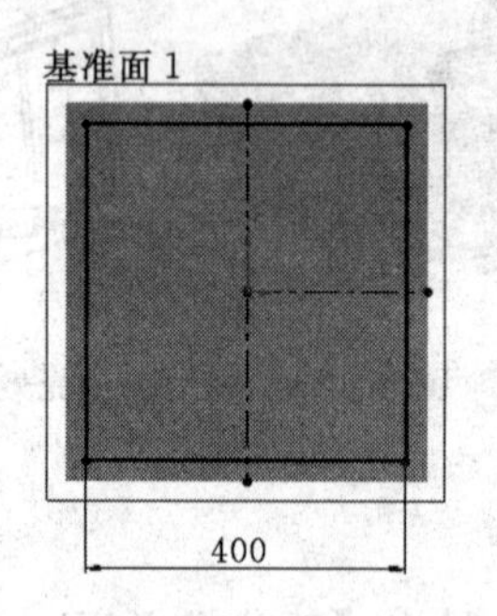


图 4.128　草图 2

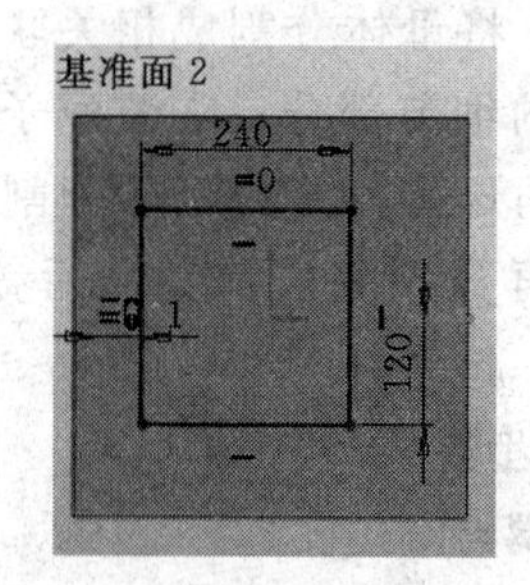


图 4.129　草图 3

(7) 单击【绘图】工具栏中的【草图绘制】按钮，选择【基准面 2】为草图绘制平面，绘制一个边长为 240 的正方形，得到如图 4.129 所示的草图 3。

(8) 单击【特征】工具栏中【放样】按钮，在【轮廓】选项选择草图 1、草图 2。调整接头以免发生扭曲，设置如图 4.130 所示的【放样 1】属性。

(9) 单击【绘图】工具栏中的【草图绘制】按钮，选择【前视基准面】为草图绘制平面，绘制一条长为 500 的直线，得到如图 4.131 所示的草图 4。

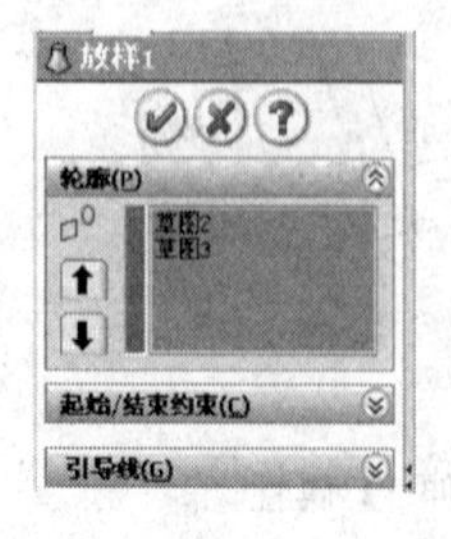


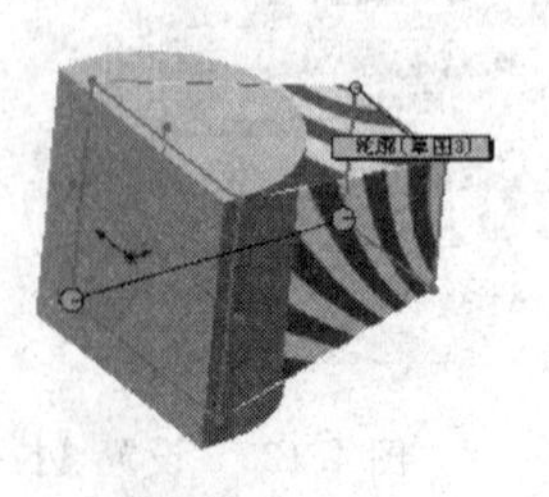

图 4.130　设置【放样 1】属性

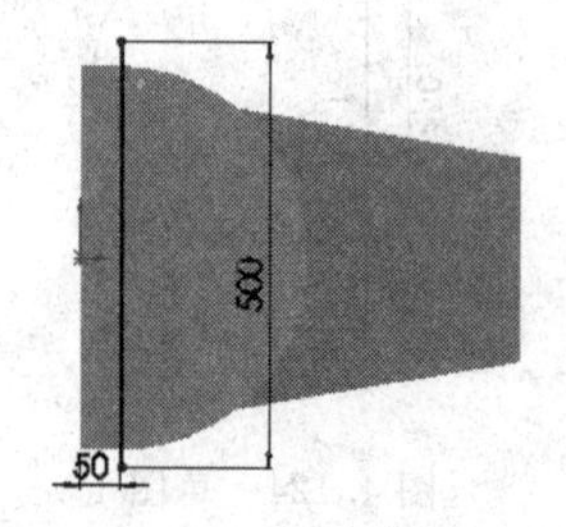


图 4.131　草图 4

(10) 单击【曲面】工具栏中的【拉伸曲面】按钮，将草图 4 双向拉伸“500mm”，

设置如图 4.132 所示的【曲面一拉伸 1】属性。

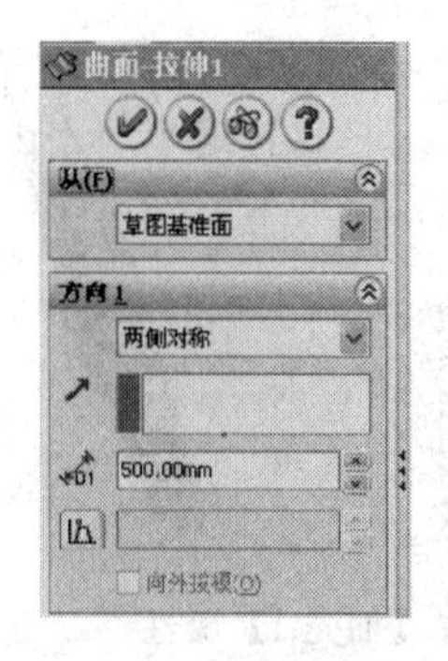

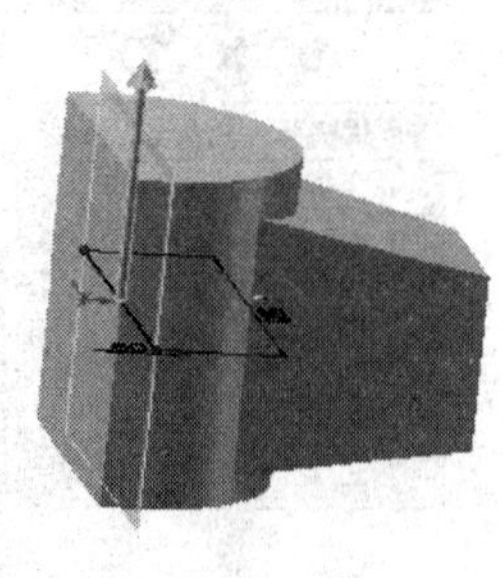

图 4.132　设置【曲面一拉伸 1】属性

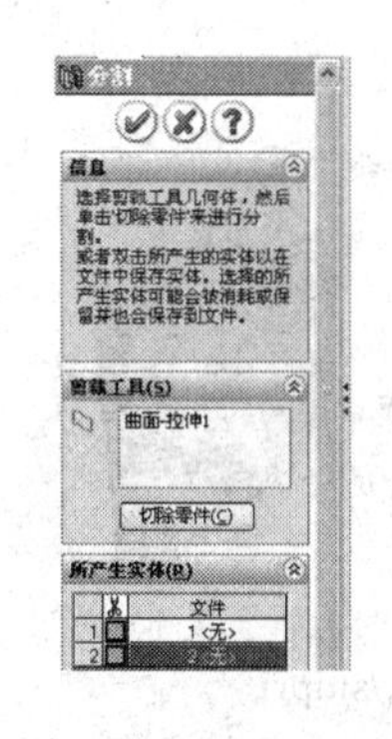

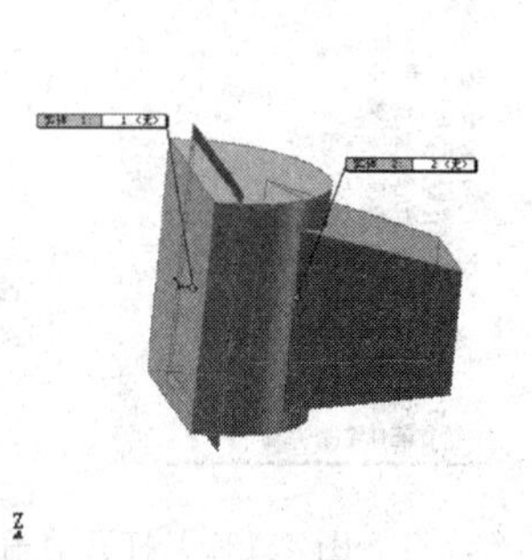

图 4.133　设置【分割】属性

(11) 单击【特征】工具栏中【分割】按钮，在【裁剪工具】选项中选择【曲面一拉伸 1】特征，弹出如图 4.133 所示的【分割】属性对话框。在图 4.134 所示的【所产生实体】中勾选 1 和 2，再单击文件栏，或分别双击 1、2，系统弹出如图 4.135 所示的【另存为】对话框，输入“前盖 . sldprt”和“后盖 . sldprt”文件名，系统将自动生成“前盖 . sldprt”和“后盖 . sldprt”零件，如图 4.136 所示。

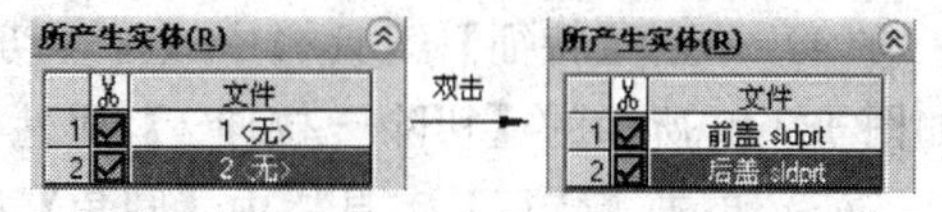


图 4.134　产生前盖和后盖实体过程

图 4.135　【另存为】对话框

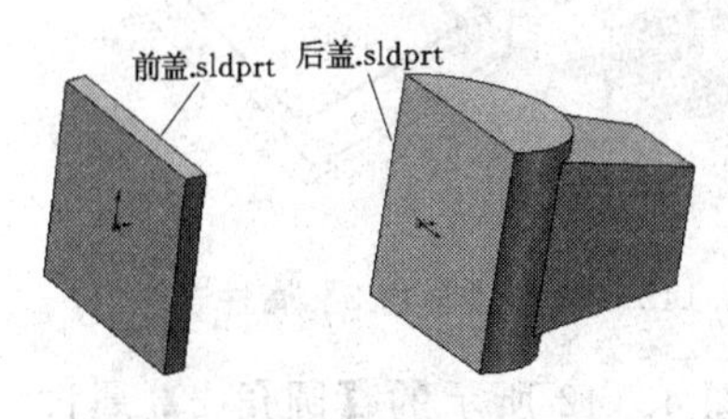


图 4.136　“前盖 . sldprt”和“后盖 . sldprt”零件

2. 前盖

(1) 单击【标准】工具栏中的【打开】按钮，选择“前盖 . sldprt”，单击【确定】按钮，进入 SolidWorks 2007 的零件工作界面，零件打开后的效果如图 4.137 所示。

(2) 单击【特征】工具栏中【抽壳】按钮，设置如图 4.138 所示的【抽壳 1】属性，选择前盖的背面，完成抽壳1特征的绘制。

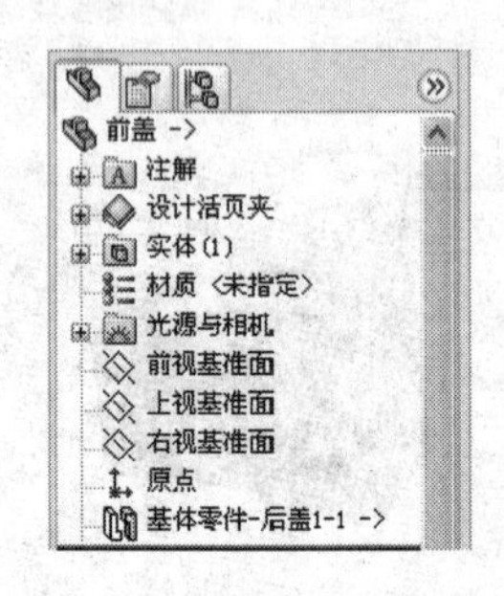


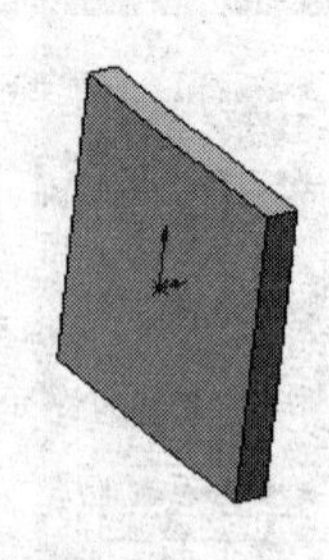

图 4.137　打开前盖.sldprt

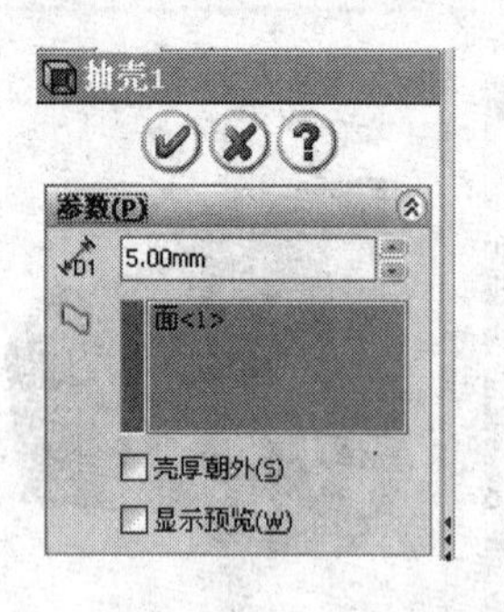


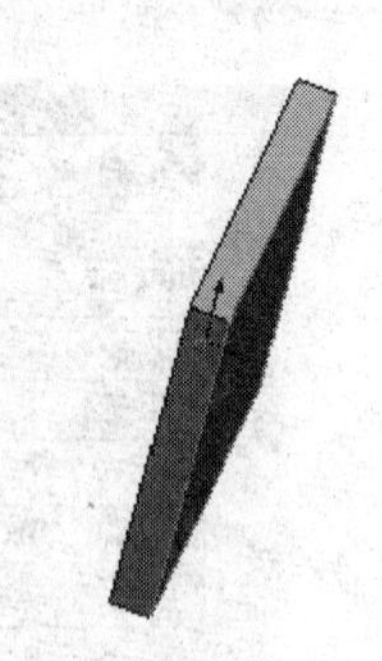

图 4.138　设置【抽壳1】属性

(3) 单击【绘图】工具栏中的【草图绘制】按钮，选择前盖正面为草图绘制平面，绘制一个340×370的矩形，得到如图4.139所示的草图1。

(4) 单击【特征】工具栏中【拉伸切除】按钮，将草图1按“完全贯穿”拉伸，设置如图4.140所示的【切除一拉伸1】属性，完成特征的绘制。

(5) 单击【特征】工具栏中【圆角】按钮，设置如图4.141所示的【圆角】属性，完成圆角1特征的绘制。

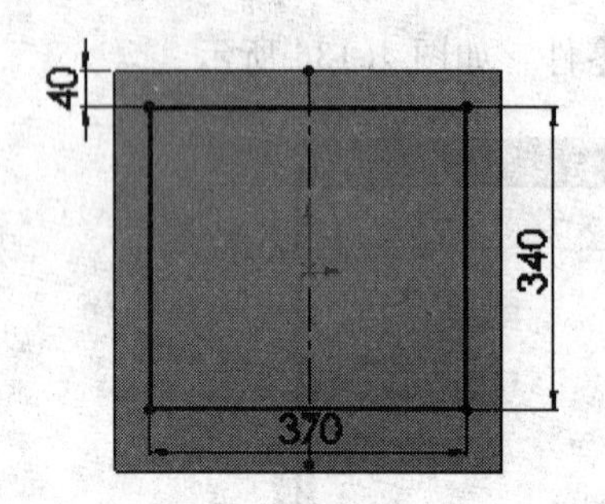


图 4.139　草图1

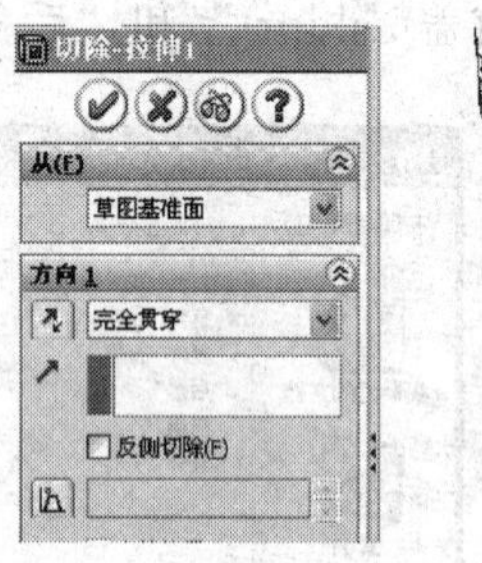

图 4.140　设置【切除一拉伸1】属性

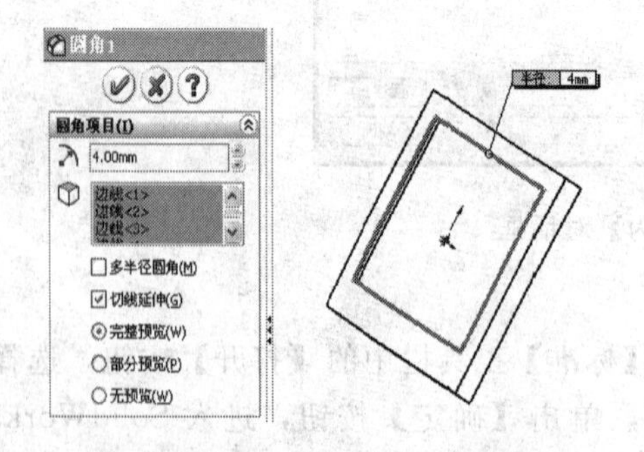

图 4.141　设置【圆角1】属性

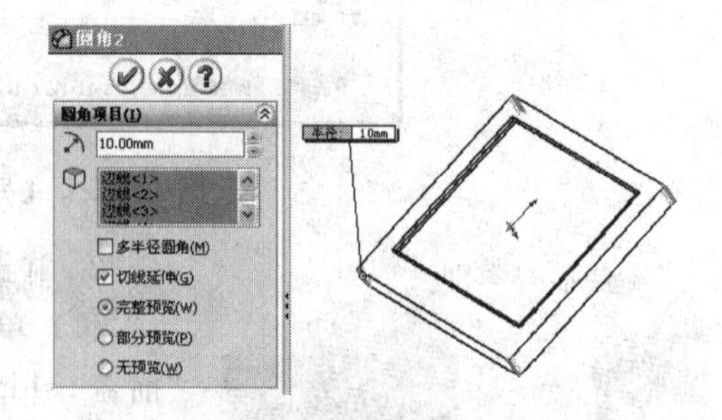


图 4.142　设置【圆角2】属性

(6) 单击【特征】工具栏中【圆角】按钮，设置如图4.142所示的【圆角2】属性，完成圆角2特征的绘制。

(7) 单击【特征】工具栏中【圆角】按钮，设置如图4.143所示的【圆角3】属性，完成圆角 3 特征的绘制。

(8) 单击【绘图】工具栏中的【草图绘制】按钮，选择前盖正面为草图绘制平面，绘制如图 4.144 所示的草图 2。直线和圆弧均通过偏距方式产生。

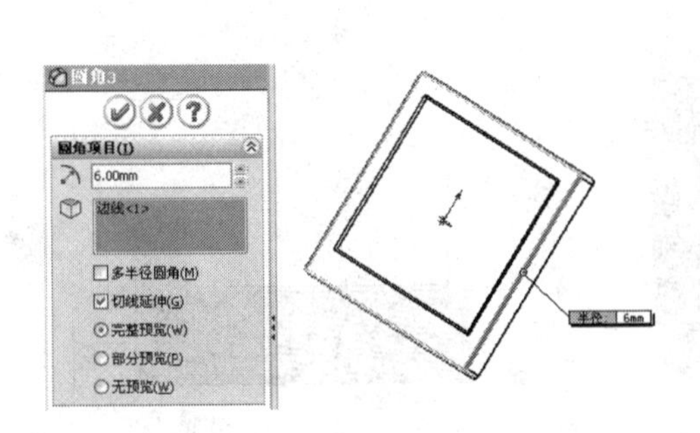

图 4.143　设置【圆角 3】属性

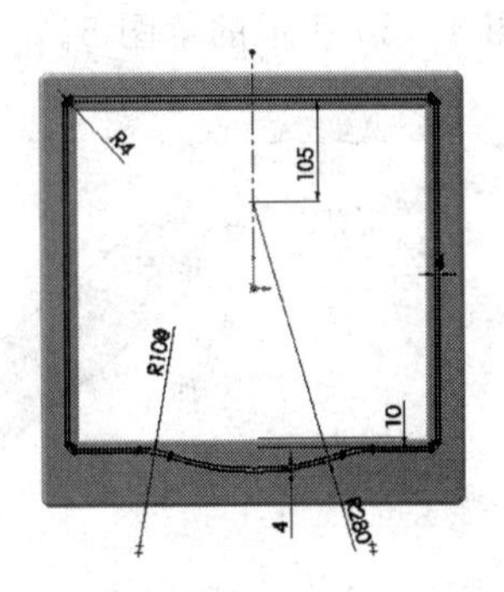


图 4.144　草图 2

(9) 单击【特征】工具栏中【切除－拉伸】按钮，将草图 2 拉伸“2mm”，设置如图 4.145 所示的【切除－拉伸 2】属性，完成切除－拉伸 2 特征的绘制。

(10) 单击【绘图】工具栏中的【草图绘制】按钮，选择前盖正面为草图绘制平面，绘制如图 4.146 所示的草图 3。

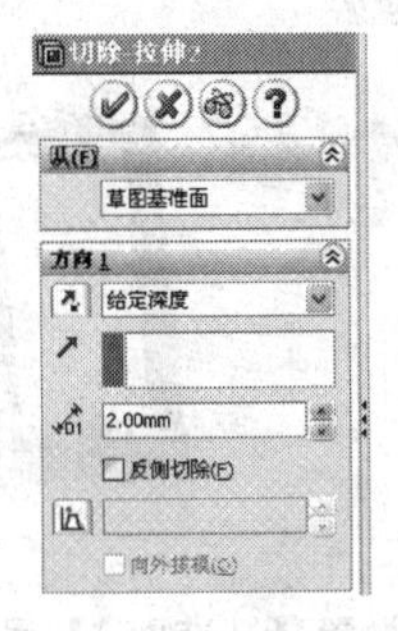
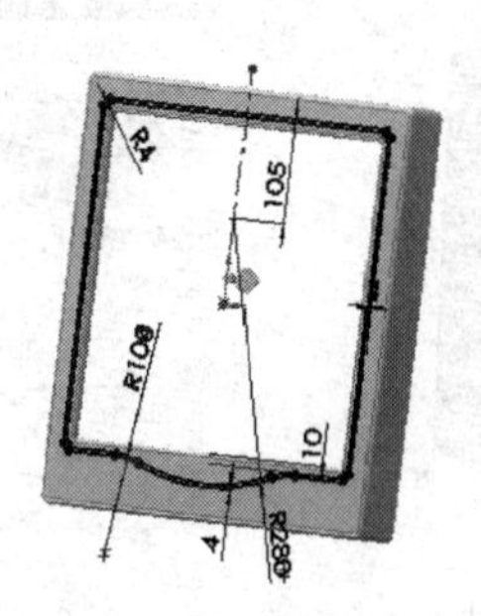

图 4.145　设置【切除－拉伸 2】属性

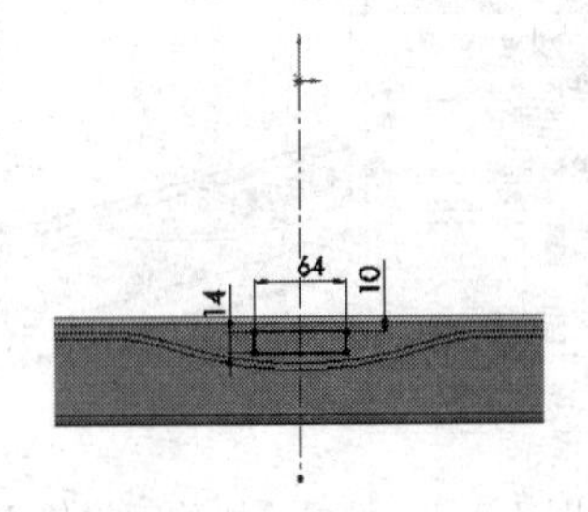


图 4.146　草图 3

(11) 单击【特征】工具栏中【拉伸切除】按钮，将草图 3 拉伸“4mm”，设置如图 4.147 所示的【切除－拉伸 3】属性，完成切除－拉伸 3 特征的绘制。

(12) 单击【绘图】工具栏中的【草图绘制】按钮，选择切除－拉伸 3 的底面为草图绘制平面。单击【文字】按钮，绘制如图 4.148 所示的草图 4。

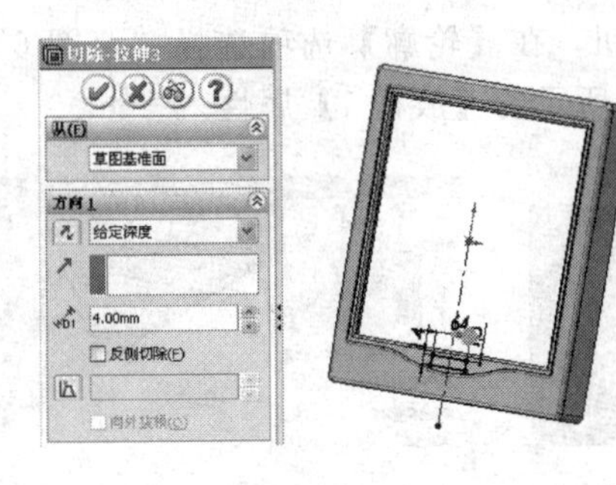

图 4.147　设置【切除－拉伸 3】属性

图 4.148　草图 4

(13) 单击【特征】工具栏中【拉伸】按钮，将草图4拉伸“3mm”，设置如图4.149所示的【拉伸1】属性，完成拉伸1特征的绘制。

(14) 单击【绘图】工具栏中的【草图绘制】按钮，选择前盖正面为草图绘制平面，绘制如图4.150所示的草图5。

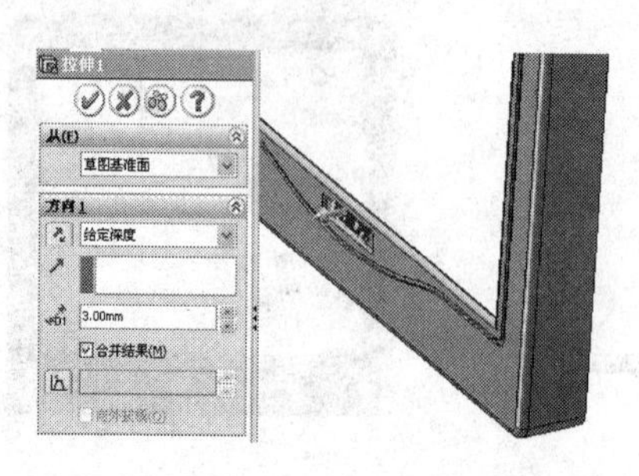

图4.149 设置【拉伸1】属性

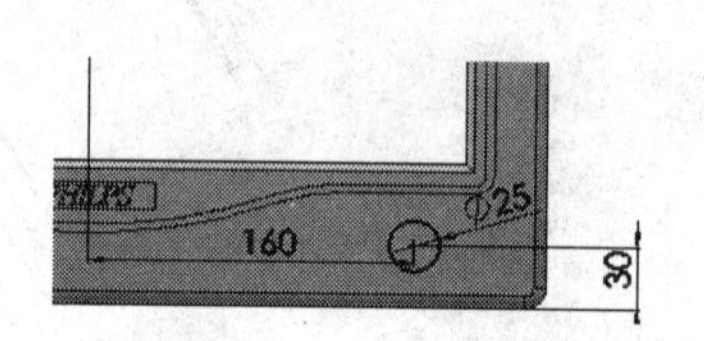


图4.150 草图5

(15) 单击【特征】工具栏中【拉伸切除】按钮，将草图5拉伸“2mm”，设置如图4.151所示的【切除－拉伸4】属性，完成切除－拉伸4特征的绘制。

(16) 单击【参考几何体】工具栏中的【基准面】按钮，设置如图4.152所示的【基准面1】属性，将前盖正面向前偏移“3mm”，完成基准面1的定义。

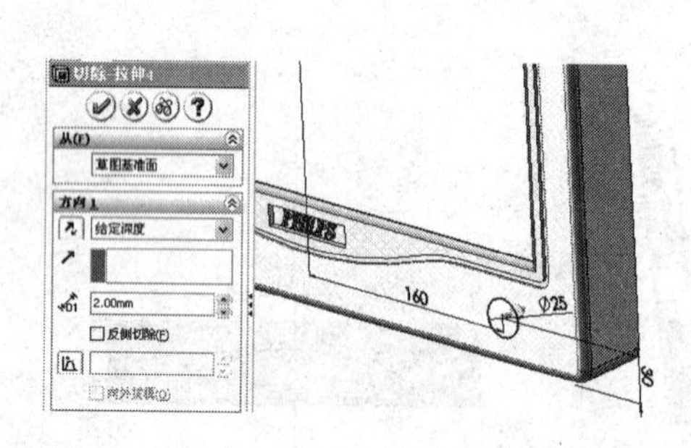

图4.151 设置【切除－拉伸4】属性

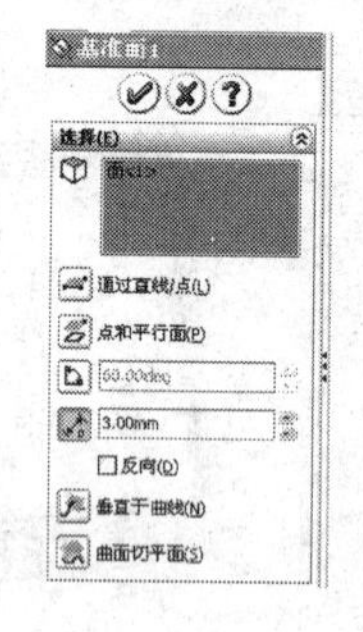

图4.152 设置【基准面1】属性

(17) 单击【绘图】工具栏中的【草图绘制】按钮，选择切除－拉伸4特征的底面为草图绘制平面，绘制一个与切除－拉伸4特征同心，直径为20的圆，得到如图4.153所示的草图6。

(18) 单击【绘图】工具栏中的【草图绘制】按钮，选择【基准面1】为草图绘制平面，绘制一个与草图5同心，直径为16的圆，得到如图4.154所示的草图7。

(19) 单击【特征】工具栏中【放样】按钮，在【轮廓】选项选择“草图6”、“草图7”。调整接头以免发生扭曲，设置如图4.155所示的【放样1】属性。

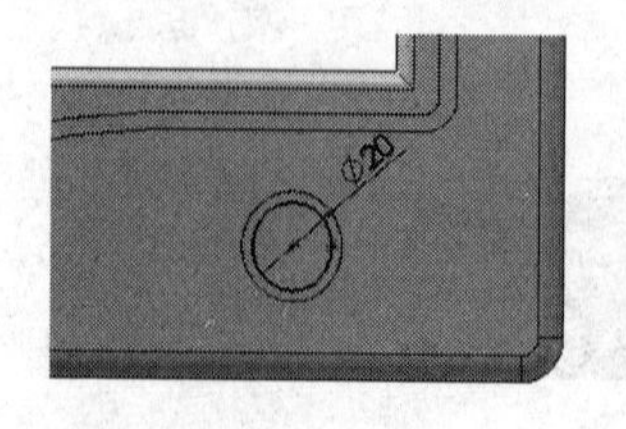


图4.153 草图6

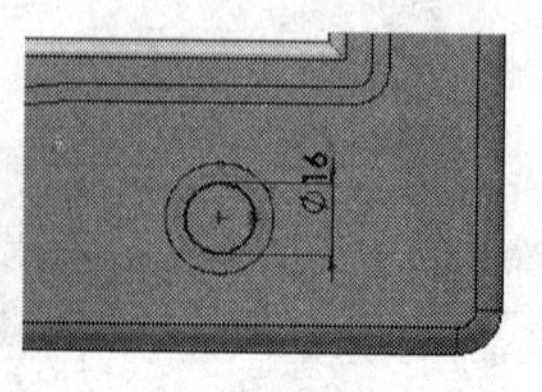


图4.154 草图7

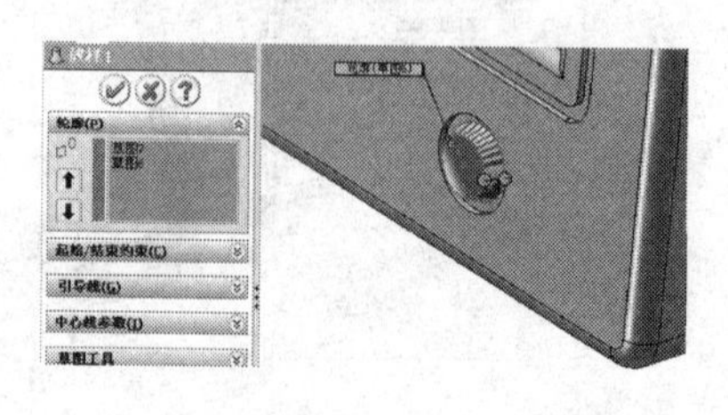

图4.155 设置【放样1】属性

(20) 单击【特征】工具栏中【圆角】按钮，设置如图 4.156 所示的【圆角 4】属性，完成圆角 4 特征的绘制。

(21) 单击【特征】工具栏中【圆角】按钮，选择将拉伸一切除 2 特征中的边线进行倒圆角，设置如图 4.157 所示的【圆角 5】属性，完成圆角 5 特征的绘制。

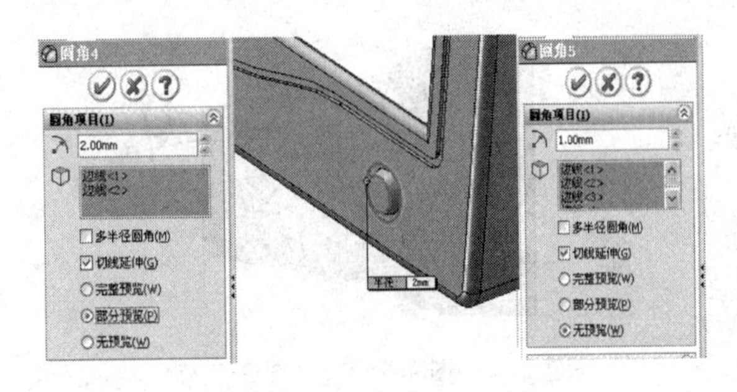

图 4.156　设置【圆角 4】属性

图 4.157　设置【圆角 5】属性

(22) 单击【标准】工具栏中的【保存】按钮，完成前盖绘制，效果如图 4.158 所示。

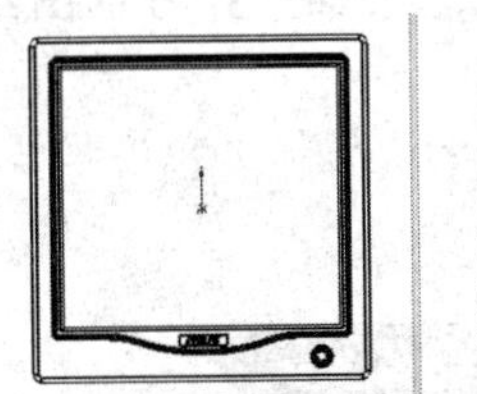

图 4.158　前盖效果图

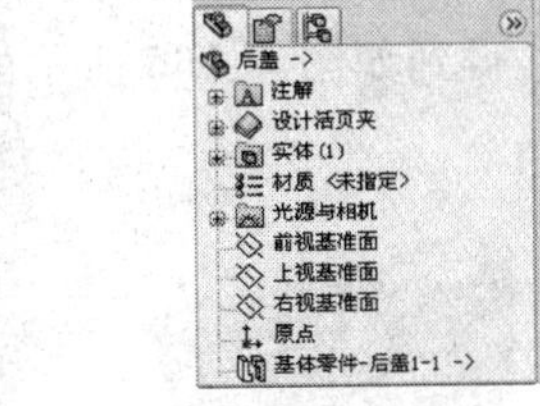

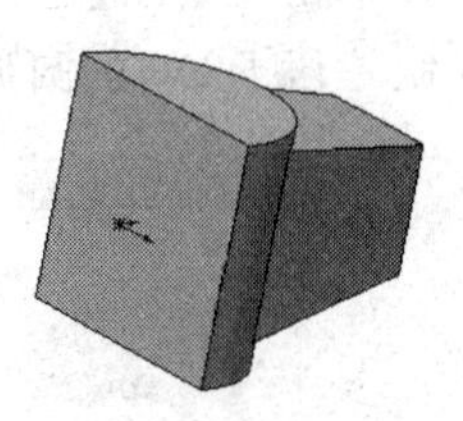

图 4.159　打开“后盖 . sldprt”

3. *后盖*

(1) 单击【标准】工具栏中的【打开】按钮，选择“后盖 . sldprt”，单击【确定】按钮，进入 SolidWorks 2007 的零件工作界面，零件打开后效果如图 4.159 所示。

(2) 单击【绘图】工具栏中的【草图绘制】按钮，选择【前视基准面】为草图绘制平面，绘制一段 R1000 的圆弧，得到如图 4.160 所示的草图 1。

(3) 单击【特征】工具栏中【拉伸切除】按钮，将草图 1 双向拉伸“完全贯穿”，设置如图 4.161 所示的【切除一拉伸 1】属性，完成切除一拉伸 1 特征的绘制。

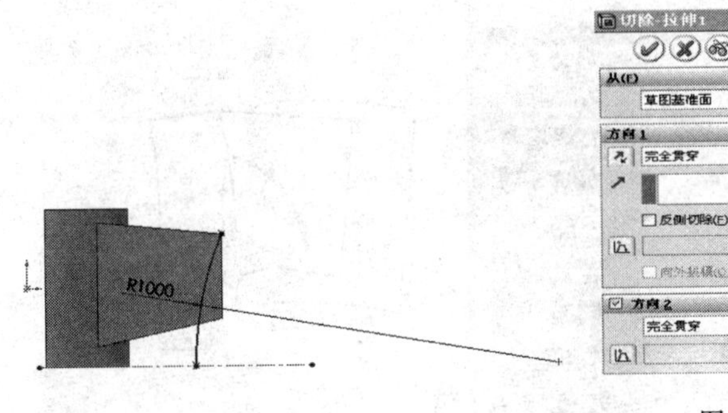


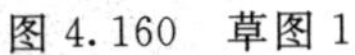

图 4.160　草图 1

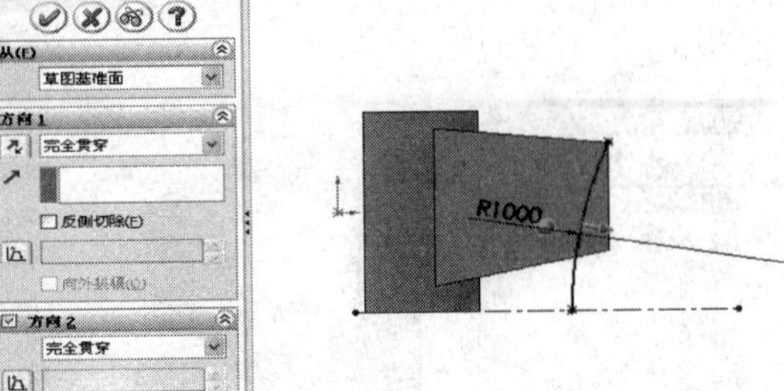


图 4.161　设置【切除一拉伸 1】属性

(4) 单击【绘图】工具栏中的【草图绘制】按钮，选择后盖后侧面为草图绘制平面绘

制一段R240的圆弧，得到如图4.162所示的草图2。

（5）单击【绘图】工具栏中的【草图绘制】按钮，选择后盖后底面为草图绘制平面，绘制一段R420的圆弧，得到如图4.163所示的草图3。

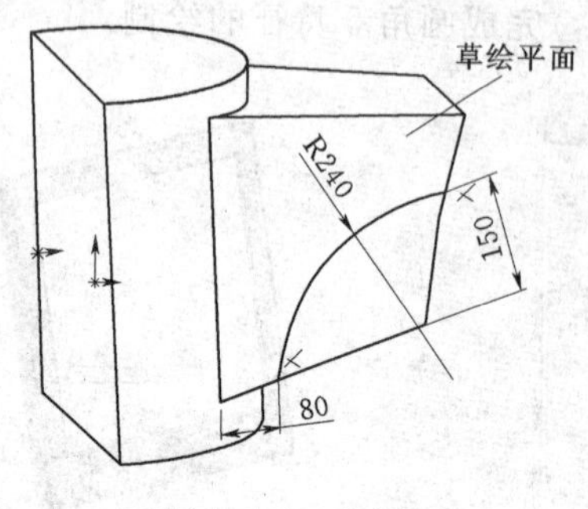


图4.162　草图2

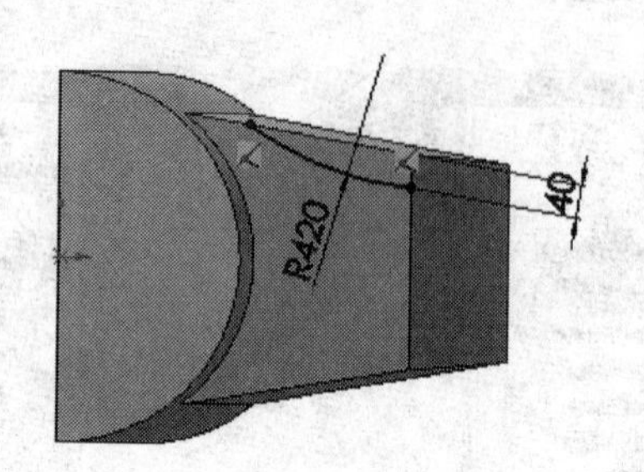


图4.163　草图3

（6）单击【参考几何体】工具栏中的【基准面】按钮，设置如图4.164所示的【基准面1】属性，完成基准面1的定义。

（7）单击【绘图】工具栏中的【草图绘制】按钮，选择【基准面1】为草图绘制平面，绘制一段R200的圆弧，得到如图4.165所示的草图4。

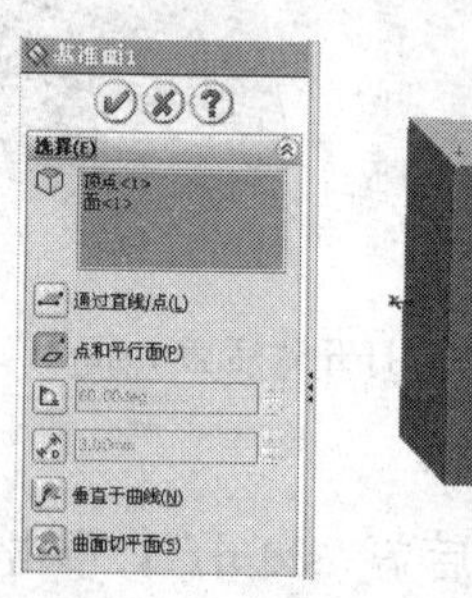


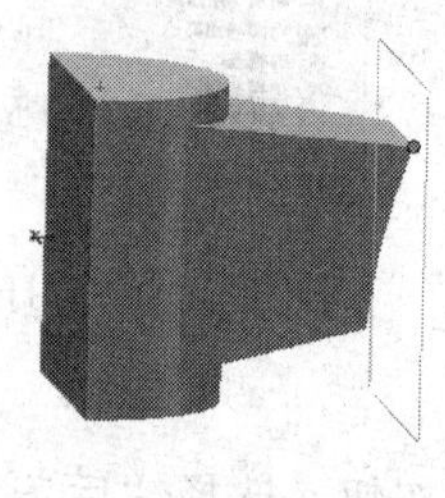

图4.164　设置【基准面1】属性

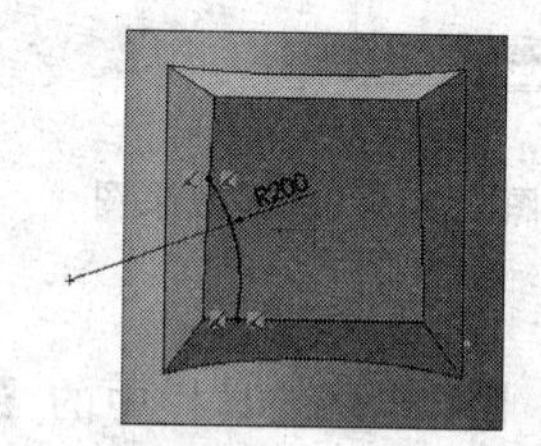


图4.165　草图4

（8）单击【曲线】工具栏中的【投影曲线】按钮，设置如图4.166所示的投影【曲线1】属性，得到曲线1。

（9）单击【曲面】工具栏中的【边界曲面】按钮，设置如图4.167所示的【边界一曲面1】属性，得到边界一曲面1。

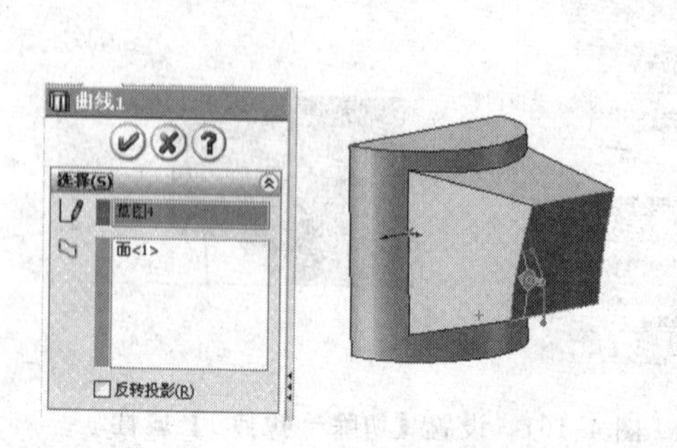


图4.166　设置【曲线1】属性

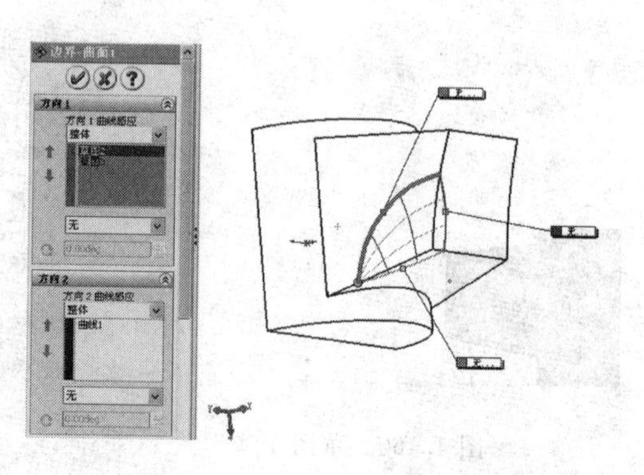


图4.167　设置【边界一曲面1】属性

（10）单击【特征】工具栏中的【使用曲面切除】按钮，设置如图 4.168 所示的【使用曲面切除 1】属性，得到使用曲面切除 1 特征。

（11）单击【特征】工具栏中的【镜像】按钮，设置如图 4.169 所示的【镜像 1】属性，得到镜像 1 特征。

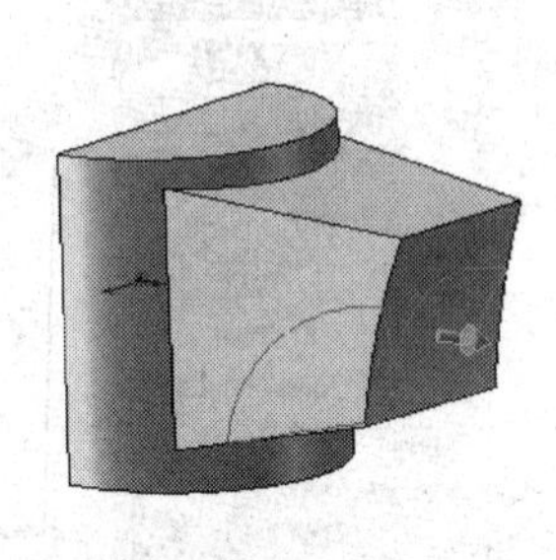

图 4.168　设置【使用曲面切除 1】属性

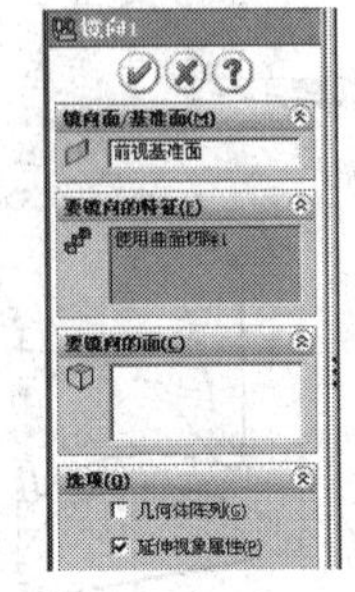

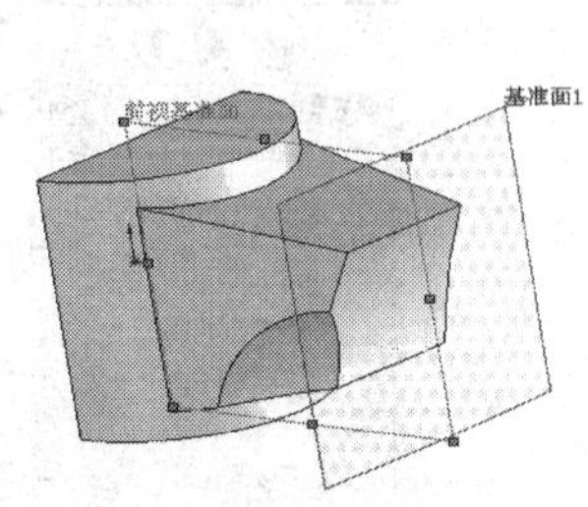

图 4.169　设置【镜像 1】属性

（12）单击【绘图】工具栏中的【草图绘制】按钮，选择【前视基准面】为草图绘制平面，绘制一段 R200 的圆弧，得到如图 4.170 所示的草图 5。

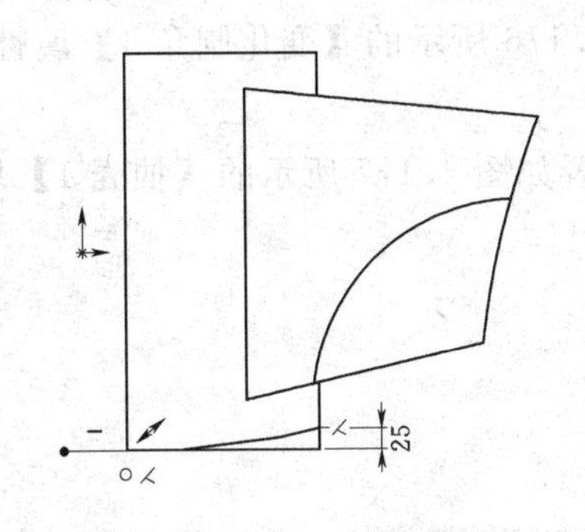

图 4.170　草图 5

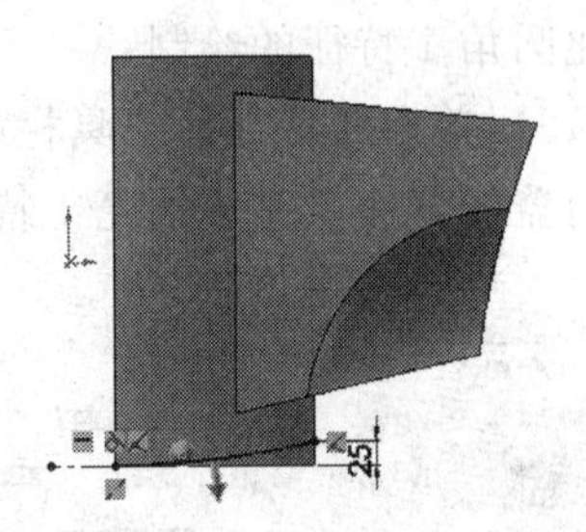

图 4.171　设置【切除-拉伸 2】属性

（13）单击【特征】工具栏中【拉伸切除】按钮，将草图 5 双向拉伸“完全贯穿”，设置如图 4.171 所示的【切除-拉伸 2】属性，完成切除-拉伸 2 特征的绘制。

（14）单击【特征】工具栏中【圆角】按钮，设置如图 4.172 所示的【圆角 1】属性，完成圆角 1 特征的绘制。

（15）单击【特征】工具栏中【圆角】按钮，设置如图 4.173 所示的【圆角 2】属性，完成圆角 2 特征的绘制。

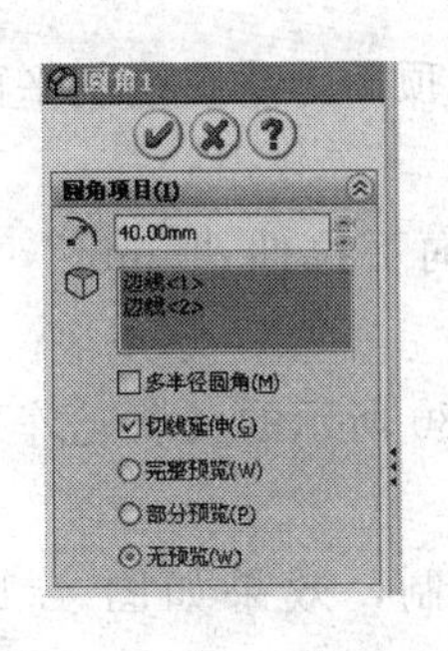

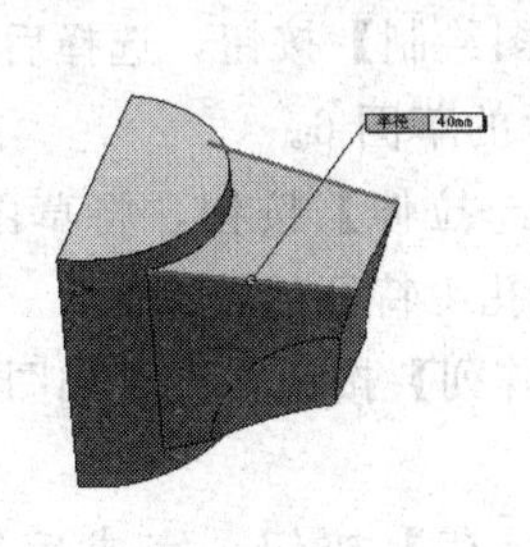

图 4.172　设置【圆角 1】属性

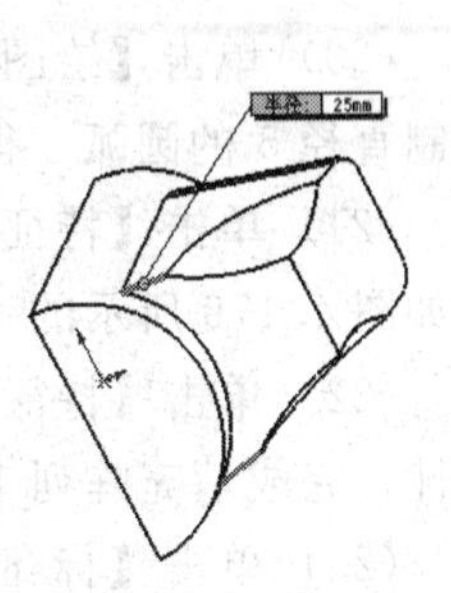

图 4.173　设置【圆角 2】属性

(16) 单击【特征】工具栏中【圆角】按钮，设置【圆角3】如图4.174所示的属性，完成圆角3特征的绘制。

(17) 单击【特征】工具栏中【圆角】按钮，设置如图4.175所示的【圆角4】属性，完成圆角4特征的绘制。

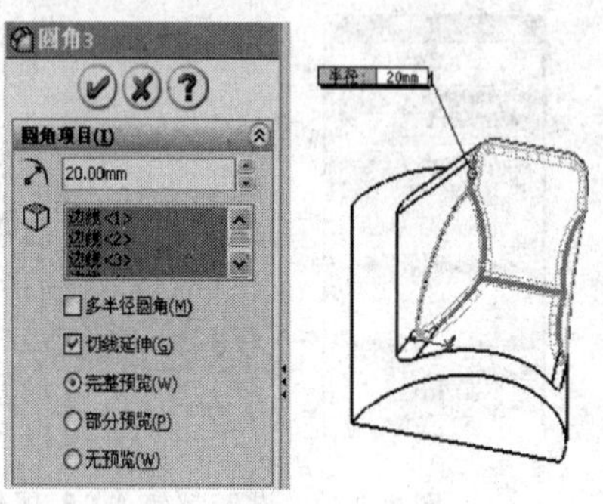
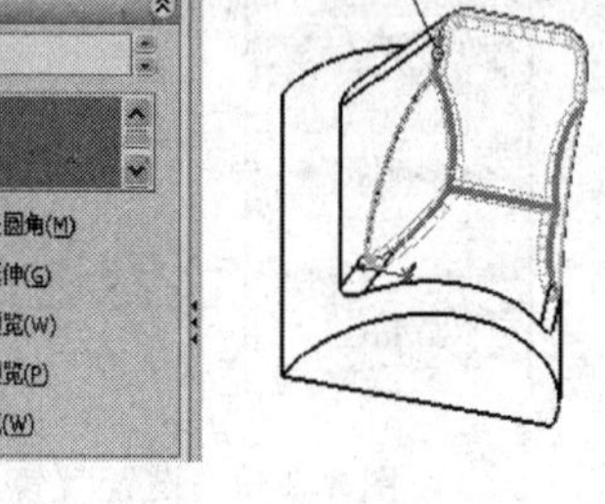


图4.174　设置【圆角3】属性

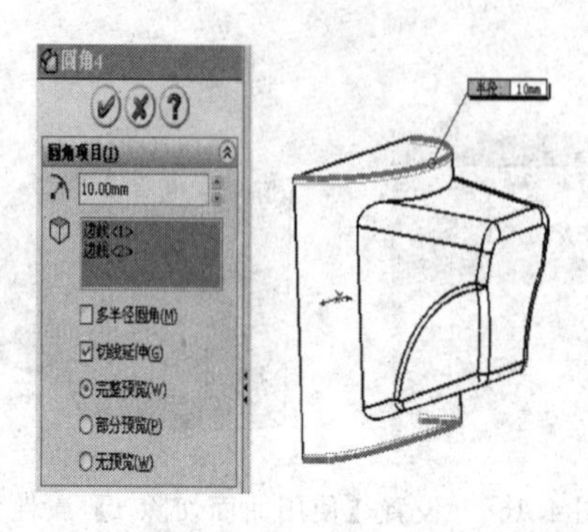


图4.175　设置【圆角4】属性

(18) 单击【特征】工具栏中【圆角】按钮，设置圆角属性为“变半径方式”，依次选择边线，然后设置各交点位置圆角半径，设置如图4.176所示的【变化圆角1】属性，完成变化圆角1特征的绘制。

(19) 单击【特征】工具栏中【抽壳】按钮，设置如图4.177所示的【抽壳1】属性，选择前盖的背面，完成抽壳1特征的绘制。

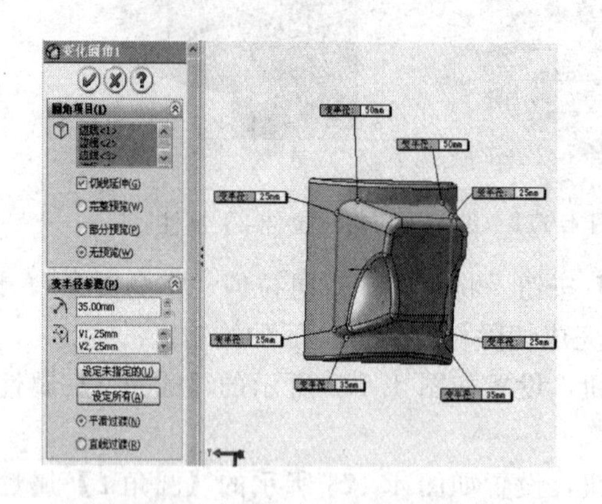

图4.176　设置【变化圆角1】属性

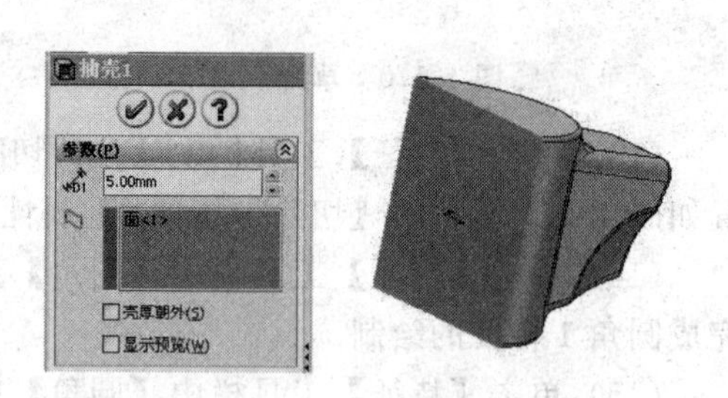


图4.177　设置【抽壳1】属性

(20) 单击【绘图】工具栏中的【草图绘制】按钮，选择后盖后顶面为草图绘制平面，绘制直径5的圆弧，得到如图4.178所示的草图6。

(21) 单击【特征】工具栏中【切除－拉伸】按钮，将草图6向下拉伸“5mm”，设置如图4.179所示的【孔1】属性，完成孔1特征的绘制。

(22) 单击【特征】工具栏中【填充阵列】按钮，设置如图4.180所示的【填充阵列】属性，完成填充阵列1特征的绘制。

(23) 单击【标准】工具栏中的【保存】按钮，完成后盖绘制，效果如图4.181所示。

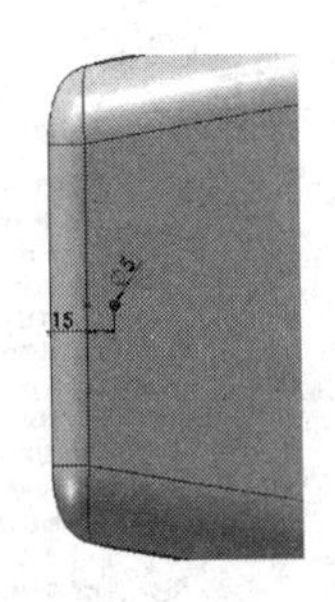

图 4.178　草图 6

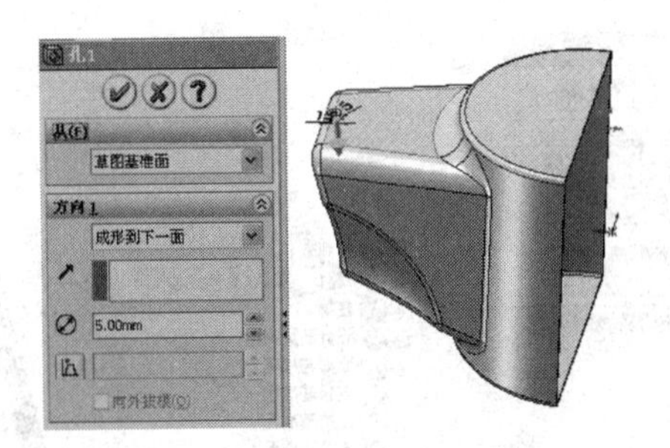

图 4.179　设置【孔 1】属性

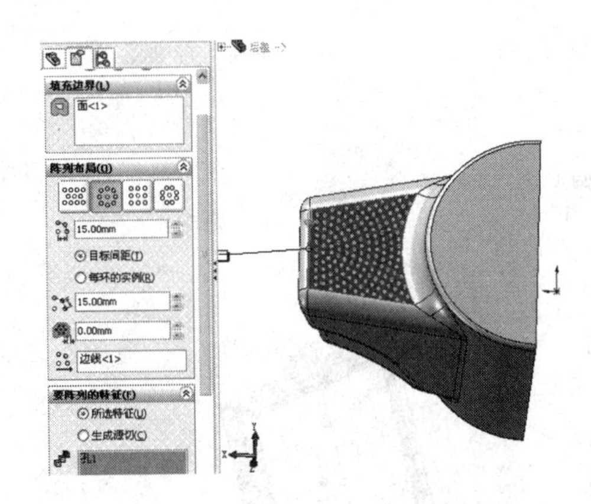

图 4.180　设置【填充阵列 1】属性

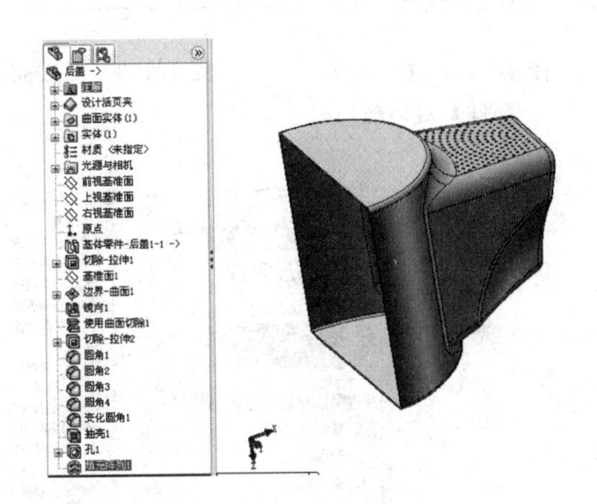

图 4.181　后盖效果图

4. 装配

(1) 单击【标准】工具栏中的【新建】按钮，系统弹出【新建 SolidWorks 文件】对话框，单击【装配体】图标，单击【确定】按钮，进入 SolidWorks 2007 装配体工作界面。

(2) 单击【装配体】工具栏中【插入零部件】按钮，系统弹出如图 4.182 所示的【插入零部件】对话框，在【要插入的零件/装配体】选项中选择“前盖”零件。在屏幕上单击选择放置位置，前盖就被装配到装配体中，如图 4.183 所示。

(3) 在模型树的【(固定) 前盖<1>】上单击，单击鼠标右键，系统弹出如图 4.184 所示的右键菜单，在右键菜单中选择【浮动】选项，前盖就变成浮动的零件。

(4) 单击【装配体】工具栏中【配合】按钮，设置如图 4.185 所示的【重合 1】属性，使前盖零件的前视基准面与装配体前基准面重合，单击按钮，完成重合约束的定义。

(5) 单击【装配体】工具栏中【配合】按钮，设置如图 4.186 所示的【重合 2】属性，使前盖零件的右视基准面与装配体右基准面重合，单击按钮，完成重合 2 约束的定义。

(6) 单击【装配体】工具栏中【配合】按钮，设置如图 4.187 所示的【重合 3】属性，使前盖零件的上视基准面与装配体上视基准面重合，单击按钮，完成重合 3 约束的定义。

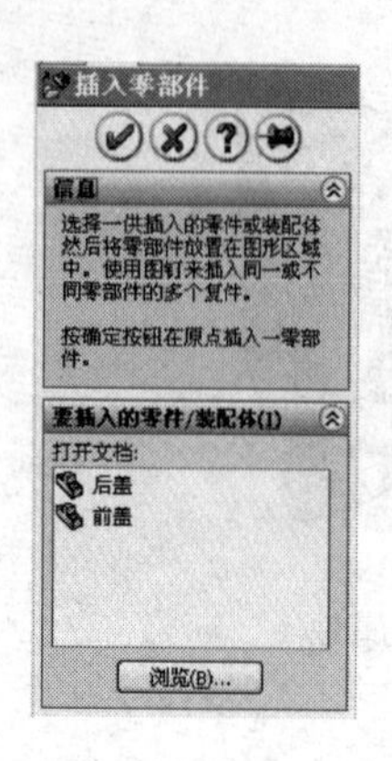


图 4.182 【插入零部件】对话框

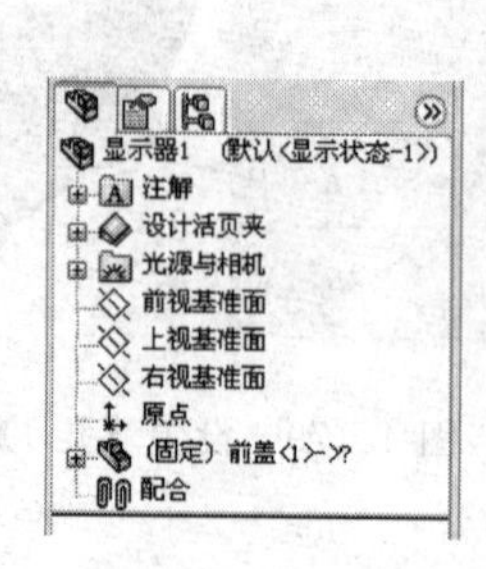

图 4.183 插入前盖后效果

图 4.184 右键菜单

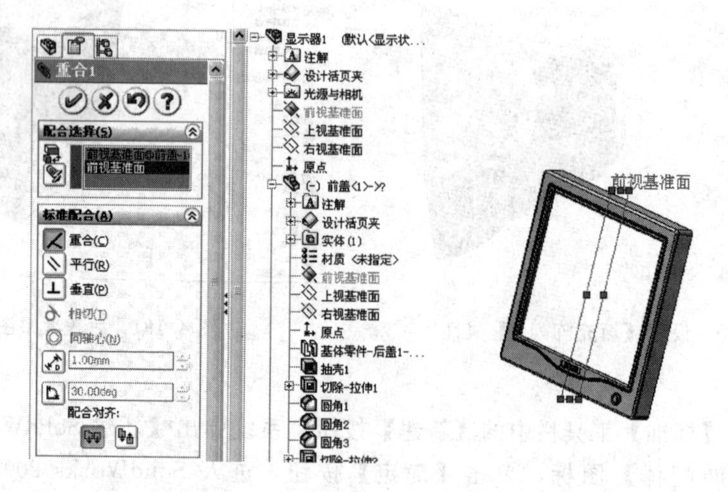


图 4.185 设置【重合 1】约束属性

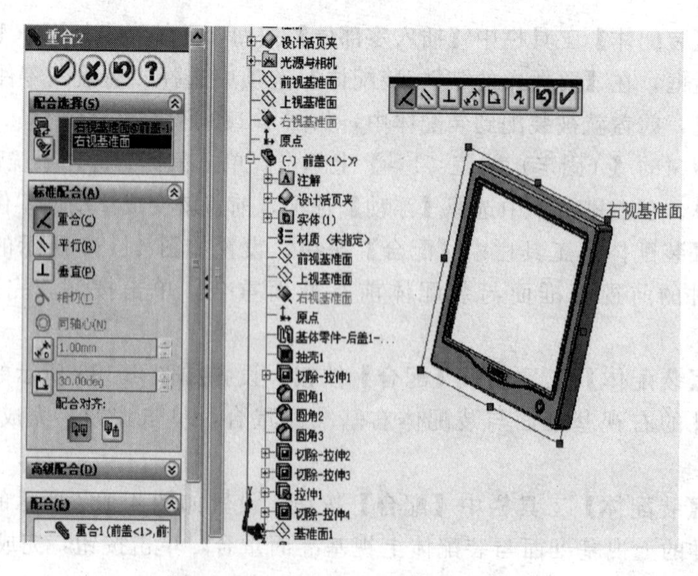


图 4.186 设置【重合 2】约束属性

图 4.187　设置【重合 3】约束属性

(7) 参照步骤 (3) 将前盖零件设置为固定零件。

(8) 单击【装配体】工具栏中【插入零部件】按钮，在【要插入的零件/装配体】选项中选择后盖零件。在屏幕上单击选择放置位置，后盖就被装配到装配体中，如图 4.188 所示。

(9) 单击【装配体】工具栏中【移动零部件】按钮，将后盖零件拖动到便于观察的位置，如图 4.189 所示。

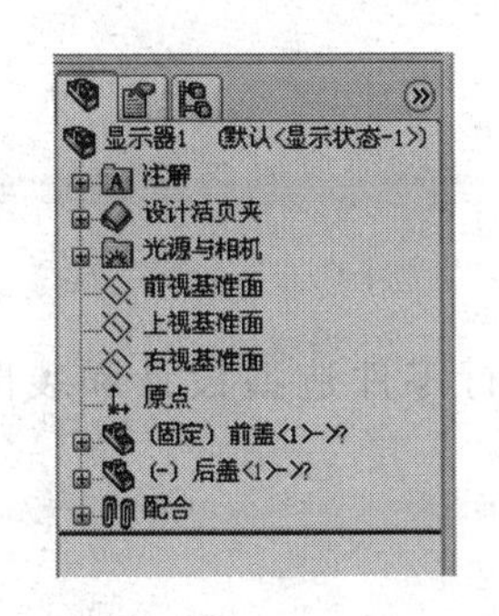

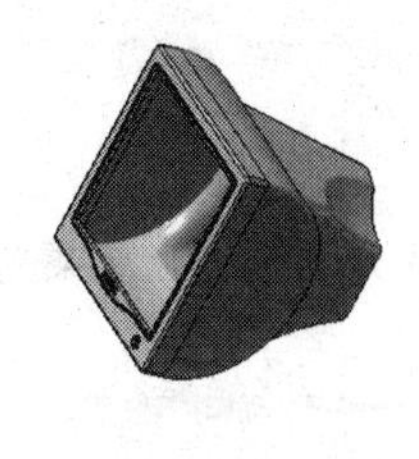

图 4.188　后盖

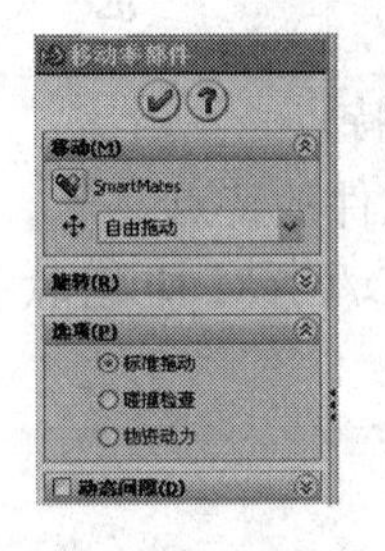

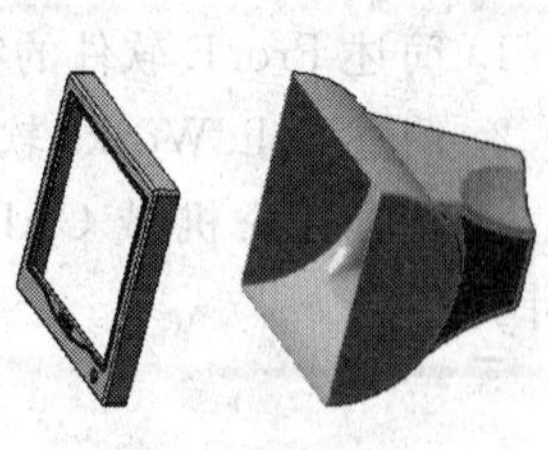

图 4.189　拖动后盖

(10) 单击【装配体】工具栏中【配合】按钮，设置如图 4.190 所示的【重合 4】属性，使后盖零件的前视基准面与装配体上视基准面重合，单击按钮，完成重合 4 约束的定义。

(11) 单击【装配体】工具栏中【配合】按钮，设置如图 4.191 所示的【重合 5】属性，使前盖零件的上视基准面与装配体前视基准面重合，单击按钮，完成重合 5 约束的定义。

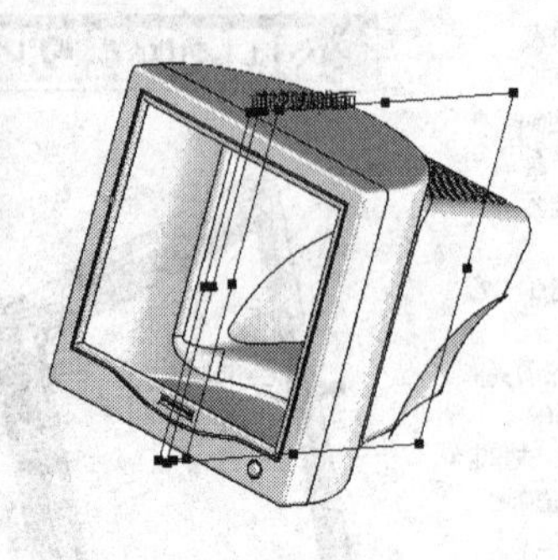

图 4.190 设置【重合 4】约束属性

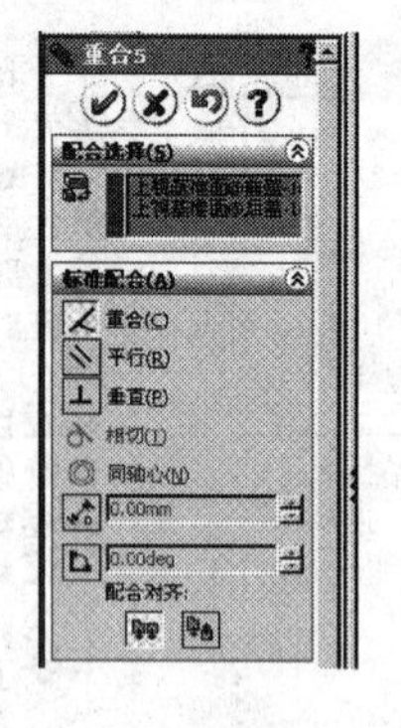

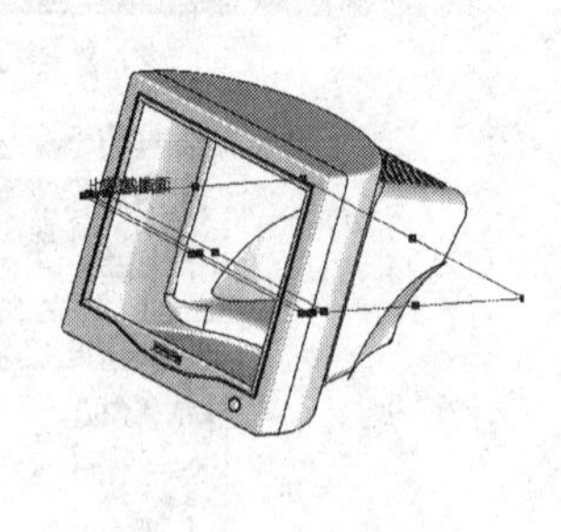

图 4.191 设置【重合 5】约束属性

(12) 单击【装配体】工具栏中【配合】按钮，设置如图 4.192 所示的【重合 6】属性，使前盖零件的右视基准面与装配体右视基准面重合，单击按钮，完成重合 6 约束的定义。

(13) 单击【标准】工具栏中的【保存】按钮，将文件保存为“显示器壳 .sldasm”。显示器外壳装配体的效果如图 4.193 所示。

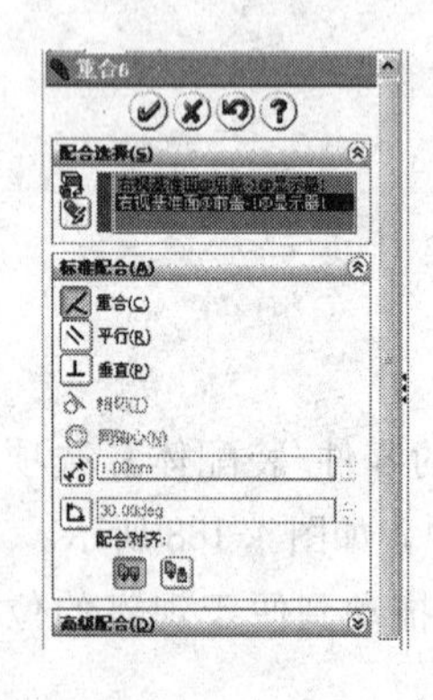

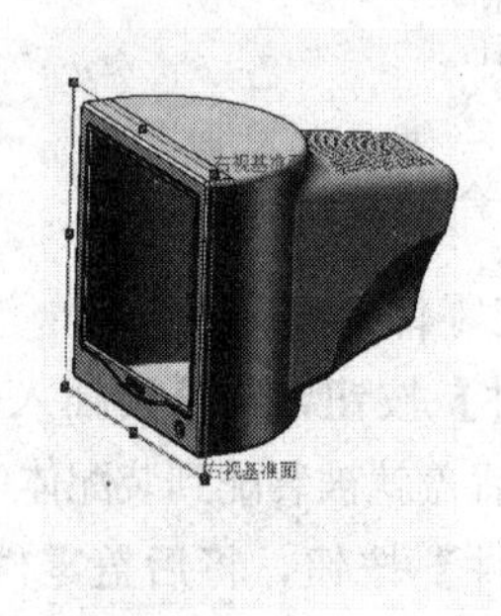

图 4.192 设置【重合 6】约束属性

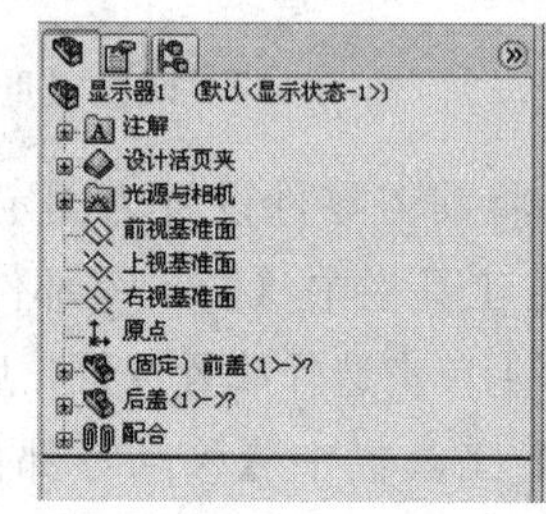

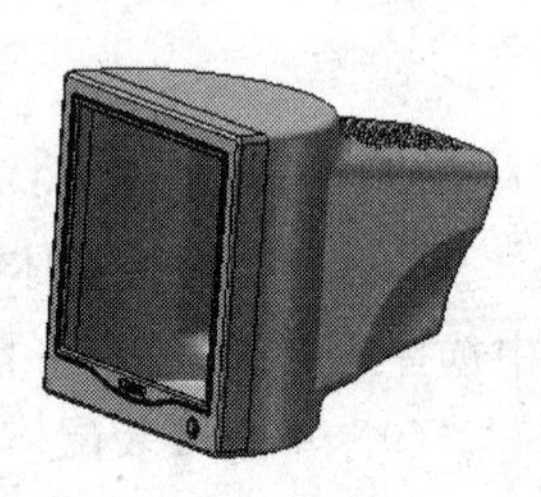

图 4.193 显示器外壳装配体

## 思 考 题

1. 简述 Pro/E 软件的特点。

2. 简述 SolidWorks 软件的特点。

3. 选择任一机械 CAD/CAM 应用软件，采用最佳方案进行零件造型设计和装配设计。

# 项目 5　计算机辅助工程分析技术（CAE）

## 任务 5.1　动态设计技术和有限元分析

### 5.1.1　概述

机械产品日益向着高速、高效、精密、轻量化和自动化方向发展，产品结构日趋复杂，对其工作性能的要求越来越高。为了安全可靠地工作，其结构系统必须具有良好的静、动态特性。机械在工作时还会产生振动和噪声，振动会影响设备的工作精度，缩短设备的寿命；噪声则会损害操作者的身心健康，造成环境污染。因此，动态设计的目的就是对设备的动力学特性进行分析，通过修改设计和优化设计最终得到具有良好动、静态特性、振动小、噪声低的产品。机械动态设计是目前正在发展中的一项新技术，它涉及现代动态分析技术、计算机技术、优化设计技术、设计方法学、测试理论、产品结构动力学理论等众多的学科和技术，到目前尚未完全形成完整的动态设计理论、方法和体系，许多问题尚需进行深入广泛地研究。

### 5.1.2　动态设计的一般过程

首先由 CAD 系统产生机械系统的零件图和装配图，由此得到产品的初始结构；然后将初始结构划分为若干子结构，再建立各子结构的动态模型；有了动态模型后，就可以对各子结构进行动力分析，求得固有频率、振型、振幅等动态参数，然后对结果进行分析、研究、比较，如有不理想之处，则可对模型进行修改，直至满意为止；然后再将子结构模型综合为整机动力学模型；再对整机模型进行动力分析和灵敏度分析，如果结果不理想，则要对结构进行修改，最后求得动态特性最佳化设计。整个过程如图 5.1 所示。

### 5.1.3　动态设计中的有限元建模

在动态设计中，建模方法可以有多种，但对复杂的机械结构，有限元法是一种应用最广的理论建模方法。有限元法是一种采用高速计算机求解数学物理问题的近似数值解法。它的优点是精度高、适应性强、计算格式规范统一。因此应用极广，是现代机械产品设计的一种重要工具。市场上可资利用的有限元程序很多，如 ADINA、SAP、ANSYS、NASTRAN 等，为机械动态设计创造了良好的条件。下面简单介绍一下有限元法建立结构动力学模型和分析的基本原理和方法。

有限元法的基本思想是首先假想将连续的结构分割成数目有限的小块体，称为有限单元。各单元之间仅在有限个指定结合点处相连接，用组成单元的集合体近似代替原来的结构。在节点上引入等效节点力以代替实际作用单元上的动载荷。对每个单元，选择一个简单的函数来近似地表达单元位移分量的分布规律，并按弹性力学中的变分原理建立单元节点力与节点位移（速度、加速度）的关系（质量、阻尼和刚度矩阵），最后把所有单元的这种关系集合起来，就可以得到以节点位移为基本未知量的动力学方程。给定初始条件和边界条件，就可求解动力学方程导到系统的动态特性。

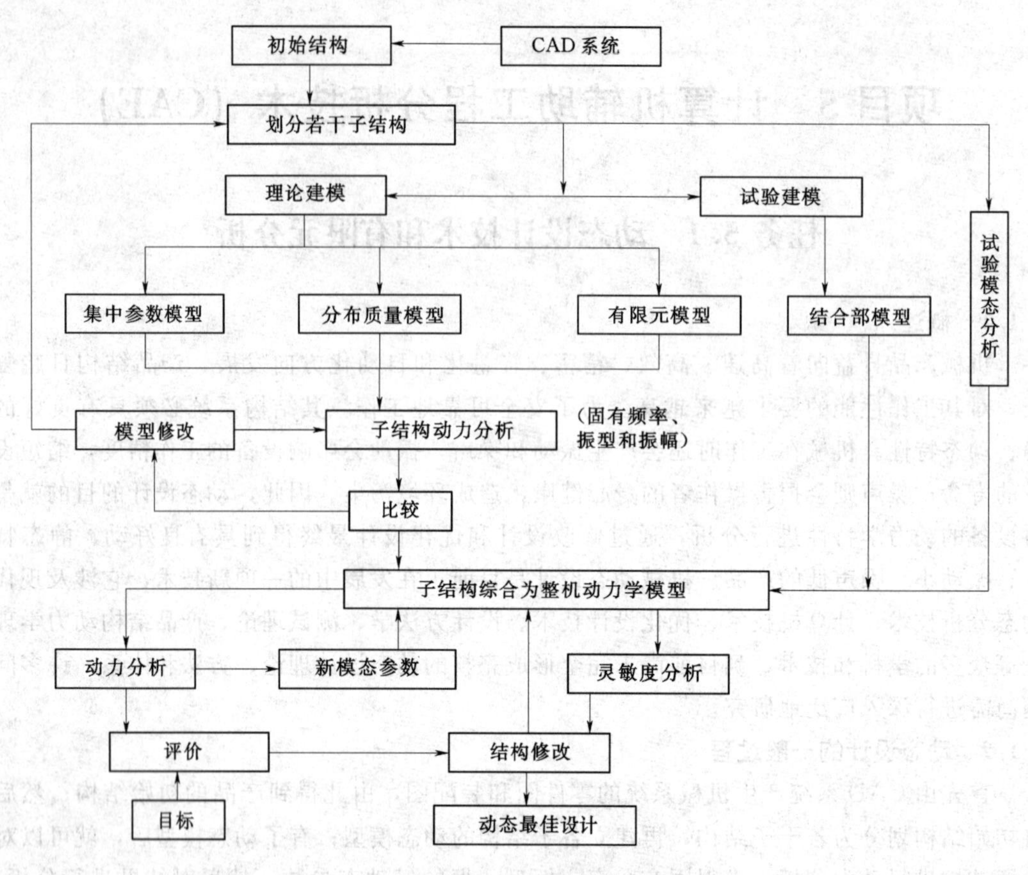


图5.1　动态设计的一般过程

1. 有限元法的基本思想

有限元分析是对物理现象（几何及载荷工况）的模拟，是对真实情况的数值近似。通过对分析对象划分网格，求解用有限个数值来近似模拟真实环境的无限个未知量。

有限元法是随着计算机的发展而发展起来的一种现代计算方法。有限元法分为位移法、力法和混合法。以位移为基本未知量的求解方法称为位移法；以应力为基本未知量的求解方法称为力法；一部分以位移另一部分以应力作为基本未知量的求解方法称为混合法。由于位移法通用性较强，计算机程序处理简单、方便，因此得到了广泛应用。

有限元法位移法的基本作法：首先是对求解的弹性区域进行离散化，即把具有无限多个自由度的连续体，化为有限多个自由度的结构物。其次是选择一个表示单元内任意点位移随位置变化的函数式，按照插值理论，将单元内任意一点的位移通过一定的函数关系用节点位移来表示。这种假设的试函数称为位移函数，在一般情况下，它应满足单元间位移的连续性。随后则从分析单个的单元入手，用变分原理来建立单元方程。接着再把所有单元集合起来，并与节点上的外载荷相联系，得到一组以节点位移为未知量的多元线性代数方程，引入位移边界条件以后即可进行求解。解出节点位移后，再根据弹性力学几何方程和物理方程算出各单元的应变和应力。

2. 用有限元法分析问题的基本步骤

用有限元法分析问题时，不管采用什么样的具体方法、分析什么样的具体问题，其步

骤总是大体相同的，现以位移法为例将这些步骤叙述如下：

(1) 离散化。将求解区域用点、线或面，剖分为有限数目的单元。单元形状原则上是任意的。例如，在平面问题中通常采用三角形单元，有时也采用矩形或任意四边形单元。在空间问题中，可以采用四面体、长方体或任意六面体单元。

用于将连续结构离散化的单元种类很多，有杆状单元、三角形平面单元、矩形平面单元、薄单元、四面体单元、长方体单元等。在平面问题中多采用三角形单元，对于空间问题往往采用四面体单元。图 5.2 表示了一个三角形平面单元和一个四面体单元。

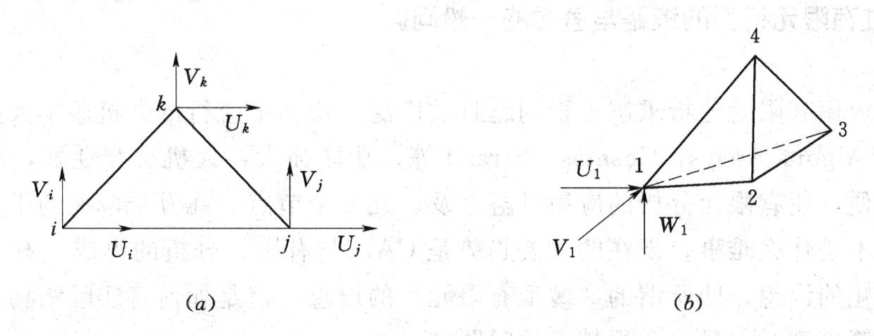


图 5.2　三角形平面单元和四面体单元

可见，不管采用什么样的单元形状，在一般情况下，单元的边界总不可能与求解的区域完全吻合，这就带来了有限元法的一个基本近似性——几何近似。

在一个具体结构中，确定单元的类型和数目以及哪些部位的单元可以取大一些，哪些部位的单元可以取小一些，是一个需要由经验来作出判断的过程。

(2) 选择位移模式（又称位移函数）。位移函数是表示单元内任一点随位置变化的函数式，因往往用节点位移来表示它们，所以又称为位移插值函数。由于所采用的函数是一种近似的试函数，一般不能精确地反映单元中真实的位移分布，这就带来了有限元法的另一个近似性。

(3) 建立单元刚度方程。选定单元的类型和位移模式后，就可以按最小势能原理建立单元刚度方程，它实际上是单元各个节点的平衡方程，其系数矩阵称为单元刚度矩阵，即

$$[K]_e\{8\}_e=\{F\}_e$$

式中：角标 $e$ 表示单元编号；$\{8\}_e$ 和 $\{F\}_e$ 代表单元的节点位移和节点力向量；$[K]_e$ 称为单元的刚度矩阵，它的每一个元素都反映了一定的刚度特性，即产生单位位移所需施加的力。

单元刚度矩阵仅取决于单元形态和材料性质。在一个单元范围内，材料性质必须相同，而不同的单元可以各有不同的材料性质，因此能方便地处理非均质材料问题，这是有限元法的一个突出的优点。

(4) 集合单元刚度方程，形成有限元法的基本方程。有限元法的分析过程是先分后合。即先进行单元分析，在建立了单元刚度方程以后，再进行整体分析，把这些方程集合起来，形成整个求解区域的刚度方程，称为有限元法基本方程。集合所遵循的原则是相邻各单元在共同节点处具有相同的位移。

有限元法基本方程在形式上与单元刚度方程相同，但规模大得多，因为它含有所有的节点，即

$$[K][8]=[R]$$

式中：$[K]$ 为总刚度矩阵，$[K]=\sum[K]_e$；$[\delta]$ 为总节点位移向量；$[R]$ 为总节点载荷向量。

（5）解基本方程，得到节点位移。有了有限元法基本方程还不能立刻求解，因为迄今为止人们还没有考虑结构的几何边界条件。很明显，如果结构的边界均无位移约束，则在外载荷作用下，它可能产生刚体运动。反映在基本方程上，其系数矩阵 $[K]$ 将是一个奇异阵（对应的行列式的值为零），逆矩阵不存在，方程将具有不定解。因此，必须根据结构实际的边界位移约束条件，对基本方程进行处理，方能求解。

### 5.1.4 建立有限元模型的策略与考虑的一般问题

1. 概述

目前，应用有限元分析求解工程问题日益广泛，市面上流行的微机版本大型有限元分析软件，如Algor，Ansys，Cosmos，Strand等，功能强大，人机交互性好，前后处理完善，使用方便，使有限元分析的应用日益普及。几万个节点、几万个单元的工程结构有限分析问题已不是什么难事。现在的发展趋势是CAD与有限元分析的集成，有人更提出了有限元自动化的设想，即所谓的“傻瓜有限元”的设想。但是如何将实际结构简化为合适的有限元计算模型，仍是一个很棘手的问题。

如何对实际结构进行简化，建立计算力学模型，目前没有普遍适用的规律及有效的方法。关于这方面的文献也很少，集有限元技术之大成的《有限元法手册》，虽然在其第四篇第三章专门论述了“有限元模型和前处理”，但也只叙述了一般性的原则，难以用来具体指导实际结构的有限元建模。该手册指出，有限元建模像一门艺术，是对工程理论和判断的巧妙运用。这充分说明了有限元建模问题的性质与现状。实际上，有丰富实践经验的科技人员，可以凭他们的经验对实际结构进行恰当的简化，作出较合理的计算模型，但这些经验是潜意识的，而且只局限于某一类型结构或相似类型的结构。

一个有限元模型建立得是否正确，最终只能通过实物或模型的工程试验来证明，也可以说这是唯一的检验标准。正确的结论有时不能只凭一次试验作出，需要系统的多次试验才能作出。目前一些广泛应用的结构，经过有关研究单位长期深入的研究，已积累了一定经验，有的已比较成熟，可用来作为类似结构的借鉴。但是，由于条件的限制，不可能对所有结构都做试验，常常会遇到没有类似结构可以借鉴的情况，这时就只有凭工程技术人员本身的经验与判断力了。虽然可以广泛征求具有丰富经验的工程师的意见来弥补不足，但也难免存在有一定的盲目性，需谨慎行事。

为了解决有限元建模的困难，国外早在20世纪80年代中期就开展有限元建模专家系统的研究，国内也有一些学者在这方面作过努力，但是离实际应用还有相当距离。本文对有限元建模中具有共性的问题作原则性的论述，以供工程人员参考。

2. 有限元建模的一般考虑

将实际结构转换为有限元分析模型时，一般需考虑下面几点：

（1）结构对称性的利用。

（2）删除细节。

（3）减维（选取合适的单元类型）。

（4）有限元网格划分。

（5）边界条件的处理。

(6) 建立节点载荷。

对于具体对称性的结构，可利用对称性来减少计算的规模，其处理方法参见有关教材。

(1) 删除细节。实际结构往往是复杂的，在建立力学模型时常常将构件或零件上一些细节加以忽略而删去，例如构件的小孔、浅槽，微小的凸台、轴端的倒角、轴的迟刀槽、键槽、过渡圆弧等，如图5.3所示。

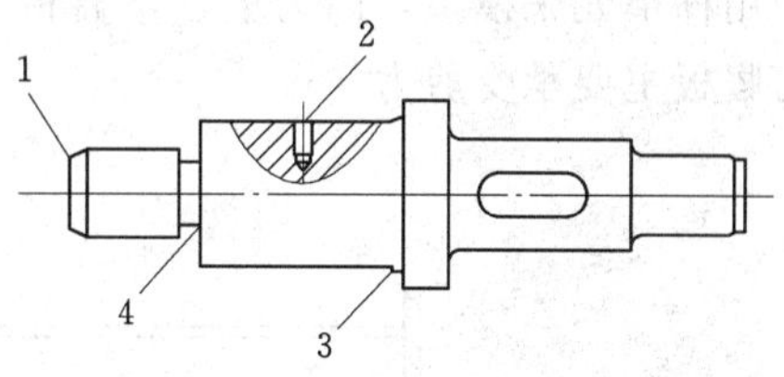


图5.3 建模时可忽略的细节

1—倒角；2—小孔；3—圆弧过渡；4—退刀槽

删除细节的基本思想是“着眼于整体特征而不及其余”，因为这些细节对问题求解的影很小，因而可以忽略。从几何上看，细节的某些尺寸与分析对象的总体尺寸相比是很小的，而且对问题求解的影响可以忽略；但尺寸细小是一个必要的条件而不是充分条件，例如有一个小孔横向贯穿于轴，这个小孔对轴的刚度也许没有多大影响，但是对于疲劳强度和应力集中却不一定能予以忽略。所以，细节可否删除，要多方面考虑，诸如分析的目标、载荷与约束情况、细节在结构中的位置等。究竟结构中哪些部分可作为细节而删去，什么样的细节在什么情况下对整个求解问题不会有大的影响而可以忽略，目前还没有一个准则，也未见到有归纳性论述的文献。由于细节多种多样，不胜枚举，只能具体问题具体分析。

举例来说，在齿轮副有限元分析中，如果要研究的是沿齿向接触力分布状况、各齿的载荷分配、齿的变形、齿的应力分布（特别是齿根应力），在建立计算模型时，为了合理地减小计算规模，则不必把所有轮齿都考虑在内，可只保留处于啮合中的两对齿轮，其余轮齿均不考虑。

(2) 减维。任何构件或零部件都是三维的，但是当其某一个方向或某两个方向的尺寸远小于其他方向的尺寸时，就可以简化为杆或板，这种简化称为减维。下面分别进行讨论。

1) 一维杆件（杆、梁单元)。在工程结构中，如果构件或零件的一个方向的尺寸远大于其余两个方向的尺寸，则可简化为一维杆件，如塔架的杆件、轴等。

根据受力状态不同，一维杆件又可分为梁单元和杆单元。如果一维杆件上既作用有轴向力又作用有垂直于轴线的剪力和弯矩，则这种杆件为梁单元。如果仅受轴向力，则为杆单元。天线塔架的杆件虽受风力作用，但由于风荷对杆件弯曲作用很小，可不按梁单元处理，而作为杆单元处理，杆件受到的风荷则简化到杆的两端节点上，在工程结构中，刚架一般用梁单元模拟；桁架一般用杆单元模拟，如计算次应力，也可用梁单元。

对于杆件系统，如果把节点视为铰链时该系统为几何不变系统（静定或超静定)，则该系统可简化为桁架；如果把节点视为铰链后该系统是几何可变系统，则必须简化为刚架。

究竟一个方向尺寸 $L$ 与其他两个方向最大尺寸 $a$ 之比达到多少可按一维杆件来考虑，并没有公认的准则，一种可参考的说法是：$L/d>5$ 时，可以认为是梁。

在工程实际中，大型管道管壁的加强筋、天线反射面板的加强筋、机械结构中的连接螺栓、传动轴等均可用梁单元模拟。

构件能否简化为杆单元或梁单元，与结构分析的要求和目的有关。例如，对于机械传动系统中的传动轴，如果是分析整个传动系统（包括箱体、传动轴、齿轮等），则可用梁单元模拟；如果是分析传达室动轴本身的应力集中，则要作为三维问题处理。再如图 5.4 所示的由薄板组装的工字梁（天线结构也广泛使用），分析其弯曲变形时，可将上、下翼板用杆单元来模拟，因为上、下翼板主要承受拉力与压力；而腹板可用膜单元来模拟，因为腹板主要承受剪力。

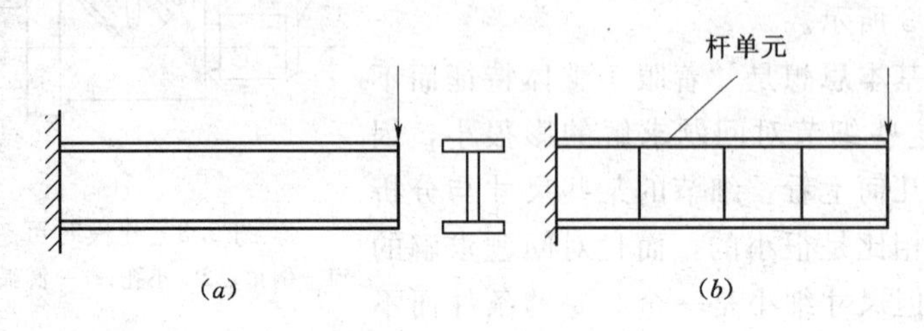


图 5.4 工字梁

(a) 结构简图；(b) 有限元模型

2）二维板件。如果构件在两个方向的几何尺寸为同一数量级，而另一方向的几何尺寸要小一个数量级，则往往简化为二维板件。通常，这种构件的厚度至少应小于长、宽最小尺寸的 1/5～1/8，根据受力特点，分别用模单元、板单元或壳单元来模拟。

如果板件仅受到面内作用的载荷，处于平面应力状态，可用膜单元来模拟，如上述工字梁的腹板。有时，虽然也会受到与板面垂直的风荷，但弯曲作用较小，仍可按膜单元来处理。如果板件受到垂直于板而的载荷作用，则应按板单元来模拟。如果既有面内作用的载荷，又有垂直于板面作用的载荷，则用壳单元来模拟。

工程中各种箱形梁、箱体、支承件、工作台等的壁板均可简化为二维板件。

工程实践表明，对于工程中各种箱形结构（如桥式起重机的检梁、汽车起重机的底架、回转臂、各种船体等），如果整体受力状态以弯曲为主，则结构的上下盖板、腹板等往往处于平面应力状态，这时用平面应力膜单元来模拟，不但计算工作量小，且计算精度也较满意。对于抗压的箱形结构，因为要考虑整体和局部的稳定性，则必须用壳单元来模拟。对于无法估计受力状态的二维板件，最好用壳单元来模拟。

3. 建立计算模型的几个策略与方法

根据工程实践，在建立结构的计算力学模型时，下列几个策略往往是行之有效的，这是众多工程实践经验的总结。

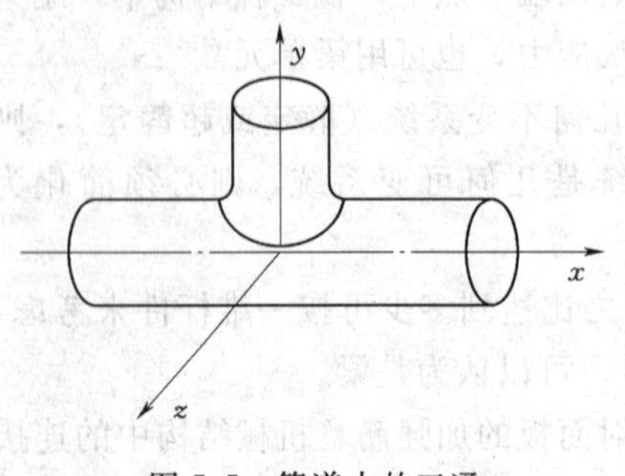


图 5.5 管道中的三通

（1）按照分析目标来选取计算模型。计算模型的选取，取决于分析目标的需要。同一个工程结构。由于分析目标不同（强度分析、刚度分析、动力分析……），计算模型可以不一样。例如，图 5.5 所示的丁形管是管路中常用的三通，在几何、载荷及支承条件给定的情况下，即使是静力分析，也可能有多种计算模型满足分析目标的需要。如果要分析它的刚度，可以用相连的三个梁单元来模拟；如果是求接头处的详细应力分布，可用壳单元（薄壁三通）

或三维立体单元（厚壁三通）或壳单元与立体单元的混合。例如，一种用于输气管道的三通，直径 214mm，壁厚 18mm，属于厚壁管，采用八节点等三块单元来离散，所得结果比较符合实际情况。

对于动力分析，在求整体结构的固有频率时可以忽略一些细节，同时网格也可以划分得粗一些。

有时在结构分析中，只着重研究某一方面的特性，可以采取较为简单的模型。例如，在研究船舶结构的纵向振动时，可将船舶结构简化为平面有限元模型，由一系列杆元和平面应力单元组成。

对于机械传动系统中的传动轴，如果是分析整个传动系统（包括齿轮、轴承、箱体、传动轴等），则可用梁单元来模拟；如果是分析传动轴本身的应力集中，则可能要作为三维问题来处理。

柴油机的曲轴在动力系统分析中，主要关心的是曲轴的整体刚度特性，曲轴可作为空间刚架来模拟。在精确起见，可对曲轴的单拐单独进行更细致的有限元分析，求出曲柄的等效刚度，然后用空间刚架模型计算整根曲轴。

另外，在设计的不同阶段，可以采用不同的计算模型。

在方案阶段，结构还没有最后确定，没有必要采用精确的计算模型。这时，可采用一种比较粗糙的模型，只要能近似地描述实际结构就行了，这样比较简单，计算起来也比较方便。在这一阶段，通过分析基本上能了解整个结构的受力情况，以便进行多方案比较。例如，火车车厢是梁、板、膜单元的组合结构，在方案阶段可采用杆系结构模型，蒙皮折算到四周的梁上去。

在设计开始阶段，计算模型需细致地考虑，使其更符合实际。

在进行施工设计时则应该按图纸，建立比较精确的结构模型来计算。上述的车厢要建立由杆单元、空间梁单元、板单元、膜单元的组合结构模型。

（2）先整体后局部、先粗后细的分析方法。对于非常复杂的结构，如果采用较精确的计算模型，节点数和单元数都十分庞大，会发生计算困难。如果结构有许多相同的部分，可采用子结构法来分析；如果结构并没有相同的部分，可以采用聚焦法（Zooming），即先整体后局部、先“粗”后“细”的方法。以电视机机壳（图 5.6）的力学特性分析为例，由于机壳的结构与形状十分复杂，取机壳整体进行分析时，若单元划分较细，节点数将十分庞大，因计算机容量有限而难以实现计算；如果单元划分较粗，又不能揭示局部应力的情况。电视机在运输过程中经常遇到翻滚、跌落、冲击而使电视机壳局部开裂与损伤，需要研究易损伤部位的应力分布，以便设法改进。这时可采用先整体或局部的方法，先对整体结构用较粗的网格划分，作一次分析；然后根据整体计算结果，对需要进一步研究的几个部位分别取出结构的相应部分（例如图 5.6 中的 1、2、3、4），将整体计算所求得的位移作为该部分结构的边界条件，用较细的网格划分再进行细算，就可得到这一部分详细的应力分布，从而可以判断结构在各种载荷下有无损坏的可能，提出改进的措施。

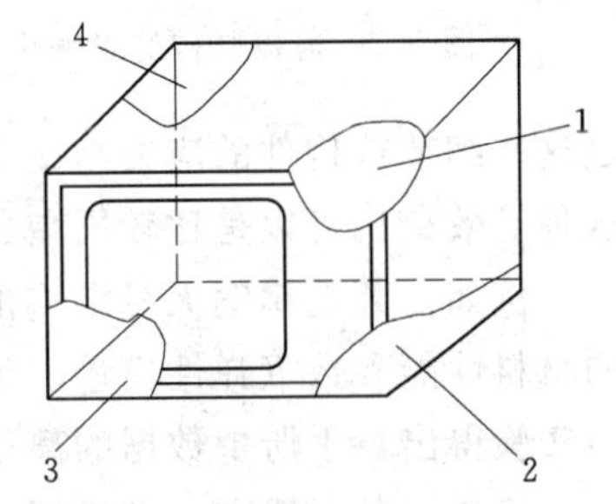

图 5.6　电视机壳的有限元分析

这种方法常常用来研究应力集中部位的应力。

（3）主从处理。实际结构中常常有某一部分或某一构件的刚度比其周围相邻构件的刚度大很多，或者某一构件在某些自由度方向（例如在某一平面内）的刚性相对于其他方向大很多。这类问题如果不采取措施，仍按常规方法进行，由于刚度相差悬殊，计算求解时很可能要引起联立方程病态而丧失计算精度，在极端情况下甚至会使机器溢出，计算失败，因此必须在计算模型中消除这种病态结构。具体做法是：在模型简化时，将认为刚度很大的构件作为刚体，或者视构件在刚度大的方向是刚性的。刚性化后，有关节的位移将成为相关的，或构件在某些自由度方向的位移可认为是相关的。这时，可认为其中只有一个节点的位移是独立的，选择此节点作为主节点，其他各节点都是服从于此主节点的从节点，各从节点的位移以刚体运动服从于主节点。从节点的位移是相关位移，不进入独立未知数向，这就减少了求解的方程数，另外也避免了联立方程的病态，主、从节点的处理方法在实际结构模型化中十分重要，下面从几个例子中进一步加以说明。

1）在船舶结构中，船舶隔舱由于平面内刚性很大，常常模型化为广义刚性构件——刚性膜。在隔舱平面内各节点的平面位移是线性相关的、服从主从节点的关系。

2）在高层建筑结构整体分析中，每层楼板平面可采用刚性平面假定，整个楼板就像一个刚性膜，仅有平面内三个。任选其中一个节点作为主节点，其余的节点作为从节点，从节点与主节点的关系服从刚体运行的规律。

3）图5.7所示的薄板结构上焊有一个接头，接头的刚度很大，因此可视为不变形的刚体。薄板上与接头相接的一些节点，其位移满足刚体位移条件，可写成

$$F\delta=0$$

式中：$\delta$ 为薄板上与接头相连的一些节点的位移列阵。

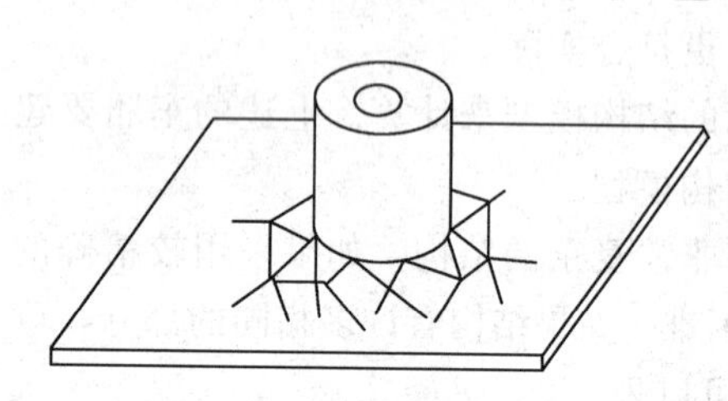

图5.7 薄板结构的焊解头

上述主从节点的处理可利用“刚体单元”来实现。在一般商品化有限元分析软件中都配有“刚体单元”，应用时按程序规定的格式填入主节点与从节点的节点号以及其他数据即可，但一个单元只能有一个节点连接到某一刚体单元上。

（4）等效结构。在实际结构中常常会退到一些复杂的细节或结构复杂的构件，但分析的目标又不是这些细节或构件的应力与变形，而是整个结构的特性，这时可利用等效结构来等效它，这种等效结构可以是比较简单的构件或其组合。

例如，某玻璃钢天线结构的计算模型是由正交各向异性板单元组合而成的，但玻璃钢的材料性能参数（弹性模量、泊松比、密度、拉伸强度、环氧胶层平均剪切强度等）必须由实验得出，手册中数据的离散度太大。

又如，某天线有一批描器转锥，其主体是圆锥筒形的铝蜂窝夹层板结构，计算模型可简化为均质的薄壳，其当量抗弯弹性模量由一试件实际测试而获得。

某一客车车厢的地板是一波纹薄板，在对车厢作整体结构分析研究其整体特性时，若波纹不高，波纹地板的计算模型就可等效为各向异性板。

在对某雷达天线及天线座结构作系统静、动力分析时，其方位轴承是一大型四点接触球轴承（滚动体为钢球），如图5.8（*a*）所示。因为研究的是结构整体力学特性而不是方位轴承本身，故建模时可将该轴承等效成24根杆单元，如图5.8（*b*）所示。

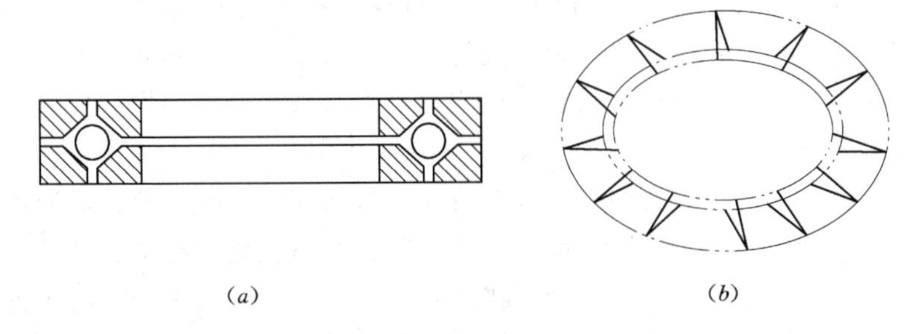

（a） （b）

图 5.8 四点接触球轴承的计算模型

有限元建模中还有不少问题这里没有涉及，留待另文讨论。迄今为止，对于许多工程中特殊结构的建模问题仍有人在继续探讨与研究，这也说明问题的复杂性。

# 任务 5.2 优化设计方法（Optimal Design）

## 5.2.1 概述

在人类活动中，要办好一件事（指规划、设计等），都期望得到最满意、最好的结果或效果。为了实现这种期望，必须有好的预测和决策方法。方法对头，事半功倍；反之则事倍功半。优化方法就是各类决策方法中普遍采用的一种方法。

历史上最早记载下来的最优化问题可追溯到古希腊的欧几里得（Euclid，公元前 300 年左右），他指出：在周长相同的一切矩形中，以正方形的面积为最大。17～18 世纪微积分的建立给出了求函数极值的一些准则，对最优化的研究提供了某些理论基础。然而，在以后的两个世纪中，最优化技术的进展缓慢，主要考虑了有约束条件的最优化问题，发展了一套变分方法。

20 世纪 60 年代以来，最优化技术进入了蓬勃发展的时期，主要是近代科学技术和生产的迅速发展，提出了许多用经典最优化技术无法解决的最优化问题。为了取得重大的解决与军事效果，又必将解决这些问题，这种客观需要极大地推动了最优化的研究与应用。另外，近代科学，特别是数学、力学、技术和计算机科学的发展，以及专业理论、数学规划和计算机的不断发展，为最优化技术提供了有效手段。

机械优化设计应用的发展历史，经历了由怀疑、提高认识到实践收效，从而引起广大工程界日益重视的过程。从国际范围看，早期设计师习惯于传统设计方法和经验设计。传统设计由于专业理论和计算工具的限制，设计者只能根据经验和判断先制定设计方案，随后再对给定的方案进行系统分析和校核，往往要经几代人的不断研制、实践和改进，才能使某类产品达到较满意的程度。由于产品设计质量要求日益提高和设计周期要求日益缩短，传统设计已越来越显得不能适应工业发展的需要。设计师为了掌握优化设计方法，需要在优化理论、建模和计算机应用等方面进行知识更新；此外，在 20 世纪 60～70 年代，计算机价格昂贵，企业家要考虑投入与产出的效果，故当时在应用实践方面多数限于高等院校、研究所和少数大型企业中开展。从 70 年代到 80 年代，计算机价格大幅度下降，年轻一代设计师茁壮成长，优化设计应用的诱人威力，市场竞争日益激化，作为产品开发和更新的第一关是如何极大地缩短设计周期、提高设计质量和降低设计成本已成为企业生存的生命线，从而引起广大企业和设计师的高度重视。特别是CAD/CAM以及CIMS（计算机集成制造系统）的发展，使优化设计成为当代不可缺少的技术和环节。用优化设计方法来改造传统设计方法已成为竞相研究和推广并可带来重大变革的发展战略，优化设计在设计领域中开拓了新的途径。

现在，最优化技术这门较新的科学分支目前已深入到各个生产与科学领域，例如化学工程、机械工程、建筑工程、运输工程、生产控制、经济规划和经济管理等，并取得了重大的经济效益与社会效益。近年来，为了普及和推广应用优化技术，已经将各种优化计算程序组成使用十分方便的程序包，并已进展到建立最优化技术的专家系统，这种系统能帮助使用者自动选择算法，自动运算以及评价计算结果，用户只需很少的优化数学理论和程序知识，就可有效地解决实际优化问题。虽然如此，但最优化的理论和计算方法至今还未十分完善，有许多问题仍有待进一步研究探索。可以预测，随着现代技术的迅速发展，最优化技术必将获得更广泛、更有效的应用，它也必将得到更完善、更深刻的进展。

（1）来源：优化一语来自英文Optimization，其本意是寻优的过程。

（2）优化过程：是寻找给定函数取极大值（以max表示）或极小（以min表示）的过程。优化方法也称数学规划，是用科学方法和手段进行决策及确定最优解的数学。

（3）优化设计：根据给定的设计要求和现有的技术条件，应用专业理论和优化方法，在电子计算机上从满足给定的设计要求的许多可行方案中，按照给定的指标自动地选出最优的设计方案。

（4）优化过程：优化设计的一般过程可以用如图5.9所示的框图来表示。

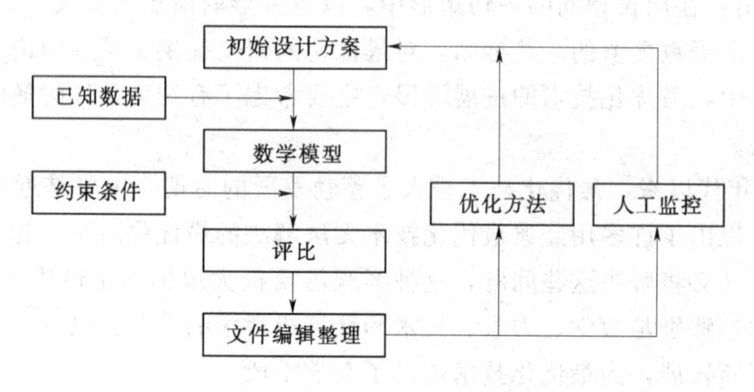


图5.9　优化设计的一般过程

### 5.2.2　优化设计的分类

按优化设计涉及的对象，可将优化设计分为方案的优化设计和参数的优化设计。方案的优化设计是主要利用人工智能和专家系统原理对产品的布局方案进行优化选择，这是一种创造性的设计过程，有时称为智能优化设计。由于无法用数学方程准确描述设计对象，智能优化设计的难度很大；但它的效果却比参数优化设计显著得多。这一节只介绍参数优化设计。参数优化设计是利用优化方法确定具体的设计参数，由于可以建立设计目标和设计参数之间的数学模型，就可以采用数学规划方法寻求最佳设计参数的组合。

根据抽象得到的数学形式的不同，需要应用不同的数学规划方法去求解，在这个意义上又可以将优化设计分为：线性规划问题，非线性规划问题，动态规划，整数规划，0－1规划等。根据是否有设计约束，又可将优化问题划分为约束最佳化问题和无约束最使化问

题。在这里，我们重点介绍最常用的约束非线性最佳化问题。

### 5.2.3　优化设计的数学模型

1. 目标函数

在优化设计时，首先要确定一个适当的设计目标，并且用数学方程描述设计目标 $Y$ 和影响该设计目标的设计参数 $X$ 之间的关系，这个数学方程称为优化设计的目标函数

$$X=F(x)$$

式中：$X$ 为组合设计参数（变量）。

优化设计的目的就是确定一组设计参数值，使得目标函数值达到最小或最大。所以，目标函数实际上是个评价设计优劣的准则。目标函数应直接反映用户或制造者的要求，例如重量轻、体积小、效率高、可靠性高、承载能力高、振动小、噪声小、精度高、成本低、寿命长、磨损小等。在确定目标函数时应注意有些性能指标的提高会使其他性能降低，而有时重量轻的方案并非成本低。所以，应根据需要确定主要设计目标，并兼顾到次要目标。

有时，可能同时需要两个以上的目标函数，这时的优化设计称为多目标优化设计。对于多目标最优化问题，常采用转换方法将多目标问题转化成单目标问题求解。例如，可以将其中最重要的一个目标作为设计目标，其余的作为设计约束。这种方法称为主要目标法。也可以引入加权系数，给各个设计目标以适当的权，将多目标问题转化成单目标问题求解，从而使问题得以简化。

2. 设计变量

所谓设计变量，就是那些对设计目标有影响的，因而要在优化设计过程中优化确定的设计参数。设计变量一般用一个列矩阵来表示

$$X=[x_1, x_2, \cdots, x_n]^{\mathrm{T}}$$

式中：$x_i(i=1, 2, \cdots, n)$ 为 $n$ 维矢量 $X$ 的分量；T 为矩阵的转置符号。

设计变量一般是一些相互独立的参数，如外形尺寸、截面尺寸、机构的运动尺寸等一些几何参数，也可以是频率、力、力矩等一些物理量，但最常用的是几何参数。确定设计变量时，要注意剔除那些非独立的导出变量。

某项设计所取设计变量的多少称为设计的自由度。设计变量越多，设计的自由度也越大，越容易达到较好的优化目标。但随着设计变量的增多，优化设计的难度也随之增加。因而，一般情况下，应尽量减少设计变量的个数，只将那些对目标函数影响大的参数列为设计变量，而将那些影响不大的参数根据经验预先给定，以减少设计的难度。

设计变量按允许的变化规律可分为连续设计变量和离散设计变量两大类。连续设计变量可在某一区间内任意变化，如齿轮的变位系数。离散设计变量只能在某些离散点上取值，例如齿轮的模数、齿数等。离散变量的优化设计算法没有连续变量优化设计成熟。所以，一般情况下，常将离散变量优化问题按连续变量处理，最后对设计结果进行圆整。这样得到的结果一般仅为近似最优解。

3. 约束条件

在设计过程中，设计变量的取值不是无限的，某些性能也有一定限制。所谓的约束条件就是加给设计变量和产品性能的限制。约束的形式一般有两大类，等式约束和不等式约束。等式约束可表示为

$$h_v(X)=h_v(x_1, x_2, \cdots, x_m)=0 \quad (v=1, 2, \cdots, p<n)$$

不等式约束可表示为

$$g_u(X)=g_u(x_1, x_2, \cdots, x_m)\leqslant 0 \quad (u=1, 2, \cdots, m)$$

约束又可分为边界约束和性能约束两大类。边界约束一般限制设计变量的取值范围，性能约束是加给设计性能的约束条件，如：对零件变形的限制，对振动频率、机械传动效率、输出扭短波动最大值的限制，对运动学参数如位移、速度、加速度的限制等。

约束条件的确定，以满足设计要求为前提，过多则会增加求解的困难。还要注意那些重复的约束，矛盾的约束和线性相关的约束。

在确定了目标函数、设计变量和约束函数后，就可以得到优化设计的数学模型

$$\min F(X)=F(x_1, x_2, \cdots, x_n)$$

$$h_v(X)=h_v(x_1, x_2, \cdots, x_n)=0 \quad (v=1, 2, \cdots, p<n)$$

$$g_u(X)=g_u(x_1, x_2, \cdots, x_m)\leqslant 0 \quad (u=1, 2, \cdots, m)$$

在优化设计的数学模型中，目标函数、设计变量和约束函数称为设计模型的三要素。

优化设计包括两个方面的内容：

（1）将工程实际问题数学化。抽象成优化设计的数学模型。实际上是确定目标函数，设计约束和设计变量。这是优化设计的一个重要内容，是工程优化设计的关键．也是设计人员进行优化设计的主要任务，也往往是最困难的任务。优化设计的结果也主要取决于所建立的数字模型是否真正反映设计需求。

（2）选择合适的优化计算方法，在计算机上求解数学模型。求解数学模型的最优化方法；屈于计算数学和应用数学的范畴，是优化设计的一种工具。目前市场上有各种成熟的优化设计程序，工程设计人员一般不必自己动手编写这些程序，只需要了解这些程序的结构和使用方法，这些程序的应用范围。掌握根据实际问题选择适当优化算法和程序的方法，会应用所选程序求解所建立的数学模型即可。

### 5.2.4 优化算法的基本思想和常用优化方法

1. 优化算法的基本思想

优化算法各种各样，但大多数方法都是采用数值计算法，其基本思想是搜索、迭代和逼近。就是说，在求解时，从一初始点 $X$ 出发，利用函数在某一局部区域的性质和信息，确定下一步迭代的搜索方向和步长，去寻找新的迭代点 $X$。然后用 $X_1$ 取代 $X$，$X$ 点的目标函数值应比 $X$ 点的值为小（对于极小化问题）。这样一步步的重复迭代，逐步改进目标函数值，直到最终逼近极值点。图 5.10（$a$）表示了一个无约束极值问题 $F(X)$ 的迭代和逼近过程。

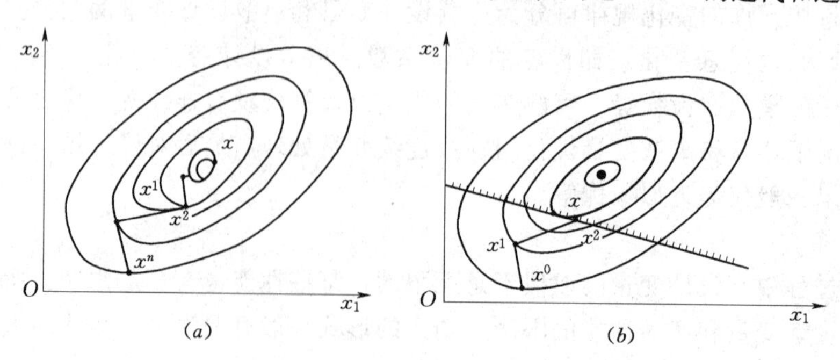


图 5.10 优化迭代和逼近过程

（$a$）无约束条件；（$b$）约束条件 $g(X)$

这样一个逐步寻优的过程跟“盲人登山”很相似。求极大值相当于登山顶，求极小值相当于下山谷。以盲人登山为例，盲人登山有两个特点：一是每走一步都要认真研究这个新点周围的信息，以确定下一步的方向和步长，然后到达下一个点；二是每走一步都比前一步高。正是由这两个特点，盲人总是可以到达山顶。优化算法也应保证这种步步登高的性质。对于盲人登山而言，他只能登上某一座山峰，如果有好几个山峰存在，他无法确定所登上的山峰是不是圆的。同样，对于目标函数是多“峰”情况，要采用一定的方法求得全局最优解，而不仅仅是局部优解，这就要研究函数在可行域内的性质，但寻求全局最优解是个十分困难的问题。在寻优过程中，最重要的是确定每一步的搜索方向和迭代步长，而各种优化算法的主要区别也在这。对于约束极值问题，其数值解法的基本思想仍然是搜索、迭代和逼近，不同的是需要考虑约束条件的存在，如图 5.10（$b$）所示，如果增加一个约束条件 $g(X)$，就好像盲人登山过程中遇到一堵墙。所能达到的最高点必须在墙内，攀登的路线也会随之改变。盲人登山，主要目标是登上山顶，同时也希望越快越好。优化算法也有类似的两个标准，即收敛性和收敛速度，这是衡量算法优劣的两个重要指标。

2. 常用优化方法

常用的优化设计算法分为无约束最优化的解析方法，无约束最优化的直接搜索法，约束最优化方法。约束最优化方法常被转化成无约束最优化问题求解。在优化算法中，还常用到所谓的一维搜索寻优法，常用的有：黄金分割法、分数法、牛顿法、割线法和抛物线插值法等。图 5.11 为常用优化方法的分类。

下面就一些常用方法的算法特点及范围作一介绍。

（1）一维搜索法。是优化方法中最基本、最常用的方法。所谓搜索，就是一步一步地查寻，直至函数的近似极值点处。其基本原理是区间消去法原则，即把搜索区间 $[a, b]$ 分成 3 段或 2 段，通过判断弃除非极小段，从而使区间逐步缩小，直至达到要求精度为止，取最后区间中的某点作为近似极小点。对于已知极小点搜索区间的实际问题，可直接调用 0.618 法、分数法或二次插值法求解。其中，0.618 法步骤简单，不用导数，适用于低维优化或函数不可求导数或求导数有困难的情况，对连续或非连续函数均能获得较好效果，实际应用范围较广，但效率偏低。二次插值法易于计算极小点，搜索效率较高，适用于高维优化或函数连续可求导数的情况，但程序复杂，有时，可靠性比 0.618 法略差。

（2）坐标轮换法。又称降维法，其基本思想是将一个多维的无约束问题转化为一系列一维优化问题来解决。基本步骤是，从一个初始点出发，选择其中一个变量沿相应的坐标轴方向进行一维搜索，而将其他变量固定。当沿该方向找到极小点之后，再从这个新的点出发，对第二个变量采用相同的办法进行一维搜索。如此轮换，直到满足精度要求为止。若首次迭代即出现目标函数值不下降，则应取相反方向搜索。该方法不用求导数，编程简单，适用于维数小于 10 或目标函数无导数、不易求导数的情况。但搜索效率低，可靠性较差。

（3）单纯形法。其基本思想是，在 $n$ 维设计空间中，取 $n+1$ 个点，构成初始单纯形，求出各顶点所对应的函数值，并按大小顺序排列。去除函数值最大点 $X_{max}$，求出其余各点的中心 $X_{cen}$，并在 $X_{max}$ 与 $X_{cen}$ 的连线上求出反射点及其对应的函数值，再利用“压缩”或“扩张”等方式寻求函数值较小的新点，用以取代函数值最大的点而构成新单纯形。如此反复，直到满足精度要求为止。由于单纯形法考虑到设计变量的交互作用，故是求解非

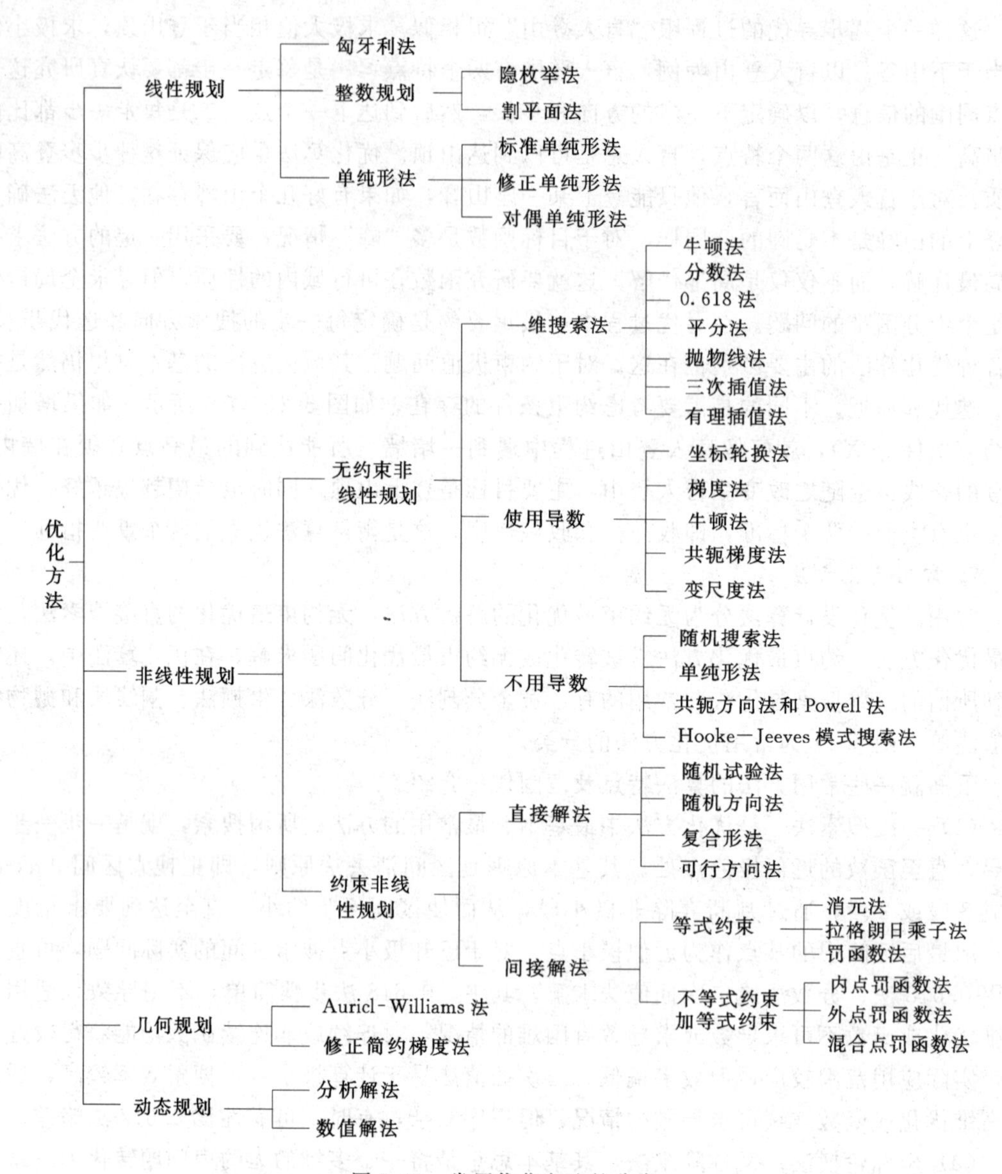


图5.11　常用优化方法的分类

线性多维无约束优化问题的有效方法之一。但所得结果为相对优化解。

（4）鲍威尔法（Powell）。是直接利用函数值来构造共轭方向的一种共轭方向法。其基本思想是不对目标函数作求导数计算，仅利用迭代点的目标函数值构造共轭方向。该法收敛速度快，是直接搜索法中比坐标轮换法使用效果更好的一种算法。适用于维数较高的目标函数。但编程较复杂。

（5）梯度法。又称一阶导数法，其基本思想是以目标函数值下降最快的负梯度方向作为寻优方向求极小值。虽然算法比较古老，但可靠性好，能稳定地使函数值不断下降。适用于目标函数存在一阶偏导数、精度要求不很高的情况。该法的缺点是收敛速度缓慢。

（6）牛顿法。其基本思想是，首先把目标函数近似表示为泰勒展开式，并只取到二次项。然后，不断地用二次函数的极值点近似逼近原函数的极值点，直到满足精度要求为

止。该法在一定条件下收敛速度快，尤其适用于目标函数为二次函数的情况。但计算量大，可靠性较差。

（7）变尺度法。又称拟牛顿法，其基本思想是，设法构造一个对称矩阵［$A$］来代替目标函数的二阶偏导数矩阵的逆矩阵［$H$］$^{-1}$，并在迭代过程中使［$A$］逐渐逼近［$H$］$^{-1}$，从而减少了计算量，又仍保持牛顿法收敛快的优点，是求解高维数（10～50）无约束问题的最有效算法。

（8）网格法。其基本思想是，在设计变量的界限区内作网格，逐一计算网格点上的约束函数和目标函数值，舍去不满足约束条件的网格点，而对满足约束条件的网格点比较目标函数值的大小，从中求出目标函数值为最小的网格点，这个点就是所要求最优解的近似解。该法算法简单，对目标函数无特殊要求，但对于多维问题计算量较大，通常适用于具有离散变量（变量个数不超过 8 个）的小型的约束优化问题。

（9）复合形法。是一种直接在约束优化问题的可行域内寻求约束最优解的直接解法。其基本思想是，先在可行域内产生一个具有大于 $n+1$ 个顶点的初始复合形，然后对其各顶点函数值进行比较，判断目标函数值的下降方向，不断地舍弃最差点而代之以满足约束条件且使目标函数下降的新点。如此重复，使复合形不断向最优点移动和收缩，直到满足精度要求为止。该法不需计算目标函数的梯度及二阶导数矩阵，计算量少，简明易行，工程设计中较为实用。但不适用于变量个数较多（大于 15 个）和有等式约束的问题。

（10）罚函数法。又称序列无约束极小化方法。是一种将约束优化问题转化为一系列无约束优化问题的间接解法。其基本思想是，将约束优化问题中的目标函数加上反映全部约束函数的对应项（惩罚项），构成一个无约束的新目标函数，即罚函数。根据新函数构造方法不同，又可分为：

1）外点罚函数法。罚函数可以定义在可行域的外部，逐渐逼近原约束优化问题最优解。该法允许初始点不在可行域内，也可用于等式约束。但迭代过程中的点是不可行的，只有迭代过程完成才收敛于最优解。

2）内点罚函数法。罚函数定义在可行域内，逐渐逼近原问题最优解。该法要求初始点在可行域内，且迭代过程中任一解总是可行解。但不适用于等式约束。

3）混合罚函数法。是一种综合外点、内点罚函数法优点的方法。其基本思想是，不等式约束中满足约束条件的部分用内点罚函数；不满足约束条件的部分用外点罚函数，从而构造出混合函数。该法可任选初始点，并可处理多个变量及多个函数，适用于具有等式和不等式约束的优化问题。但在一维搜索上耗时较多。

## 任务 5.3　可靠性设计（Reliability Design）

### 5.3.1　可靠性和可靠性工程

可靠性是建立在概率统计理论基础上的以零件、产品或系统的失效规律为基本研究内容的一门学科。影响产品失效寿命的因素是非常复杂的，有时甚至是不可琢磨的。因此，产品的寿命，即产品的失效时间完全是随机的。只有依靠长期的、大量的统计与实验才能找到它的必然规律，找到能恰当地描述这种规律的数学模型。可靠性工程作为可靠性学科的一个分支，它包括下面的一些内容：

（1）应用可靠性理论预测与评价产品。

（2）零件的可靠性预测或可靠性评价。

（3）应用于产品、零部件设计中的可靠性设计（或称概率工程设计）。

（4）综合各方面的因素，考虑设计最佳效果的可靠性分配和可靠性优化。

（5）考虑维修因素的系统可维修性与可利用性的估价与设计。

（6）作为以上各分支基础的可靠性实验及其数据处理。

### 5.3.2　可靠性设计的理论基础——概率统计学

在产品的运行过程中，总会发生各种各样的偶然事件（故障）。也就是说，人们不知道这些事件是不是会发生。发生的可能性有多大，何时会发生，在什么条件下发生。这种偶然事件的内在规律很难找到，甚至是很难琢磨的。但是，偶然事件也不是完全没规律可循，如果从统计学的角度去观察，偶然事件也存在着某种必然规律。概率论就是一门研究偶然事件中必然规律的学科。这种规律一般反映在随机变量与随机变量发生的可能性（概率）之间的关系上。

用来描述这种关系的数学模型很多，如正态模型、指数模型、威布尔模型等。其中最典型的是正态模型

$$f(t)=\frac{1}{2.506628\sigma}\exp\left[-\frac{1}{2}\left(t\,\frac{t-u}{\sigma}\right)^{2}\right]$$

式中：$t$ 为随机变量；$u$ 为平均值；$\sigma$ 为标准差。

上述数学模型称为随机变量 $t$ 的概率密度函数；它表示变量 $t$ 发生概率的密集程度的变化规律。随机变量 $t$ 在某点以前发生的概率可按下式计算

$$F(t)=\int_{-\infty}^{t} f(t)\mathrm{d}t$$

$F(t)$ 称为随机变量 $t$ 的分布函数，或称积累分布函数。对于时间型随机变量而言，它反映了故障发生可能的大小，它的值是在［0，1］之间的某个数。其值越小，表示故障发生的可能性就越小。

### 5.3.3　与可靠性设计有关的几个基本概念

1. 互补定理

如果某产品出现故障的概率为 $F(t)$，正常运行的概率（可靠度）为 $R(t)$，则有

$$F(t)+R(t)=1$$

上式说明，产品或者处于正常运行状态，或者处于故障状态，两者必居其一，故其概率和为1。因此，在设计时，应尽量减小 $F(t)$。采用冗余设计（或提高安全系数）是减小 $F(t)$ 的办法之一，但并不总是有效。冗余设计相等于将系统的薄弱环节设计成多环节并联系统，只要有一个环节不发生故障，系统就可正常运行。但冗余部分往往是“备而不用”，会造成结构庞大或浪费。

2. 加法定理

产品在运行过程中，可以出现各种各样的故障。如果 $A$ 故障出现的概率为 $P(A)$，$B$ 故障出现的概率为 $P(B)$，这时产品出现故障的概率为多大？如果 $A$ 事件发生时，$B$ 事件一定不发生，反之亦然，则称 $A$ 和 $B$ 为互斥事件。对于互斥事件，产品出现故障的概率可用加法定理来计算

$$P(A \cup B)=P(A)+P(B)$$

从上式可以看出，当产品的故障源越多时，产品的故障率也就越高（相当于是个串联系统，只要其中一个环节发生故障，系统就不能正常运行。所以，应重点提高薄弱环节的可靠性）。因此，在设计时，应尽量减少故障源。减少故障源的办法之一是尽可能减少系统中的零件数量，降低设备的复杂程度（根据公理性设计中的信息公理，系统的信息含量应最小）。

当 $A$、$B$ 两事件不互斥时，产品发生故障的概率为

$$P(A \cup B)=P(A)+P(B)-P(A \cdot B)$$

3. 乘法定理

产品在运行过程中，可以同时发生几个故障，这种情况出现的概率有多大？当 $A$ 事件的发生不会影响 $B$ 事件的发生时，称 $A$、$B$ 两事件为相互独立的事件，相互独立事件同时发生的概率为

$$P(A \cdot B)=P(A) \cdot P(B)=P(A \cap B)$$

上式说明，故障同时发生的可能性总是比单独发生的可能性小。当 $A$、$B$ 两事件不互为独立时，称 $A$ 与 $B$ 为相关事件。在这种情况下，两种事件同时发生的概率为

$$P(A \cap B)=P(A) \cdot P(B|A)$$

$P(B|A)$是在 $A$ 事件发生的条件下，$B$ 事件发生的概率，称为 $B$ 事件的条件概率。条件概率可用下式计算

$$P(B|A)=P(A \cap B)/P(A)$$

4. 数学期望

数学期望是随机变量取值的平均数，它是建立在长期、大量统计基础上的平均数，只用几个数值得出的平均数不是数学期望。数学期望可用下式计算

$$u=E(t)=\int_{-\infty}^{\infty} t f(t) \mathrm{d} t$$

5. 置信度

对产品进行可靠性评价时，通常是对它进行抽样，然后对样品进行寿命试验，再以所得结果来估计母体的失效概率。这样得到的结果总会与母体的真实情况有一定差异，度量这种差异大小的指标称为置信度。在概念上，可靠度是对产品本身而言的，而置信度则是对试验而言的。

### 5.3.4　可靠性指标

1. 可靠度和可靠度函数

可靠度的定义是：“零件（系统）在规定的运行条件下，在规定的工作时间内，能正常工作的概率”。由此定义可以看出，可靠度包括五个要素：

(1) 对象。对象包括系统、机器、部件等，可以是非常复杂的东西，也可以是个零件。在这里，系统和零件是个相对概念，如果仅研究一台机器，则研究就包括这台机器的一个大系统，这台机器则可视为零件。

(2) 规定工作条件。工作条件包括对象所处的环境条件和维护条件，即对象预期的运行条件。产品的工作条件不同，是无法比较它们的可靠度的。因此，同一产品工作条件不同，设计依据也不同。一切都按照最恶劣条件进行设计，肯定是个浪费的、成本高的，因

而也是一个不成功的设计。

（3）规定工作时间。时间一般指对象的工作期限，可以用各种方式来表示。如滚动轴承用小时数来表示，车用千米数来表示，齿轮的寿命采用应力循环次数等。应明确的是，可靠设计并不仅仅研究如何延长产品的寿命，因为有时这是不必要的。对于某些产品，往往只要求它在一定的工作时间内达到规定的可靠度就行了，用高成本去追求更长的寿命会造成更大的浪费。所以，在可靠性设计中，人们往往更追求“总体寿命的均衡”，即到达规定的工作时间，所有零件的寿命均告结束。

（4）正常工作。所谓正常工作，是指产品能达到人们对它要求的运行效能，否则，就说产品失效了。在这里，失效标准是个值得研究的课题，有时很难确定。而没有失效标准，产品的可靠性就无法度量。有时，产品虽然能工作，但却不一定能达到要求的运行效能；而有时，虽然对象的某个零件出现故障，产品仍可正常工作，能达到要求的运行效能。

（5）概率。概率就是可能性，它表现为［0，1］区间的某个数值。根据互补定理，系统从开始启动运行至时间 $t$ 时不出现失效的概率即可靠度。

如果概率密度函数为 $f(t)$，则它的可靠度函数为

$$R(t)=1-\int_0^t f(t)\mathrm{d}t=\int_t^\infty f(t)\mathrm{d}t$$

例如，如果失效时间随机变量可用指数分布来描述时，则其失效概率密度函数为

$$f(t)=\lambda^{-\lambda t}\quad t>0,\lambda>0$$

其可靠度函数就为

$$R(t)=\int_t^\infty \lambda \mathrm{e}^{\lambda t}\mathrm{d}t=\mathrm{e}^{\lambda t}$$

2. 期望寿命

期望寿命即平均无故障工作时间，可由下式计算

$$E(t)=\int_0^\infty tf(t)\mathrm{d}t=\int_0^\infty R(t)\mathrm{d}t$$

平均无故障工作时间是个很重要的指标，因为它是个比较直观的尺度。对于某些长寿命产品，如电视机、冰箱、汽车等多用这一指标来规定其可靠性。平均无故障工作时间有两种表达形式：一种称为 MTTP(Mean Time To Failure)，它表示故障前运行时间的平均值；另一种称为 MTBF（Mean Time Between Failure），它表示故障间隔的平均时间。

3. 故障率和故障率函数

某一产品，已经安全运行了某段时间间隔［0，$t$］，而在下一段时间间隔［$t$，$t_1$］内，产品的失效概率称为故障率。换句话说，故障率表示故障即将发生的速率。故障率用故障率函数来计算

$$h(t)=f(t)/R(t)$$

故障率有三种形式：初期故障型（减少型），随机故障型（常数型）和集中耗损故障型（增加型），如图5.12所示。

减少型常发生在产品投入运行初期，为了消除初期失效，在产品交付用户前，应在较为苛刻的条件下试行一段时间，以便发现故障并将其去除。常数型失效形式随机发生，一

般存在于比较复杂的系统中。增加型是在产品运行一段时间后，故障发生的概率突然开始增加，预测这一时间意义非常重大。

所谓的可靠性设计就是在满足产品的功能、成本等要求的前提下，一切使产品可靠地运行的设计过程。它包括确定产品的可靠度、平均无故障工作时间（期望寿命），确定它的故障率，以及在上述指标已确定的前提下选择系统的结构，零件的尺寸、材料和其他技术要求等。

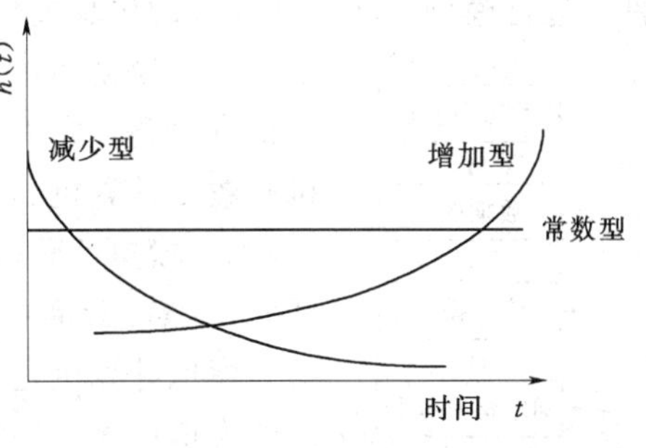


图5.12　故障率的三种形式

# 任务5.4　计算机仿真技术

仿真技术是将系统的数学模型，放到计算机上进行模型试验的一种技术。例如，在工程和产品的设计过程中，为了验证和评价设计方案，往往需要建立某一部件或以该产品作为系统的模型，并进行试验。以便获取系统运行过程中，最为本质的特性数据，供设计工作者修改方案时参考。当然这种试验可通过实物系统模型进行，也可用计算机中生成的几何模型，再经仿真软件，在计算机上进行仿真试验。前者效率低，成本高，常受限制；后者速度快，既安全又经济。仿真技术的研究与应用具有很长的历史。现代仿真与计算机的发展密切相关。20世纪50年代的模拟计算，60年代的混合计算机仿真系统及数学仿真语言的出现，使仿真技术广泛应用于航空工业、机电工业、钢铁工业、土木建筑工业等各个领域，在一些非工程领域中，诸如环境系统、生物系统、社会系统等方面也同样被广泛使用。仿真技术在工程系统中应用，收效十分显著。例如在机床设计及试验中，可以通过对机床传动系统的设计分析及调试的各阶段运用仿真技术。在进行方案比较时，可应用仿真技术建立各种方案的数学模型，输入有关参数，以确定理想的设计方案。当进入设计阶段后，则运用仿真软件优选系统参数，从而得到结构中的最优方案，以获得最优性能和品质。这比用实物模型试验，既节省了资金和人力、缩短了设计周期，又提高了设计效率。

仿真技术特别实用于那些周期长、难于试验和耗资巨大的系统，具有广泛的发展前景。

### 5.4.1　物理仿真与数学仿真

仿真是在模型上进行反复试验研究的过程。因为模型有物理模型与数学模型，故仿真也有物理仿真与数学仿真。物理模型与系统之间具有相似的物理属性，故物理仿真能观测到难以用数学来描述的系统特征，但要花费较大的代价。数学仿真又称计算机仿真，是以实际系统和模型之间数学方程式的相似性为基础的，与物理仿真相比，这种仿真系统的通用性强，可作为各种不同物理本质的实际系统的模型，故其应用范围广，是人们研究的对象。数学仿真应先建立系统或过程的仿真模型，再放到计算机上进行仿真试验，如数学模型本身就是计算机可计算的，则仿真模型就是数学模型。仿真模型的建立，反映了系统模型和计算机间接关系，实际上就是设计一个算法，以便使系统模型能为计算机接受，并能在计算机上运行。

而所谓仿真实验，就是要设计一个合理的、方便的、服务于系统研究的试验程序和软件，进行模型运转。计算机的仿真过程的程序如图5.13所示。

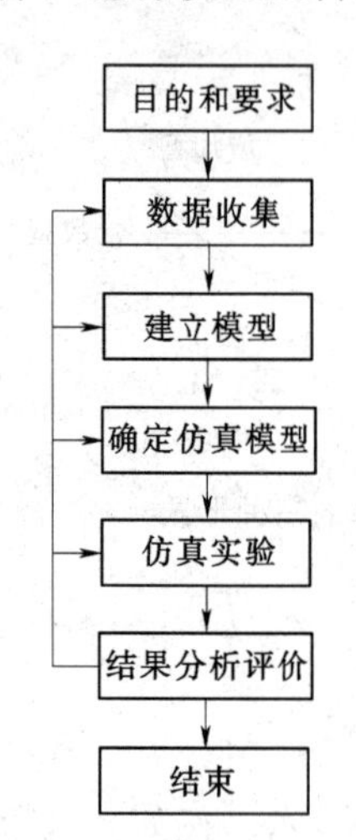


图5.13 仿真顺序

仿真模型随仿真设备的种类而异。同一数学模型，对于不同种类的仿真设备，它的仿真模型不同。目前使用的仿真设备，有模拟计算机和数学计算机。

### 5.4.2 模拟计算机仿真与数字计算机仿真

1. 模拟计算机仿真

模拟计算机是一种早期使用的仿真计算机。这种计算机由一些基本的模拟运算器如积分器、加法器、乘法器及函数器等组成，用以模拟数学上的基本运算环节。在仿真某一系统时依照系统数学模型的结构和参数，将这些运算器连接起来，组成仿真系统，完成求解任务。模拟计算机仿真主要用于伺服机构设计、工业过程控制及飞行模拟器等范围的仿真。优点是运算速度快，可进行实时仿真，甚至超实时仿真；人机联系密切、直观；便于和实物相连。当建立了系统的数学模型后，模拟计算机仿真一般要经过以下五个步骤：画出系统模拟图；估计各变量的最大值；选择合适的时间比例尺；画出仿真模型；试验等。

2. 数字计算机仿真

随着数字计算机的发展，数字计算机仿真得到了迅速的发展。其主要优点是可事先编好一套仿真程序而存在计算机中，用时只要输入必要的数据就能进行系统仿真，比模拟计算机仿真步骤简单、容易，计算精度也高，还可开发许多仿真软件。所以从20世纪60年代以后，已逐步取代了模拟计算机，而成为主要的仿真工具。数学计算机仿真的主要工具是数字计算机和仿真软件。前者在求解连续系统数字模型时，要将其转换成数字计算机能够运算的仿真模型，依照仿真模型编写仿真程序输入计算机以完成仿真任务。数字计算机仿真的方法很多，但归结起来为两种：一种为建立在数值积分法基础上的数字仿真法；另一种是利用离散相似模型来进行数字仿真，称离散似法。相对而言，这种方法仿真程序简单，计算量小，一般容易掌握。

### 5.4.3 数字仿真程序

1. 数字仿真程序

使用数字计算机进行系统仿真的过程，就是执行一个事先编好的数字仿真程序的过程，如图5.14所示。通常仿真程序的设计，要耗费大量的时间和精力。而有许多程序又是经常重复出现的，为此，可将一些常用的程序设计成通用子程序，并进而建立仿真程序软件包。仿真程序软件包应便于使用、修改和扩充。通常以模块化结构方式出现。

一个通用的仿真程序软件包，应包含以下一些模块：

(1) 初始化程度模块。它为仿真运行前做准备工作。如各状态变量初始值的设置，随机数的初值设置，使用的数组定维，仿真总时间的设定等。

(2) 输入程序模块。它指输入被仿真的系统的参数、初始条件、仿真精度、输出格式、打印点数、绘图时的比例尺等。

(3) 运算程序模块。主要是用来计算系统的动态响应的一个程序模块。根据仿真方法的不同，这个程序模块也不相同，此模块是整个仿真程序软件包的核心。

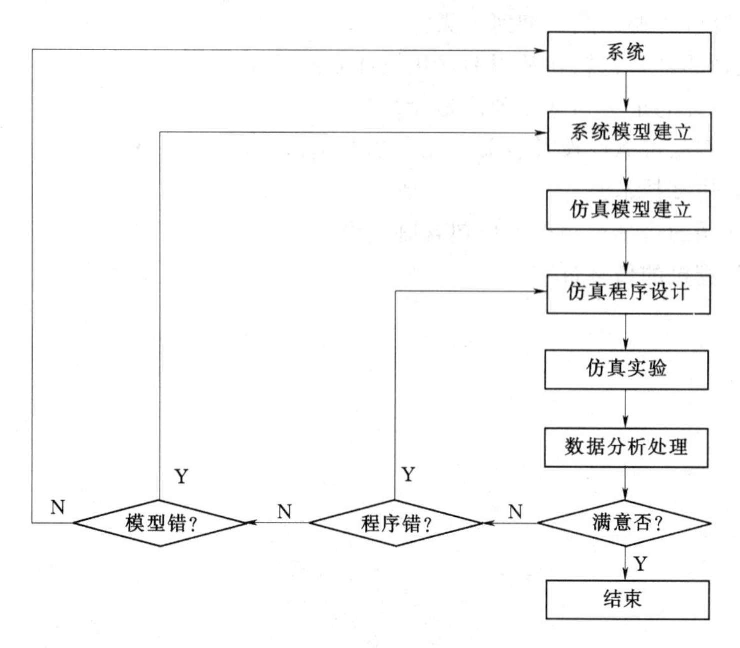


图 5.14 计算机的仿真过程

(4) 仿真结果的处理和输出程序模块。通过此模块可决定，当一次仿真结束后，是否还经修改再作一次新的仿真。还可输出多种方式的结果，如曲线图、直方图、几何模型图等。

2. 仿真语言

实现计算机仿真时，虽然也能采用某些能用的高级语言，如 C、FORTRAN 等。但为了提高仿真效率、加强仿真过程的数据处理能力、简化仿真程序和缩短机时，往往要有针对性地借助某种仿真语言。仿真语言实际上也是高级语言。但与通用语言相比，更宜于用在仿真实验中。目前世界上已发表过几百种，各有一定侧重点的仿真语言，但常用的只有几种，如欧洲各国惯用的 SIMULA，美国早期的 GASP、GPSS 和稍后的 SLAM、SIMSCRIPT、CSMP、Q-GERT 等，它们都有专门的资料介绍，这里不作详述。

仿真技术在计算机辅助设计中，主要应用计算机几何模型，模拟设计对象的运动过程，进行方案试验。此外还可应用离散事件仿真软件，辅助机械制造系统的设计。它已经成为计算机辅助设计和计算机辅助制造中的重要工具之一。相信随着计算机和计算机辅助制造的不断发展，仿真技术将会得更广泛的应用。

## 思 考 题

1. 何为 CAE? 试举例说明 CAE 在工程机械中的作用。
2. 有限元的定义和基本思想是什么?
3. 有限元分析方法分为哪几类? 其中哪一种方法易于实现计算机自动化计算?
4. 用有限元法分析问题的基本步骤。其功能有哪些?
5. 简述建立计算模型的几个策略与方法。
6. 优化设计的定义、原理通常包含哪些内容?

7. 优化设计分为哪几类？如何定义？
8. 优化设计的基本思想和常用的优化设计方法是什么？
9. 可靠性设计的定义和基础理论是什么？
10. 如何理解与可靠性设计有关的几个基本概念？
11. 什么是仿真技术？
12. 一个通用的仿真程序软件应包含哪些模块？
13. 简述计算机的仿真过程。

# 项目6　计算机辅助工艺设计（CAPP）

## 任务6.1　概　　述

### 6.1.1　CAPP的基本概念

工艺设计是机械制造生产过程的技术准备工作中一项重要内容，是产品设计与车间生产的纽带，是经验性很强且影响因素很多的决策过程。当前，机械产品市场是多品种小批量生产起主导作用，传统的工艺设计方法已远不能适应机械制造行业发展的需要。随着机械制造生产技术的发展和当今市场多品种、小批量生产的要求，特别是CAD/CAM系统向集成化、智能优方向发展，计算机辅助工艺设计（Computer Aided Process Planning，CAPP）也就日益得到了重视。用CAPP代替传统的工艺设计方法具有重要的意义，主要表现在：

（1）可以将工艺设计人员从烦琐和重复性的劳动中解放出来，转而从事新产品及新工艺开发等创造性的工作。

（2）可以大大缩短工艺设计周期，提高产品在市场上的竞争力。

（3）有助于对工艺设计人员的宝贵经验进行总结和继承。

（4）为实现CIMS创造条件。

CAPP理论与应用从20世纪60年代开始进行研究，40多年来已取得了重大的成果，但到目前为止，仍存在着许多问题有待于进一步的研究。尤其是CAD/CAM向集成化、智能化方向发展，及并行工程工作模式的出现等都对CAPP提出了新的要求。因此，CAPP的内涵也在不断的发展。从狭义的观点来看，CAPP是完成工艺过程设计，输出工艺规程。但是在CAD/CAM集成系统中，特别是并行工程工作模式，“PP”不再单纯理解为Process Planning，而应增加“Production Planning”的含义，这时，就产生CAPP的广义概念：即CAPP的一头向生产规划最佳化及作业计划最佳化发展，作为MRPⅡ的一个重要组成部分；CAPP向另一头扩展能够生成NC指令。当然这里讨论的重点仍在传统的CAPP认识范围内。

20世纪80年代以来，随着机械制造业向CIMS或IMS的发展，CAD/CAM集成化的要求越来越强烈，CAPP在CAD、CAM中起到桥梁和纽带作用。在集成系统中，CAPP必须能直接从CAD模块中获取零件的几何信息、材料信息、工艺信息等，以代替人机交互的零件信息输入，CAPP的输出是CAM所需的各种信息。随着CIMS的深入研究与推广应用，人们已认识到CAPP是CIMS的主要技术基础之一，因此，CAPP从更高、更新的意义上再次受到广泛的重视。在CIMS环境下，CAPP与CIMS中其他系统的信息流如图6.1所示。

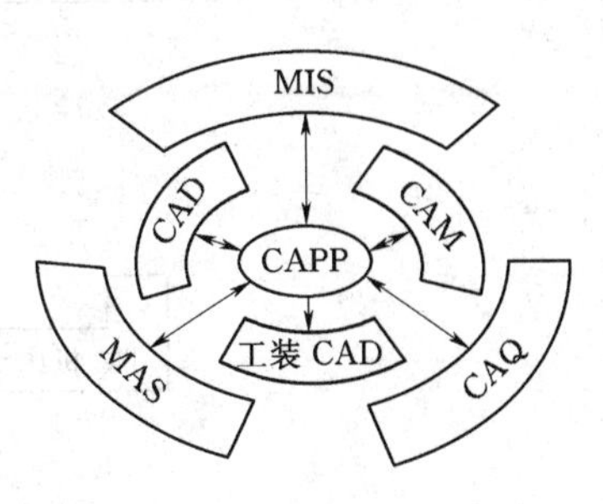


图6.1　CAPP与CIMS中其他系统的信息流

（1）CAPP接受来自CAD的产品几何拓扑、材料信息以及精度、粗糙度工艺信息；为满足并行产品设计的要求，需向CAD反馈产品的结构工艺性评价信息。

（2）CAPP向CAM提供零件加工所需的设备、工装、切削参数、装夹参数以及反映零件切削过程的刀具轨迹文件；同时接收CAM反馈的工艺修改意见。

（3）CAPP向工装CAD提供工艺过程文件和工装设计任务书。

（4）CAPP向MIS（管理信息系统）提供各种工艺过程文件和夹具、刀具等信息；同时接受由MAS反馈的工作报告和工艺修改意见。

（5）CAPP向CMAS（制造自动化系统）提供各种过程文件和夹具、刀具等信息；同时接受由MAS反馈的工作报告和工艺修改意见。

（6）CAPP向CAQ（质量保证系统）提供工序、设备、工装、检测等工艺数据，以生成质量控制计划和质量检测规程；同时接收CAQ反馈的控制数据，用以修改工艺过程。

由以上可以看出，CAPP对于保证CIMS中信息流的畅通，从而实现真正意义上的集成是至关重要的。

并行产品设计制造已成为目前制造业热点问题之一。在并行环境下的CAPP，它接收产品设计信息，在完成工艺设计同时，一方面对产品结构工艺性进行评价，从加工工艺的角度对产品的结构提出改进建议，另一方面向生产规划及调度系统传递工艺设计结果。生产规划及调度系统根据车间资源的动态变化情况，在满足资源合理配置的同时，对工艺设计所确定的工艺过程，在当前条件下对其加工过程可行性作出评价，如果当前的资源不能满足工艺设计的要求，则提出修改工艺过程的建议。因而并行环境下的CAPP，对在产品生命周期诸进程中作出全局最优决策也是至关重要的。

### 6.1.2　CAPP的结构组成

CAPP系统的构成，与其开发环境、产品对象、规模大小有关。如图6.2所示的系统构成是根据CAD/CAPP/CAM集成的要求而拟定的，其基本模块如下：

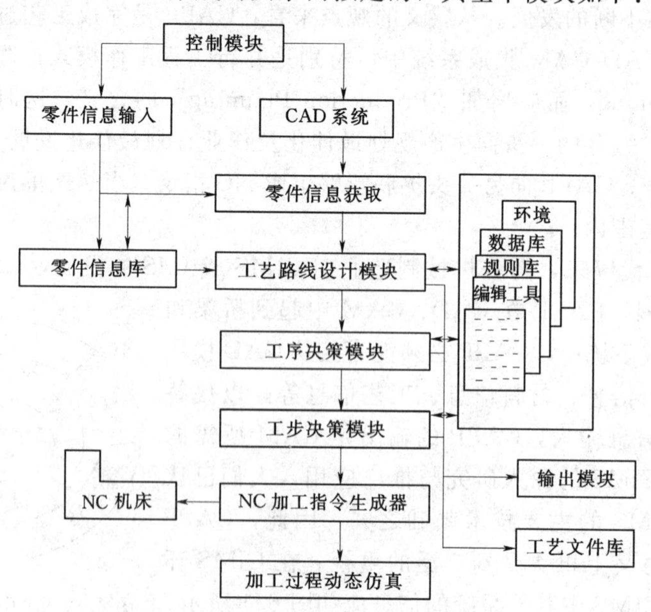


图6.2　CAPP系统的构成

（1）控制模块。协调各模块的运行，实现人机之间的信息交流，控制零件信息获取方式。

（2）零件信息获取模块。零件信息输入可以有下列两种方式：人工交互输入，或从 CAD 系统直接获取或来自集成环境下统一的产品数据模型。

（3）工艺过程设计模块。进行加工工艺流程的决策，生成工艺过程卡。

（4）工序决策模块。生成工序卡。

（5）工步决策模块。生成工步卡及提供形成 NC 指令所需的刀位文件。

（6）NC 加工指令生成模块。根据刀位文件，生成控制数据机床的 NC 加工指令。

（7）输出模块。可输出工艺过程卡、工序和工步卡、工序图等各类文档，并可利用编辑工具对现有文件进行修改后得到所需的工艺文件。

（8）加工过程动态仿真。可检查工艺过程及 NC 指令的正确性。

上述的 CAPP 系统结构是一个比较完整、广义的 CAPP 系统，实际上，并不一定所有的 CAPP 系统都必须包括上述全部内容。例如传统概念的 CAPP 不包括 NC 指令生成及加工过程仿真，实际系统组成可以根据实际生产的需要而调整。但它们的共同点应使 CAPP 的结构满足层次化、模块化的要求，具有开放性，便于不断扩充和维护。

### 6.1.3　CAPP 的基本技术

（1）成组技术（Group Technology，GT）。我国 CAPP 系统的开发可以说是与成组技术密切相关，早期的 CAPP 系统的开发一般多为以 GT 为基础的变异 CAPP 系统。

（2）零件信息的描述与获取。CAPP 与 CAD、CAM 一样，其单元技术都是按照自己的特点而各自发展的。零件信息（几何拓扑及工艺信息）的输入是首当其冲的，即使在集成化、智能化的 CAD/CAPP/CAM 系统，零件信息的生成与获取也是一项关键问题。

（3）工艺设计决策机制。其核心为特征型面加工方法的选择，零件加工工序及工步的安排及组合，故其主要决策内容如下：①工艺流程的决策；②工序决策；③工步决策；④工艺参数决策。

为保证工艺设计达到全局最优化，系统把这些内容集成在一起，进行综合分析，动态优化，交叉设计。

（4）工艺知识的获取及表示。工艺设计是随设计人员、资源条件、技术水平、工艺习惯而变。要使工艺设计在企业内得到广泛有效的应用，总结出适应本企业的零加工的典型工艺及工艺决策的方法，按所开发 CAPP 系统的要求，有不同的形式表示这些经验及决策逻辑。

（5）工序图及其他文档的自动生成。

（6）NC 加工指令的自动生成及加工过程动态仿真。

（7）工艺数据库的建立。

## 任务 6.2　变异式 CAPP 系统

变异式 CAPP 系统是利用成组技术原理，将零件按几何形状及工艺相似性分类、归族，每一族有一个典型样件，根据此样件建立典型工艺文件，存入工艺文件库中。当需设计一个新的零件工艺规程时，按照其成组编码，确定其所属零件族，由计算机检索出相应零件族的典型工艺，再根据零件的具体要求，对典型工艺进行修改，最后得到所需的工艺规程。变异式CAPP系统又可称为派生型、修订型CAPP系统。

### 6.2.1 成组技术

1. 概述

成组技术是一门生产技术科学。利用事物相似性，把相似问题归类成组，寻求解决这一类问题相对统一的最优方案，从而节约时间和精力以取得所期望的经济效益。在生产系统中，成组技术可以应用于不同领域。对零件设计来说，由于许多零件具有类似的形状，可将它们归并为设计族，设计一个新的零件可以通过修改一个现有同族典型零件而形成。应用这个概念，可以确定出一个主样件作为其他相似零件的设计基础，它集中了全族的所有功能要素。通常，主样件是人为地综合而成的。为此，一般可从零件族中选择一个结构复杂的零件为基础，把没有包括同族其他零件的功能要素逐个叠加上去，即可形成该族的假想零件，即主样件。

对加工来说，GT所发挥的作用有更进一步的，形状不同的零件也有可能要求类似的加工过程。由于同族零件要求类似的工艺过程，可以组建一个加工单元来制造同族零件，对每一个加工单元只考虑类似零件，就能使生产计划工艺及其控制变得容易些。所以GT在工艺设计中的核心问题就是充分利用零件上的几何形状及加工工艺相似性组织生产，以获得最大的经济效益。

2. 零件分类编码系统

零件分类编码系统是由代表零件的设计和（或）制造的特征符号所组成，这些符号代码可以是数字，也可以是字母，或者两者都有。在一般情况下，大多数分类编码系统只使用数字，在成组技术实际应用中，有三种基本编码结构。

（1）层次结构。在层次结构中，每一个后级符号的决心义取决于前级符号的值。这种结构亦称为单码结构或树状结构。由层次代码组成的层次结构具有相对密实性，能以有限个位数传递大量有关零件信息。

（2）链式结构。在链式结构中，那些有序符号的意义是固定的，与前级符号无关，这种结构亦可称为多码结构。它要复杂些，因而可以方便地处理具有特殊属性的零件，有助于识别具有工艺相似要求的零件。

（3）混合结构。工业上大多数商业零件编码系统都是由上述两种编码系统组合而成的，形成混合结构。混合结构具有单码结构和多码结构共同的优点。典型的混合结构都由一系列较小的多码结构构成，这些结构链中的数字都是独立的，但整个混合代码中，需要有一个或几个数字用来表示零件的类别，这和层次结构一样。混合结构能最好地满足设计和制造的需要。

具体的零件分类编码系统主要有以下几个。

（1）Opitz编码系统。Opitz系统是一个十进制9位代码的混合结构分类编码系统（图6.3），是由德国Aachen工业大学H.Opitz教授提出的。在成组技术领域中，它代表着开创性工作，是最著名的分类编码系统。Opitz编码系统使用下列数字序列：12345 6789 ABCD前9位数字码用来传送设计和制造信息，最后4位数ABCD用于识别生产操作类型和顺序，称为辅助代码，由各单位根据特殊需要来设计安排。图6.3所示说明了Opitz和系统的基本结构，前5位数（1，2，3，4，5）称为形状代码，用于描述零件的基

本设计特征；后 4 位数（6，7，8，9）构成增补代码，用来描述对制造有用的特征（尺寸、原材料、毛坯形状和精度）。

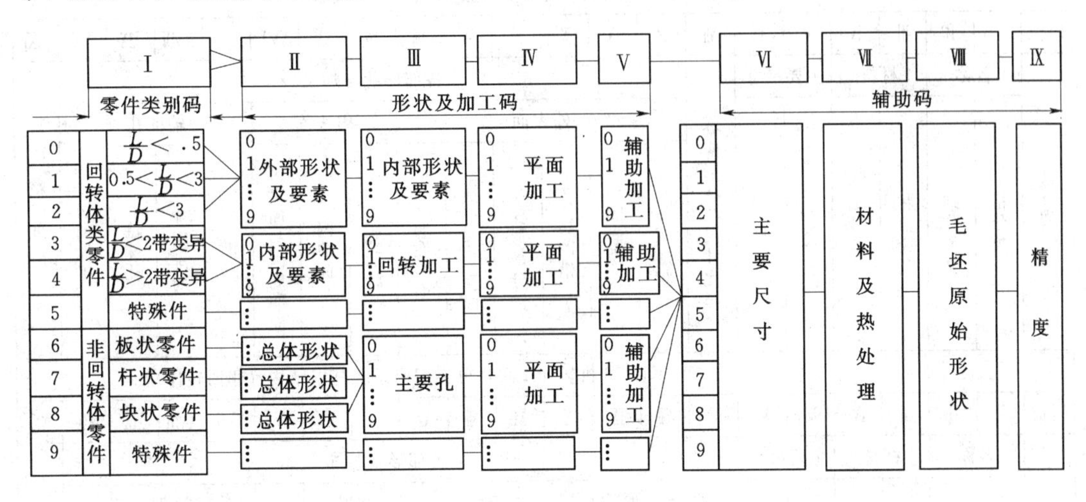


图 6.3　Opitz 编码系统

Opitz 系统的特点可以归纳如下：

1）系统的结构较简单，便于记忆和手工分类。

2）系统的分类标志虽然形式上偏重零件结构特征，但是实际上隐含着工艺信息。例如，零件的尺寸标志，既反映零件在结构上的大小，同时也反映零件在加工中所用的机应和工艺设备的规格大小。

3）虽然系统考虑了精度标志，但只用一位码来标识是不够充分的。

4）系统的分类标志尚欠严密和准确。

5）系统从总体结构上看，虽属简单，但从局结构看，则仍旧十分复杂。

（2）KK-3 系统。KK-3 系统是由日本通产省机械技术研究所提出的草案，并经日本机械振兴协会成组技术研究会下属的零件分类编码系统分会次讨论修改而成，是一个供大型企业使用的十进制 21 位代码的混合结构系统，其基本结构如图 6.4 所示。

KK-3 系统的特点如下：

1）在位码先且顺序安排上，基本上考虑到各部分形状加工顺序关系，它是一个结构、工艺并重的分类编码系统。

2）KK-3 系统前 7 位代码作为设计专用代码，这便于设计部门使用。

3）在分类标志配置和排列上，便于记忆和应用。

4）采用了按功能和名称作为分类标志，特别便于设计部门检索用。

5）系统的主要缺点是环节多，在某些环节上，零件出现率低，这意味着有些环节设置不当。

（3）JLBM-1 系统。JLBM-1 系统是我国原机械工业部为在机械加工中推行成组技术而开发的一种零件分编码系统，这个系统经过先后四次的修改，已于 1984 作为我国机械工业部的技术指导资料。

JLBM-1 系统的结构可以说是 Opitz 系统和 KK-3 系统的结合，它克服了 Opitz 系统分类标志不全和 KK-3 环节过多的缺点。它是一个十进制 15 位代码的混合结构分类编码系统，如图 6.5 所示。

KK－3 机械加工零件分类编码系统基本结构（回转体）

| 码位 | Ⅰ | Ⅱ | Ⅲ | Ⅳ | Ⅴ | Ⅵ | Ⅶ | Ⅷ | Ⅸ | Ⅹ | Ⅺ | Ⅻ | ⅩⅢ | ⅩⅣ | ⅩⅤ | ⅩⅥ | ⅩⅦ | ⅩⅧ | ⅩⅨ | ⅩⅩ | ⅩⅪ |
|---|---|---|---|---|---|---|---|---|---|---|---|---|---|---|---|---|---|---|---|---|---|
| 分类项目 | 名称 | | 材料 | | 主要尺寸 | | 外廓形状与尺寸比 | 各部形状与加工 | | | | | | | | | | | | | 精度 |
| | | | | | | | | 外表面 | | | | | | 内表面 | | | | 辅助孔 | | | |
| | 粗分类 | 细分类 | 粗分类 | 细分类 | L（长度） | D（直径） | | 外廓形状 | 同心螺纹 | 功能槽 | 异形部分 | 成形（平）面 | 周期性表面 | 内廓形状 | 内曲面 | 内平面与内周期面 | 端面 | 规则排列 | 特殊孔 | 非切削加工 | |

KK－3 机械加工零件分类编码系统基本结构（非回转体）

| 码位 | Ⅰ | Ⅱ | Ⅲ | Ⅳ | Ⅴ | Ⅵ | Ⅶ | Ⅷ | Ⅸ | Ⅹ | Ⅺ | Ⅻ | ⅩⅢ | ⅩⅣ | ⅩⅤ | ⅩⅥ | ⅩⅦ | ⅩⅧ | ⅩⅨ | ⅩⅩ | ⅩⅪ |
|---|---|---|---|---|---|---|---|---|---|---|---|---|---|---|---|---|---|---|---|---|---|
| 分类项目 | 名称 | | 材料 | | 主要尺寸 | | 外廓形状与尺寸比 | 各部形状与加工 | | | | | | | | | | | | | 精度 |
| | | | | | | | | 弯曲形状 | | 外表面 | | | | 主孔 | | | 辅助孔 | | | | |
| | 粗分类 | 细分类 | 粗分类 | 细分类 | A（长度） | B（直径） | | 弯曲方向 | 弯曲角度 | 外平面 | 外曲面 | 主成形表面 | 周期面与辅助成形面 | 方向与阶梯 | 螺纹与成形面 | 主孔以外的内表面 | 方向 | 形状 | 特殊孔 | 非切削加工 | |

图 6.4 KK－3 系统

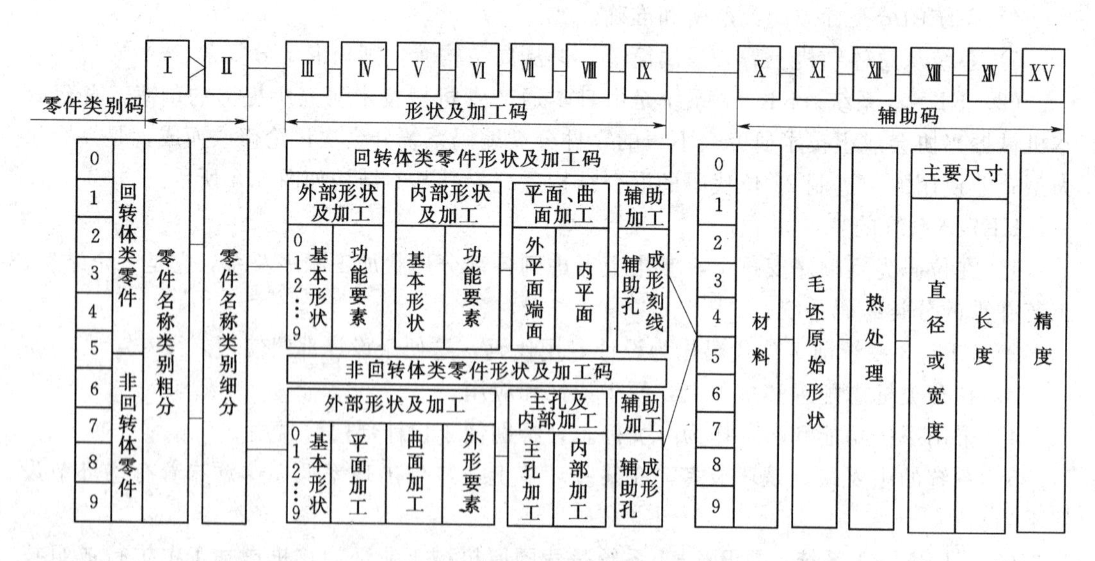

图 6.5 JLBM－1 系统的结构

将图 6.5 与图 6.3 做一对比，可看出 JLBM－1 系统的结构基本上和 Opitz 系统相似。为弥补 Opitz 系统的不足，把 Opitz 系统的开头加工码予以扩充，把 Opitz 系统的零件类别码改为零件功能名称码，把热处理标志从 Opitz 系统中的材料、热处理码中独立出来，主要尺寸码也由一个环节扩大为两个环节。因为系统采用了零件功能名称码，所以它也吸取了 KK－3 系统的特点。此外，扩充形状加工码的做法也和 KK－3 系统的想法相近。JLBM－1 系统还增加了形状加工的环节，因而比 Opitz 系统可以容纳较多的分类标外，还在系统的总体组成上要比 Opitz 系统简单，因此也易于使用。

（4）柔性编码系统。Opitz、KK－3、JLBM－1 等是属刚性分类编码系统，其最致命的缺点是不能完整、详尽地描述零件结构特征和工艺特征，所以柔性编码系统的概念和理论也应运而生了。柔性分类编码的概念是指分类编码系统横向码位长度可以根据描述对象的复杂程度而变化。

柔性编码系统既要克服刚性编码系统的缺点，又要继承刚性编码的优点，所以，零件的柔性编码结构模型为

柔性编码＝固定码＋柔性码

固定码用于描述零件的综合信息，如类别、总体尺寸、材料等；与传统编码系统相似，柔性码主要描述零件各部分详细信息，如形面的尺寸、精度、形位公差等。

固定码要充分体现传统 GT 编码简单明了、便于检索和识别的优点，因此宜选用码位不太长的传统分类编码系统；柔性码要能充分的描述零件详细信息，又不引起信息冗余。柔性编码系统在基于 GT 的 CAD/CAPP/CAM 集成系统中起着重要作用，图 6.6 是柔性代码作为特征造型 CAD 与 CAPP 直接通信的接口。

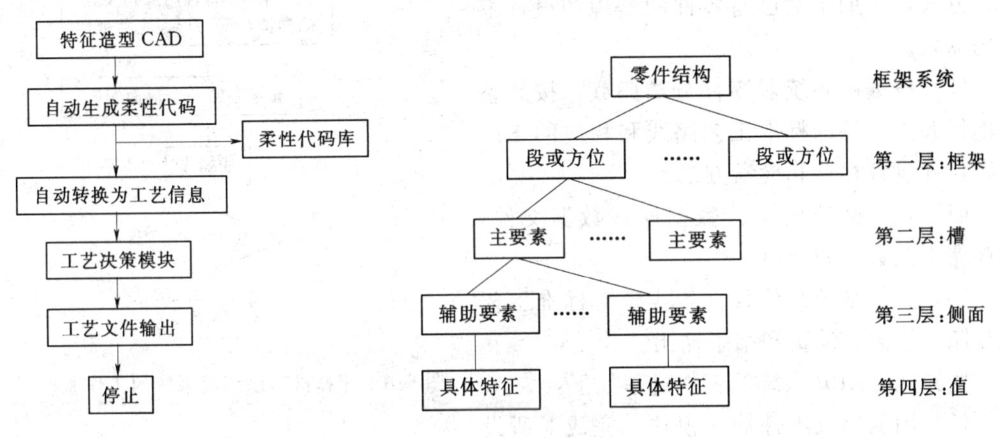


图 6.6　柔性代码、特征

图 6.7　二级形状码的基本结构

目前，柔性编码系统尚在研究之中，没有形成标准。下面以“863”研究成果“柔性、分层次结构的零件分类编码系统”作为示例，它的柔性码是面向形状特征的、框架式结构的二级形状码，其基本结构如图 6.7 所示。

它的编码顺序为深度优先，主要素用两位整数表示，辅助要素用大写英文母表示，具体特征用小写英文字母表示。

二级形状码采用框架结构，使编码形成一块整体知识。它侧重于从语义方面对形面的描述，没有描述形面的量值参数，而是必要时由人工补充输入信息（如尺寸、公差等）。

3. 计算机自动柔性编码系统

计算机自动柔性编码系统是用计算机自动地从目标框架中提取编码信息，经规则转换后形成代码，存于代码库中。该系统的工作原理图如图 6.8 所示。

该系统对零件目标框架的搜索顺序为深度优先搜索，实现时可把固定码分类编码系统和柔性码的主要编码，采用IF…THEN…的形式表示，形成编码规则，用C语言把编码规则写成函数的形式，再把这些函数存储于一个文件中，系统运行时，可以调用这些函数形成代码，如要变更编码规则，只需修改编码规则文件，然后再编译即可，而不需改动程度的其他地方。这样做的优点是程序实现比较容易，又给用户提供了修改编码规则的灵活性。

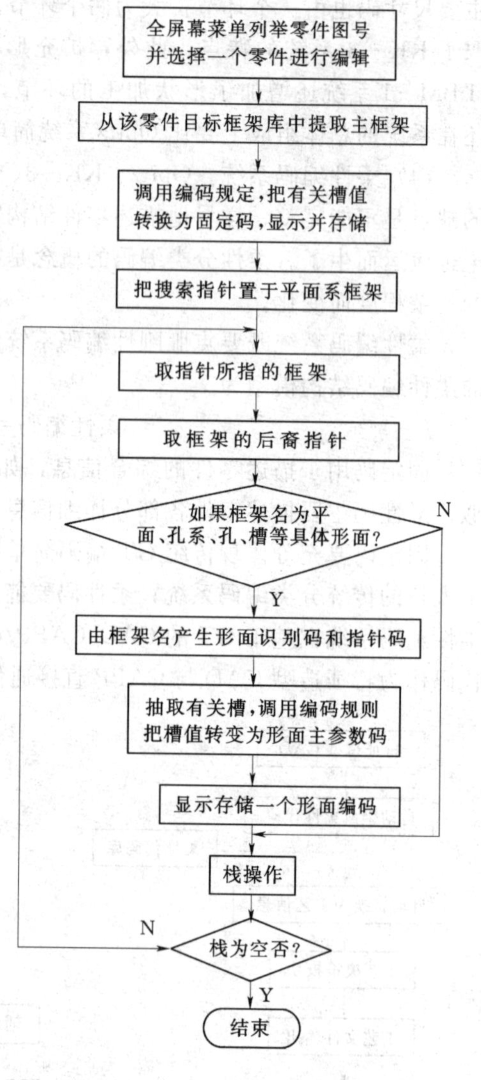

图6.8　计算机辅助编码系统的工作原理图

### 6.2.2　系统的开发和工作过程

开发一个变异式CAPP系统，一般要做以下几方面工作：

（1）根据产品的特点，选择合适的编码系统。可以选用标准编码系统，也可以根据零件的特点自己设计编码。

（2）制定计算机辅助编码系统或零件信息输入方式，以助于对已有零件的整理和设计零件的输入。

（3）按编码系统对零件分类归族，按族整理出每族主样件的标准工艺路线和相应的工序内容，并设计存储和检索方法。

（4）建立必要的工艺数据库或数据文件，以存储工艺数据和规范。

（5）进行系统总体设计，实现对标准工艺的存储、检索、编辑和结果输出。

变异式CAPP系统的工作过程如下：

（1）用编码及零件输入模块，完成对所设计零件的描述和输入。

（2）检索及判断新零件是否属于某零件族，如属于则调出，否则返回。

（3）对标准工艺进行删改，形成所设计零件的工艺规范。

（4）对设计结果存储和输出。

下面将简要地介绍一个变异式CAPP（CAM-1）的概况。

CAM-1的CAPP系统是以成组技术为基础的系统，分类和编码方法由用户决定，图6.9是该系统的流程图。待设计工艺的零件首先按选定的分类编码方法进行编码，并输入系统，系统利用零件的分类码来检索它应隶属的零件族。每个零件族都有自己固有的特征矩阵，当零件分类码与零件族矩阵文件中某一矩阵所反映的码域相符时，便被确认是该零件族的成员。据此便可调用该族零件的标准工艺，对标准工艺要求进行编辑，完成工艺设计。表6.1是供飞机中的精致轴套和隔套类零件加工采用的标准工艺，表中工序代码用

来表示工序加工内容所属的工种，如车、铣、刨、磨等，再加上因具体加工内容不同而设计的序号，如 01，02，…，99 等。例如表中车削-03 即为车削加工中的第三类工序，其具体内容如下：

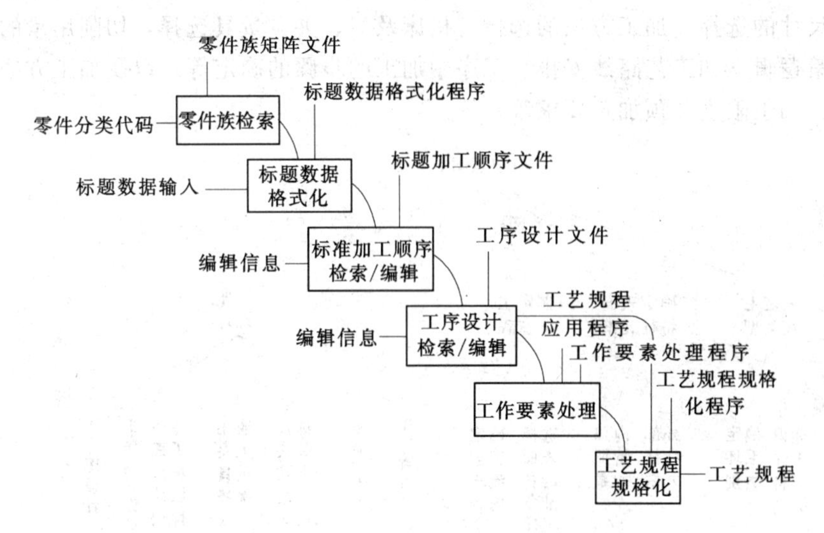


图 6.9　CAM-1 系统的流程图

表 6.1　　　　某 标 准 工 艺

| 工序序号 | 工序代码 | 内容简介 | 工序序号 | 工序代码 | 内容简介 |
|---|---|---|---|---|---|
| 010 | 锯断-01 | 按表头规定落料 | 070 | 防护-05 | 涂油防锈 |
| 020 | 标记-07 | 作金属标签 | 080 | 标记-07 | 标识金属标签 |
| 030 | 检验-06 | 检查标记 | 090 | 标记-01 | 标识包装袋与标签 |
| 040 | 车削-03 | 车 | 100 | 检验-05 | 检验硬度 |
| 050 | 外磨-02 | 磨外圆有关部分 | 110 | 检验-09 | 关键零件 100%检验 |
| 060 | 钳工-01 | 手工去毛刺 | 120 | 入库 | |

车削-03：车一端面→钻中心孔→钻孔→铰孔（或镗孔）→车外圆→倒角→去各部锐边→切断→调头车另一端面→倒角→去锐边。

工艺设计完成以后，再对每一工序有关的工艺参数进行选择和计算，如加工余量、切削用量等，就可按一定的格式输出工艺设计结果。

# 任务 6.3　创成式 CAPP 系统

创成式 CAPP 系统可以定义为一个能综合加工信息、自动地为一个新零件制定出工艺过程的系统。即根据具体零件，系统能自动产生零件所需要的各个工序和加工顺序，自动提取制造知识，自动完成机床选择、工具选择和加工过程的最优化；通过应用决策逻辑，可以模拟工艺设计人员的决策过程。

## 6.3.1　工艺决策

工艺设计是一项复杂的、多层次、多任务的决策过程（图 6.10），且工艺决策涉及的面较广，影响工艺决策的因素也比较多，实际应用中的不确定性也较大。国内的研究机构习惯把工艺决策分为加工方法决策和加工顺序决策，而国外把刀具轨迹、加工过程计算机模拟等也作为CAPP决策的一部分。通常，在工艺决策中包括选择性决策逻辑（如毛坯类型及其尺寸的选择，加工方法的选择，机床及工、夹、量具选择，切削用量的选择等）、规划型决策逻辑（如工艺路线安排、工序中加工的步骤的确定等）以及加工方法决策（如加工能力、加工限度、预加工要求等）等。

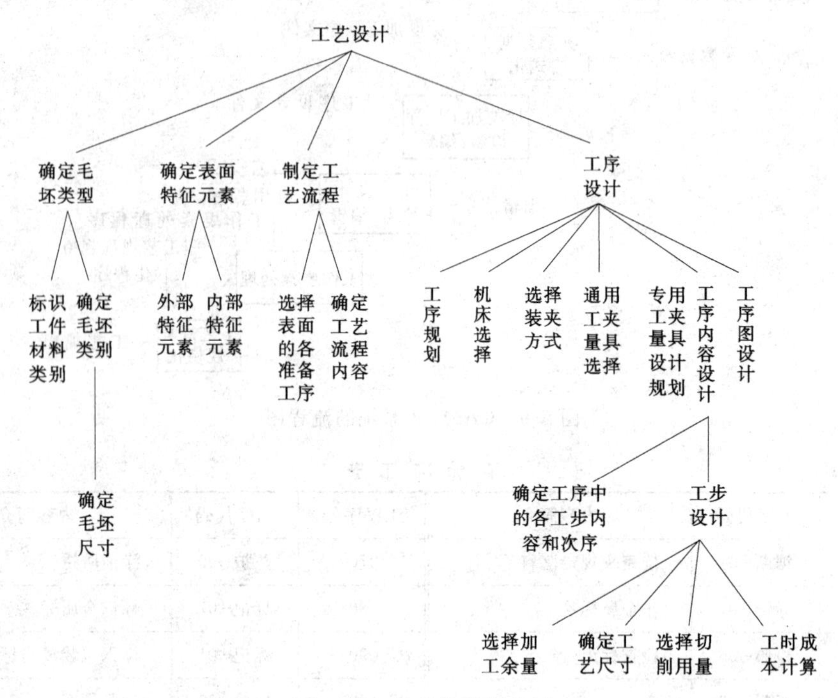

图 6.10 工艺设计任务树

1. 决策树或决策表

决策逻辑可以用来确定加工方法、所用设备、工艺顺序等各环节，通常用决策树（或称判定树）或决策表（或称判定表）来实现。

决策树和决策表是描述或规定条件与结果相关联的方法，即用来表示“如果〈条件〉那么〈动作〉”的决策关系。在决策树中，条件被放在树的分枝处，动作则放在各分枝的节点上。在决策表中，条件被放在表的上部，动作则放在表的下部，如图 6.11 所示。

| 条件项目 | 条件状态 |
|---|---|
| 决策项目 | 决策条件 |

图 6.11 决策表结构

如车削装夹方法选择，可能有以下的决策逻辑：

“如果工件的长径比＜4，则采用卡盘”；

“如果工件的长径比≥4，而且＜10，则采用卡盘＋尾顶尖”；

“如果工件的长径比≥10，则采用横尖＋跟刀架＋尾顶类”。

它可以用决策表或决策树表示，如图 6.12 所示。在决策表中，T表示条件为真，F表示条件为假，空格表示决策不受此条件影响。只有当满足所列全部条件时，才采取该列之动作。有用决策表表示的决策逻辑也能用决策树表示，反之亦然。而用决策表表示复杂的工程数据，或当满足多个条件而导致多个动作的场合更为合适。表 6.2 是某系统中机床选择的决策表。

| 工件长径比＜4 | T | F | F |
| --- | --- | --- | --- |
| 4＜工件长径比＜16 |  | T | F |
| 卡盘 | ✓ |  |  |
| 卡盘＋尾顶尖 |  | ✓ |  |
| 顶尖＋跟刀架＋尾顶尖 |  |  | ✓ |

(*a*)

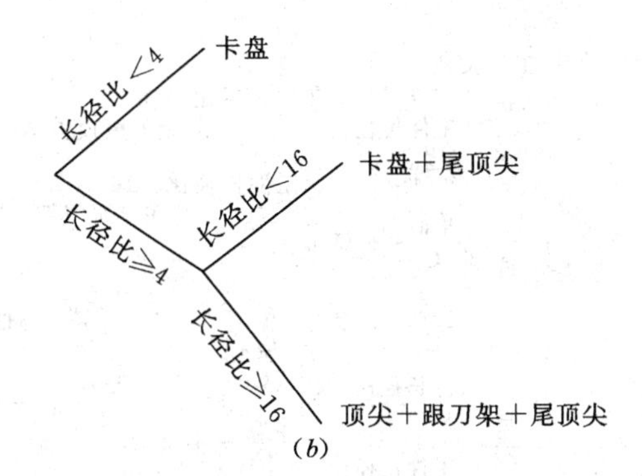


(*b*)

图 6.12 车削装夹方法选的决策表和决策树

**表 6.2** **机床选择的决策表**

| | | | | |
| --- | --- | --- | --- | --- |
| 条件 | 300＜工件长度＜50 | T | T | T |
| | 工件直径＜200 | T | T | |
| | 最大转速＜3000 | | T | T |
| | 公差＜0.01 | T | | |
| | 批量＞100 | | T | T |
| | 夹具 123 | | T | T |
| | 夹具 125 | | | T |
| 动作 | 机床 1001 | ✓ | | |
| | 机床 1002 | | ✓ | |
| | 机床 1003 | | | ✓ |

决策表或决策树是辅助形成决策的有效手段。由于决策规则必须包括所有可能性，所以在把它们用于工艺过程设计时，必须经过周密的研究后形成它。在设计一个决策表时，必须考虑其完整性、精确性、冗余度和一致性的问题。如图 6.13（*a*）中，当满足条件 2 时，将产生两种动作，即目标的多义性。图 6.13（*b*）中，当条件 1、2 都为真时，按准则 A 将导致动作 1，而按准则 C 将导致动作 2 和 3；条件 1、2 为真而条件 3 为假时也导致动作 1，这样由于规则的冗余和动作的不一致，导致决策的多义性与矛盾性。在制定好决策表或决策树后，就能将其转换为程序流程图。根据程序流程图，可以用“IF…THEN…”语句结构写成决策程序，每个条件语句之后，或者是一动作，可以用条件语句。图 6.14 所示是旋转体零件装夹方法的决策树及其对应的程序流程图。在程序流程图中，各菱形框中是决策条件，方框中表示的是对应其条件的动作。

| 条件 1 | T | | |
| --- | --- | --- | --- |
| 条件 2 | | T | |
| 条件 3 | | | T |
| 动作 1 | ✓ | | |
| 动作 2 | | ✓ | |
| 动作 3 | | ✓ | ✓ |

(*a*)

| 准则 | A | B | C |
| --- | --- | --- | --- |
| 条件 1 | T | T | T |
| 条件 2 | T | T | |
| 条件 3 | | F | |
| 动作 1 | ✓ | ✓ | |
| 动作 2 | | | ✓ |
| 动作 3 | | | ✓ |

(*b*)

图 6.13 决策表多义性与矛盾举例

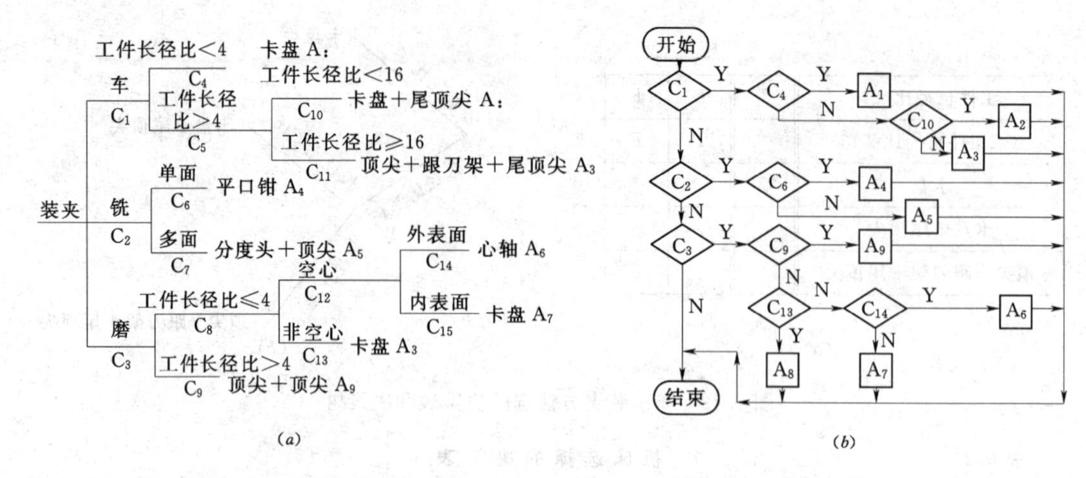


图 6.14　旋转体零件装夹方法的决策树及其对应的程序流程图

2. 基于知识系统的工艺决策

(1) 基于规则的工艺推理过程。工艺过程设计的目标是产生工艺过程，而同一零件可以采用不同的加工方法达到设计要求，因而同一零件的工艺过程可以不尽相同。因此工艺推理不宜采用目标驱动模式（反向推理策略），而适宜采用数据驱动模式（正向推理策略），即从零件的毛坯开始，此时工艺过程计算机模根据零件的基本信息及资源信息调用工艺决策知识逐步形成工艺过程，最终完成工艺设计任务。图 6.15 是工艺推理的基本过程。

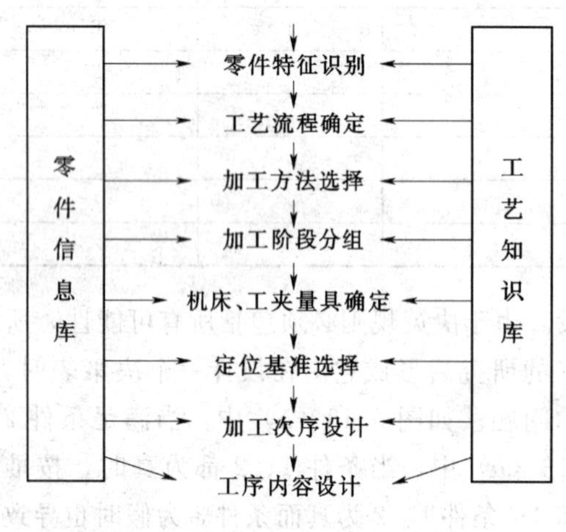


图 6.15　工艺推理的基本过程

(2) 基于框架的推理控制。根据工艺推理过程的特点，本节介绍一种面向加工表面对象的多级推理方式，一个框架表示一个加工表面对象，整个框架构成了完整的零件加工表面对象树。如图 6.16 所示的基于特征的零件信息框架就是一棵对象树，在推理过程中，系统自顶向下搜索，遍历每个节点。这种推理方式是以框架推理为主导，规则推理为核心，其他推理为辅的复合型推理模型，如图 6.17 所示。推理系统在工艺决策过程的控制下，驱动框架推理对每个框架进行识别和处理，并根据 IF－Needed 侧面随时调用规则推理和辅助推理，完成工艺设计及工艺决策等相关任务，生成零件的加工工艺信息链，其中每个节点用一个框架描述，以便生工艺卡、工序图及 NC 加工指令等时使用。

## 6.3.2　系统的开发和工作过程

由于工艺设计过程的复杂性，这种完全自动化的创成式系统是理想化的，很难实现。目前所开发出来的创成式系统实际上只是部分创成，即在系统中包含部分决策逻辑。随着计算机技术和人工智能领域研究成果的不断出现，将会促使完全创成式 CAPP 系统的早日出现。

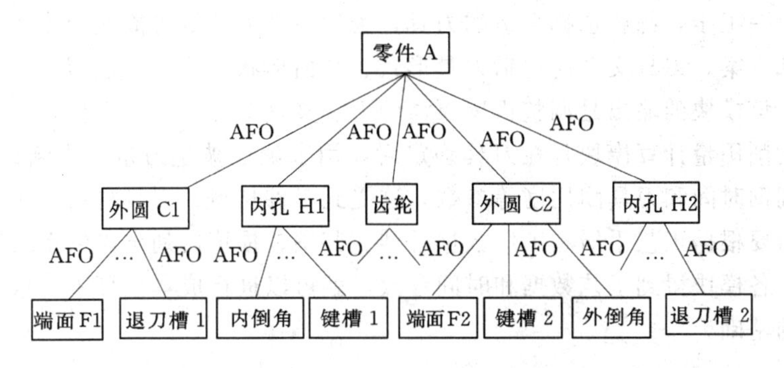


图6.16 基于特征的零件信息框架

建立创成式CAPP系统的工作步骤如下：

(1) 确定零件的建模方式。

(2) 确定CAPP系统获取零件信息的方式。

(3) 工艺分析和工艺知识总结。

(4) 确定和建立工艺决策模型。

(5) 建立工艺数据库。

(6) 系统主控模块设计。

(7) 人机接口设计。

(8) 文件管理和输出模块设计。

创成式CAPP系统的成败依赖于系统所获取的制造知识的情况，有效地收集、提取和表达工艺知识是实现创成式CAPP系统的关键。

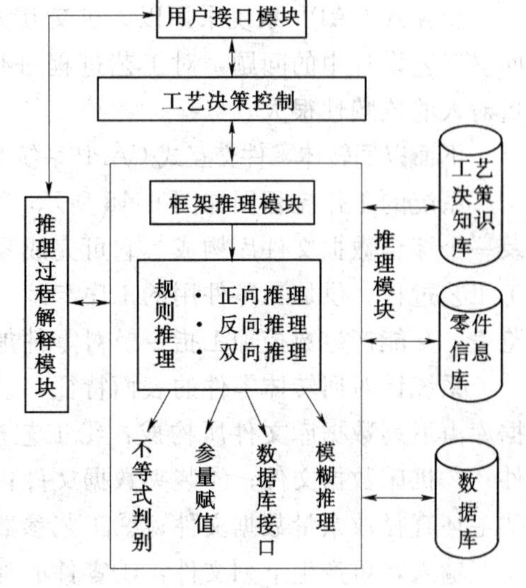


图6.17 基于框架的推理控制流程

毛坯选择模块完成确定机械加工余量、选择加工零件所用毛坯等功能，并输出一份物料需求文件，供材料管理和后续模块使用。

在确定加工方法和加工顺序模块中，用确定工艺方法的加工要素来描述被加工表面，为了得到零件的最终形状，需要一系统的加工方法和工艺，加工方法是根据零件的描述信息确定的，为制定出合理的工序，应整理出关于所加工零件的各种制造方法数据、加工工艺及其决策逻辑。本模块的输出是机械加工工艺文件，用于形成工艺过程，供生产调度使用。

机床选择与工艺方法的选择是相互关联的，每种加工方法及每台机床都应有一个说明其加工能力的文件，该文件应包括下列参数：

(1) 能加工的表面种类和尺寸。

(2) 切削参数及能力。

(3) 所用刀具种类和安装方法。

(4) 可达到的经济精度、表面粗糙度。

(5) 安装调整时间、加工时间及成本数据。

工具、夹具、量具选择模块的任务是正确选择刀具、夹和量具，为了减少刀具、夹具的更换和进刀时间，提高制造生产率，零件工艺过程中所用的刀具、夹具应尽量少。零件加工过程的每一工步，都要选择合适的刀具，为使一把刀具尽可能适用多个工步，需要考虑多种因素和方案。刀具文件应包括刀具形式、几何形状和角度、进刀方向、安装和优选顺序等信息，该模块的输出是调整机床所需的刀、夹具文件及量具文件。

时间和切削用量计算模块是在刀具确定后，用来确定被吃刀量、进给量、切削速度、加工时间、辅助时间和刀具耐用度等参数，这受到工件材料、刀具材料、工件及机床等参数的影响，需要根据工艺手册和工厂数据总结、归纳、提炼后列出以供系统选用。

根据以上各模块得到工艺数据和时间参数，就可以进行成本核算了，成本数据还是进行工艺优化的基础。

## 任务6.4 交互式CAPP系统

交互式CAPP系统采用以人机交互为主的工作方式，操作人员在系统的提示引导下，回答工艺设计中的问题，对工艺过程进行决策。因此这种CAPP系统工艺过程设计的质量对人的依赖性很大。

下面以回转体零件交互式CAPP系统为例来说明交互式CAPP系统的设计及其工作过程。

系统的工作流程图如图6.18所示，它由零件工艺设计模块、加工过程动态模拟模块及一个综合数据文件库构成。它可完成零件的工艺过程设计，输出供计划调度用零件的加工工艺过程，供加工零件用的工序卡片，零件加工工艺过程中使用的机床一览表和刀具一览表，并能产生数控加工指令及对零件加工过程进行动态模拟。

系统针对回转体零件的表面特征，设置了表6.3所示的工艺方法及其代码。系统的数据库由下列数据库文件所构成：①工艺规程所用各种名称数据文件；②加工方法数据文件；③机床数据文件；④装夹数据文件；⑤刀具数据文件；⑥毛坯长度放余量数据文件；⑦毛坯直径放余量数据文件；⑧工艺参数数据文件；⑨切削用量数据文件。系统通过人机交互输入，可产生下列文件：①零件的加工工艺过程；②零件的加工工艺工序卡；③零件加工工艺过程进行动态模拟的刀位文件及NC加工指令。

表6.3 回转体零件表面加工方法的代码意义

| 工艺方法 | 代码 | 工艺方法 | 代码 | 工艺方法 | 代码 | 工艺方法 | 代码 |
|---|---|---|---|---|---|---|---|
| 装夹 | 1 | 渗碳淬火 | 14 | 车外螺纹 | 27 | 粗磨外锥 | 43 |
| 重新装夹 | 2 | 渗碳 | 15 | 镗内螺纹 | 29 | 精磨外锥 | 44 |
| 检测 | 3 | 时效 | 16 | 攻螺纹 | 31 | 磨端面 | 45 |
| 卸料 | 4 | 粗车外圆 | 17 | 车外锥 | 32 | 磨槽 | 46 |
| 送料 | 5 | 精车外圆 | 18 | 镗内锥 | 33 | 磨外螺纹 | 47 |
| 抛光 | 6 | 钻中心孔 | 19 | 倒圆角 | 34 | 磨矩形花键 | 48 |
| 去毛刺 | 7 | 钻孔 | 20 | 倒角 | 35 | 磨联轴齿轮 | 49 |
| 正火 | 8 | 扩孔 | 21 | 车断 | 36 | 修整中心孔 | 50 |
| 退火 | 9 | 铰孔 | 22 | 车外槽 | 37 | 铣平键 | 51 |
| 调质 | 10 | 粗镗 | 23 | 车内槽 | 38 | 铣半圆键 | 52 |
| 淬火 | 11 | 精镗 | 24 | 成形 | 39 | 铣矩形花键 | 53 |
| 高频淬火 | 12 | 粗车平面 | 25 | 粗磨外圆 | 41 | 铣联轴齿轮 | 54 |
| 回火 | 13 | 精车平面 | 26 | 精磨外圆 | 42 | | |

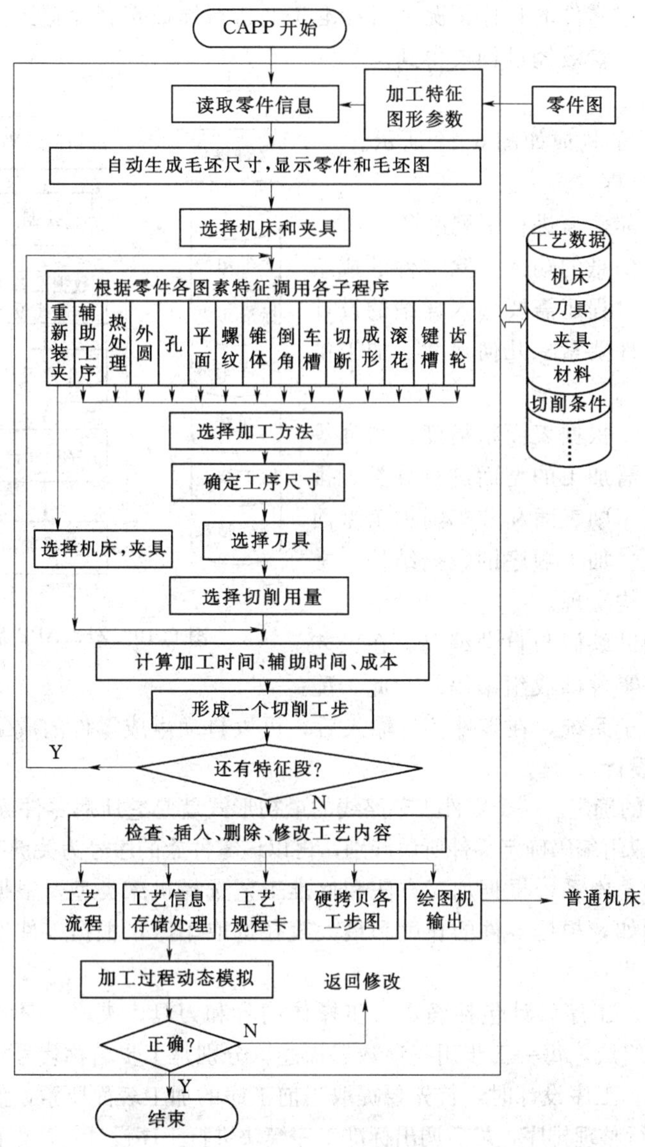


图 6.18　交互式 CAPP 系统的工作流程图

# 任务 6.5　半创成式 CAPP 系统

综合式 CAPP 系统也称为综合式综合式 CAPP 系统，它将变异式与创成式结合起来，即采取变异与自动决策相结合的工作方式。如需对一个新零件进行工艺设计时，先通过计算机检索它所属零件族的标准工艺，然后根据零件的具体情况，对标准工艺进行修改，工序设计则采用自动决策产生，这样较好地体现了变异与创成相结合的优点。下面以一个实例来加以介绍。

ZHCAPP 系统是以成组技术为基础，以单件、中小批量生产企业为应用对象，采用变异与自动决策相结合的工作方式，适用于回转体零件的综合式 CAPP 系统。它所用的编码系统为 JLBM－1。在设计工艺时，每个零件的工艺路线都是通过检索它所属零件族的标准工艺，再根据零件的具体情况，对标准工艺进行删改选择而得到；每一工序的内容则是根据零件的输入参数经过创成得到。

### 6.5.1 系统构成

ZHCAPP系统的构成如图6.19所示。

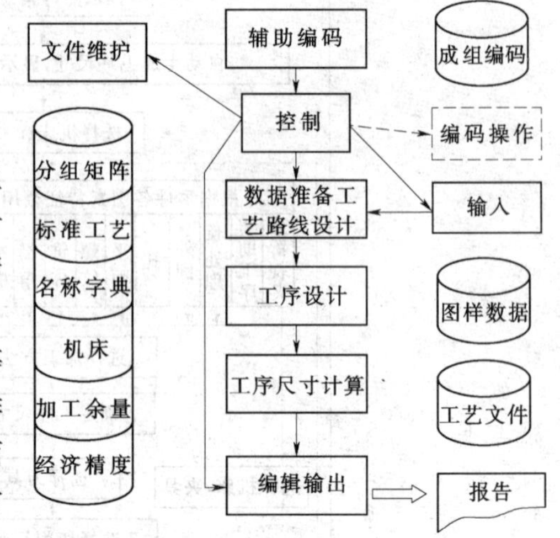

图6.19 ZHCAPP系统的构成

### 6.5.2 工艺设计过程

在工艺设计之前，需进行下列准备工作：

（1）零件设计信息的输入。除零件的成组编码外，工艺设计过程还需要输入详细的设计信息，包括形面特性要素、几何尺寸、加工精度、技术要求等。

（2）数据准备。根据表面粗糙度、精度等级和几何尺寸，对需加工的型面进行分类、排序，按磨削表面、车削表面和非车削加工型面构造表示型面位置、加工顺序的数据结构，常用指针或二叉树结构实现。

（3）计算机辅助编码与自动编码。在工艺设计前，必须确定零件的成组编码。为此，配置了一个自动编码子系统，在零件信息输入后，可以自动生成零件的成组编码。

### 6.5.3 工艺过程设计

（1）工艺路线的确定。一个零件工艺路线的最初形式就是它所属零件族的标准工艺路线，这可以通过零件的成组编码确定零件所属族别，再以该零件族的序号为关键字检索得到。

（2）机床选择。本系统根据加工方法和标准工艺选择机床类型，根据零件的尺寸参数选择机床型号。例如，根据零件的长度和最大直径选取车床，根据零件上待加工孔的最大直径选取钻床等。

（3）工序设计。工序设计包括确定工步操作内容和刀具、夹具、量具等。一个标准工序模块由许多工步组成，每一工步用三项数据描述，分别是工步名称代号、使用刀具类型代号和量具类型代号。工序设计时，首先要提取当前工序的加工表面要素，然后对它们按一定的工艺决策逻辑进行整理排序，最后调出标准工序模块进行工序设计，产生详细的工序内容。

### 6.5.4 工艺设计结果的编辑和输出

该系统的编辑输出模块具有下列五种功能：

（1）显示零件的工艺过程。

（2）对工艺过程进行编辑。

（3）存储编辑好的工艺过程。

（4）提取某零件的工艺过程。

（5）打印工艺过程。

## 任务6.6 智能化CAPP

### 6.6.1 工作过程

智能化CAPP，也称CAPP专家系统，它是将人工智能技术应用在CAPP系统中所形成

的专家系统。与创成式CAPP系统相比，虽然两者都可自动生成工艺规程，但创成式CAPP是以“逻辑算法＋决策表”为特征，而CAPP专家系统是以“推理＋知识”为特征。

CAPP专家系统组成如图6.20所示。工艺设计专家系统特征是知识库及推理机，其知识库由零件设计信息和表达工艺决策的规则集组成，而推理机是根据当前的事实，通过激活知识库的规则集，而得到工艺设计结果。系统各模块的功能如下：

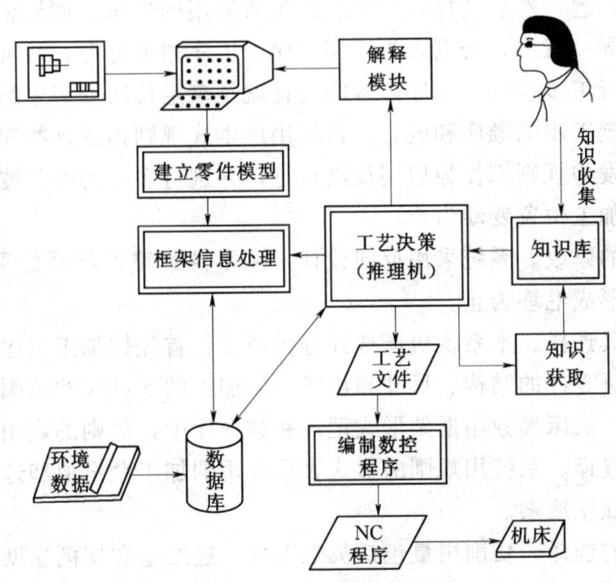


图6.20 CAPP专家系统组成

(1) 建立零件模型模块。采用人机对话方式收集和整理零件的工以框架形式表达。

(2) 框架信息处理处理模块。处理所有用框架描述的工艺知识，起到推理机与外部数据信息接口的作用。

(3) 工艺决策模块。即系统的推理机，它是根据当前事实，按照一定的推理策略进行推理得到可行解集，即冲突集，通过冲突消解而得到各种工艺决策。

(4) 知识库。用“产生式规则”表示的工艺决策知识集。

(5) 数控程序编制模块。产生数控指令。

(6) 解释模块。系统与用户的接口，解释各决策过程。

(7) 知识获取模块。通过向用户提问或通过系统不断应用，来不断地扩充和完善知识库。

系统根据输入的信息，利用知识库用户提问或通过系统不断应用，来不断地扩充和完善知识。

(1) 毛坯的选择。系统首先打开材料库文件，查找该零件牌号所属的材料类别，将材料类别名记录在数据库中。系统采用了反向设计，即从零件到毛坯的推理过程，因此，毛坯的具体尺寸是在系统运行到最后确定。

(2) 各表面最终加工方法的选择。系统采用反向设计，即首先确定能达到质量要求的各表面最终成形的加工方法，然后才确定其他工序，安排工艺路线等。图6.10为工艺设计的任务树图，图中将各表面终加工方法（加工链）选择分为三类：外部形面特征最终加工方法的确定、内部形面特征最终加工方法的确定的特征元素最终加工方法的确定。

(3) 工艺路线的确定。零件各表面的最终加工方法确定以后，就需要确定各表面加工的准备工序，以确定这些加工方法在工艺路线中的顺序和位置，即排定工艺路线。系统的加工路线制定是以加工阶段划分为依据的，这些加工阶段包含的内容是以规则表示的。

工艺路线的推理过程是按顺序搜索进行的，对于解决同一问题可启用的不同规则则是通过可信度大小决定取舍的。

（4）工序设计。系统将加工阶段中的加工内容划分成若干个安装过程，即一次安装可以加工的内容放在一起，然后选择每个安装加工所适用的机床。如果相邻加工所采用的机床一致，则划分为同一工序；否则，为不同工序。工序划分好后，就可以确定工序中各安装的装夹方法和进行工步设计。工序内容的设计就是确定每次安装中的各加工表面的加工顺序和内容以及确定工步的顺序和内容。系统用产生式规则描述这些知识和原则，在进行推理时，所有被触发的规则都作为启用规则执行，并进行多次的顺序搜索，直到一个搜索循环结束没有新的加工位置变动为止。

（5）零件模型的修改。系统采用反向设计，从零件最终形状开始不断修改零件模型，直到零件无须加工形成毛坯为止。

（6）机床和夹具选择。本系统机床选择分为两步：首先按加工工序的性质选择机床的类型，然后通过分析零件的结构、尺寸和机床允许加工的零件尺寸范围进行比较，最后选出合适的机床型号。机床参数用框架形式记录在数据库中，规则的调用是顺序搜索。

（7）加工余量选择。系统用规则的形式表示常用的加工余量值和选择该值的条件。规则的调用也是采用顺序搜索。

（8）切削用量的选择。切削用量包括被吃刀量、进给量和切削速度，其中被吃刀量可以通过零件加工余量、所选择机床的最大允许切深的零件的经济加工精度等因素确定，进给量和切削速度的选择是通过规则的推理来实现。

CAPP专家系统还处于发展初始阶段，还有很多问题有待于人们解决或提出更有效的方法，如工艺知识的获取和表示、工艺模糊知识的处理、工艺推理过程中自行解决冲突问题的最佳路径、自学习功能的实现等问题。随着人们对CAPP专家系统认识和实践的不断深入，相信这些问题将逐步得到解决。

### 6.6.2　CAPP专家系统开发工具

工艺设计专家系统不同于一般诊断型专家系统，是一个复杂的设计型专家系统。它要求除具有一般专家系统所具备的知识获取、表示推理求解策略外，尚需具有解决在工艺设计及决策中特殊知识的获取和描述，如零件信息（几何拓扑信息、工艺信息、检测信息、表面质量信息等）的获取和表示、加工资源信息（设备及工具、人员及技术水平等）的获取和表示，以及图形、NC加工指令、加工过程动态模拟的表示与生成。不借助专用生成工具，要想建立一个实用的工艺设计专家系统是需要花费大量的人力、物力及需较长的开发周期。随着专家系统在机械制造生产过程中的广泛应用，CAPP专家系统需求日益加大。为了缩短专家系统开发周期，国内外研制了多种类型的专家系统开发工具，从不同的层次、不同角度解决专家系统中的共性问题，如知识表达方式、知识获取、知识检验、知识求解和推理解释等，使开发者把主要精力集中在知识选取和整理方面，建立相应的知识库，较少地考虑甚至不考虑专家系统中的其他问题。

1. 专家系统开发工具的类型

从功能方面来分，目前的专家系统开发工具可分为三类，即骨架型、通用型和辅助型

工具系统。

（1）骨架型工具。这类工具是从被实践证明了有实用价值的专家系统中，抽出了实际领域的知识背景并保留了系统中推理机的结构而形成的一类工具。这类工具由于知识描述的方式以及推理机制和控制策略均保留不变，实时应变能力差。因为针对性太强、适应性差，故推广应用受到较大的局限性，如MYCIN、EXPERT和PC等就属于这类工具。

（2）通用型工具。这一类工具是根据专家系统的不同应用领域和人工智能活动的特征研制出来的、适用开发多种类型专家系统的开发工具。如M.1、LS.1、PCEST、Prolog、OPS-5等属于这类工具，它实际上可以认为是语言环境。其缺点是领域专家不易使用，也不易掌握其程序设计技巧。使用这类开发工具研制实用化、商品化的专家系统时，特别是针对某个具体的应用领域时，需要知识工程师和领域专家密切配合、要做大量的二次开发工作。

（3）辅助型工具。它是介于前面两类工具之间的工具，它是根据专家系统基本结构中的开发机、推理机和人机界面这三部分的逻辑功能而设计的工具系统。如ADVISE、AGE和RULEMASTER等就属于这类工具。

2. 工艺设计专家系统开发工具的组成

一般来说，典型的工艺设计专家系统开发工具应该包括以下几个方面的内容：①知识库开发和管理工具；②零件信息获取工具；③推理机构；④解释机构；⑤工艺规程（工序卡、工序图、工步卡）生成工具；⑥设备及工夹量具库管理工具；⑦数控加工指令生成器；⑧加工过程仿真工具。

这些工具作为构成专家系统构件库中的一个构件可以独立地完成其逻辑功能，但作为一个整体，它们之间又是有关联的，因而统一的信息模型是极为重要的，它们在统一和协调后才能成为一个整体的开发平台或开发环境。

（1）知识库开发和管理工具。该工具的任务是帮助用户选取知识，完成建立知识库，对知识的静态一致性和冗余度检验，以及对知识库进行管理。知识的获取是一项极其复杂的工作，是开发专家系统的瓶颈。它的基本功能应能提供适用于开发和描述工艺（包括工序及工步）的决策知识、资源信息、零件描述信息、工艺参数优化运算和工艺设计规范数据、表格等功能模块和表达方式，形成不同类型和不同层次的知识集（或知识库）。适用于工艺设计方面的知识表达方式有框架、产生式规则、过程、事实模型、模糊模型和数据库等。

（2）零件信息获取工具。零件信息的获取和描述是工艺设计专家系统中很重要的一个环节，必须满足在集成制造系统中，直接从CAD模块形成的产品数据模型中获取信息，又能作为独立模块，对零件信息进行描述，供工艺设计时使用。零件信息应该包括几何拓扑信息、工艺及检测信息（形面特征及其关联信息、加工精度信息及形位误差信息、表面质量）及组织信息等。为了能够准确快速而无误地描述零件信息，以面向对象的技术，根据零件的特征对零件进行分类，按类别提供相应源框架，在对零件描述时生成目标框架，供各类CAPP系统使用。根据实际情况，系统应提供常用的旋转体零件信息生成器、箱体零件信息生成器和板杆类零件信息生成器。这类知识的表达选用框架模型较为适合。

（3）设备及工具、夹具、量具管理工具。应提供各类设备和工具、夹具、量具的数据库及其管理系统，其功能有：库内容的增、删、修改和检索，方便有效地修改各类设备和工具、夹具、量具及其参数。对不同的具体单位，用户借用该工具可方便地建立起本单位的设备库和工具、夹具、量具库，以便工艺决策和生产调度使用。

（4）推理机。工艺设计是经验性很强、非精确性的决策过程，其中包括毛坯类型及其尺寸、形面加工链、工序和工步决策及工艺路线的生成等等。为有效地进行决策，其推理机应以更灵活地控制策略和多种推理方式相结合的形式进行推理。它具有：①以元知识为核心的控制策略，使得控制策略非常灵活；②模糊推理控制策略；③正向推理控制策略；④反向推理控制策略；⑤双向推理（混合推理）控制策略。

（5）解释机。对工艺设计各阶段行为的决策作出明确的解释，以用户易于接受的形式说明必要的推理过程，回答产生结论的理由，并能帮助用户查找系统产生错误结论的原因，帮助用户建立系统、调试系统，而且可以对缺乏领域知识的用户起到传授知识的作用。

（6）工艺过程生成工具。经过推理机求解后产生出来的工艺设计信息，作为中间结果存在系统中，以便用户形成特定格式要求的工序卡、工序图和工步卡。该工具提供的功能有：

1）识别推理机产生的中间结果信息。

2）提供工艺卡表格设计功能，自动或交互式生成标准或非标准工艺文件格式，并将推理得到的结论填入表中，产生适用于本单的工艺卡。

3）提供工序图生成模块，按不同类型的零件，用相应的方式表示和生成工序图。

4）工艺卡和工序图输出模块，它具有工艺卡文字说明及工序图在一张卡中或分别在不同卡上的打印及绘制功能。

（7）数控加工指令生成器。随着数控加工设备的广泛应用，数控指令的编制也越来越受到重视，特别是在集成制造系统中，数控指令的自动生成是不可缺少的部分，其功能有：

1）根据工步决策能自动生成NC加工控制指令。

2）NC加工指令必须适应于常用的NC系统，对于某种机床的特殊要求，必须提供较方便的维护手段，以适应其需要。

3）为加工过程动态模拟提供必要的数据。

4）对已有的NC加工控制指令进行语义、语法检查，并对其加工过程进行动态模拟，以检验该加工指令的正确性。

（8）加工过程仿真系统。加工过程仿真是一项十分重要的工作，通过仿真，可以检查零件的加工过程中可能存在的不合理现象和可能出现的干涉和碰撞现象，并用图形方式结合工艺参数显示，形象直观地仿真零件的加工过程。

3. 工艺设计专家系统的生成策略

基本出发点是根据机械加工工艺过程设计的特点和领域专家的要求，提供面向生成实用专家系统的“构件库”，由用户根据本企业的生产条件和资源，选择相应的功能模块，可构成自己的工具。在使用该工具建立和开发专家系统时，用户只需要整理出工艺知识和零件信息等，并建立相应的知识库，而无需考虑知识的求解、工艺结果和NC数控指令的生成等问题，可大幅度地提高开发效率，使用该工具建立专家系统的主要步骤是：

（1）根据加工对象，并应用成组技术对现行工艺进行总结、提炼，形成专家系统的知识文本，然后使用建库模块生成规则和知识库。

（2）针对具体的零件，使用专用零件信息生成器建立其信息库。

（3）系统调试。借助推理、推理解释对已有的知识进行调试，进一步完善和精炼工艺知识库。

（4）生成专家系统产品。

## 任务 6.7 计算机辅助夹具设计

工装设计内容较多，包含刀具、夹量、量具设计，为节省篇幅起见，这里只对计算机辅助夹具设计作一简单介绍。传统的夹具设计一般包含下列内容：

（1）明确设计任务要求，收集、研究分析与其有关的原始资料。

（2）确定夹具结构方案，绘制结构草图，其工作有：

1）确定零件的定位方式，选择或设计定位元件，计算定位误差。

2）确定零件的夹紧方法，选择或设计夹紧机构，计算夹紧力。

3）确定其他辅助装置（如分度装置，工件换出装置等）的结构形式。

4）确定夹具体的结构形式，保证有足够的刚度、强度及动态特性，必要时，可进行有限元分析。

（3）绘制平具总图及标注装配图上必须标注的尺寸。

（4）编制零件明细表。

（5）绘制非标准零件图。

从上述过程可以看到，建立一个完善的夹具 CAD 系统，必须具有丰富的元件图库、方便使用的装置设计环境及系统的信息传递及控制机制，下面简单介绍这三方面问题。

### 6.7.1 标准件库

在夹具设计中需要用大量的标准元件，标准件库及其管理系统的建立为夹具设计人员提供一个快速准确查询、绘制标准件的工具，使用户能方便地查出所需的元件及其图形，减少设计人员大量烦琐劳动。

标准件库的设计应针对最终用户，它要具有以下功能：

（1）内容全面。通常应包括国标规定的各种螺栓、螺母、垫片、轴承标准件及夹具设计专用的元件，如定位元件，夹紧元件等。

（2）可完全摆脱设计手册。手册上的标准数据要全部录入到标准件库中。

（3）对有些标准件，既允许采用国际数据，又应允许使用自定义数据。

（4）标准件的位置和方向应允许动态调整。

（5）对不同线型应分层或分颜色绘制，以便于绘图机输出。

从技术的角度看，标准件库应具有以下特点：

（1）具有模块化分层结构。每种类型的标准件都应具有基本输入模块、数据检索模块和图形绘制模块。

（2）具有独立的数据结构。数据应独立于程序，在管理方式上采用数据库、数据文件和内存变量等多种方法。

（3）图元参数化。一般情况下，不应把图元做成 BLOCK 类，而应做成参数化的绘图程序。

（4）资源的开放性。不同类型的标准件在标准件库中处于平行地位，应允许卸掉不同的标准件子库或装入其他的标准件子库。

（5）界面形象直观。操作界面应使用对话框，做到图文并茂，用户在众多的标准件库中准确快速地挑选出自己所希望的结果。

（6）函数化。在不同种类的标准件或同一种类但不同规格的标准件中，往往具有许多相同或相似的功能，如选择集操作、对话框常用栏目的处理、绘图环境的设置等，都应使用通用函数的形式来完成。

根据以上原则，所开发的标准件库的具体内容如图6.21所示。

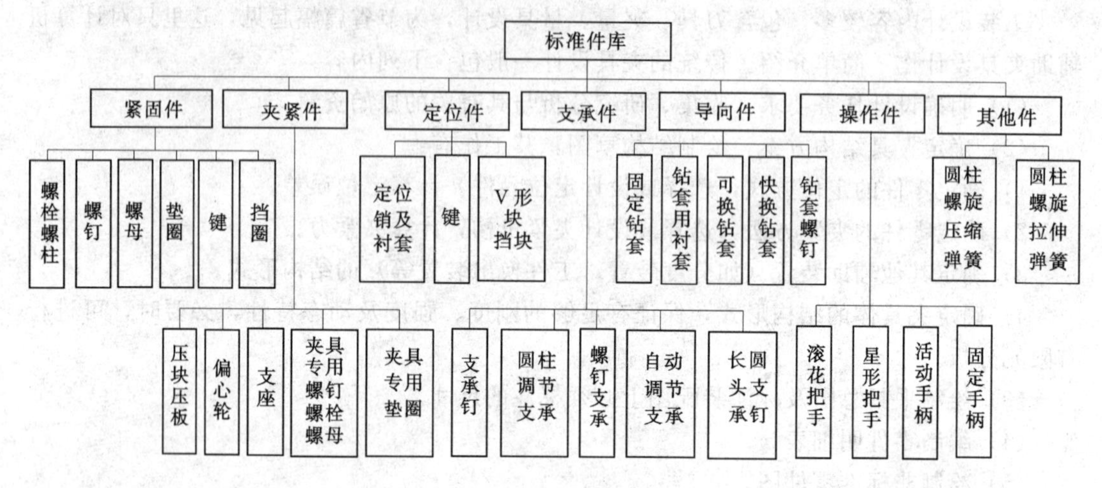


图6.21 标准件库的内容

### 6.7.2 开发标准件库方法

（1）标准件库的结构。标准件库中的元素（标准件）是分层次在库中存放的。有两大结构层：第一结构层和第二结构层。在第一结构层内，固紧件、夹紧件、定位件、支承件等在软件结构上是平行的，分属于不同的标准件子库，相互之间在结构形式上无太多的共性可言，因此在开发软件时，可分别进行编程。

在第一结构层上，各标准件子库的设计过程和方法基本一样。所以，有关标准件库的开发方法的讨论，实质上就是针对某一具体子库（如螺栓库）开发方法的研究，即第二结构层的设计方法问题。

在第二结构层上，各个元素（型号）这间也是相互平行。可将每个元素分别按模块设计，如果两个（或多个）元素的结构形式大体相同，也可以将这两个（或多个）元素集中到一个大模块内进行设计。为了方便管理及有效利用通用函数，可将一个子库中的各元素集中到一个程序。在这个程序中，安排一个主控函数，主控函数利用对话框，对话框可以使用文字或图标说明。对话框对这些元件进行调用，这时可进入数据库系统查询各参数，该能数可自动传递给该文件的参数化绘图模块，可自动地绘制出所需的图形。

（2）模块的划分。在设计某一具体的元素（型号）时，一般是划分成基本输入模块、数据处理模块和绘图模块分别编程，三个模块相对独立，相互之间的数据是通过各模块的输入输出参数传递的。只要参数的个数、类型和作用不变，模块内部的修改不会影响其他模块，维护和扩充都比较方便。

（3）数据管理系统与数据处理模块。设计标准件库中，含有大量的数据，这些数据大多是彼此间没有函数关系的离散量，必须有专门的数据管理系统。数据处理模块主要负责数据检索及数据加工，数据加工的目的是为了检查数据的准确性，为下一步绘图模块提供有用的数据，如果通过数据加工发现输入的数据有错，则要返回到数据输入模块，并带回

错误信息。

### 6.7.3　装配图设计环境

装配图设计环境为设计人员提供一个进行创造性劳动的设计场所，可以帮助设计人员从重复而烦琐的绘图困扰中解脱出来。通常为建立装配图设计环境，可选择一个图形支撑系统，进行二次再开发。前面所建立的标准元件库，在它运行时可直接运用，能够绘制零件图及完成从零件组装成夹具装配图，装配图设计为保证实现夹具设计的目的，必须有以下的功能：

（1）能够直接操作标准元件库。

（2）能从零件图形成装配图。

（3）能从装配图拆成零件图。

（4）能实现装配图上的零件自动编号。

（5）能生成零件明细表，并产生外购件表、自制件表、外协件表及材料清单。

（6）能对夹具设计图进行管理。

### 6.7.4　夹具计算机辅助设计工作流程

夹具设计的工作流程如图6.22所示，它体现了系统的控制机制。系统设计一个主控程序，控制执行夹具设计的工作流程，每个模块之间都事先设计好接口，保证其信息传递及响应。主控程序按人机协同完成操作。

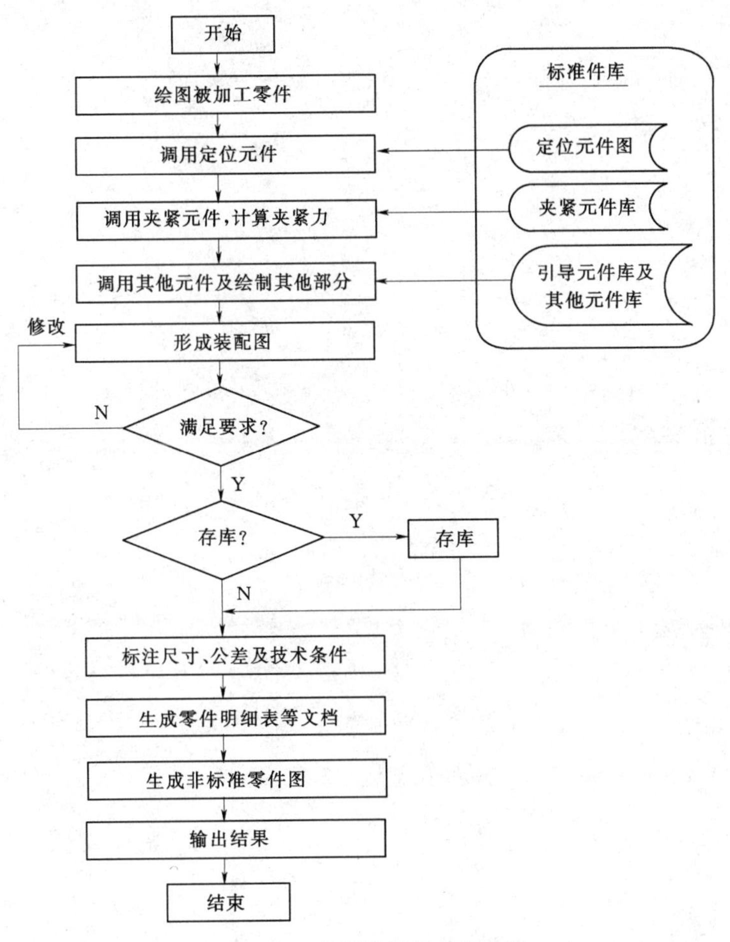


图6.22　夹具设计的工作流程

## 思　考　题

1. CAPP的基本概念是什么？谈谈采用CAPP的意义。
2. CAPP的结构组成包括哪些？
3. CAPP的基本技术有哪些？
4. 成组技术的基本概念是什么？
5. 零件编码系统有哪几种基本编码结构？
6. 何为决策表和决策树？
7. CAPP的技术类型有哪几种？分别描述它们的基本原理。
8. 传统的夹具设计一般包含哪些内容？
9. 简述计算机辅助夹具设计开发标准件库方法。

# 项目7　计算机辅助制造技术（CAM）

## 任务7.1　数控加工工艺基础

合理确定数控加工工艺对实现优质、高效和经济的数控加工具有极为重要的作用。其内容主要包括选择合适的机床、刀具、夹具、走刀路线及切削用量等，只有选择合适的工艺参数及切削策略才能获得较理想的加工效果。

从加工的角度看，数控加工技术主要是围绕加工方法和加工参数的合理确定及其实现的理论与技术。数控加工通过计算机控制刀具做精确的切削加工运动，是完全建立在复杂的数值运算之上的，它能实现传统的机加工无法实现的合理的、完整的工艺规划。

### 7.1.1　数控加工工艺概述

1. 数控加工工艺的基本特点

（1）内容十分明确而具体。

（2）工艺工作要求相当准确而严密。

（3）采用多坐标联动自动控制加工复杂表面。

（4）采用先进的工艺装备。

（5）采用工序集中。

2. 数控加工工艺的主要内容

（1）选择适合在数控机床上加工的零件，确定工序内容。

（2）对零件图样进行数控加工工艺分析，明确加工内容及技术要求。

（3）确定零件的加工方案，制定数控加工工艺路线。如划分工序、安排加工顺序以及处理与非数控加工工序的衔接等。

（4）加工工序的设计。如选取零件的定位基准、夹具方案的确定、划分工步、选取刀具和确定切削用量等。

（5）数控加工程序的调整。选取对刀点和换刀点，确定刀具补偿，确定加工路线。

（6）分配数控加工中的容差。

（7）处理数控机床上的部分工艺指令。

### 7.1.2　数控加工工艺分析与设计

数控加工工艺的实质，就是在分析零件精度和表面粗糙度的基础上，对数控加工的加工方法、装夹方式、刀具使用、切削进给路线及切削用量等工艺内容进行正确和合理的选择。

1. 机床的合理选择

数控机床最适合加工的零件有：

（1）多品种、小批量生产的零件或新产品试制中的零件。

（2）轮廓形状复杂或对加工精度要求较高的零件。

（3）用普通机床加工时需用昂贵工艺装备（工具、夹具和模具）的零件。

（4）需要多次改型的零件。

（5）价值昂贵、加工中不允许报废的关键零件。

（6）需要最短生产周期的急需零件。

2. 数控加工零件的工艺性分析

（1）零件的工艺性分析。

1）产品的零件图和装配图分析。零件图的完整性与正确性分析，零件技术要求分析，尺寸标注方法分析，零件材料分析。

2）零件的结构工艺性分析。人们把零件在满足使用要求的前提下所具有的制造可行性和加工经济性称为零件的结构工艺性。

（2）毛坯的确定。

1）毛坯种类。毛坯种类有铸件、锻件、型材、焊接件等。

2）毛坯的制造方法。

3. 定位基准的选择

机加工的第一道工序中，只能用毛坯上未加工过的表面作定位基准，称为粗基准。在随后的工序中，用加工过的表面作定位基准，称为精基准。

（1）精基准的选择原则。精基准的选择主要应考虑如何减少加工误差、保证加工精度（特别是加工表面的相互位置精度）以及实现工件装夹的方便、可靠与准确。其选择应遵循以下原则：

1）基准重合原则。即直接选择加工表面的设计基准为定位基准，称为基准重合原则。采用基准重合原则可以避免由定位基准与设计基准不重合而引起的定位误差（称为基准不重合误差）。

2）基准统一原则。在加工各表面时尽可能使用同一组定位基准为精基准，称为基准统一原则。这样既可保证各加工表面间的相互位置精度，避免或减少因基准转换而引起的误差，而且简化了夹具的设计与制造工作，降低了成本，缩短了生产准备周期。

3）互为基准原则。当两个加工各表面相互位置精度及其尺寸与形状精度都较高时，或为使加工表面具有小而均匀的加工余量，可采取两个加工表面互为基准反复加工的方法，称为互为基准反复加工原则。

4）自为基准原则。某些要求加工余量小而均匀的精加工或光整加工工序，选择加工表面本身作为定位基准，称为自为基准原则。

5）便于装夹原则。所选精基准应能保证工件定位准确稳定，装夹方便可靠，夹具结构简单适用，操作方便灵活。同时，定位基准应有足够大的接触面积，以承受较大的切削力。因此，精基准应选择尺寸精度、形状精度较高而表面粗糙度值较小、面积较大的表面。

（2）粗基准的选择原则。粗基准的选择主要影响不加工表面与加工表面之间的相互位置精度，以及加工表面的余量分配：

1）相互位置要求原则。若工件必须首先保证加工表面与不加工表面之间的位置要求，则应选不加工表面为粗基准，以达到壁厚均匀，外形对称等要求。若有好几个不加工表面，则粗基准应选取位置精度要求较高者。

2）加工余量合理分配原则。若工件上每个表面都要加工，则应以余量最小的表面作

为粗基准，以保证各加工表面有足够的加工余量。

3）重要表面原则。为保证重要表面的加工余量均匀，应选择重要加工面为粗基准。

4）不重复使用原则。粗基准未经加工，表面比较粗糙且精度低，二次安装时，其在机床上（或夹具中）的实际位置可能与第一次安装时不一样，从而产生定位误差，导致相应加工表面出现较大的位置误差。因此，粗基准一般不应重复使用。

5）便于工件装夹原则。作为粗基准的表面，应尽量平整光滑，没有飞边、冒口、浇口或其他缺陷，以便使工件定位准确、夹紧可靠。

4. 加工方法的选择与加工方案的确定

（1）加工方法的选择。加工方法的选择要同时保证加工精度和表面粗糙度的要求。获得同一级精度和表面粗糙度的加工方法很多，要结合零件的形状、尺寸的大小和热处理等具体要求来考虑。常用加工方法的经济加工精度与表面粗糙度可查阅有关工艺手册。

（2）确定加工方案的原则。零件上精度要求较高的表面，要根据质量要求、机床情况和毛坯条件来确定最终加工方案。

零件上精度要求较高的表面，常常是经过粗加工、半精加工和精加工逐步达到。

5. 工序与工步的划分

（1）工序的划分。在数控机床上加工的零件按工序集中原则划分工序的方法：

1）以零件的装夹定位方式划分工序。

2）按粗、精加工划分工序。

3）按所用刀具划分工序。

4）按加工部位划分工序。

（2）工步的划分。零件上精度要求较高的表面，要根据质量要求、机床情况和毛坯条件来确定最终加工方案。零件上精度要求较高的表面，常常是经过粗加工、半精加工和精加工逐步达到。

6. 加工顺序的安排

（1）切削加工顺序的安排原则。

1）基面先行原则。加工一开始，总是先把精基面加工出来，因为定位基准的表面越精确，装夹误差就越小，所以任何零件的加工过程，总是首先对定位基准面进行粗加工和半精加工，必要时还要进行精加工。如果精基面不止一个，按照基面转换的顺序和逐步提高加工精度的原则来安排基面和主要表面的加工。

2）先粗后精原则。各个表面的加工顺序按照粗加工—半精加工—精加工—光整加工的顺序依次进行，这样才能逐步提高加工表面的精度和减小表面粗糙度。

3）先主后次原则。零件上的工作表面及装配面属于主要表面，应先加工，从而能及早发现毛坯中主要表面可能出现的缺陷。自由表面、键槽、紧固用的螺孔和光孔等表面，属于次要表面，可穿插进行，一般安排在主要表面加工达到一定精度后、最终精加工之前进行。

4）先面后孔原则。对于箱体、支架和机体类零件，平面轮廓尺寸较大，一般先加工平面，后加工孔和其他尺寸。

5）先内后外原则。即先进行内形内腔加工工序，后进行外形加工工序。

（2）热处理工序的安排。

1）预备热处理。安排在机械加工之前，以改善材料的切削性能及消除内应力为主要目的。常用的方法有退火、正火和调质。

2）去除内应力热处理。主要是消除毛坯制造或工件加工过程中产生的残余应力。一般安排在粗加工之后，精加工之前，常用的方法有人工时效、退火等。

3）最终热处理。以达到图样规定的零件的强度、硬度和耐磨性为主要目的，常用的方法有表面淬火、渗碳、渗氮和调质、淬火等应安排在半精加工之后，磨削加工之前。渗氮处理可以放在半精磨之后，精磨之前。

另外，对于床身、立柱等铸件，常在粗加工前及粗加工后进行自然时效，以消除内应力。

（3）辅助工序的安排。辅助工序的种类很多，如检验、去毛刺、倒棱边、去磁、清洗、动平衡、涂防锈漆和包装等。辅助工序也是保证产品质量所必要的工序，若缺少了辅助工序或辅助工序要求不严，将给装配工作带来困难，甚至使机器不能使用。其中检验工序是主要的辅助工序，它是监控产品质量的主要措施，除在每道工序的进行中操作者都必须自行检查外，还须在下列情况下安排单独的检验工序：

1）粗加工阶段结束之后。

2）重要工序之后。

3）零件从一个车间转到另一个车间时。

4）特种性能（磁力擦伤、密封性等）检验之前。

5）零件全部加工结束之后。

7. 工件的装夹方式

（1）工件的定位与夹紧方案的确定。

1）力求设计基准、工艺基准与编程计算的基准统一。

2）尽量减少装夹次数，尽可能在一次定位装夹后就能加工出全部或大部分待加工表面，以减少装夹误差，提高加工表面之间的相互位置精度。

3）避免采用占机人工调整式方案，以免占机时间太多，影响加工效率。

（2）夹具的选择。数控加工的特点对夹具提出了两个基本要求；一是要保证夹具的坐标方向与机床的坐标方向相对固定；二是要能协调零件与机床坐标系的尺寸关系。除此之外，还要考虑以下几点：

1）当零件加工批量不大时，应尽量采用组合夹具、可调夹具和其他通用夹具。

2）在成批生产时才考虑采用专用夹具，并力求结构简单，并应有足够的刚度和强度。因为在数控机床上通常一次装夹完成工件的全部工序，因此应防止工件夹紧引起的变形造成工件加工不良影响。夹紧力应靠近主要支承点，力求靠近切削部位。

3）夹具上各零部件应不妨碍机床对零件各表面的加工，即夹具要开敞，加工部位开阔，夹具的定位、夹紧机构元件不能影响加工中的进给（如产生碰撞等）。

4）装卸零件要快速、方便、可靠，以缩短准备时间，批量较大时应考虑气动或液压夹具、多工位夹具。

8. 数控刀具的选择

刀具选择的总原则是：安装调整方便，刚性好，耐用度和精度高。在满足加工要求的前提下，尽量选择较短的刀柄，以提高刀具加工的刚性。性能上要求：

(1) 切削性能好。为适应刀具在粗加工或对难加工材料的工件加工时，能采用大的背吃刀量和高速进给，刀具必须具有能够承受高速切削和强力切削的性能。同时，同一批刀具在切削性能和刀具寿命方面一定要稳定，以便实现按刀具使用寿命换刀或由数控系统对刀具寿命进行管理。

(2) 精度高。为适应数控加工的高精度和自动换刀等要求，刀具必须具有较高的精度。

(3) 可靠性高。要保证数控加工中不会发生刀具意外损坏及潜在缺陷而影响到加工的顺利进行，要求刀具及与之组合的附件必须具有很好的可靠性及较强的适应性。

(4) 耐用度高。数控加工的刀具，不论在粗加工或精加工中，都应具有更高的耐用度，以尽量减少更换或修磨刀具及对刀的次数，从而提高数控机床的加工效率及保证加工质量。

(5) 断屑及排屑性能好。数控加工中，断屑和排屑不像普通机床加工那样，能及时由人工处理，影响加工质量和机床的顺利、安全运行，所以要求刀具应具有较好的断屑和排屑性能。

9. 切削用量的选择

切削用量的大小对切削力、切削功率、刀具磨损、加工质量和加工成本均有显著影响。选择切削用量时，就是在保证加工质量和刀具耐用度的前提下，充分发挥机床性能和刀具切削性能，使切削效率最高，加工成本最低。

(1) 切削用量。

1) 切削速度 ($v_c$)。在切削加工时，切削刃选定点相对于工件主运动的瞬时速度称为切削速度。即在单位时间内，工件和刀具沿主运动方向的相对位移，单位为 m/min。主运动是回转运动时，其切削速度为加工表面最大线速度

$$v_c=\frac{\pi d_w n}{1000}$$

2) 进给量 ($f$)。在主运动的一个循环内，刀具在进给方向上相对于工件的位移量称为进给量。其单位用 mm/r (如车削、镗削等) 或 mm/行程 (如刨削、磨削等) 表示。

切削时的进给速度 (mm/min) 是指切削刃上选定点相对于工件的进给运动的瞬时速度，它与进给量之间的关系为

$$v_f=nf$$

3) 背吃刀量 ($a_p$)。背吃刀量是已加工表面和待加工表面之间的垂直距离，其单位为 mm。外圆车削时，为

$$a_p=\frac{d_w-d_m}{2}$$

(2) 切削用量的选择原则。

1) 粗加工时选择原则。首先优先选取尽可能大的背吃刀量，以尽量保证较高的金属切除率；其次要根据机床动力和刚性的限制条件等，选取尽可能大的进给量；最后根据刀具耐用度确定最佳的切削速度。

2) 精加工时选择原则。由于要保证工件的加工质量，首先应根据粗加工后的余量选用较小背吃刀量；其次根据已加工表面粗糙度要求，选取较小的进给量；最后在保证刀具

耐用度的前提下尽可能选用较高的切削速度。

(3) 切削用量的确定。

1）确定背吃刀量 $a_p$(mm)。背吃刀量 $a_p$ 主要根据机床、夹具、刀具和工件所组成的加工工艺系统的刚性来确定。

在系统刚性允许的情况下，$a_p$ 相当于加工余量，应以最少的进给次数切除这一加工余量，最好一次切净余量，以提高生产效率。

在工艺系统刚性不足或毛坯余量很大，或余量不均匀时，粗加工要分几次进给，并且应当把第一次、第二次进给的背吃刀量尽量取得大一些，一般第一次走刀为总加工余量的2/3～3/4。在加工铸、锻件时应尽量使背吃刀量大于硬皮层的厚度，以保护刀尖。

为了保证加工精度和表面粗糙度，一般都留有一定的精加工余量，其大小可小于普通加工的精加工余量，一般半精车余量为0.5mm左右，精车余量为0.1～0.5mm。

2）确定切削速度 $v_c$(m/min)。加大切削速度，也能提高生产率。因为切削速度与刀具耐用度的关系成反比，所以切削速度的选取主要取决于刀具耐用度。

主轴转速由切削速度来选定

$$n=\frac{1000v_c}{\pi d}$$

式中：$v_c$ 为切削速度，m/min，$d$ 为刀具（或工件）直径，mm。

3）确定进给速度 $v_f$(mm/min)。进给速度的大小直接影响表面粗糙度的值和切削效率，因此进给速度的确定应在保证表面质量的前提下，选择较高的进给速度。进给速度包括纵向进给速度和横向进给速度。一般根据零件的表面粗糙度、刀具及工件材料等因素，查阅切削用量手册选取每转进给量 $f$，再按下式计算进给速度

$$v_f=fn$$

式中：$f$ 为每转进给量，mm/r，粗车时一般选取为0.3～0.8mm/r，精车时常取0.1～0.3mm/r，切断时常取0.05～0.2mm/r。

10. 对刀点与换刀点的确定

(1) 对刀点。对刀点是指数控加工时，刀具相对工件运动的起点，这个起点也是编程时程序的起点。因此，对刀点也称程序起点或起刀点。

在编程时应正确选择对刀点的位置：对刀点可以设置在零件、夹具或机床上，但必须与零件的定位基准有已知的尺寸关系；为提高零件的加工精度，应尽可能设置在零件的设计基准或工艺基准上，或与零件的设计基准有一定的尺寸关系。

(2) 换刀点。指刀架转为换刀时的位置，必须设置在零件的外部。

(3) 刀位点。指编制数控加工程序时用以确定刀具位置的基准点。

11. 工艺加工路线的确定

在数控加工中，工艺加工路线是指数控加工过程中刀位点相对于被加工零件的运动轨迹。

确定工艺加工路线的原则是：

(1) 保证零件的加工精度和表面粗糙度。

(2) 方便数值计算，减少编程工作量。

(3) 缩短加工运行路线，减少空运行行程。

# 任务 7.2　数控加工编程技术概述

数控加工经历了半个世纪的发展已成为目前制造领域中的先进制造技术。数控加工的最大特点是可以极大地提高加工精度，保证加工质量。传统的加工依赖于操作人员的熟练程度，数控加工则取决于数控程序。在模具行业，数控技术的运用尤为重要，数控化率已成为企业是否具有竞争力的象征。

## 7.2.1　数控加工基本原理

### 1. 数控加工特点

在现代激烈的市场竞争下，高质量、高效益、多品种小批量的柔性生产方式已成为企业的主要生产模式，传统的加工设备和制造方法已难以适应市场竞争的要求。因此，从20世纪70年代开始，以电子信息技术为基础的数控技术得以迅速发展和广泛应用，数控机床有效地解决了复杂、多品种、小批量的产品加工问题，适应了各种机械产品更新换代快的需要，取得了明显的效益。数控加工主要有以下特点：

(1) 增强了加工能力。和传统加工方法相比，数控加工可以加工非常复杂的产品，如带有复杂曲面的产品，使加工能力产生了质的飞跃。

(2) 提高了生产效率。数控加工的生产效益一般比普通机床加工提高了3～5倍，多的可达8～10倍，大大缩短了新产品的试制和生产周期，提高了企业的市场竞争力。

(3) 提高了产品加工精度。数控机床本身的精度较高，加工中无须手工操作，大大减少了人为误差，零件的重复精度高，互换性好，确保了产品的加工质量。

(4) 降低了加工成本。数控加工大大减少了零件的库存量，减少了零件的搬运次数，同时也减少了刀具和工具的存储、使用费用等，降低了加工成本。

### 2. 数控加工原理

和普通机床相比，数控机床除了具有一般机床的机械部分之外，还采用了机床控制技术进行控制。机床控制技术就是以数字化的信息实现机床控制的一门技术，采用数字信息控制的机床称为数字控制机床，简称数控机床。具体地说，凡是用代码化的数字信息将刀具移动轨迹的信息记录在程序介质上，然后输入数控系统经过译码、运算，控制机床的刀具与工件的相对运动，加工出所需工件的机床即为数控机床。

最初的数字控制系统是由数字逻辑电路构成的，因而称为硬件数控系统。随着计算机技术的发展，硬件数控系统已逐渐被淘汰，取而代之的是计算机数控系统CNC（Computer Numerial Control）。由于计算机完全由软件处理数字信息，从而具有真正的柔性，并可处理逻辑电路难以处理的复杂信息，使数字控制系统的性能大大提高。

数控机床的组成如图7.1所示。CNC机床一般由人机接口与通信接口、CNC装置（或称CNC单元）、伺服系统、驱动装置（或称执行机构）、可编程控制器PLC及电气控制装置、辅助装备、机床本体、测量装置组成。CNC如果没有测量装置，则称为开环数控系统，反之称为闭环控制系统。开环控制系统工作流程是：将控制机床工作台运动的位移量、位移速度、位移方向、位移轨迹等多个参数通过控制介质输入CNC装置，CNC根据这些参数指令计算出进给脉冲序列，然后经伺服单元系统进行功率放大，形成驱动装置的控制信号，最后由驱动装置驱动机床工作台按所要求的速度、轨迹、方向和距离移动。若为闭环系统，则在输入指令的同时，反馈检测装置检测机床工作台的实际位移量，反馈量与输入量在CNC中进行比较，若有差值，则CNC控制机床向着消除误差的方向运动。

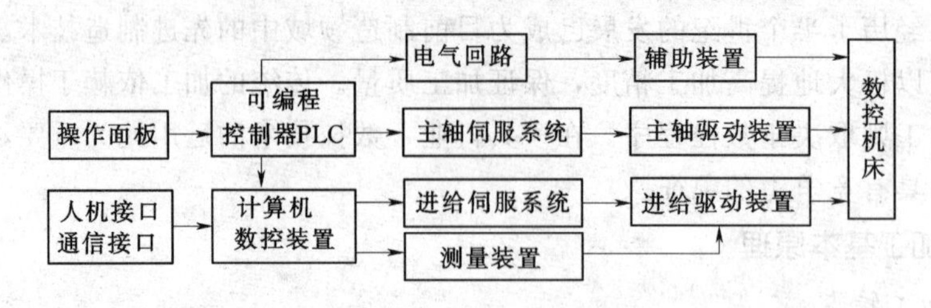


图7.1　数控加工原理图

CNC的控制精度在很大程度上取决于硬件，而CNC的功能则主要取决于软件。CNC的逻辑控制、几何数据处理以及执行零件切削等均由CPU统一控制。CNC的控制软件主要完成如下基本任务：

（1）系统管理。

（2）操作指令的处理。

（3）零件程序的输入与编辑。

（4）零件程序的解释与执行。

（5）系统状态显示。

（6）手动数据输入MDI。

（7）故障报警和诊断。

其中最主要的是控制零件程序的执行，这是CNC的核心任务，其他功能都是为了更好地完成这一任务而进行的辅助和配合。一个零件程序的执行首先要把程序输入CNC，经过译码、数据处理、插补、位置控制，由伺服系统执行CNC输出的指令驱动机床完成工作。

随着科学技术的进步，数控技术不仅应用于机床的控制，还用于控制其他的设备，产生了诸如数控线切割机、数控绘图机、数控测量机、数控冲剪机等数控设备。

### 7.2.2　数控编程

数控加工是按照程序进行加工的。编程就是将加工的全部工艺过程、工艺参数、机床的运动以及刀具位移、其他辅助动作，如刀具的更换、冷却液的开停等内容，按照数控机床的编程格式和指令代码记录在程序单上，再将程序单上的全部信息制备成控制介质，如穿孔带、磁盘、磁带等输给数控系统，以控制机床整个加工过程。

数控编程是数控加工中的一项重要工作。其基本要求是保证加工出符合图纸要求的合格零件，同时使数控机床的功能得到合理的应用和充分的发挥。因此，编程人员不仅要熟悉机械加工工艺以及机床、刀具、夹具及数控机床的性能，而且要不断总结编程经验和技巧，提高编程水平。

数控编程方法可分为两类：一类是手工编程；另一类是自动编程。

#### 1. 手工编程

手工编程是指零件分析、工艺决策、加工路线和工艺参数的确定、刀位轨迹的计算、程序的检验等工作均由人工来完成。

对于点位加工或几何形状不太复杂的轮廓加工，因计算较简单，程序不长，手工编程即可实现。如简单阶梯轴的车削加工，不需要复杂的坐标计算，可由技术人员根据工序图纸数据，直接编写加工程序。但对轮廓形状复杂的零件，特别是有三维复杂曲面的零件，数值计算量大，容易出错，又难以校对，采用手工编程非常困难。

2. 自动编程

自动编程是采用计算机辅助数控编程技术实现程序的编制，主要有 APT 语言编程系统和交互式图像编程系统两种。

(1) APT 语言编程。APT 是自动编程工具（Automatically Programmed Tool）的简称，是用一种符号语言对工件、刀具的几何形状及刀具相对于工件的运动等进行定义。在编程时技术人员依据零件图样，用 APT 语言表达加工的全部内容，再把 APT 写的程序输入计算机，经 APT 语言编程系统编译产生刀位文件，通过后置处理，生成数控系统能接受的零件数控加工程序。采用 APT 语言自动编程时，计算机或编程机代替编程人员完成了烦琐的数值计算，省去了填写程序单的工作，可将编程效率提高数倍到数十倍，同时解决了手工编程中无法解决的许多复杂零件的编程难题。

(2) 交互式图像编程。交互式图像编程系统是现代 CAD/CAM 集成系统中常用的方法，编程时技术人员利用 CAD/CAM 系统自身的造型功能，构建出零件几何形状，然后对零件图样进行工艺分析，确定加工方案，完成工艺方案的指定、切削用量的选择、刀具及其参数的设定，并自动生成刀位轨迹文件，最后经过后置处理，生成特定数控系统的加工程序。这种编程系统是一种 CAD 与 CAM 高度结合的自动编程系统。

如图 7.2 所示，交互式图像编程系统的编程步骤包括：零件几何信息的描述、加工工艺信息的生成、刀具运动轨迹的自动生成、刀具轨迹编辑、自动编程的后处理。

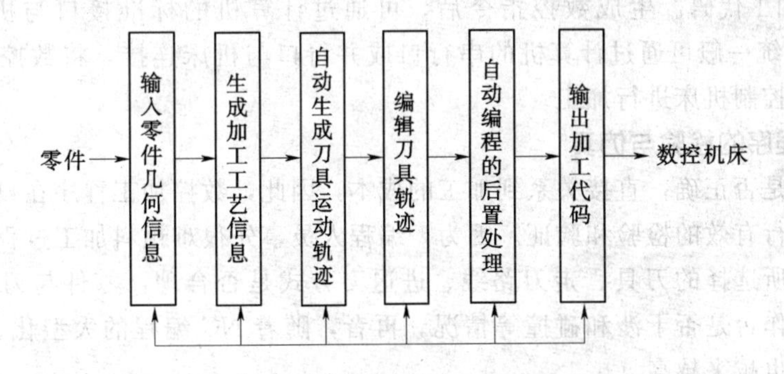


图 7.2 CAD/CAM 集成化数控编程流程图

1) 输入零件几何信息。系统提供了各种几何图形的编辑功能，用户可输入零件的二维或三维几何信息，即首先建立零件的几何模型。目前常用的方法是人机交互的方式来进行。用户根据零件图建立二维或三维的加工模型，目前的 CAD/CAM 系统均提供有强大的几何建模能力，不仅能生成常用的直线、圆弧，还能生成复杂的样条曲线、组合曲线、各种参数曲面等，并具有强大的图形编辑功能。

除了零件图外，零件也可以是其他 CAD/CAM 系统建立的标准数据文件，针对这种情况，CAD/CAM 系统需有相应的标准的数据接口，如 DXF、IGES、STEP 等。由于分工越来越细，企业之间的协作越来越频繁，这种形式目前被广泛运用。

零件的形状和尺寸还可由测量机测量得到，针对这种情况，CAD/CAM系统需有读入测量数据的功能，并能按一定格式输出数据，自动生成零件的复杂外形。

2）生成加工工艺信息。用户根据零件的加工工艺要求，通过CAD/CAM系统提供的用户界面，选择数控机床的加工信息，如进给速度、主轴转速、刀具号、刀具偏移量等。目前参数的设定主要依靠用户来完成，主要内容有：①核准加工零件的尺寸、公差和精度要求；②确定装夹位置；③选择刀具；④确定加工路线；⑤选定工艺参数。

3）自动生成刀具运动轨迹。根据零件的几何信息及加工工艺信息，系统将自动进行刀具轨迹的计算，生成零件的轮廓数据文件、刀位的数据文件及工艺参数文件。这些文件是系统生成数控代码和模拟仿真的基础。

4）编辑刀具轨迹。对复杂曲面零件的数控加工，刀具轨迹计算完成后，一般要对刀具轨迹进行编辑和修改。因为对于复杂曲面零件及模具来说，为了生成刀具轨迹，往往需要对加工表面及其约束面进行一定的延伸，并构造一些辅助曲面，这时生成的刀具轨迹一般都超出加工表面的范围，需要进行适当的裁剪和编辑；另外，曲面造型所用的原始数据在很多情况下生成的曲面不是很光顺，这使生成的刀具轨迹可能在某些刀位点有异常现象，如突然出现一个尖点或发生不连续等现象，需对个别刀位点进行修改；其次，在刀具轨迹计算中，采用的走刀方式经刀位验证或实际加工检验不合理，需要改变走刀方式或走刀方向；再者，刀具轨迹上的刀位点可能过密或过疏，需要对刀具轨迹进行一定的匀化处理等。所有这些都需进行刀具轨迹的编辑。

5）自动编程的后置处理。后置处理（Post Processing）就是把刀位文件转换成指定数控机床能执行的数控程序的过程。主要是利用CAD/CAM系统提供的后置处理器，按机床规定的格式进行定制，生成和特定机床相匹配的加工代码。

6）输出加工代码。生成数控指令后，可通过计算机的标准接口与机床直接连通。CAD/CAM系统一般可通过计算机的串行口或并行口与机床连接，将数控加工代码传输到数控机床，控制机床进行加工。

### 7.2.3 数控程序的检验与仿真

数控程序是否正确，直接关系到加工的成本，因此，数控加工程序在投入实际的加工之前，必须进行有效的检验和验证。因为，编程人员事先很难预料加工过程中会不会出现过切、少切，所选择的刀具、走刀路线、进退刀方式是否合理，零件与刀具、刀具与夹具、刀具与工作台是否干涉和碰撞等情况。再者，随着NC编程的大型化、复杂化，NC代码的错误率也越来越高。

如何进行数控程序的检验呢？目前运用的方法主要有两类：物理仿真和计算机仿真。

物理仿真是建立一个真实的物理模型，这种模型与实际产品具有相似的属性。如用塑模、蜡模或木模代替实际的毛坯，用试切的方式运行程序进行真实的加工，通过塑模、蜡模或木模零件尺寸的正确性来判断数控加工程序是否正确。试切法虽然是检验程序的有效方法，但试切过程不仅占用了加工设备的工作时间，需要操作人员在整个加工周期内进行监控，而且加工中的各种危险同样难以避免。

计算机仿真就是用计算机仿真模拟系统，在软件上实现零件的加工过程，并将程序的执行过程在屏幕上显示出来。主要方法有刀具轨迹仿真、三维动态切削仿真和虚拟加工仿真等。在动态模拟时，刀具可以实时在屏幕上移动，刀具与工件接触之处，工件的形状

就会按刀具移动的轨迹发生相应的变化。用户在屏幕上看到的是连续的、逼真的加工过程。利用这种视觉检验装置，就可以很容易发现刀具和工件之间的碰撞及其他错误的程序指令，全方位地预测实际加工中存在的问题，有效地提高了生产效率，缩短了加工周期。

目前数控程序的检验方法主要有：刀具轨迹仿真和三维动态切削仿真等。刀具轨迹仿真是通过读取刀位数据文件检查刀具位置计算是否正确，加工过程中是否发生过切，所选刀具参数、加工参数、机床参数是否合理，刀具与限制面是否发生干涉或碰撞等。刀具轨迹仿真法是一种比较成熟的仿真方法，图 7.3 是用 MasterCAM 软件进行的制件型腔加工的刀具轨迹仿真图。这种仿真可采用动画显示方法，效果逼真。三维动态切削仿真是采用实体造型技术建立加工零件毛坯、机床、夹具、刀具等在加工过程中的实体几何模型，采用真实感技术把加工过程动态地显示出来。图 7.4 是用 MasterCAM 软件进行的制件型腔加工的三维动态切削仿真图。

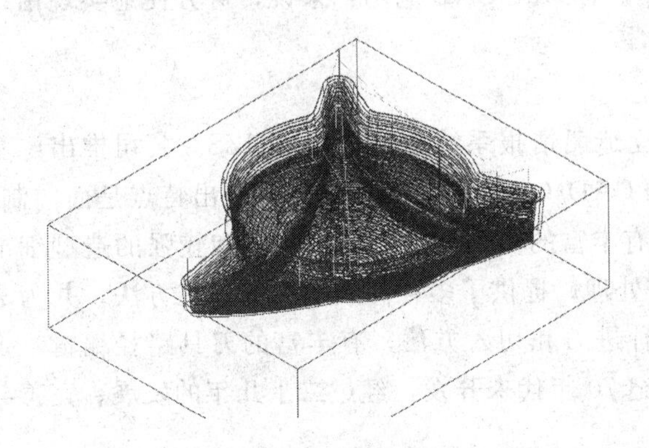

图 7.3　刀具轨迹仿真

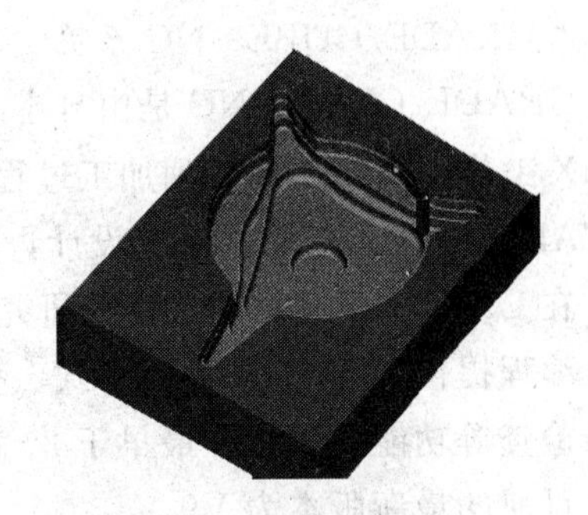

图 7.4　三维动态切削仿真

### 7.2.4　典型 CAD/CAM 软件介绍

CAD/CAM 系统软件是实现图形交互式数控编程必不可少的应用软件。随着 CAD/CAM 技术的飞跃发展和推广应用，国内外不少公司与研究单位先后推出了各种 CAD/CAM 支撑软件。目前，就国内市场上销售比较成熟的 CAD/CAM 支撑软件有十几种，既有国外的也有国内自主开发的，这些软件在功能、价格、使用范围等方面有很大的差别。由于 CAD/CAM（特别是三维 CAD/CAM）软件技术复杂，售价高，并且涉及到企业多方面的应用，企业在选型时要很慎重，并往往要花费很大的精力和时间。为此，国家机械工业部于 1998 年年底专门组织了一批 CAD/CAM 方面的专家教授，对当前国内市场上销售和应用比较普遍的 CAD/CAM 支撑软件进行了一次测评。根据有关信息，本书列举一些典型的 CAD/CAM 软件，以供选型时参考。

1. CAXA－ME 系统

CAXA－ME 是我国北京北航海尔软件有限公司（原华正模具所）自主开发研制，基于微机平台，面向机械制造业的全中文三维复杂形面加工的 CAD/CAM 软件。它具有2～5 轴数控加工编程功能，较强的三维曲面拟合能力，可完成多种曲面造型，特别适合于模具加工的需要，并具有数控加工刀具路径仿真、检测和适合于多种数控机床的通用后置处理功能。CAXA 1.0 版于 1996 年推出，CAXA－ME 2.0 版于 1998 年发布。

2. UG（Unigraphics）系统

UG系统由美国END公司经销。它最早由美国麦道航空公司研制开发，从二维绘图、数控加工编程、曲面造型等功能发展起来。UG软件从推出至今已有近20年。目前在我国已推出18版本。UG本身以复杂曲面造型和数控加工功能见长，是同类产品中的佼佼者，并具有较好的二次开发环境和数据交换能力。可以管理大型复杂产品的装配模型，进行多种设计方案的对比分析、优化，为企业提供产品设计、分析、加工、装配、检验、过程管理、虚拟运作的全数字化支持，形成多级化的全线产品开发能力。

3. MDT（Mechanical Desktop）系统

MDT是Auto desk公司在PC平台上开发的三维机械CAD/CAM系统，以三维设计为基础，集成设计、分析、制造，以及文档管理等多种功能为一体，为用户提供了从设计到制造一体化的解决方案。由于该软件与国内普及率最高的CAD软件——AutoCAD出自同一个公司，两者之间完全融为一体。对AutoCAD老用户来说，可方便地实现由二维向三维过渡。因此，在国内应用比较多。

4. GRADE/CUBE-NC系统

GRADE/CUBE-NC是由日本日立造船情报系统株式会社（HZS）公司推出，基于UNIX工作站支持从设计到加工过程的CAD/CAM系统，该软件的突出特点是面向制造，在CAD方面注重产品的工艺设计，具有丰富的实用化曲面造型功能和较强的造型细节处理，在CAM方面注重加工性的研究与处理，提供了多种高效实用的加工方法，并为数控加工编程提供了50多种走刀方式、多种进刀和切入方法，有丰富的刀具路径编辑，走刀干涉检查等功能，该软件最早于20世纪70年代末开发，经过二十几年的发展、完善与提高，目前的最新版本为V9。

5. Mastercam系统

Mastercam是美国专门从事CNC程序软件的专业化公司——CNC software INC研制开发的，使用于微机PC级的CAD/CAM。它是世界上装机量较多的CNC自动编程软件，一直是数控编程人员的首选软件之一。

Mastercam系统除了可自动产生NC程序外，本身亦具有较强的（CAD）绘图功能，即可直接在系统上通过绘制所加工零件图，然后再转换成NC零件加工程序。亦可将如同CAD、CADKEY、Mi-CAD等其他CAD绘图软件绘制好的零件图形，经由一些标准或特定的转换档，像DXF（Drawing Exchange File）档、CADL（CADKEY Advanced Design Language）档及IGES（Initial Graphic Exchange Specification）档等，转换至Mastercam系统内，再产生NC程序。还可用BASIC、FORTRAN、PASCAL或C语言设计，并经由ASCⅡ档转换至Mastercam系统中。

Mastercam是一套使用性相当广泛的CAD/CAM系统，为适合于各种数控系统的机床加工，Mastercam系统本身提供了百余种后置处理PST程序。所谓PST程序，就是将通用的刀具轨迹文件NCI（NC Intermediary）转换成特定的数控系统编程指令格式的NC程序。并且每个后置处理PST程序也可通过EDIT编辑方式修改，以适用于各种数控系统编程格式的要求。

Mastercam具有铣削、车削及激光加工等多种数控加工程序制作功能。

# 任务7.3 数控加工编程方法

## 7.3.1 二维数控编程的基本原理

在数控加工中，数控机床根据加工过程中同时控制的轴数可分为二坐标，三坐标、四坐标以及五坐标等。如：$X$、$Z$ 轴采用数控，则称为二坐标数控机床。数控机床中两坐标连动是指机床的三个主坐标 $X$、$Y$、$Z$ 中同时只能控制两个坐标动作，而第三个坐标只是阶段性运动。三坐标连动是指机床的三个坐标轴可同时控制。用来加工带有简单曲面外形的零件。在三坐标连动基础上加工刀具摆动为 A 轴或转盘的旋转为 C 轴，称为四坐标加工或五坐标加工。

1. 数控程序

数控程序是由多个程序段组成（BLOCK），而程序段一般用文字地址格式表示。

例如 N120 G01 X150 Y300 F450；

其中 N120 是程序段的序号，G01 代表直线描补的功能，X150 和 Y300 是 $X$、$Y$ 轴的移动坐标或距离，F450 是当前的进给速度，“；”表示段的结束。

以下是图 7.5 零件的 NC 代码程序：

```
offset No.01
offset Value +10.0
Program
G91 G46 G00 X80.0 Y50.0 D01;
G47 G01 X50.0 F120;
Y40.0;
G48 X40.0;
Y-40.0;
G45 X30.0;
G45 G03 X30.0 Y30.0 J30.0; G45 G01 Y20.0;
G46 X0;
G46 G02 X-30.0 Y30.0 J30.0;
```

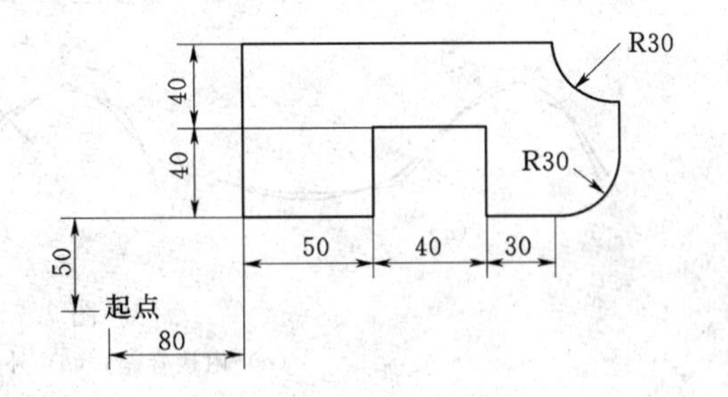


图 7.5 手工编程举例

NC 代码主要可分为以下几个部分：

0 码位于 NC 码的最前端的码。由地址 0 和 4 位数字所组成，用于表示程序号。

N 码位于 NC 码中各功能块的前端。由地址 N 和三位数字所组成，用来表示段（BLOCK）程序的序号。

G 码表示动作方式（MODE）的码。由地址 G 和 H 位数字所构成，用来表示不同的动作方式。

F 码代表刀具的进给量。由地址 F 和数值组成，进给量大小由数值确定。

S 码表示机床主轴的转速。由地址 S 和转速大小的数值组成。

T 码刀具选择代码。由地址 T 和 H 位刀具号组成。

M 码表示一些辅助功能（如机床主轴启动、停止，冷却液的开、关等）的代码，由地址 M 和两位数字组成。

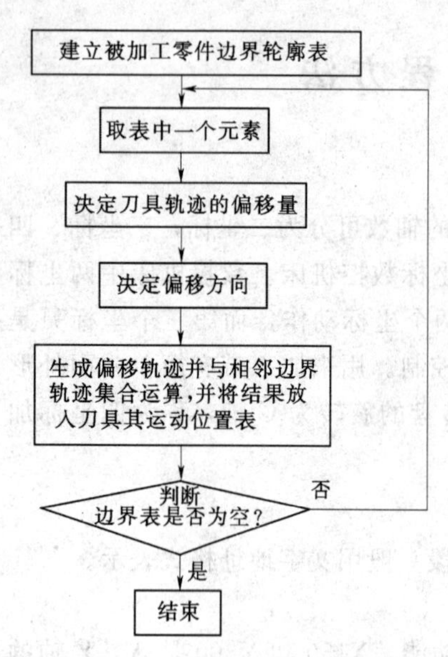


图7.6　刀具轨迹生成一般过程

2. 二维半加工轨迹生成基本原理（图7.6）

(1) 建立被加工的边界轮廓曲线。

(2) 从边界表中取出元素，并决定其偏置的距离和方向。

(3) 生成新的图素表，直到旧的边界表为空。

在CAM系统中不仅仅考虑图形处理技术，而且还必须考虑CAM所特有的制造工艺和在工程意义上的一定规则与要求。它主要有以下几方面：

(1) 刀具形状以及直径用于计算刀具的偏移补偿(Cutter Compensation)。

(2) 容许误差的指定，如图7.7所示。

最大容许误差主要有两方面的内容：即Int. Tol. 和Out. Tol.。

Int. Tol. 是指定向着零件内侧的最大偏差量。

Out. Tol. 是指定向着刀具的零件外侧的最大偏移量。

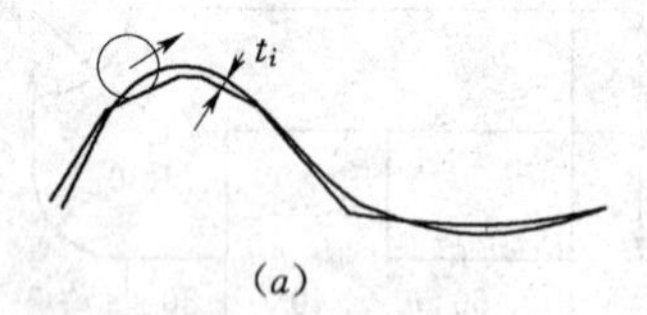


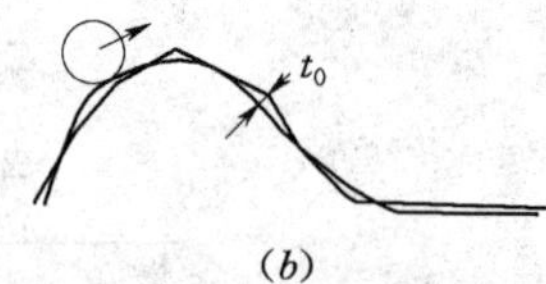


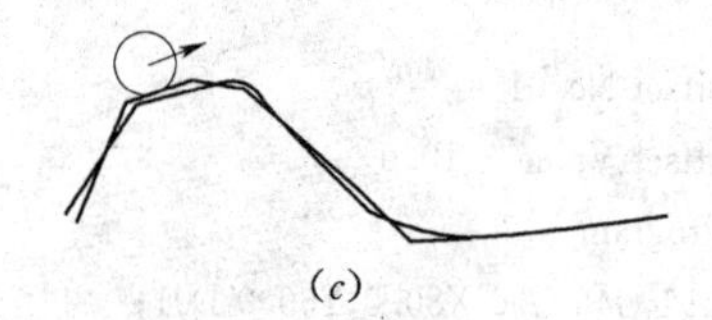

(*a*)　　(*b*)　　(*c*)

图7.7　边界容差

(*a*) 内接容差；(*b*) 外接容差；(*c*) 内、外接容差

(3) 刀具运动控制面的定义。一般轮廓控制运动由导动面（Drive Surface）、零件面（Part Surface）和检查面（Check Surface）这样三个控制面确定其运动，如图7.8所示。

下面说明这三个面的定义。

1) 导动面。是在进行指定的切削运动的过程中，引导刀具保持在指定公差范围内运动的面。

2) 零件面。主要在刀具沿导动面运动时控制刀具高度（*Z*）的面。

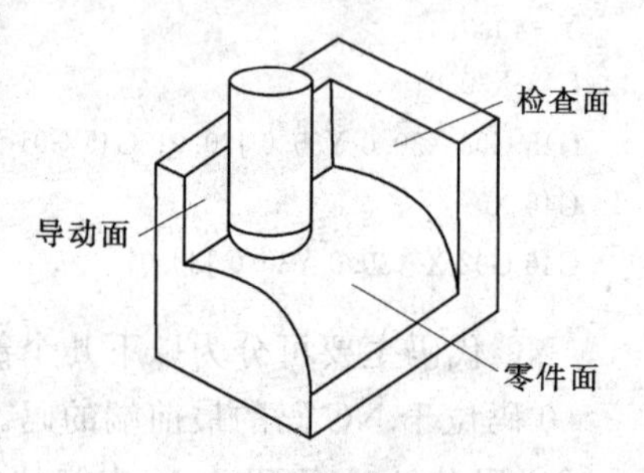


图7.8　刀具运动与三个面的关系

3) 检查面。指定刀具在保持导动面与零件面的给定关系情况下的运动停止位置的面。

(4) 导动面和刀具的关系。如图7.9所示，导动面和刀具存在三种相对关系，即刀具在导动曲线的右手、刀具在导动曲线的左手以及刀具在导动曲线之上运动。

(5) 检查面和刀具的关系。如图7.10所示，即刀具前缘切于检查面（TO）、刀具运动停止在检查面上（ON）、刀具后缘切于检查面上（PAST）、刀具切于导动面和检查面的切点上（TANTO）。

(6) 棱角过渡的处理。直线连接过渡、圆弧连接过渡或圆弧切线过渡方法。

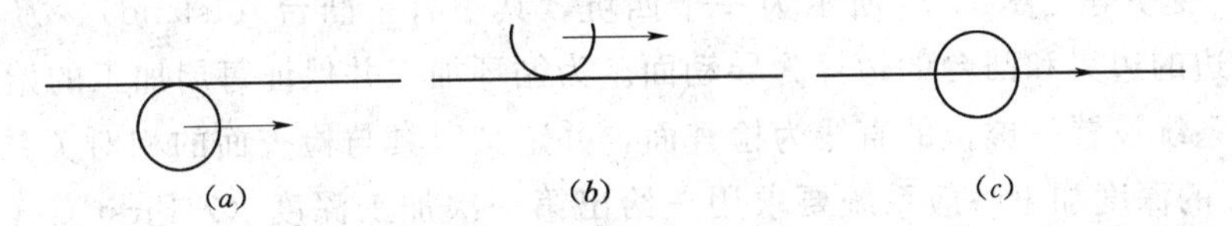


图 7.9 刀具与导动面的关系

(a) 零件轮廓右侧运动；(b) 零件轮廓左侧运动；(c) 零件轮廓线上运动

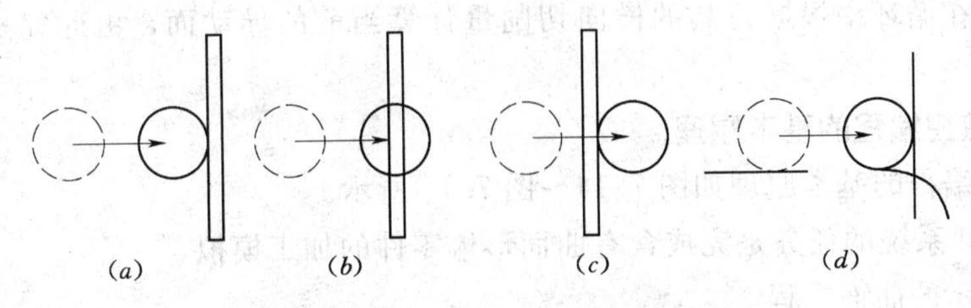


图 7.10 刀具与检查面的关系

(a) 到达边界；(b) 在边界上；(c) 穿越边界；(d) 与边界相切

(7) 提刀安全平面（Clearance Plan）的确定（图7.11）：

1）避免刀具与零件函台、夹具或压板冲撞。

2）为操作人员提供观察加工情况的空间。

3）尽量节省刀具空行程的长度。

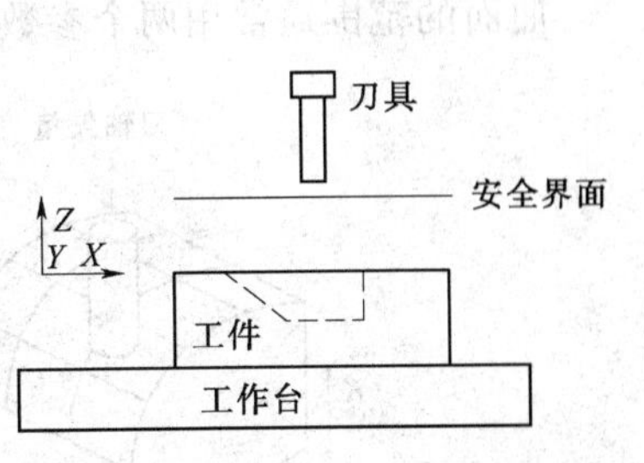


图 7.11 安全平面的定义

(8) 刀具的进刀和退刀（Leadin & Leadout）。加工中考虑刀具的进刀和退刀的意义在于：使刀具比较安全的接近被加工的工件；使加工表面过渡光滑，不留有接刀痕；提供加工中刀具补偿功能的过渡段。进刀和退刀从方式上分类主要有：沿 $Z$ 轴方向进刀和退刀；沿加工路径的切线方向进刀或退刀；沿与加工路径相切的圆弧进刀或退刀；沿空间某一方向线进刀或退刀；沿加工路径的法线方向进刀或退刀。图 7.12 所示是圆弧进刀的参数确定。整个进刀路径分为三个部分，即引导直线段（Leadin Amount）、圆弧段（Arc）以及过切量（Leadin overlap）。过切量是刀具沿零件加工的轮廓运动的长度。

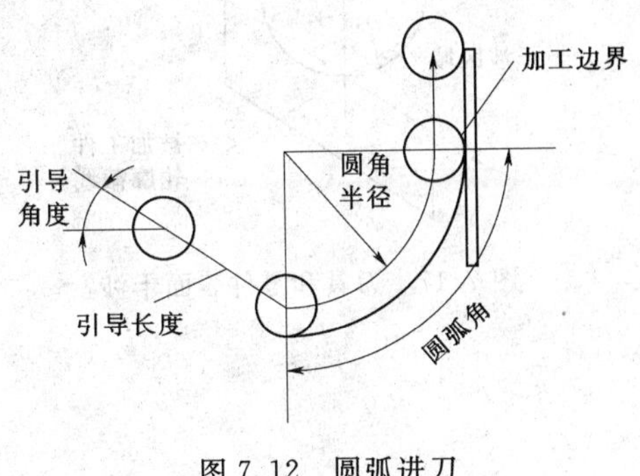


图 7.12 圆弧进刀

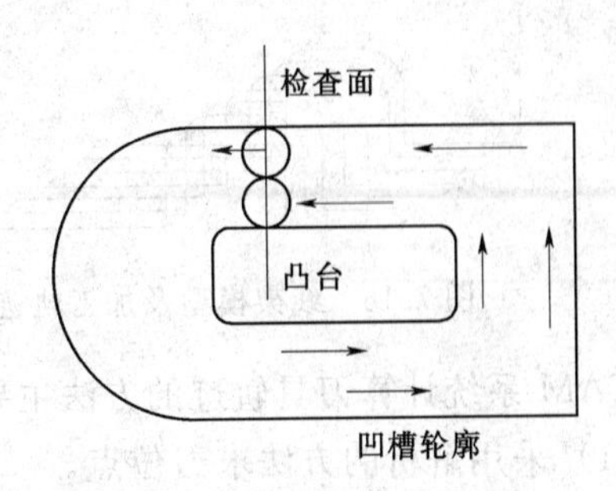


图 7.13 凹腔中含有凸台的零件

二维 CAM 系统中须加以考虑的还有一些加工功能，如挖坑加工（Pocket）、$Z$ 向深度加工（Rough To Depth）、刀具轨迹的旋转（Rotate）、反射（Mirror）以及平移

(Translate) 变换等。图 7.13 所示为一个四坑，其中有一凸台 (Island)。刀具轨迹的确定以四坑周边的边界和凸台的边界为导动面。为循环加工并保证每周加工的始点和终点的位置一致，系统设置一虚拟的直线为检查面，并定义刀具与检查面的相对关系为 ON。对凹腔 Pocket 的深度加工一般系统要求用户给出第一次加工深度 (Z First Cut) 和其次的加工深度 (Z Subsequence Cuts) 以便确定每次深度循环的零件面。此外，在生成这种循环的刀具轨迹中，每次刀具的横向进刀量 (Cut Amount) 如果用户不确定，则缺省为刀具半径。系统在循环中根据刀具的横向切削量计算当前的导动面，由此完成整个 Pocket 的刀路计算。

### 7.3.2 三维数控编程的基本原理

三维数控编程的基本原理如图 7.14～图 7.17 所示。

三维 CAM 系统的任务是完成含有曲面形体零件的加工模拟。

用参数表示的曲面方程

$$P=P(u, v)$$

曲面的范围通常用两个参数的变化区间所描述的 $uv$ 参数平面给出。

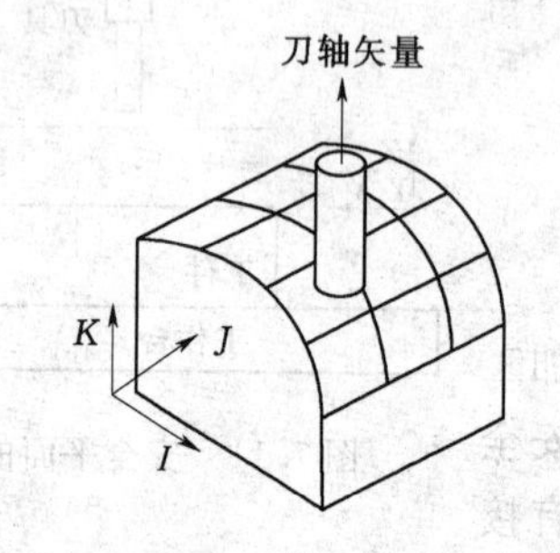


图 7.14 曲面加工中刀具矢量设定

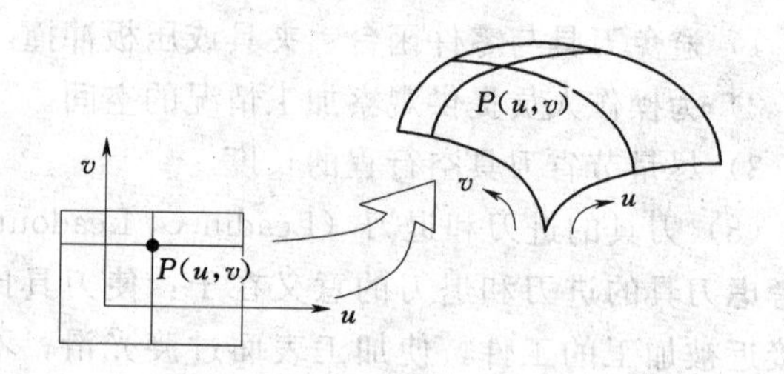


图 7.15 参数曲面及其参数域

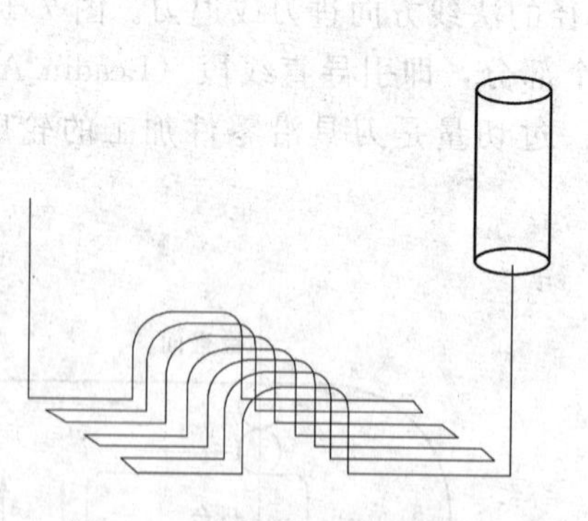

图 7.16 线架模型及加工轨迹

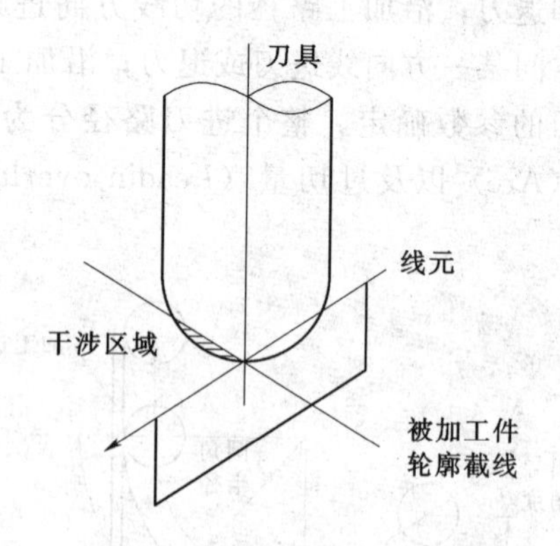


图 7.17 刀具和零件表面干涉

CAM 系统计算刀具轨迹的方法主要有：

(1) 采用解析的方法求刀位点。

(2) 采用数值计算的方法求刀位点。

(3) 将曲面分成小片的三角形面进行刀位计算。

思路是：按一定规律连接相邻的三个型值点生成小三角片，每个三角片的形心为刀触

点。通过三点确定该小平面的法向，即可计算刀位点。顺序连接各个刀位点，就可以形成走刀轨迹。优点是：不论原始曲面如何复杂，在算法上均有统一性；计算结果可靠，算法稳定性好。

（4）用线架表示曲面进行刀位计算。

即实际加工的零件外形是由刀具的曲线运动轨迹的复合生成的。

### 7.3.3 曲面加工中的零件表面质量控制

曲面加工中的零件表面质量控制如图7.18～图7.20所示。

曲面加工中控制加工精度主要有两个指标：加工步距（Stepover），加工残留刀痕高度（Scallop）。在应用CAM系统时应注意几个方面以便优化加工：

（1）精加工如用球头刀，则选用的原则应当是先用大半径球刀，再用小半径球刀。

（2）对于具有凸形曲面的零件精加工，应当尽可能采用大半径球刀加工，以便在获得相同零件加工表面质量下减少加工的行数。

（3）对于平端铣刀和圆角铣刀，在精加工中刀路方向应确定沿刀具等效半径最大方向。

（4）加工的步距是指刀具沿一路径移动每步的大小。

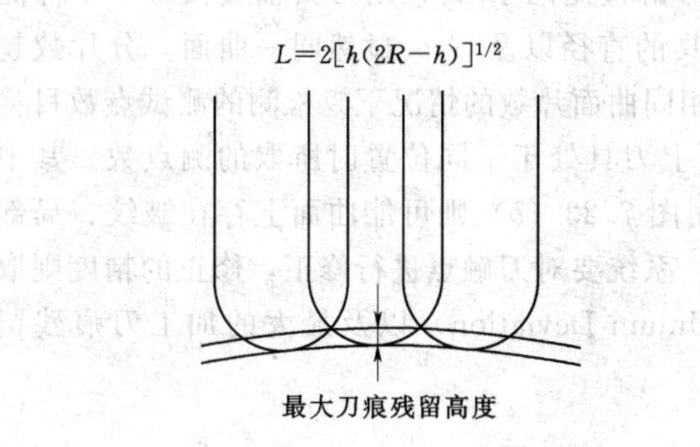


图7.18 最大刀痕残留高度

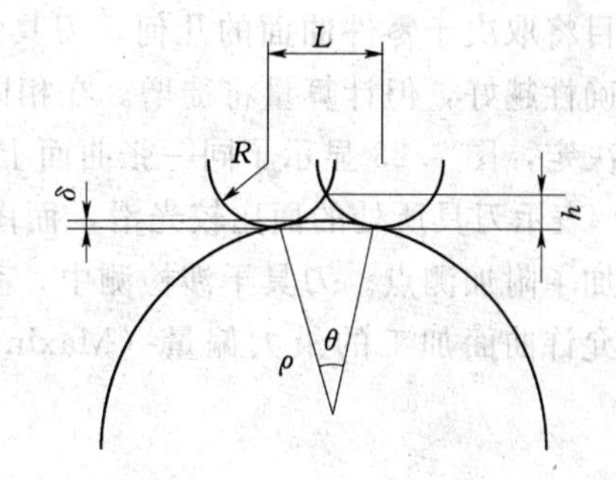


图7.19 行距的确定因素

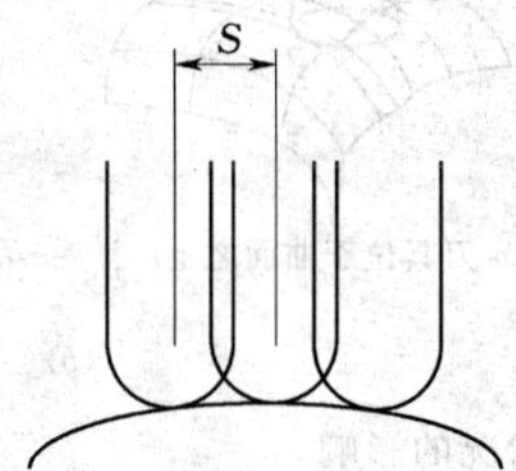


图7.20 加工步距

### 7.3.4 刀具干涉检验

刀位计算中如果仅考虑刀触点则在加工中有可能产生刀具过切的现象。

CAM系统提供的选择主要有：

（1）无干涉检验（No Gouge Avoidance）。

（2）刀具运动方向干涉检验（In-line Gouge Avoidance）。

（3）全方位刀具干涉检验（Full Gouge Avoidance）。

（4）多曲面刀具干涉检验（Cube Gonge Avoidane）。

图 7.21 所示是刀具运动方向干涉检验的例子，在这种检验功能下，刀具在运动中除了确定刀触点外，同时考虑刀具前部的干涉。因此，这种方法只有局部干涉检验，当刀具的行切方向选择成另一方向时，则此功能就无法发挥图 7.22 是同样零件在同一功能下由于走刀方向不对而发生过切的情况。

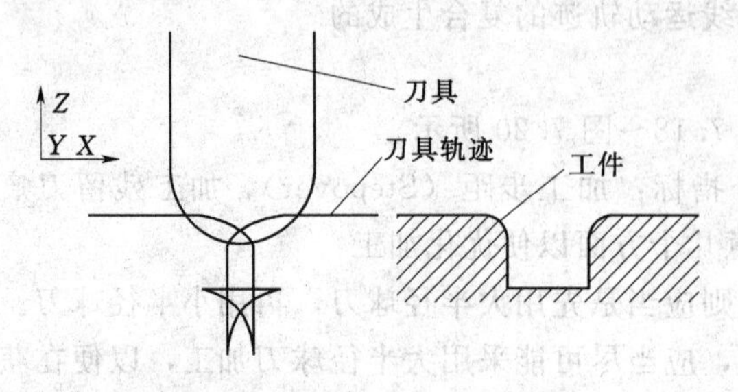


图 7.21 刀具运动方向干涉检验　　图 7.22 走刀方向不正确产生过切

在全方位干涉检验中，刀具在考虑刀触点的同时，还应考虑刀具轴线在零件面上的投影范围内的干涉情况，因此不论刀具运动方向如何选择，都可以检测避免过切，这样做的代价是要花费较长的机时。若在干涉检验中考虑检测因子 $G_f$，则刀具轴线投影下零件曲面的分片数目将取决于零件曲面的几何、刀具的直径以及 $G_f$。显然同一曲面，分片数越多检测的精确性越好，但计算量将徒增。在相同曲面片数的情况下，检测的测试点数目将由面的形状决定，图 7.23 显示了同一张曲面上刀具处于不同位置时所取的测点数。其中图 7.23（*a*）表示刀具所处的面比较光滑，而图 7.23（*b*）则可能曲面上存在皱纹、局部变化，故增加了附加测点。刀具干涉检测中，系统要对刀触点进行修正，修正的精度则取决于用户所允许曲面加工的最大偏量（Maximum Deviation）以及最大的加工刀痕残留高度。

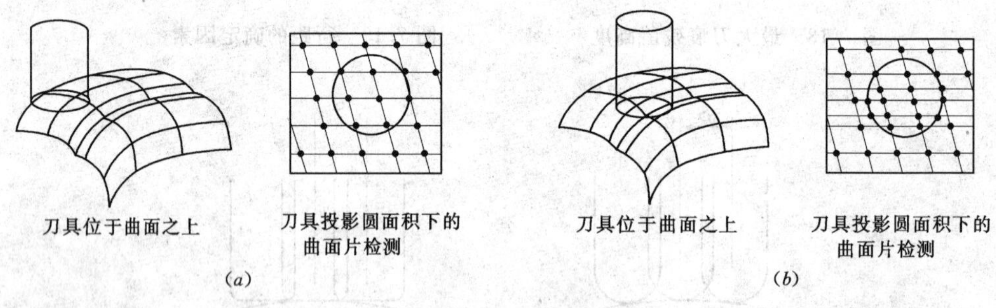


图 7.23 曲面几何状况的影响

多重曲面的刀具干涉检验中，被测曲面不一定是当前正在切削曲面。一般有两种计算法，即解析法和曲面离散检测法。解析法对干涉检验适用的曲面类型不可太复杂，而刀具的类型最好是球头铣刀，由于系统在检验中要一张曲面一张曲面的求交计算，计算量可能较大。曲面离散检测法（Point mesh）是将曲面分割成小曲面片，且分割的密度取决于检测因子 CF、刀具相对于曲面片的距离。在曲面不太复杂时，这种方法与解析法计算量差别不大，但如果曲面较复杂、被测曲面较多，则计算速度就快得多。此外，这种方法适用于不同类型的刀具。

# 思　考　题

1. 数控加工的基本概念是什么？其加工特点是什么？
2. 数控加工零件的工艺性分析包括哪些内容？
3. 简述切削加工顺序的安排原则。
4. 简述切削用量的选择原则。
5. 简述数控加工原理。
6. 数控编程有哪几种类型？分别介绍各自的特点。
7. 交互式图像编程系统的编程步骤包括哪些内容？
8. 简述二维数控编程的基本原理。
9. 简述三维数控编程的基本原理。

# 项目8　典型零件CAD/CAM应用实例

## 任务8.1　UG 的 应 用

### 8.1.1　UG简介

UG（Unigraphics）软件起源于美国麦道飞机公司，于1991年11月并入世界上最大的软件公司——EDS公司。它是CAD/CAE/CAM一体化软件，广泛应用于航天航空、汽车、通用机械及模具等领域。其功能强大，可以轻松实现各种复杂3D实体的造型构建。国内外已有许多科研院所和厂家选择了UG作为企业的CAD/CAM系统。无论装配图还是零件图设计，都从三维实体造型开始，使图形直观、逼真。三维实体生成后，可自动转换成工程图（如三视图、轴侧图、剖视图等）。其三维CAD是参数化的，修改一个草图尺寸，就使零件相关的尺寸随之变化。

该软件还具有人机交互方式下的有限元分析，并可对任何实际的二维及三维机构进行复杂的运动学分析和设计仿真，以及完成大量的装配分析工作。

一般认为UG是业界中比较有代表性的数控软件。UG/CAM提供了一整套从钻孔、线切割到轴铣削的单一加工解决方案。在加工过程中的模型、加工工艺、优化和刀具管理上，都可以与主模型设计相连接，始终保持最高的生产效率。把UG扩展的客户化定制的能力和过程捕捉的能力相结合，就可以一次性地得到正确的加工方案。

UG-CAM由五个模块组成，即交互工艺参数输入模块、刀具轨迹生成模块、刀具轨迹编辑模块、三维加工动态仿真模块和后置处理模块。

（1）交互工艺参数输入模块。通过人机交互的方式，用对话框和过程向导的形式输入刀具、夹具、编程原点、毛坯、零件等工艺参数。

（2）刀具轨迹生成模块。UG-CAM最具特点的是其功能强大的刀具轨迹生成方法。包括车削、铣削、线切割等完善的加工方法。其中铣削主要有以下功能：

1）完成各种孔加工。

2）平面铣削。包括单向行切，双向行切，环切以及轮廓加工等。

3）固定多轴投影加工。用投影方法控制刀具在单张曲面上或多张曲面上的移动，控制刀具移动的可以是已生成的刀具轨迹，一系列点或一组曲线。

4）可变轴投影加工。

5）等参数线加工。可对单张曲面或多张曲面连续加工。

6）裁剪面加工。

7）粗加工。将毛坯粗加工到指定深度。

8）多级深度型腔加工。特别适用于凸模和凹模的粗加工。

9）曲面交加工。按照零件面、导动面和检查面的思路对刀具的移动提供最大程度的控制。

（3）刀具轨迹编辑模块。刀具轨迹编辑器可用于观察刀具的运动轨迹，并提供延伸、

缩短或修改刀具轨迹的功能。同时，能够通过控制图形的和文本的信息去编辑刀轨。因此，当要求对生成的刀具轨迹进行修改，或当要求显示刀具轨迹和使用动画功能显示时，都需要刀具轨迹编辑器。动画功能可选择显示刀具轨迹的特定段或整个刀具轨迹。附加的特征能够用图形方式修剪局部刀具轨迹，以避免刀具与定位件、压板等的干涉，并检查过切情况。

刀具轨迹编辑器主要特点：显示对生成刀具轨迹的修改或修正；可进行对整个刀具轨迹或部分刀具轨迹的刀轨动画；可控制刀具轨迹动画速度和方向；允许选择的刀具轨迹在线性或圆形方向延伸；能够通过已定义的边界来修剪刀具轨迹；提供运动范围，并执行在曲面轮廓铣削加工中的过切检查。

（4）三维加工动态仿真模块。UG/Verify 交互地仿真检验和显示 NC 刀具轨迹，它是一个无需利用机床，成本低，高效率的测试 NC 加工应用的方法。UG/Verify 使用 UG/CAM 定义的 BLANK 作为初始的毛坯形状，显示 NC 刀轨的材料移去过程，检验包括错误如刀具和零件碰撞曲面切削或过切和过多材料。最后在显示屏幕上的建立一个完成零件的着色模型，用户可以把仿真切削后的零件与 CAD 的零件模型比较，因而可以方便地看到，什么地方出现了不正确的加工情况。

（5）后置处理模块。UG/Postprocessing 包括一个通用的后置处理器（GPM），使用户能够方便地建立用户定制的后置处理。通过使用加工数据文件生成器（MDFG），一系列交互选项提示用户选择定义特定机床和控制器特性的参数，包括控制器和机床特征、线性和圆弧插补、标准循环、卧式或立式车床、加工中心等。这些易于使用的对话框允许为各种钻床、多轴铣床、车床、电火花线切割机床生成后置处理器。后置处理器的执行可以直接通过 Unigraphics 或通过操作系统来完成。

### 8.1.2 UG 软件典型应用实例

这里用冲压模具的凸模为例，介绍 CAD/CAM 的应用过程。

1. 新建文件

File - new

输入 camsample

2. 进入造型模块

Application - modeling，如图 8.1 所示。

3. 底部造型

insert - form feature - block

输入 150 150 30

选择 ok，如图 8.2 所示。

4. 凸台特征造型

insert - form feature - pad

选择 rectangular

选择 block 的顶面

选择 block 与 x 轴同向的边

输入 80 80 50 0 10

选择 pallale at distance

图 8.1　进入造型模块

选择 block 与 x 轴同向的边

选择 pad 与 x 轴同向的中心线

输入 75

选择 ok

选择 pallale at distance

选择 block 与 y 轴同向的边

选择 pad 与 y 轴同向的中心线

输入 75

选择 ok，如图 8.3 所示。

图 8.2　底部造型

图 8.3　凸台特征造型

5. 半球体造型

insert－form feature－sphere

选择 diameter，center

输入 40

选择 pad 与 y 轴同向的边接近中点的位置
选择 ok
选择 ok
选择 pad 与 y 轴同向的另一侧边接近中点的位置
选择 ok
选择 ok，如图 8.4 所示。

图 8.4 半球体造型

图 8.5 半圆柱体造型

6. 半圆柱体造型
insert - form feature - cylinder
选择 diameter，height
选择 Yc axis
输入 40，110
输入 75 20 30
选择 ok，如图 8.5 所示。
7. 倒顶部圆角
insert - feature operation - edge blend
输入 default radius 15
选择 pad 需倒圆角的各条边
选择 ok，如图 8.6 所示。

图 8.6 倒顶部圆角

图 8.7 倒底部圆角

8. 倒底部圆角
insert - feature operation - edge blend
输入 default radius 8
选择 pad 底边、block、clydiner 的各条边
选择 ok，如图 8.7 所示。
9. 毛坯造型
insert - form feature - block

输入 150 150 85

选择 ok。

10. 进入CAM模块

Application - manufacture

选择 CAM session configure mill contour

CAM setup mill contour

选择 initialize，如图8.8所示。

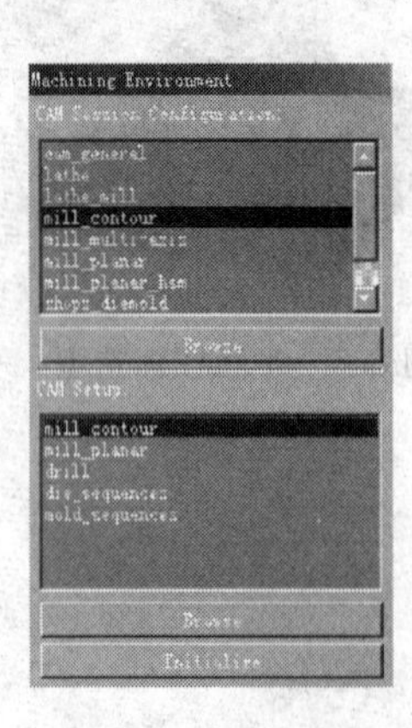


图8.8　进入CAM模块

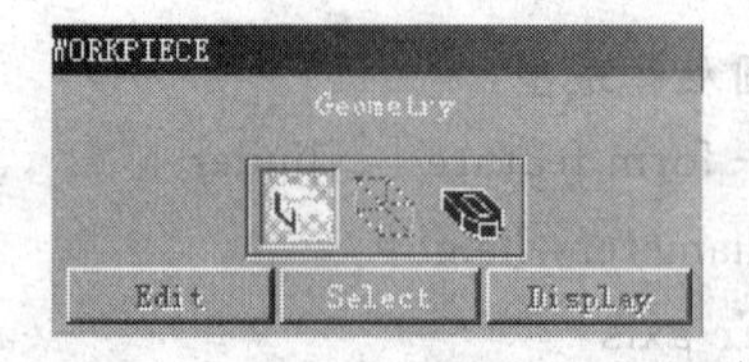


图8.9　指定加工几何体，毛坯

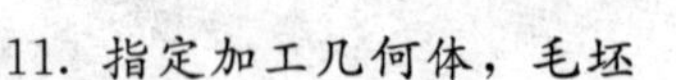

11. 指定加工几何体，毛坯

insert - geometry

选择 MILL _ GEOM

选择 select

选择 零件实体

选择 blank

选择 select

选择 第9步生成的 block

选择 ok，如图8.9所示。

12. 隐藏毛坯

edit - blank - blank

选择 第9步生成的 block

选择 ok。

13. 创建刀具

insert - tool

输入 name m20

选择 apply

输入 diameter 20

选择 ok

输入 name mr5

选择 ok

输入 diameter 10

输入 lower - radius 5，如图 8.10 所示。

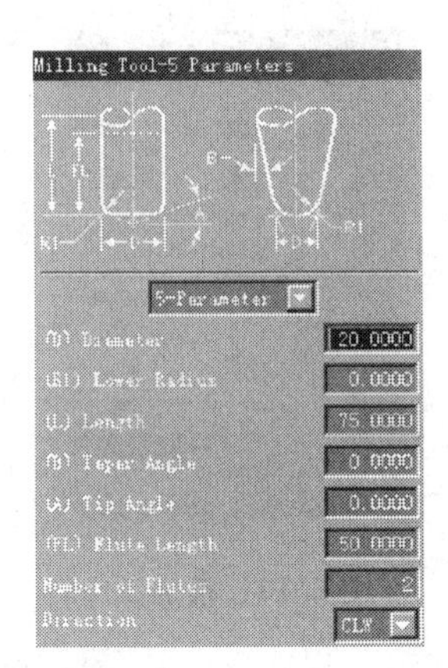


图 8.10　创建刀具

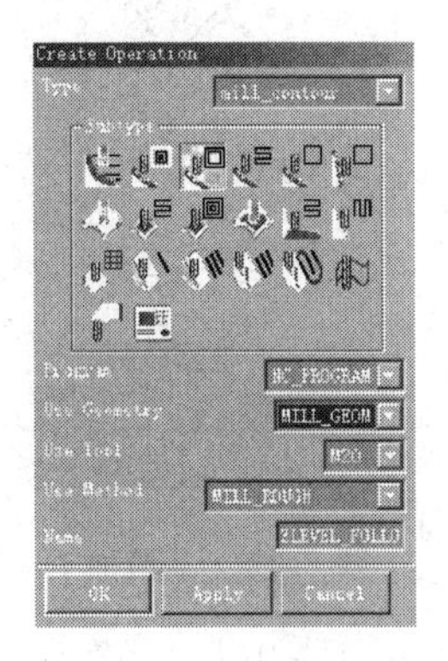


图 8.11　粗加工

14. 粗加工

insert - operation

选择并输入图示内容

选择 ok

输入 depth per cut 3

选择 generate

选择 ok，如图 8.11 所示。

15. 半精加工

insert - operation

选择并输入图示内容

选择 ok

输入 depth per cut 1

选择 cut lever

选择 block 的上边

选择 ok

选择 generate

选择 ok，如图 8.12 所示。

16. 精加工 1

insert - operation

选择并输入图示内容

选择 ok

选择 cut area

选择 select

选择 所有要加工的表面

选择 ok

选择 area milling

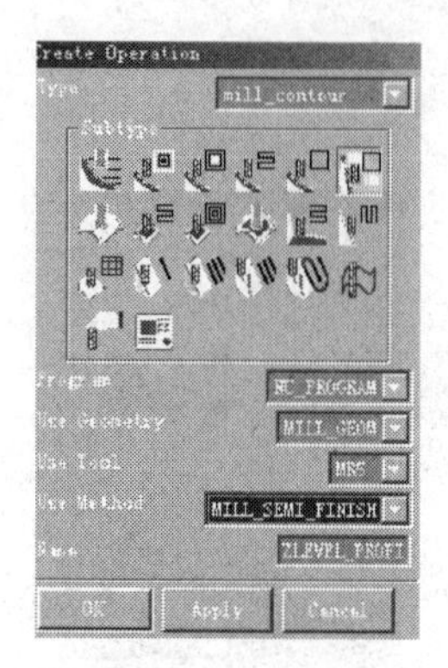

图 8.12　半精加工

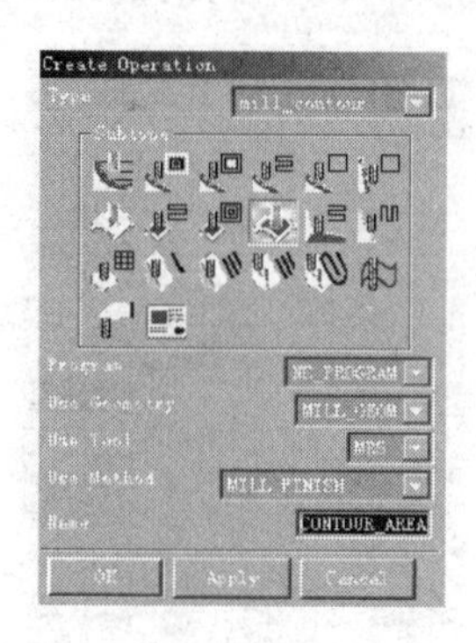

图 8.13　精加工 1

选择 step over scallop

输入 0.01

选择 ok

选择 cutting

选择 remove edge traces

选择 ok

选择 generate

选择 ok，如图 8.13 所示。

17. 精加工 2

insert－operation

选择并输入图示内容

选择 ok

选择 cut area

选择 select

选择 所有要加工的表面

选择 ok

选择 area milling

选择 steep containment

选择 directional steep

输入 35

选择 cut angle

选择 user defined

输入 90

选择 step over scallop

输入 0.01

选择 ok

选择 generate

选择 ok，如图 8.14 所示。

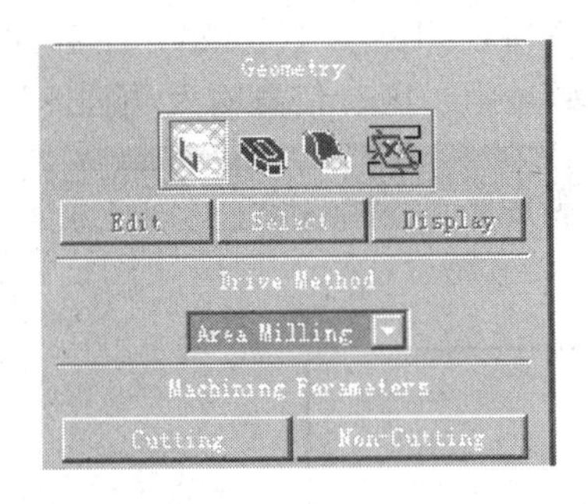

图 8.14　精加工 2

图 8.15　刀具路径

18. 刀具路径

选择所有生成的刀具路径，单击右键，选择 verify

选择 dynamic

选择 play forward

选择 compare

选择 ok，如图 8.15 所示。

# 任务 8.2　Mastercam 的应用

### 8.2.1　Mastercam 系统特性概述

Mastercam 是美国专业从事计算机数控程序设计专业化的公司 CNC Software INC 研制出来的一套计算机辅助制造系统软件。它将 CAD 和 CAM 这两大功能综合在一起，是我国目前十分流行的 CAD/CAM 系统软件。它有以下特点：

（1）Mastercam 除了可产生 NC 程序外，本身也具有 CAD 功能（2D、3D、图形设计、尺寸标注、动态旋转、图形阴影处理等功能）可直接在系统上制图并转换成 NC 加工程序，也可将用其他绘图软件绘好的图形，经由一些标准的或特定的转换文件如 DXF 文件（Drawing Exchange File）、CADL 文件（CADkey Advanced Design Language）及 IGES 文件（Initial Graphic Exchange Specification）等转换到 Mastercam 中，再生成数控加工程序。

（2）Mastercam 是一套以图形驱动的软件，应用广泛，操作方便，而且它能同时提供适合目前国际上通用的各种数控系统的后置处理程序文件。以便将刀具路径文件（NCI）转换成相应的 CNC 控制器上所使用数控加工程序（NC 代码）。如 FANUC、MELADS、AGIE、HITACHI 等数控系统。

（3）Mastercam 能预先依据使用者定义的刀具、进给率、转速等，模拟刀具路径和计算加工时间，也可从 NC 加工程序（NC 代码）转换成刀具路径图。

（4）Mastercam 系统设有刀具库及材料库，能根据被加工工件材料及刀具规格尺寸自动确定进给率、转速等加工参数。

（5）提供 RS－232C 接口通信功能及 DNC 功能。

### 8.2.2　系统界面

Mastercam 系统在 Windows 下完成安装后，被自动设置 Start \ Programs \ Master-

cam菜单中，因此，在Mastercam菜单用鼠标选取Mill7图标（假定使用的是Mastercam Version 7.0)，即自动进入Mastercam系统的主界面，如图8.16所示，主界面分为四个功能区：主功能表区、第二功能表区、绘图（图形显示）区、信息输入/输出区。

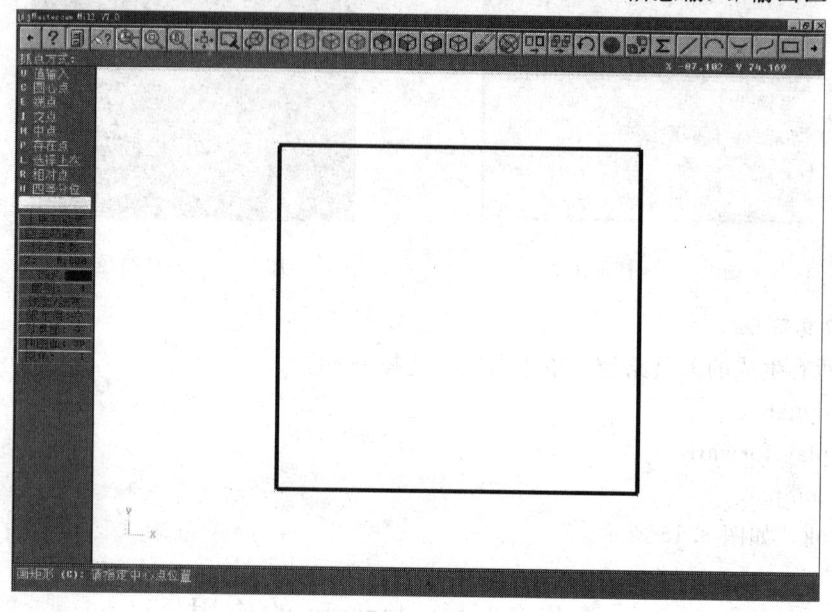


图8.16 系统界面

(1) 系统界面主功能表简要说明。

1) A分析：显示屏幕上的点、线、面及尺寸标注等资料。

2) C绘图：绘制点、线、弧、Spline曲线、矩形、曲面等。

3) F文件：存取、浏览几何图形、屏幕显示、打印、传输、转换、删除文件等。

4) M修整：可用倒圆角、修整、打断和连接等功能去修改屏幕上的几何图形。

5) D删除：用于删除屏幕或系统图形文件中的图形元素。

6) S屏幕：用来设置Mastercam系统及其显示的状态。

7) T刀具路径：用轮廓、型腔和孔等指令产生NC刀具路径。

8) N公用管理：修改和处理刀具路径。

9) E离开系统：退出Mastercam系统，回到Windows。

10) 上层功能表：回到前一页目录。

11) 主功能：返回主功能表（最上层目录)。

(2) 第二功能表简要说明。

1) 标示变数：用来设定标注尺寸的参数。

2) Z (工作深度)：用来设定绘图平面的工作深度。当绘图平面设定为3D时，设定的工作深度被忽略不计。

3) 颜色：设定系统目前所使用的绘图颜色。

4) 图层：设定系统目前所使用的图层。

5) 限定层：指定使用的图层，关掉非指定的图层的使用权。当设定为OFF时，全部的图层均可使用。

6）刀具平面：设定一个刀具面。

7）构图面：用来定义目前所要使用的绘图平面。

8）视角：定义目前显示于屏幕上的视图角度。

### 8.2.3　系统流程图

Mastercam 系统流程图如图 8.17 所示。

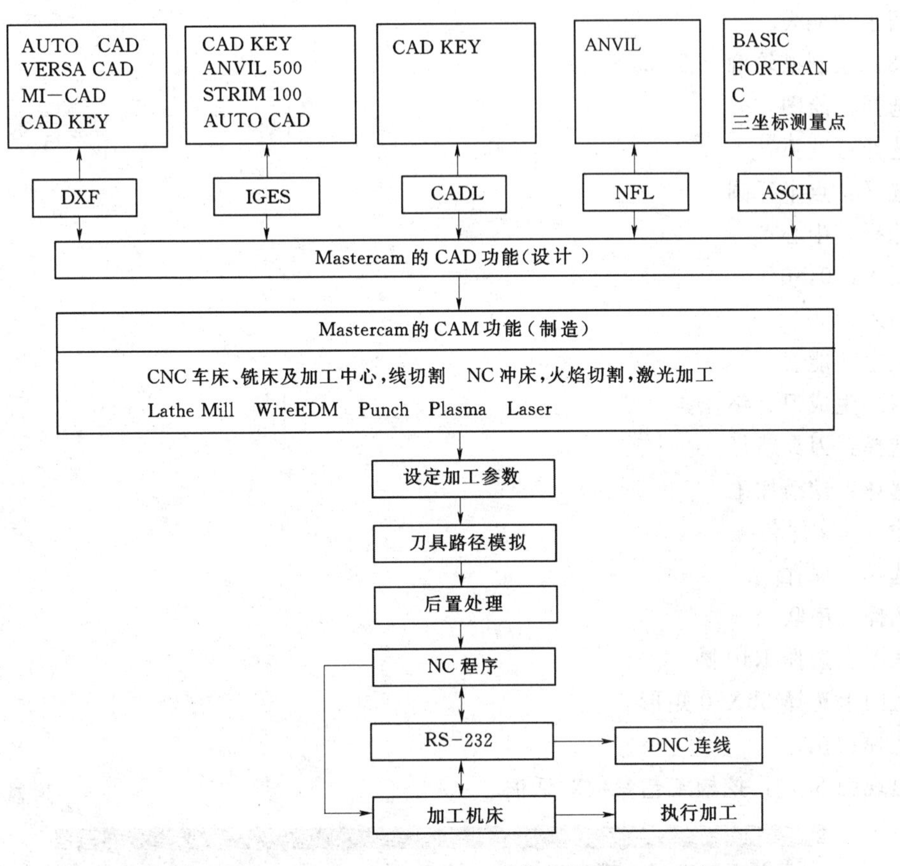


图 8.17　Mastercam 系统流程图

### 8.2.4　Mastercam 软件典型应用实例

1. 平面类零件加工实例

(1) 绘制外轮廓（图 8.18）。

选择：绘图

选择：矩形

选择：中心点

输入：0，0

输入：120

输入：120

从鼠标右键快捷菜单中选择：适度化回主功能表。

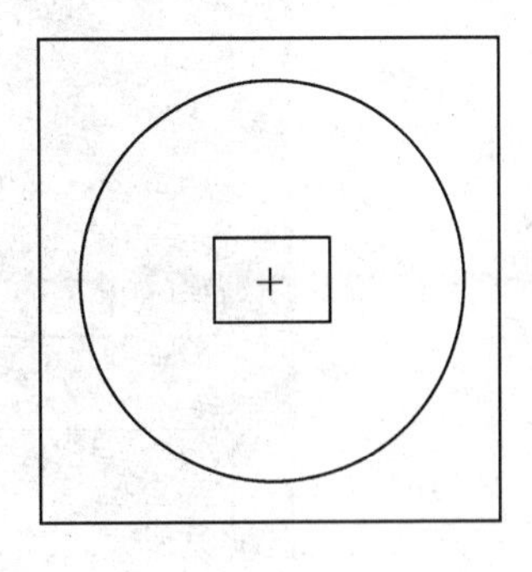

图 8.18　零件形状

(2) 绘制凸台（图 8.18）。

选择：绘图

选择：矩形
选择：中心点
输入：0，0
输入：30
输入：20
回主功能表。
(3) 绘制槽轮廓（图 8.18)。
选择：绘图
选择：圆弧
选择：点半径圆
选择：中心点
输入：0，0
输入：50
回主功能表。
(4) 生成刀具路径。
选择：刀具路径
选择：挖槽加工
输入：文件名
选择：保存
选择：串联
从图上选择 R40 圆
从图上选择 30X20 矩形
选择：执行
出现图 8.19：挖槽工艺参数对话框

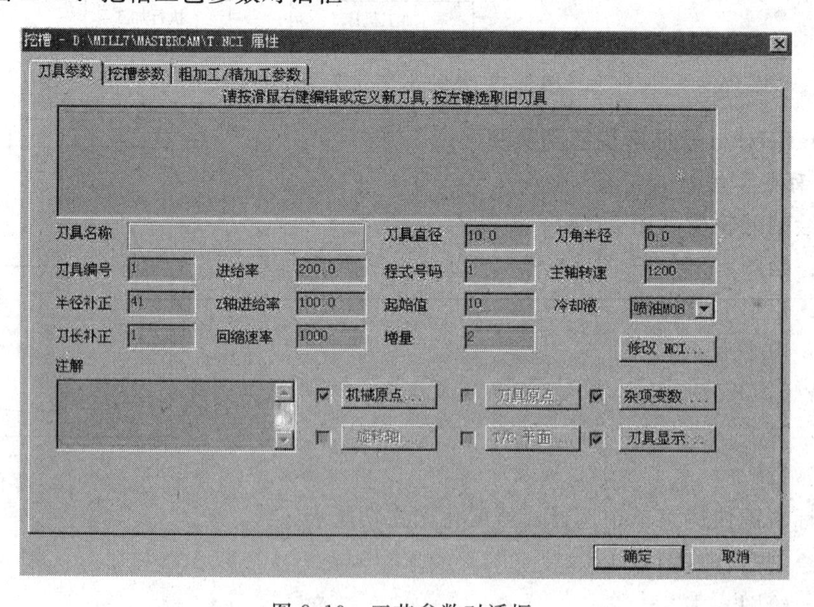

图 8.19　工艺参数对话框

输入：刀具直径 10；程式号码 0001；起始值 10；增量 2；冷却液 M08；进给率 200；Z 轴进给率 100；回缩速率 1000

选择标签：挖槽参数

输入：G00 下刀位置 5；最后切深度－20

选择：分层铣削

输入：MAX ROUGH（每层切深 0，0）4

选择：ok

选择标签：粗加工/精加工参数

选择：双向切削

输入：刀具直径百分比 45

选择：确定

生成刀具路径，如图 8.20 所示。

(5) 生成数控加工程序。

选择：操作管理

选择：后处理（图 8.21）。

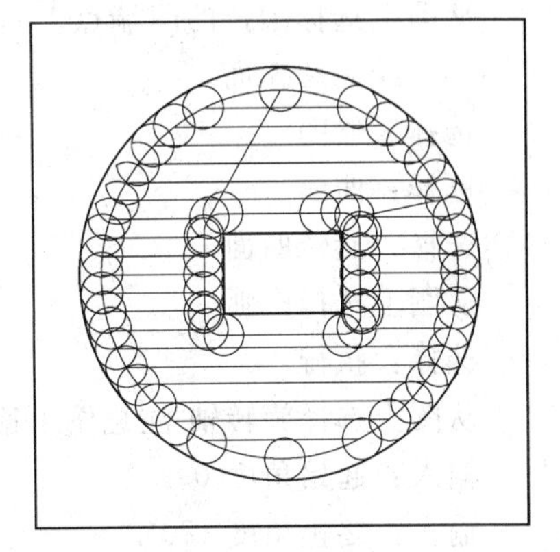

图 8.20　刀具路径图

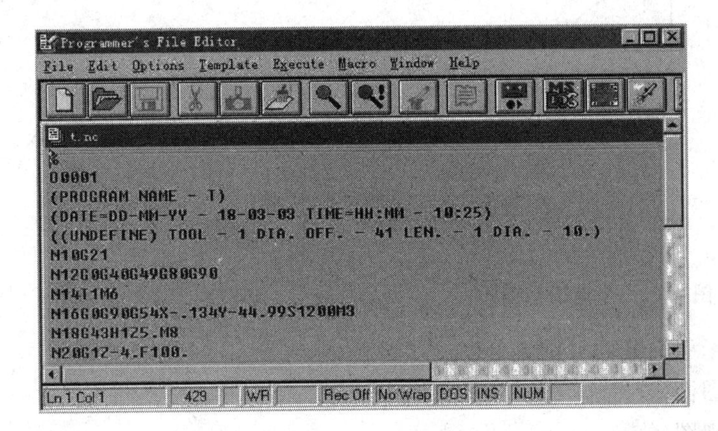


图 8.21　数控加工程序

2. 曲面类零件加工实例

(1) 绘制半球面截面（图 8.22）。

选择：绘图

选择：圆弧

选择：极坐标

选择：中心点

输入：0，0

输入：25

输入：－90

输入：90

从鼠标右键快捷菜单中选择适度化

回主功能表。

(2) 绘制旋转轴（图8.22）。

选择：绘图

选择：线

选择：任意线段

从图上选择圆弧的两端点。

(3) 绘制圆弧面。

选择：绘图

选择：曲面

选择：旋转曲面

从图上选择圆弧

选择：执行

从图上选择旋转轴 注意图上箭头沿Z向

输入：起始角度0

输入：终止角度180°。

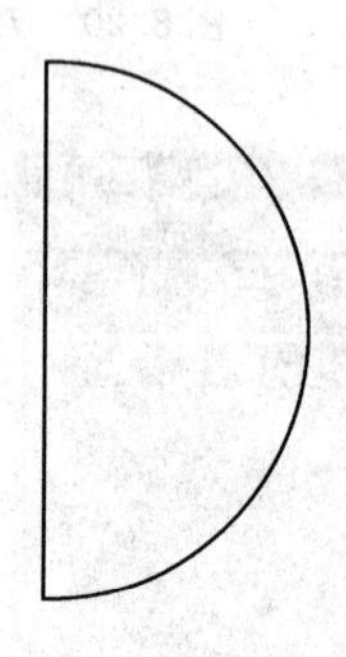

图8.22 半球面截面

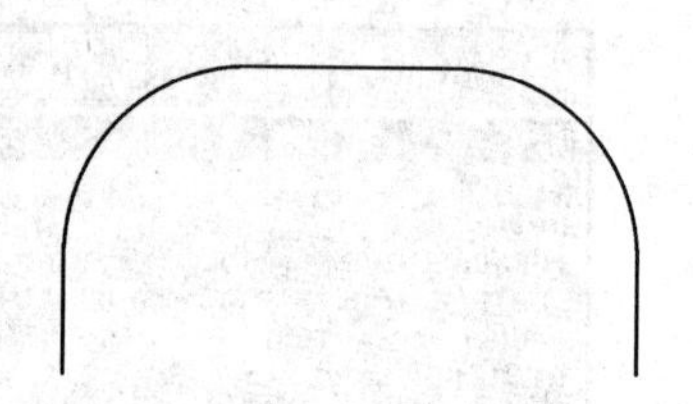

图8.23 牵引面截面

(4) 绘制牵引面截面（图8.23）。

选择：构图面

选择：前视图

选择：视角

选择：前视图

选择：绘图

选择：线

选择：连续线段

输入：−15，0

输入：−15，15

输入：15，15

输入：15，0

回主功能表

选择：修整

选择：倒圆角

选择：半径值

输入：10
从图上选择圆角的两个直边。
(5) 绘制牵引面（图 8.24）。
选择：绘图
选择：曲面
选择：牵引曲面
从图上选择截面线
选择：执行
输入：指定长度 40
选择：执行。

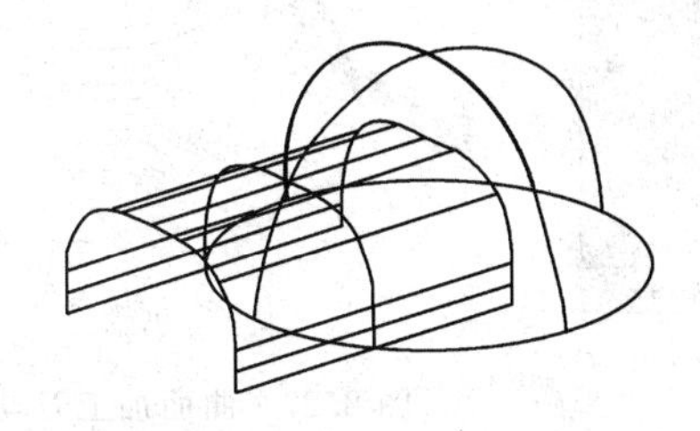

图 8.24　绘制完成曲面图

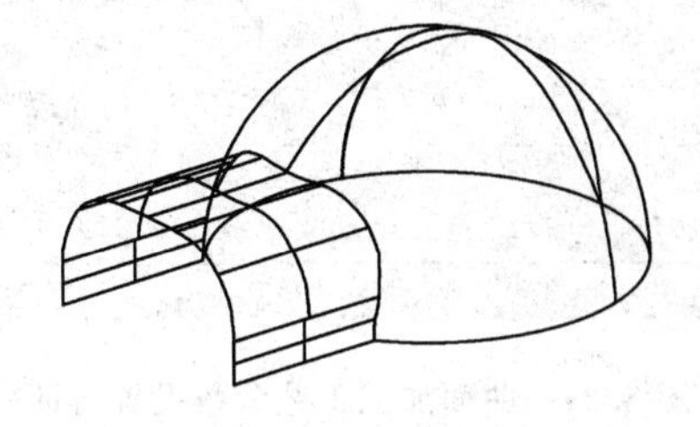

图 8.25　修整曲面

(6) 修整曲面（图 8.25）。
选择：修整
选择：修剪延伸
选择：曲面
选择：修整至曲面
选择：从图上选择圆弧面
选择：执行
从图上选择牵引曲面
选择：执行
选择：执行
从图上选择要保留的部分。
(7) 生成刀具路径。
选择：刀具路径
选择：曲面加工
选择：精加工
选择：外形加工
选择：保存
选择：所有的
选择：曲面
选择：执行
输入：刀具直径 10；程式号码 0002；起始值 10；增量 2；冷却液 M08；进给率 200；

Z 轴进给率 100；回缩速率 1000（图 8.26）

选择：确定，出现图 8.27。

(8) 生成数控加工程序。

选择：操作管理

选择：后处理。

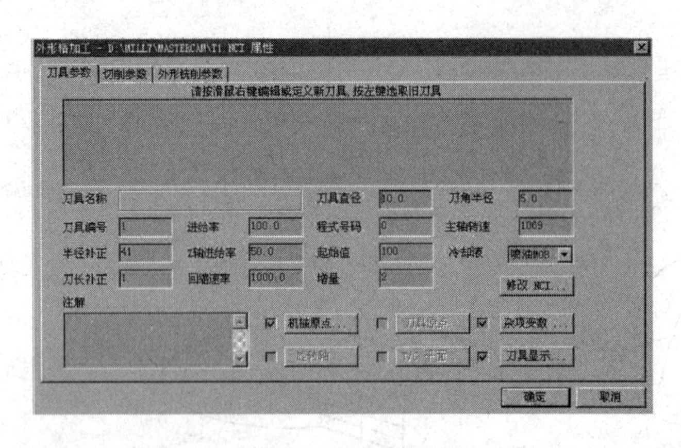


图 8.26　曲面加工工艺参数设置对话框

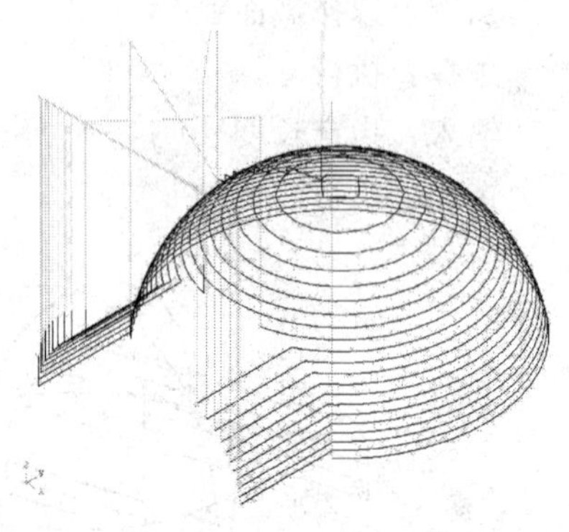

图 8.27　曲面加工刀具路径

## 思　考　题

1. 简述 UG 软件的 CAM 模块的特点。
2. 简述 Mastercam 软件特性。
3. 选择任一机械 CAD/CAM 应用软件，采用最佳方案进行零件造型和加工。

# 项目9　CAD/CAM集成技术及发展

## 任务9.1　21世纪制造业现状及发展趋势

21世纪初，机械制造业发展的特点是现代化高新技术的综合利用，其趋势是四化：即柔性化、敏捷化、智能化和信息化。再也不是以20世纪20～40年代发展起来的机械学科自身的成就——凸轮及其他机械为基础，采用专用机床、夹具、刀具、量具组成的流水式生产线——刚性自动化。刚性自动化的缺点是严重影响产品的更新换代，妨碍采用高新技术，产品在国际市场上缺乏竞争力。

目前，我国机械制造业中，一些国营企业亏损，产品在国内外市场上缺乏竞争力，产品大量积压，除与经营管理体制有关外，与企业设备陈旧、工程技术人员知识老化有很大关系。

为了适应市场经济，重振我国机械制造业，很有必要重新认识机械制造业，了解当前国际上机械制造业和21世纪初机械制造业发展的特点和今后的趋势。

1. 制造技术是国民经济发展的支柱

在1999年第46届国际生产工程学会（CIRP）年会上，该届年会主席——日本学者吉川教授在报告中指出，世界上各发达工业国家经济上的竞争，主要是制造技术的竞争。在各个国家企业生产力的构成中，制造技术的作用一般占55%～65%，日本及亚洲四小龙的发展，在很大程度上都是与他们重视制造技术有关。这些国家和地区十分重视将世界各国高新技术专利买回来，通过制造技术，形成独、特、高的产品，率先占领世界市场。这就是他们之所以能崛起、腾飞的诀窍。

机械制造业必须领先信息科学、材料科学来改造自己；另外，信息科学、材料科学也必须依赖于制造技术来取得新的发展。例如，在计算机的发展中，最关键的问题是高密集度的大规模集成电路与存储器件的制作，它们有赖于制造技术的发展。

美国、日本等国的专家已将制造科学与信息科学、材料科学、生物科学一起列为当今时代四大支柱科学。美国由于近年来缺乏对制造科学的重视，使他们许多产品缺乏竞争力。为此，美国政府已批准将先进制造计划列为1996年国家预算唯一重点支持的科技领域，这已引起美国、日本、欧洲在制造技术上新一轮的竞争。

要重新认识机械制造业，尚包含着另一种意义。它已经不是传统意义上的机械制造，即所谓的机械加工。它是集机械、电子、光学、信息科学、材料科学、生物科学、激光学、管理学等最新成就为一体的一个新兴技术与新兴工业。

2. 检测技术是现代机械制造技术发展的根本保证

自动化生产中的许多信息需要通过检测来提供，生产中出现的各种故障要通过检测去发现和防止，所需要的精度也要靠检测来保证。没有可靠的检测就没有现代化与自动化，更没有高效率和高质量。

在第46届国际生产工程学会年会上，几篇有关“装配系统的新发展”论文中均强调指出，为适应柔性自动化的需要，机器人必须有视觉系统，能对装配件的形体与姿态进行识别，应装有位置与触觉传感器，进行精确定位与抓握力的控制，自动导引车也应有视觉或声发射传感器，以发现行进中可能遇到的障碍物。在《激光加工的传感器》和《表面粗糙度与表面形貌学》两篇论文中，则完全以检测为主线来进行讨论。在《激光加工中的传感器》一文中指出，激光加工本身是一种“盲过程”，它只加工一个点，为了获得所需形状，需要通过检测来控制，激光加工是一种侵蚀过程，其形态需要通过传感器检测和控制。激光加工之所以能实现，关键在于传感器。在第46届国际生产工程学会年会上，有许多论文均着重指出：越是柔性化的过程，越需要传感器。

3.当前机械制造业发展的特点是高新技术的综合利用

当前机械制造技术不仅在它的信息处理与控制等方面运用了微电子技术、计算机技术、激光加工技术，在加工机理、切削过程乃至所用的刀具也无不渗透着当代的高新技术，再也不是原来意义上的“机械加工”了。例如激光加工，通过控制光束与工件的相对运动，可以在一台机床上加工出孔、槽，二维、三维曲面等各种形状，完成钻、铣、镗等动作，它在21世纪初可能引起机械加工的一场新的革命。激光切割、焊接、裁剪、成形加工以及激光快速找正、激光测量等技术，已经在汽车工业中得到广泛应用，并获得巨大的经济效益。

当今，将机械加工分为切削加工与无屑加工已不确切。进入20世纪90年代，又发明了一种快速成形加工方法。由激光器发出的紫外光经光学系统汇聚成一支细光束，对盛在容器内的液体塑料进行扫描。这种塑料能利用紫外激光的光化作用使其表面固化。根据所需要制造零件的尺寸与形状，由计算机控制，只需在形成零件实体处曝光，盛有液态塑料的工作台可作步进横向运动与升降运动。在激光扫描运动与工作台横向运动配合下，在激光光束扫描的地方形成一层薄薄的固化膜。每扫完一个平面，工作台下降0.05mm。这样一层层的塑料按规定形状的图形固化，可以制成任意复杂的零件，这种加工方法是未来的发展方向之一。

许多工业发达国家的学者、专家在谈到生产过程柔性化、敏捷化、智能化、信息化时，都指出机械制造工程师应掌握和综合利用工程数学、激光学、激光电子技术、计算机技术、控制论、生物学、材料科学、管理科学、人文科学等高新技术，这些科学将改变着机械制造的面貌，而机械制造技术的发展又为这些科学提供新的工具，进一步促进这些科学的发展。

4.21世纪初机械制造业发展的总趋势

21世纪初，机械制造业总的发展趋势为“四化”。

（1）柔性化。使工艺装备与工艺路线能适用于生产各种产品的需要，能适用于迅速更换工艺、更换产品的需要。

（2）敏捷化。使产品推向市场准备时间缩为最短，使机械制造厂机制能灵活转向。

（3）智能化。柔性自动化的重要组成部分，它是柔性自动化的新发展和延伸。人类不仅要摆脱繁重的体力劳动，而且还要从烦琐的计算、分析等脑力劳动中解放出来，以便有更多的精力从事高层次的创造性劳动。智能化促进柔性化，它使生产系统具有更完善的判断与适应能力。

21世纪初，产品的更新换代将不断加快，各种各样的需要不断增加。据美国、日本和欧洲发达国家的统计，1975～1995年机械零件的种类增加了40％～50％，而75％～

85%的工作人员不直接与材料打交道，转与信息打交道。80%～88%的活动不直接增加产品附加值，产品工艺过程、组织管理日益复杂化。设计、工艺准备等项工作约占为完成用户订货总时间的60%以上。另外，在激烈的市场竞争中，供货期与产品质量往往起着比价格更为重要的作用。敏捷化已是在机械制造业面前的重大课题。在技术上要实现柔性化，在生产组织上要实现变革，这些都是机械制造企业刻不容缓的大事。

(4) 信息化。机械制造业将不再是由物质和能量借助于信息的力量生产出价值，而是由借助于物质和能量的力量生产出价值。因此，信息产业和智力产业将成为社会的主导产业。机械制造也将是由信息主导的，并采用先进生产模式、先进制造系统、先进制造技术和先进组织管理方式的全新的机械制造业。21世纪初，机械制造业的重要特征表现在它的全球化、网络化、虚拟化、智能化以及环保协调的绿色制造等。

进入20世纪90年代，在国际生产工程学会年会上，每届都有大量关于并行工程(Concurrent Engineering)、精益生产（Lean Production)、及时生产（Aqiling Production）等方面的论文。这些都将是21世纪机械制造业十分热门的研究课题，所以，柔性化、敏捷化、智能化和信息化便成为21世纪初机械制造业总的发展趋势。

# 任务9.2 CIMS 技 术

计算机集成制造系统（Computer Integrated Manufacturing System，CIMS)，是计算机应用技术在工业生产领域的主要分支技术之一。它的概念是由美国的J. Harrington于1973年首次提出的，但是直到80年代才得到人们的认可。对于CIMS的认识，一般包括以下两个基本要点：

(1) 企业生产经营的各个环节，如市场分析预测、产品设计、加工制造、经营管理、产品销售等一切的生产经营活动，是一个不可分割的整体。

(2) 企业整个生产经营过程从本质上看，是一个数据的采集、传递、加工处理的过程，而形成的最终产品也可看成是数据的物质表现形式。因此对CIMS通俗的解释可以是“用计算机通过信息集成实现现代化的生产制造，以求得企业的总体效益。”整个CIMS的研究开发，即系统的目标、结构、组成、约束、优化和实现等方面，体现了系统的总体性和系统的一致性。

## 9.2.1 CIMS的构成

CIMS一般可以划分为如下四个功能子系统和两个支撑子系统：工程设计自动化子系统、管理信息子系统、制造自动化子系统、质量保证子系统以及计算机网络子系统和数据库子系统。系统的组成框图如图9.1所示。

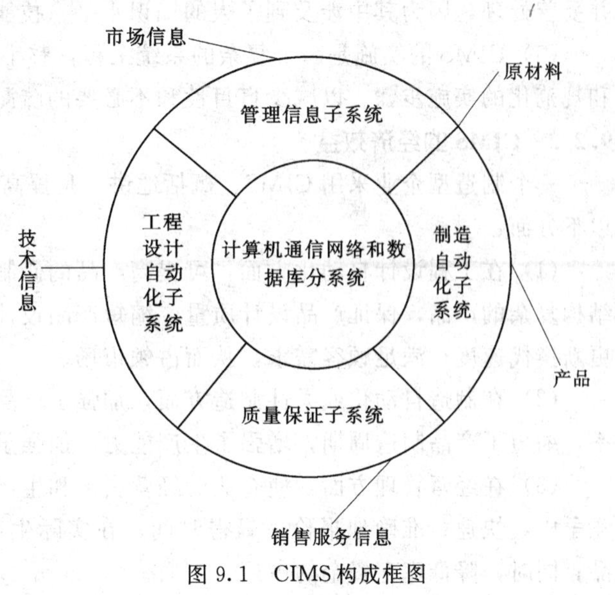

图9.1 CIMS构成框图

1. 四个功能子系统

(1) 管理信息子系统，以MRPII为核心，包括预测、经营决策、各级生产计划、生产技术准备、销售、供应、财务、成本、设备、人力资源的管理信息功能。

(2) 工程设计自动化子系统，通过计算机来辅助产品设计、制造准备以及产品测试，即CAD/CAPP/CAM阶段。

(3) 制造自动化（或柔性制造）子系统，是CIMS信息流和物料流的结合点，是CIMS最终产生经济效益的聚集地，由数控机床、加工中心、清洗机、测量机、运输小车、立体仓库、多级分布式控制计算机等设备及相应的支持软件组成。根据产品工程技术信息、车间层加工指令，完成对零件毛坯的作业调度及制造。

(4) 质量保证子系统，包括质量决策、质量检测、产品数据的采集、质量评价、生产加工过程中的质量控制与跟踪功能。系统保证从产品设计、产品制造、产品检测到售后服务全过程的质量。

2. 两个辅助子系统

(1) 计算机网络子系统。即企业内部的局域网，支持CIMS各子系统的开放型网络通信系统。采用标准协议可以实现异机互联、异构局域网和多种网络的互联。系统满足不同子系统对网络服务提出的不同需求，支持资源共享、分布处理、分布数据库和适时控制。

(2) 数据库子系统。支持CIMS各子系统的数据共享和信息集成，覆盖了企业全部数据信息，在逻辑上是统一的，在物理上是分布式的数据管理系统。

### 9.2.2　CIMS的实施

CIMS系统是企业经营过程、人的作用发挥和新技术的应用三方面集成的产物。因此，CIMS的实施要点也要从这几方面来考虑：

(1) 要改造原有的经营模式、体制和组织，以适应市场竞争的需要。因为CIMS是多技术支持条件下的一种新的经营模式。

(2) 在企业经营模式、体制和组织的改造过程中，对于人的因素要给予充分的重视，并妥善处理，因为其中涉及到了人的知识水平、技能和观念。

(3) CIMS的实施是一个复杂的系统工程，整个的实施过程必须有正确的方法论指导和规范化的实施步骤，以减少盲目性和不必要的疏漏。

### 9.2.3　CIMS的经济效益

一个制造型企业采用CIMS，概括地讲，是提高了企业整体效率。具体而言，体现在以下方面：

(1) 在工程设计自动化方面，可提高产品的研制和生产能力，便于开发技术含量高和结构复杂的产品，保证产品设计质量，缩短产品设计与工艺设计的周期，从而加速产品的更新换代速度，满足顾客需求，从而占领市场。

(2) 在制造自动化或柔性制造方面，加强了产品制造的质量和柔性，提高了设备利用率，缩短了产品制造周期，增强了生产能力，加强了产品供货能力。

(3) 在经营管理方面，使企业的经营决策和生产管理趋于科学化。使企业能够在市场竞争中，快速、准确地报价，赢得时间；在实际生产中，解决“瓶颈”问题，减少再制品；同时，降低库存资金的占用。

### 9.2.4 CIMS 成功应用的案例

(1) 早在1985年，美国科学院对美国在CIMS方面处于领先地位的五家公司——麦克唐纳道格拉斯飞机公司、迪尔拖拉机公司、通用汽车公司、英格索尔铣床公司和西屋公司进行调查和分析，他们认为采用CIMS可以获得如下收益：产品质量提高200%～500%；生产率提高40%～70%；设备利用率提高200%～300%；生产周期缩短30%～60%。

(2) 在我国，成都飞机工业公司自1989年开始开展CIMS工程，经过10年的发展完善，使得企业在产品制造能力和公司管理水平方面上了一个新台阶，从而赢得了国外航空产品转包生产的订单，经济效益十分明显。10年来，企业仅在网络和数据库方面累计投资就超过2000万元，但是企业CIMS工程总设计师认为当初的投资在今天得到了回报。企业目前很好地实现了信息共享和集成，并且利用开放系统避免建设信息孤立岛，省去了大量的重复性劳动。但是，对于系统的建设完善，CIMS工程要分为一期、二期、三期，不断进行，要不断地推动系统走向实用化，逐步获得效益。

## 任务9.3 工 业 机 器 人

当今世界，科学技术突飞猛进，生物技术、计算机技术、纳米技术、航天技术、能源技术等日新月异，在这些科技的基础上，融合生物、机械、电子、计算机、人工智能等众多科学的产物——智能机器人技术正在进入新的发展阶段，新一代智能机器人正在诞生，它具有更高的智能、更强的功能，机器人正在逐渐渗透到工业、农业、医疗、军事、教育、娱乐等各个领域。如果说20世纪80年代是PC时代，90年代是Internet时代，那么，21世纪将是个人机器人（Personal Robot，PR）时代！有科学家预言：今后，PC可能被PR取代，Internet也可能成为PR的大脑的一部分。在不久的将来，个人机器人会成为人们每天学习、生活、娱乐中离不开的伙伴！因此，学习和掌握机器人技术，对于今后的学习、生活和祖国的现代化建设都有着极其重要的意义。

### 9.3.1 工业机器人的基本概念

科学家预言：21世纪，机器人将全面走进人类的生活。那么究竟什么是机器人？机器人是怎样发展起来的？机器人又是怎样工作的呢？本节先来了解这样一些基本概念。

1. 工业机器人的定义

提起机器人，同学们也许不会陌生，铁臂阿童木、霹雳五号、奥特曼、特警战士等都是机器人，这些科幻小说或影视作品中的主人公聪明机智、神通广大，给我们留下了深刻的印象。

也许有人会认为：机器人就是外表像人的机器。实际上，外表酷似人类的机器人，只是机器人的一种表现形式。在我们身边，还有很多机器人，它们形状各式各样，并不一定具备人的外表，但对我们的生活起着重要的作用。

那么到底什么是机器人呢？简单地说就是：能自动工作的机器。是不是机器人，只需看一看它是否具备以下三个基本特征：

(1) 有身体：根据不同的应用需要，有一定的形状结构。

(2) 有大脑：为了自动工作，机器人必须有控制它的程序。

(3) 能动作：能自动执行一定的动作。

说计算器是机器人，因为它有一个盒子一样的身体，它有自己的大脑，即内部有程序控制，在程序控制下，能根据输入的表达式自动完成计算、显示等动作。

电梯也是机器人，因为它有箱子一样的身体，内部也有控制程序（大脑），在程序控制下，能根据外界指令指挥电梯作出升降动作并自动停在指定位置。

但机械钟表不是机器人，它只不过是一种机械装置，因为它没有属于自己的大脑，没有一个告诉它在不同环境下如何动作的程序，而且，它自己不能活动，只能靠外力来运动。

图9.2中的其他机器，如：复印机、自动门、自动售票机等，因为它们都有一定形状的身体，都有自己的大脑，即都能按照人们预先设定的程序来自动工作，所以它们都是机器人。大多数家用电器都属于简单的机器人。

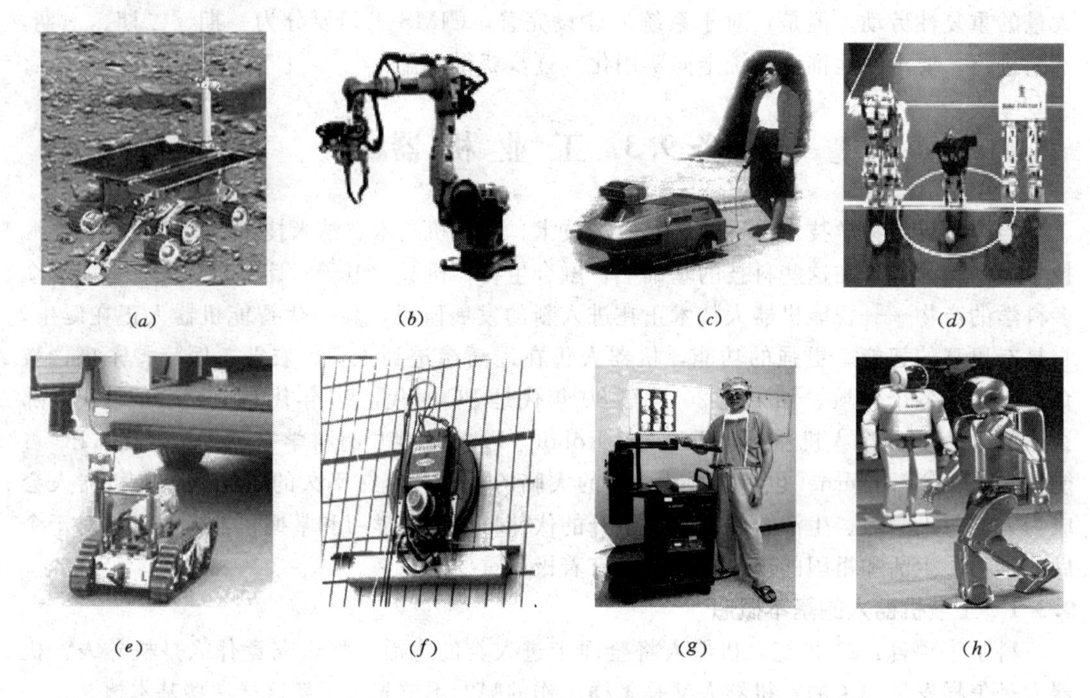

(*a*)　(*b*)　(*c*)　(*d*)

(*e*)　(*f*)　(*g*)　(*h*)

图9.2　多姿多彩的机器人

(*a*) 火星探索机器人；(*b*) 工业焊接机器人；(*c*) 导音机器人；(*d*) 娱乐机器人；(*e*) 排险机器人；(*f*) 面壁清洗机器人；(*g*) 医疗手术机器人；(*h*) 人型机器人

每天，人们可能都在不知不觉中同各种各样的机器人打交道，但由于许多机器人并不像人们在电影或书本中看到的那种样子，因此，人们往往很少将它们与机器人联系起来，实际上，它们就是机器人，只不过有的机器人功能简单，有的机器人功能复杂。

目前，在工业、国防、医疗、服务等领域应用的复杂机器人也有很多种，如图9.2就是其中的一部分。

从上面这些例子可以看出，机器人或大或小、或简单或复杂，形态各异，姿态万千，他们是人类的助手，不仅为人们的日常生活提供方便，而且还能代替人类完成很多繁重和危险的工作，甚至进入到人类从未去过的地方。

2. 机器人的起源与发展

虽然“机器人”一词的出现和世界上第一台工业机器人的诞生都只是近几十年的事，然而人类对机器人的幻想与追求却已有 3000 多年的历史。人们一直希望能制造出一种像人一样的机器，以便代替人类完成各种工作。

在我国的西周时期，能工巧匠偃师曾经研制出了能歌善舞的“伶人”，这是我国最早记载的概念意义上的机器人。春秋后期，著名的木匠鲁班制造了一只木鸟，木鸟能在空中飞行“三日不下”。1800 年前的汉代，大科学家张衡不仅发明了地动仪，而且发明了计里鼓车。计里鼓车每行一里，车上木人便击鼓一下，每行十里便击钟一下。后汉三国时期，蜀国丞相诸葛亮成功地创造出了“木牛流马”运送军粮，支援前方。

在 18 世纪，法国人 Jacques de Vaucanson 设计出了世界上最古老的机械机器人——一台由打孔机控制的织布机，如图 9.3 所示。随后，Joseph Marie Jacquard 又对它进行了改进，减少了人工干预过程，使结构更加复杂，功能更加完善。

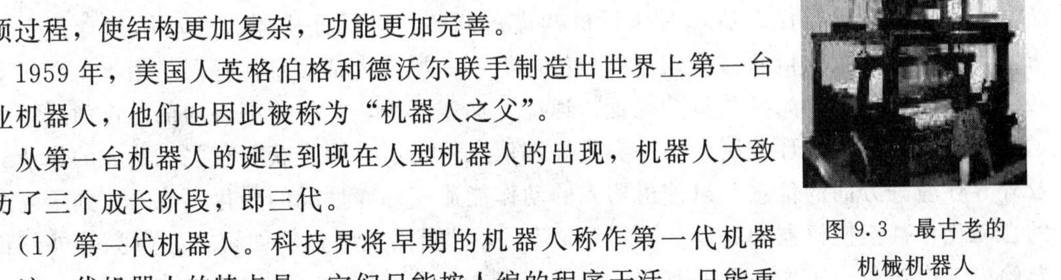

图 9.3 最古老的机械机器人

1959 年，美国人英格伯格和德沃尔联手制造出世界上第一台工业机器人，他们也因此被称为“机器人之父”。

从第一台机器人的诞生到现在人型机器人的出现，机器人大致经历了三个成长阶段，即三代。

(1) 第一代机器人。科技界将早期的机器人称作第一代机器人。这一代机器人的特点是：它们只能按人编的程序干活，只能重复一种动作，以一种固定的模式去做，不具有外界信息的反馈能力，很难适应变化的环境。“尤尼梅特”和“沃尔萨特兰”这两种最早的工业机器人是第一代机器人的典型代表，如图 9.4 所示。

(2) 第二代机器人。这一代机器人由电脑控制，它们对外界环境有一定感知能力，可根据需要按不同的程序完成不同的工作，这就使得机器人在很多人类所不能完成的工作上大展拳脚，解决了很多工业生产和活动中的难题，如图 9.5 所示。

(3) 第三代机器人——智能机器人。智能机器人是目前机器人大家庭中最先进的一代，它不仅具有感知能力，而且还具有独立判断和行动能力，并拥有记忆、推理和决策的功能，因而能够完成更加复杂的动作。这类机器人利用中央电脑来控制手臂和行走装置，使它的手能操作，脚能移动，同时还能用自然语言与人对话。智能机器人的“智能”特征就在于它具有与环境和人相适应、相协调的工作机能。目前，机器人正在向着更高智能化的方向发展，如图 9.6 所示。

图 9.4 第一代机器人

图 9.5 第二代机器人

图 9.6 第三代机器人

3. 机器人的组成

机器人一般由执行机构、驱动装置、检测装置和控制系统等组成。

(1) 执行机构即机器人本体，其臂部一般采用空间开链连杆机构，其中的运动副（转动副或移动副）常称为关节，关节个数通常即为机器人的自由度数。根据关节配置形式和运动坐标形式的不同，机器人执行机构可分为直角坐标式、圆柱坐标式、极坐标式和关节坐标式等类型。出于拟人化的考虑，常将机器人本体的有关部位分别称为基座、腰部、臂部、腕部、手部（夹持器或末端执行器）和行走部（对于移动机器人）等。

(2) 驱动装置是驱使执行机构运动的机构，按照控制系统发出的指令信号，借助于动力元件使机器人进行动作。它输入的是电信号，输出的是线、角位移量。机器人使用的驱动装置主要是电力驱动装置，如步进电机、伺服电机等，此外也有采用液压、气动等驱动装置。

(3) 检测装置的作用是实时检测机器人的运动及工作情况，根据需要反馈给控制系统，与设定信息进行比较后，对执行机构进行调整，以保证机器人的动作符合预定的要求。作为检测装置的传感器大致可以分为两类：一类是内部信息传感器，用于检测机器人各部分的内部状况，如各关节的位置、速度、加速度等，并将所测得的信息作为反馈信号送至控制器，形成闭环控制；另一类是外部信息传感器，用于获取有关机器人的作业对象及外界环境等方面的信息，以使机器人的动作能适应外界情况的变化，使之达到更高层次的自动化，甚至使机器人具有某种“感觉”，向智能化发展，例如视觉、声觉等外部传感器给出工作对象、工作环境的有关信息，利用这些信息构成一个大的反馈回路，从而将大大提高机器人的工作精度。

(4) 控制系统有两种方式：一种是集中式控制，即机器人的全部控制由一台微型计算机完成。另一种是分散（级）式控制，即采用多台微机来分担机器人的控制，如当采用上、下两级微机共同完成机器人的控制时，主机常用于负责系统的管理、通信、运动学和动力学计算，并向下级微机发送指令信息；作为下级从机，各关节分别对应一个CPU，进行插补运算和伺服控制处理，实现给定的运动，并向主机反馈信息。根据作业任务要求的不同，机器人的控制方式又可分为点位控制、连续轨迹控制和力（力矩）控制。

4. 工业机器人的分类

工业机器人的类型很多，可以按机器人的系统功能、是否移动、驱动方式以及机器人的结构形式进行分类。

按系统功能分类：

(1) 专用机器人。专用机器人是在固定地点以固定程序工作的机器人。无独立的控制系统，具有动作少、工作对象单一、结构简单、实用可靠和造价低的特点，比较适用于在大批量生产系统中使用。如附属于加工中心机床的自动换刀机械手。

(2) 通用机器人。通用机器人是一种具有独立控制系统且动作灵活多样，通过改变控制程序能完成多种作业的机器人。其结构复杂，工作范围大，定位精度高，通用性强，适用于不断变换生产品种的柔性制造系统。

(3) 示教再现式机器人。示教再现式机器人具有记忆功能，可完成复杂动作，适用于多工位和经常变换工作路线作业的机器人。它采用示教法进行编程，即由操作者通过手动控制“示教”机器人做一遍操作示范，完成全部动作过程后，其存储装置便能记忆所有这

些工作的顺序、位置、条件，此后机器人便能“再现”操作者教给的动作。

（4）智能机器人。智能机器人采用计算机控制，具有视觉、听觉、触觉等多种感觉功能和识别功能的机器人，通过比较和识别自主作出决策和规划，自动进行信息反馈，完成预定的工作。

按是否移动分类：

（1）固定式机器人。固定式机器人的机械本体是固定的，它只能进行臂部可活动范围内的输送工作。

（2）移动式机器人。这种机器人克服了固定式机器人活动范围小，物料运送距离短的弱点，常用于加工设备多的场合。

按驱动方式分类：

（1）气压传动机器人。它是一种以压缩空气来驱动执行机构运动的机器人，具有动作迅速、结构简单、成本低的特点。因空气具有可压缩性，往往会造成工作速度稳定性差。其气源压力较低，一般抓重不超过30kg，适用于在高速轻载、高温和粉尘大的环境中作业。

（2）液压传动机器人。这种机器人抓重可达几百公斤以上，传动平稳、结构紧凑、动作灵敏，因此使用极为广泛。若采用液压伺服控制机构，还能实现连续轨迹控制。然而，这种机器人要求有严格的密封和油液过滤，以及较高的液压元件制造精度，且不宜于在高温和低温环境下工作。

（3）电气传动机器人。这种机器人是由交、直流伺服电动机、直线电动机或功率步进电动机驱动，不需要中间转换机构，机械结构简单、响应速度快、控制精度高。

按结构形式分类：

（1）直角坐标机器人。直角坐标机器人的主机架由三个相互正交的平移轴组成。它具有结构简单、定位精度高的特点。

（2）圆柱坐标机器人。圆柱坐标机器人具有一个旋转轴和两个平移轴。圆柱坐标机器人由立柱和一个安装在立柱上的水平臂组成。立柱安装在回转机座中，水平臂可以伸缩，它的滑鞍可沿立柱上下移动。

（3）球坐标机器人。球坐标机器人由回转机座、俯仰铰链和伸缩臂组成，具有两个旋转轴和一个平移轴。

（4）关节机器人。关节机器人手臂的运动类似于人的手臂，由大小两臂和立柱等机构组成。大小臂之间用铰链连接形成肘关节，大臂和立柱连接形成肩关节，可实现三个方向的旋转运动。具有较高的运动速度和极好的灵活性，是最常用的机器人。

5. 工业机器人的主要技术指标

（1）自由度。即用来确定手部相对机座的位置和姿态的独立参变数的数目，它等于操作机独立驱动的关节数目。自由度是反映操作机的通用性和适应性的一项重要指标。自由度较多，就更能接近人手的动作机能，通用性更好，但结构也更复杂。目前，一般的通用工业机器人大多为5个自由度左右，已能满足多种作业的要求。

（2）工作空间。即操作机的工作范围，通常以手腕中心点在操作机运动时所占有的体积来表示。把操作机能对操纵对象完成操作的那一部分空间称为看管区域或工作区域，如图中手脚范围所限定的区域。

（3）灵活度。是指操作机末端执行器在工作（如抓取物体）时，所能采取的姿态的多少。若能从各个方位抓取物体，则其灵活度最大；若只能从一个方位抓取物体，则其灵活度最小。

此外，用来表征工业机器人操作机性能的技术指标还有负荷能力，快速动作特性，重复定位精度及能量消耗等等。

### 9.3.2　机器人的基本结构与工作原理

智能机器人是一个复杂的系统，要理解智能机器人的基本结构与工作原理，不妨先来看看人的思维动作过程，如图9.7所示。

眼、耳、皮肤等是人的感知系统部件，通过感觉收集外界信息

人脑是人的大脑决策系统部件，对收集到的信息进行思考决策

手、脚等是人的执行系统部件，对外界信息作出反应

图9.7　人体智能系统

人对周围环境的反应过程主要是感觉→大脑思维→作出动作反应，即通过眼睛、耳朵、皮肤等感觉器官收集外界信息，然后将收集到的外界信息汇集到人脑中进行分析处理，最后由人脑发出动作指令，指挥手、脚等执行器官作出相应的动作。在人体系统中，把眼睛、耳朵、皮肤等看做是人体的感知系统部件，人脑看做是人体的大脑决策系统部件，而手、脚等看做是人体的执行系统部件。

智能机器人的信息处理流程与人相似，它一般也是由感知系统、大脑决策系统、执行系统这三大部分组成，如图9.8所示。

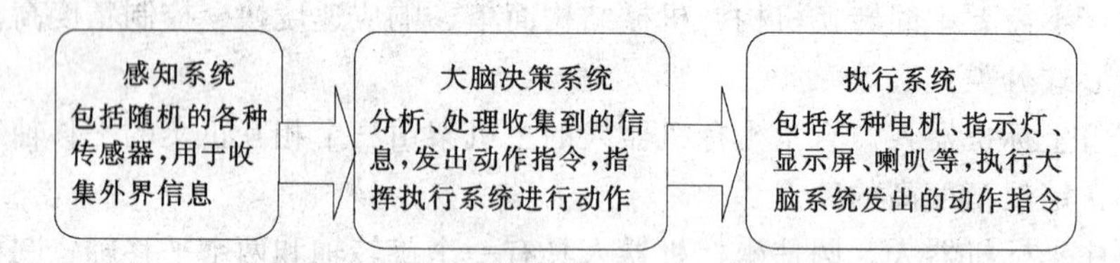


图9.8　智能机器人工作原理示意图

感知系统包括机器人随身的各种传感器。感知环境是机器人产生智能行为的前提，机器人通过各种传感器，如视觉传感器、触觉传感器、听觉传感器等来感知和收集外界信息。对机器从来说，这些传感器就是它的眼睛、皮肤、耳朵，能为它提供外界信息。例如，电冰箱里的触动传感器可以感知冰箱门的压力；路灯上的光敏传感器，可以感知黑夜或白天。传感器形式多样，如图9.9所示就是一些机器人中用到的光敏传感器、红外传感器和触动传感器。

传感器收集到周围的信息后，必须汇集到机器人的大脑中进行分析、处理，才能决定机器人下一步的动作。机器人的大脑如图9.10所示决策系统一般由单片机来制作，它能分析、处理获得的各种信息，然后发出指令指挥机器人作出各种动作，如行走、显示、发声等。

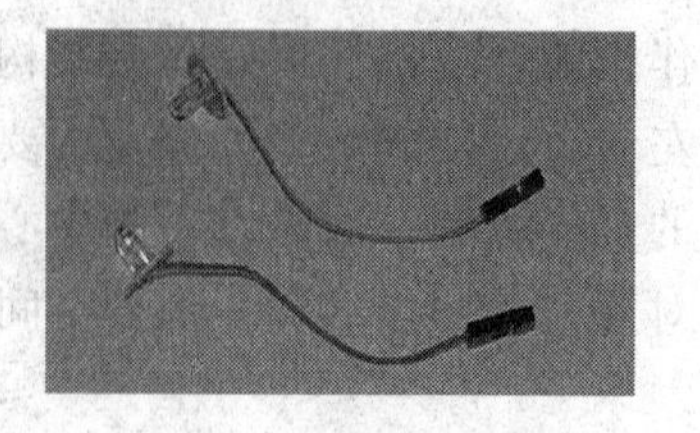

图9.9　机器人传感器

机器人大脑要对信息作出分析、处理，必须要依据人们为它设计的控制程序。因此，程序是赋予机器人思维和智慧的真正源泉。程序质量的好坏，将直接影响机器人的智能程度的高低。

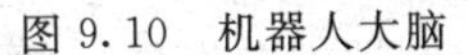
图 9.10 机器人大脑

图 9.11 车载机械手

机器人大脑可以作出决策并下达动作指令，如移动、伸臂等，完成这些具体的动作就要靠执行系统的部件，如电机、传动齿轮、橡胶轮、传送带、指示灯、显示屏、喇叭等。如图 9.11 所示，车载机械手就包含了复杂的齿轮、电机等执行部件。

完成从传感器的信息收集到机器人大脑的分析、处理，最后到输出信息指挥执行系统的部件进行动作的过程就是机器人智能行为的过程。

把机器人的感知系统、大脑决策系统和执行系统称作智能机器人的三大要素。

机器人实现智能行为过程的每一步都离不开程序的支持，它的每一步动作都是人类“教”给它的。所以，学习研究机器人，除了要掌握机器人的硬件结构外，还必须认真学好机器人控制程序的设计方法。

### 9.3.3 工业机器人的应用及发展趋势

1. 工业机器人在工业、生产中的应用

工业机器人在工业生产中能代替人做某些单调、频繁和重复的长时间作业，或是危险恶劣环境下的作业，例如在冲压、压力铸造、热处理、焊接、涂装、塑料制品成形、机械加工、金属制品业和简单装配等工序上，以及在原子能工业等部门中，完成对人体有害物料的搬运或工艺操作。在日本、美国、西欧等一些工业发达的国家中，工业机器人得到越来越广泛的应用。

2. 工业机器人在其他领域中的应用

随着科技的发展，机器人功能和性能的不断改善和提高，机器人的应用领域日益在扩大，其应用范围已不限于工业，还用于农业、林业、交通运输业、原子能工业、医疗、福利事业、海洋和深空探测等事业中。

例如在海洋开发方面，我国在争取公海海域优先开采权的过程中，由国家“863”计划研制的 6000m 水下无缆自治机器人系统先后两次出海，获得了海底锰结核分布的珍贵资料，使我国成为世界上少数几个具有深海探测能力的国家之一。

深空探测领域方面，由于机器人的自身特点和功用，可以处在人类无法到达或相当危险的环境中去工作，因此，它的重要性再次体现。例如，我国启动的“嫦娥工程”论证和关键技术的攻关，中国首先登上月球的是机器人而不是人，它对月球进行考察、分析、取样。

“机器人遥控操作系统”模拟了科学家在地面操作太空机器人的行动。“神舟七号”的发射成功，机器人再次的应用在我国也愈加显得重要。中国几代人航天梦想的实现，使科学家们的眼光越来越集中到深空探测领域。

3. 工业机器人的发展趋势

机器人是先进制造技术和自动化装备的典型代表，是人造机器的“终极”形式。它涉及到机械、电子、自动控制、计算机、人工智能、传感器、通信与网络等多个学科和领域，是多种高新技术发展成果的综合集成，因此它的发展与众多学科发展密切相关。当今工业机器人的发展趋势主要有：

(1) 工业机器人性能不断提高（高速度、高精度、高可靠性、便于操作和维修），而单机价格不断下降。

(2) 机械结构向模块化可重构化发展。例如关节模块中的伺服电机、减速机、检测系统三位一体化；有关节模块、连杆模块用重组方式构造机器人。

(3) 工业机器人控制系统向基于PC机的开放型控制器方向发展，便于标准化，网络化；器件集成度提高，控制柜日渐小巧，采用模块化结构，大大提高了系统的可靠性、易操作性和可维修性。

(4) 机器人中的传感器作用日益重要，除采用传统的位置、速度、加速度等传感器外，视觉、力觉、声觉、触觉等多传感器的融合技术在产品化系统中已有成熟应用。

(5) 机器人化机械开始兴起。从1994年美国开发出“虚拟轴机床”以来这种新型装置已成为国际研究的热点之一，纷纷探索开拓其实际应用的领域。

总体趋势是，从狭义的机器人概念向广义的机器人技术概念转移，从工业机器人产业向解决方案业务的机器人技术产业发展。机器人技术的内涵已变为灵活应用机器人技术的、具有实际动作功能的智能化系统。机器人结构越来越灵巧，控制系统越来越小，其智能也越来越高，并正朝着一体化方向发展。

# 任务9.4 并 行 工 程

## 9.4.1 概述

面向产品的全生命周期的设计是一种在设计阶段就预见到产品的整个生命周期的设计是一种在设计阶段就预见到产品的整个生命周期的设计，是具备高度预见性和预防性的设计。正式基于这种预见性，现代产品设计才能做到“运筹于帷幄之中，决胜于千里之外”。使产品设计具备高度预见性和预防性的技术就称作“并行设计”或“并行工程”。

## 9.4.2 并行工程的定义和特点

并行工程实质就是集成地、并行地设计产品及其零部件和相关各种过程的一种系统方法。这种方法要求产品开发人员与其他人员一起共同工作，在设计一开始就考虑产品整个生命周期中从概念形成到产品报废处理的所有因素，包括质量、成本、进度计划和用户的要求。

从上述定义可以看出，并行工程具有如下特点。

1. 强调团队工作（Team work），团队精神和工作方式

一个人的能力总是有限的，他不可能同时精通产品从设计到售后服务各个方面的知识，也不可能掌握各个方面的最新情报。因此，为了设计出便于加工、便于装配、便于维

修、便于回收、便于使用的产品，就必须将产品寿命循环各个方面的专家，甚至包括潜在的用户集中起来，形成专门的工作小组，大家共同工作，随时对设计出的产品和零件从各个方面进行审查，力求使设计出的产品便于加工，便于装配，便于维修，便于运送，外观美、成本低、便于使用。在集中了各方面专家的智慧后设计出来的产品（在定型之前经过多次设计修改）必然可以满足（或基本满足）上述要求。在设计过程中，要定期组织讨论，大家都畅所欲言，对设计可以"横加挑剔"，帮助设计人员得出最佳化设计。需要指出的是，团队工作方式并不意味着一定要大家成天待在一起，这样有时会造成人力的浪费。所以，可以采取定时碰头的方式，或由设计人员单独向某方面的专家咨询。在计算机及网络通信技术高度发达的今天，工作小组完全可以通过计算机网络来工作。设计人员通过网络向各方面专家咨询。专家们亦可通过网络随时调出设计结果进行审查和讨论。这种工作方式如图 9.12 所示。

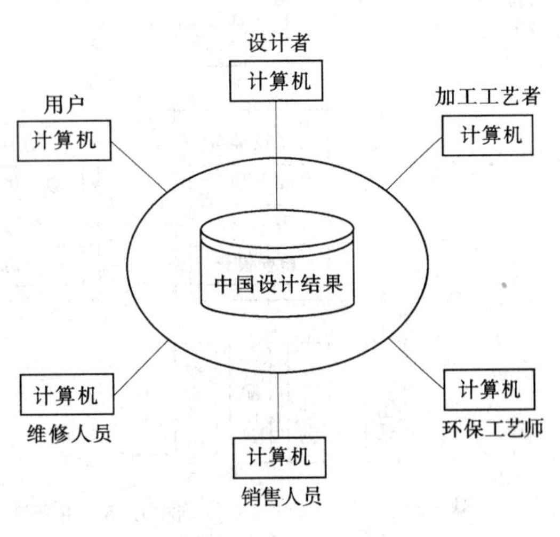


图 9.12 借助与计算机网络的工作方式

2. 强调设计过程的并行性

并行性有两方面的含义：一是在设计过程中通过专家把关同时考虑产品寿命循环的各个方面；二是在设计阶段就可同时进行工艺（包括加工工艺、装配工艺和检验工艺）过程设计，并对工艺设计的结果进行计算机仿真，直至用快速原型法产生出产品的样件。这种方式与传统的设计在设计部门进行，工艺在工艺部门进行已大不相同。传统设计过程与并行设计过程，分别如图 9.13 和图 9.14 所示。

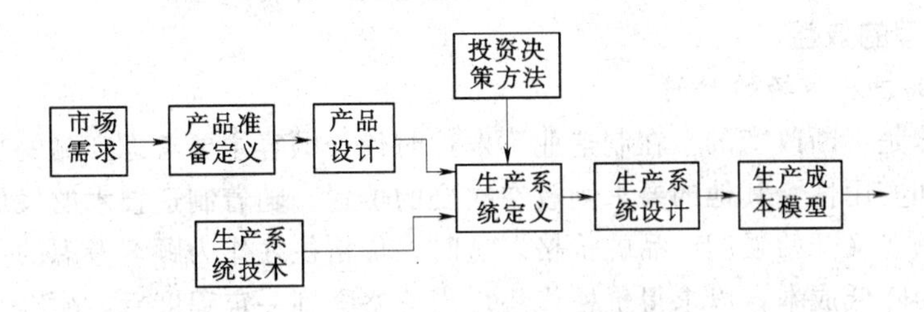


图 9.13 传统设计过程

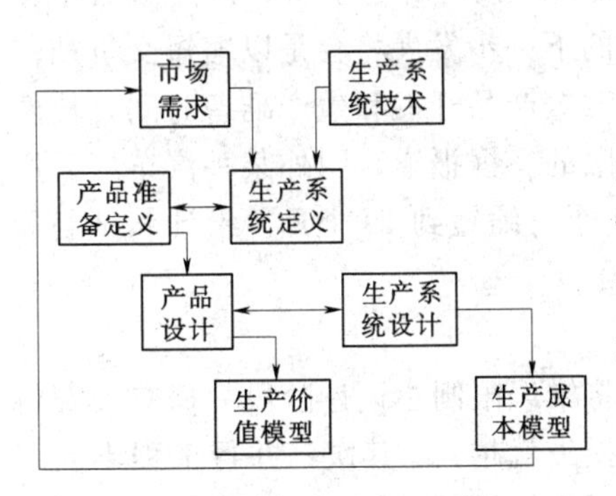


图 9.14 并行设计过程

3. 强调设计过程的系统性

设计、制造、管理等过程不再是一个个相互独立的单元，而要将它们纳入一个整体的系统来考虑，设计过程不仅出图纸和其他设计资料，还要进行质量控制、成本核算，也要产生进度计划等。这种工作方式是对传统管理机构的一种挑战。

4. 强调设计过程的快速反馈

并行工程强调对设计结果及时进行审查，并及时反馈给设计人员。这样可以大大缩短设计时间，还可

以保证将错误消灭在“萌芽”状态。并行工程的组成及信息流如图9.15所示，在图中未画出计算机、数据库和网络。但是，它们都是并行工程必不可少的支撑环境。

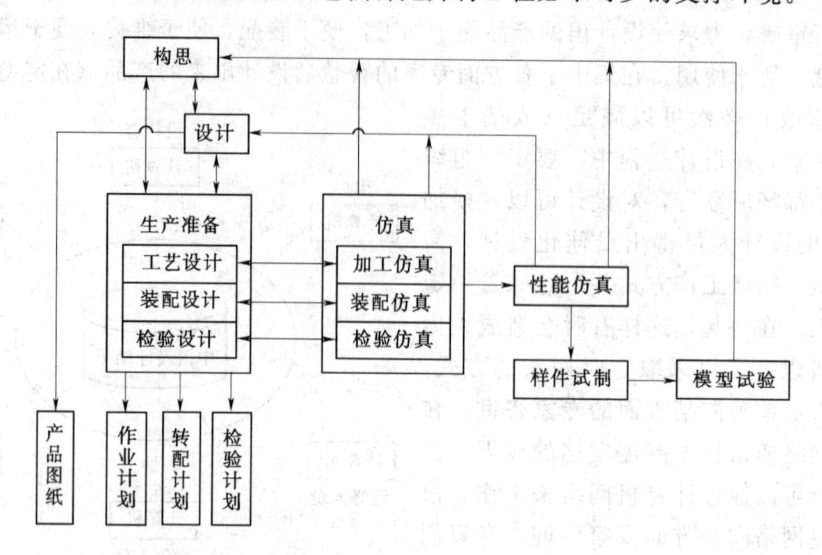


图9.15　并行工程组成及信息流

### 9.4.3　并行工程在技术支承上的要求

(1) 一个完整的公共数据库，它必须集成并行设计所需要的诸方面的知识、信息和数据，并且以统一的形式加以表达。

(2) 一个支持各方面人员并行工作、甚至异地工作的计算机网络系统，它可以实时、在线地在各个设计人员之间沟通信息、发现并调解冲突。

(3) 一套切合实际的计算机仿真模型和软件，它可以由一个设计方案预测、推断产品的制造及使用过程，发现所隐藏的问题。此问题是实施并行工程的“瓶颈”。

### 9.4.4　并行工程的效益

1. 缩短产品投放市场的时间

顾客的口味是不断改变的。在制造业不发达时代，顾客主要考虑产品的功能，要求功能的完善程度和实用性，其他的要求则放在次要的位置。随着制造技术的发展，能够提供的商品增多，顾客又开始强调产品的价格。这时，价格往往作为顾客考虑的主要因素。因此，制造者拼命降低成本，以求得价格优势。当价格降到一定程度后，顾客又开始将质量提到重要地位来考虑。现在正处在必须以质量取胜的时代，没有好的质量，产品就难于在市场上站稳脚跟，只靠价格取胜近乎成为历史。市场的下一步发展将会是以缩短交货期作为主要特征。并行工程技术的主要特点就是可以大大缩短产品开发和生产准备时间，使两者部分相重合。而对于正式批量生产时间的缩短是有限的。据报道，国外某一汽车厂采用并行工程后，使产品从开发到达预定批量的时间从37个月缩短到19个月。设计和试制周期仅为原来的50%。

2. 降低成本

并行工程可在三个方面降低成本：首先，它可以将错误限制在设计阶段。据有关资料介绍，在产品寿命周期中，错误发现的越晚，造成的损失就越大。其次，并行工程不同于传统的“反复试制样机”的作法，强调“一次达到目的”。这种一次达到目的是靠软件仿

真和快速样件生成实现的，省去了昂贵的样机试制；由于在设计时最考虑到加工、装配、检验、维修等因素，产品在上市前的成本将会降低。同时，在上市后的运行费用也会降低。所以，产品的寿命循环价格就降低了，既有利于制造者，也有利于顾客。

3. 提高质量

采用并行工程技术，尽可能将所有质量问题消灭在设计阶段，使所设计的产品便于制造易于维护。这就为质量的“零缺陷”提供了基础，使得制造出来的产品甚至用不着检验就可上市。事实上，根据现代质量控制理论，质量首先是设计出来的，其次才是制造出来的，并不是检验出来的。检验只能去除废品，而不能提高质量。

4. 保证了功能的实用性

由于在设计过程中，同时有销售人员参加，有时甚至还包括顾客，这样的设计方法反映了用户的需求，才能保证去除冗余功能，降低设备的复杂性，提高产品的可靠性和实用性。

5. 增强市场竞争能力

由于并行工程可以较快地推出适销对路的产品并投放市场，能够降低生产制造成本，能够保证产品质量，提高了企业的生产柔性，因而，企业的市场竞争能力将会得到加强。

### 9.4.5 并行工程实施实例

美国波音飞机制造公司投资40多亿美元，研制波音777型喷气客机，采用庞大的计算机网络来支持并行设计和网络制造。从1990年10月开始设计到1994年6月仅花了3年零2个月就试制成功，进行试飞，一次成功，即投入运营。在实物总装后，用激光测量偏差，飞机全长63.7m，从机舱前端到后端50m，最大偏差仅为0.9mm。AT&T公司在生产计算机配套印刷组产品时，由于原来的设计中未考虑生产工艺性问题，致使产品质量低下，合格率仅为5%。采用并行设计以后，利用计算机虚拟检测，找出设计中的缺陷，使产品合格率达到90%。

HP公司采用并行工程来改进产品质量，其实施要点包括管理部门的支持、对用户的关注、统计过程控制、系统的问题解决过程以及全体人员参与五个方面。实施的结果是公司全部产品的综合故障降低了83%，制造成本减少了42%，而产品开发周期缩短了35%。这样的实例有很多，在此就不在一一列举。

## 任务9.5 逆 向 工 程

### 9.5.1 逆向工程的原理和应用

传统的产品设计是从概念设计开始，确定预期目标，根据二维图纸或设计规范，借助CAD软件建立产品的三维模型，然后编制加工程序，生产出最终的产品。此类开发工程称为顺向工程FE（Forward Engineering）。在顺向工程里，技术人员是以设计规范和已有的CAD模型为出发点建立产品的三维模型，根据产品的三维模型制造出实际的产品。

然而在很多情况下，技术人员面对的只有实物样件，没有图纸或CAD模型数据。为了适应先进制造技术的发展，需要通过一定的途径，将这些实物转化为CAD模型，使之能利用CAD/CAM系统进行处理。这种从实物样件获取产品数学模型的技术，称为逆向工程RE（Reverse Engineering），也称为反求工程、反向工程。它是在没有产品原始图纸、文档或CAD模型数据的情况下，通过对已有实物的工程分析和测量，得到重新制造产品所需的几何模型、物理和材料特性数据，从而复制出已有产品的过程。

1. *逆向工程工作原理*

传统的工程将产品的概念或CAD模型转变为实际的零件，逆向工程则是将实际的零件转变为产品的CAD模型或概念。目前，关于逆向工程的研究基本上处于由实物样件或模型反求其三维几何模型的阶段。本节提到的逆向工程主要指几何模型的反求。

如图9.16所示是逆向工程流程图。快速准确地测量出样件或实物模型的三维轮廓坐标数据，及根据三维数据重构曲面，建立完整、正确的CAD模型，是逆向工程的关键技术。

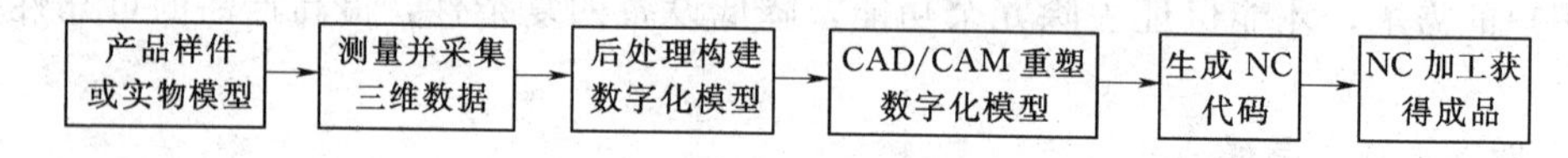


图9.16　逆向工程工作流程图

2. *逆向工程的应用*

逆向工程技术主要应用在下列几个方面：

(1) 产品仿制。产品没有原始的设计图档，而是样品或实物模型，需首先把产品复制出来。传统的复制方法是用立体雕刻机或立体仿型铣床制作出1∶1等比例的模具，再进行生产。这种方法属于模拟型复制，它的缺点是无法建立工件尺寸图档，无法用现有的CAD软件对其进行修改，故渐渐为新型的数字化的逆向工程系统所取代。

(2) 新产品设计。随着消费者对产品的要求越来越高，市场竞争也越来越激烈。不仅要求产品在功能上要先进，还要美观。这种针对产品外形的美观化设计，不是机械工程师能胜任的。它需要美工设计师利用CAD技术，构想出创新的美观外形，再以手工方式制造出样件，如木材样件、石膏样件、黏土样件、橡胶样件、塑料样件、玻璃纤维样件等，然后再运用逆向工程建立样件复杂的CAD模型。

(3) 旧产品改进。工业设计中，很多新产品的设计都是从对旧产品的改进开始。故运用逆向工程建立旧产品的CAD模型，再用CAD软件在原产品模型的基础上进行改进设计。

(4) 其他方面。随着产品的单件、小批量和用户对产品各不相同的要求，也需要根据模型制作产品，例如具有个人特征的太空服、头盔、假肢等。在计算机图形、动画、工艺美术和医疗康复工程等领域，也经常需要根据实物快速建立三维几何模型。

### 9.5.2　逆向工程的数据采集与后处理

逆向工程中，数据的采集和后处理是其关键技术。

数据采集就是利用坐标测量得到逆向工程的数据。坐标测量技术和众多学科有着紧密的联系，如光学、机械、电子、计算机视觉、计算机图形学、图像处理、模式识别等，其应用领域极为广阔，它也是实现逆向工程的基础。常用的三维数据测量方式可分为接触式的三坐标测量和非接触式的激光扫描测量以及逐层扫描测量等方式。接触式测量方法采用三坐标测量机或机器人手臂进行测量，需接触被测物体的表面；而非接触式测量方法则采用声、光、磁等现象进行测量，测量时和物体表面无机械接触。图9.17所示是逆向工程常用的数据采集方法。

采集到的数据须经后处理，以构建准确、完整的CAD模型。后处理中，曲线、曲面拟合是其核心技术，即用测量的数据重构曲面模型，从而实现对零件的分析和加工。将测量数据重构为曲面的优点是可以消除由于测量带来的误差，使曲面较为光滑光顺，而且可以用少量的控制点代替大量的点云数据，节省了存储空间，提高了运算速度。目前，处理大量点云数据的步骤是先做曲线的拟合，然后做曲面的重构。

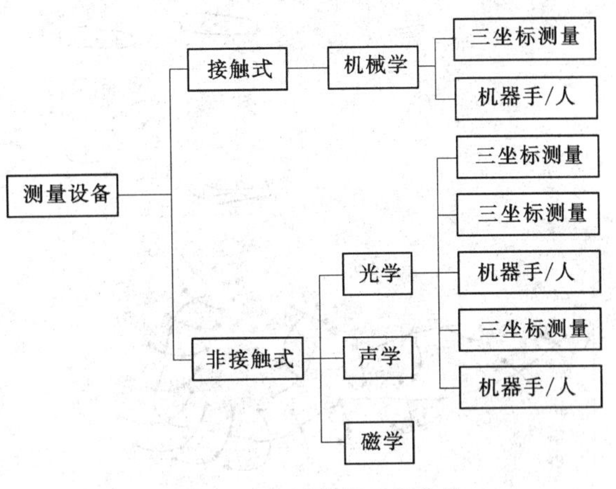


图 9.17 常用数据采集方法

图 9.18 所示是汽车翼子板（挡泥板）的后处理过程图，图 9.18（*a*）是原件，可以看出原设计中，车身与翼子板的采用的是同一构图方式。图 9.18（*b*）是将翼子板从车身上分块下来。图 9.18（*c*）是经重构产生的翼子板曲面，显然与原设计车身的特征线不一致。图 9.18（*d*）是经CAD/CAM系统处理后的翼子板曲面，符合整车特征线的布局，可满足车身外观光滑光顺的要求。

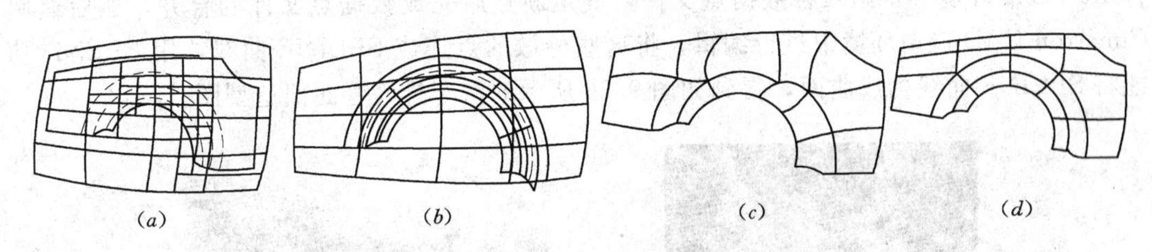


图 9.18 汽车挡泥板后处理过程图

（*a*）车身曲线设计；（*b*）翼子板分块图；（*c*）重构曲面片；（*d*）修改后的曲面片

### 9.5.3 逆向工程在模具设计制造中的应用

以汽车排气管压铸模的设计为例，介绍逆向工程在模具设计制造中的具体运用。该设计用的是Cimatron CAD/CAM软件。

1. 分析制品，确定数据采集方法

汽车排气管，外形较复杂，在三坐标测量机上进行数据的采集，注意数据的采集方案要符合造型的思路，以保证零件的精度。根据排气管的几何形状（参看汽车排气管数字化模型图），可以看出尽管排气管表面完全是无规则的空间曲面，但整个几何形状却是由排气管轮廓曲线及可变截面轮廓线来控制的。这样就可以通过变截面扫描物体的方法来创建排气管的曲面模型。这样做的优点是采集的数据少，造型时，几何模型表面光滑，有利于滤掉测量过程中产生的随机扰动和原始零件固有的缺陷。

2. 测量采集汽车排气管三维轮廓数据

对图 9.19 所示模型分两次装夹进行测量，图 9.19（*a*）为第一次装卡所采集到数据点，图 9.19（*b*）、图 9.19（*c*）为第二次装夹所采集到数据点。在保证坐标原点相同条件下测得轮廓及表面特征数据点，如图 9.19 所示。

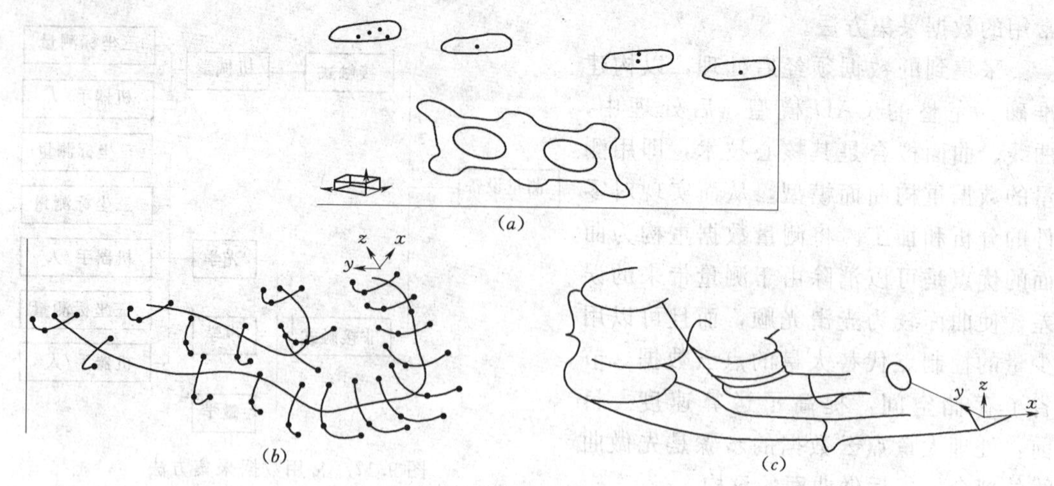


图 9.19 测量采集数据点
(a) 外轮廓数据点；(b) 表面特征数据点；(c) 轮廓边界数据点

3. 进行CAD曲面造型

将三坐标测得的以上数据点分别以IGS格式存档，在Cimatron CAD造型环境中对各数据点文件进行坐标旋转保证坐标原点及坐标轴向一致，然后进入Cimatron逆向工程软件Re-Eng环境中，调入各数据点文件，确定断点后完成数据点文件的合并，然后返回Cimatron CAD造型环境中进行编辑，将这些分散的点连成SPLINE曲线，用BLEND功能将SPLINE曲线构成曲面，得到如图9.20所示的汽车排气管曲面造型图。

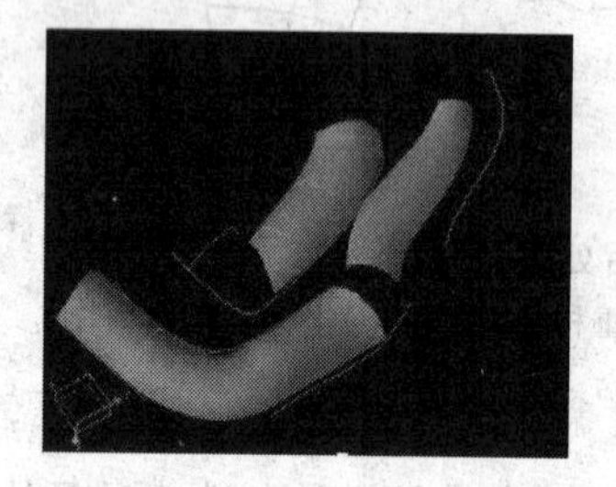

图 9.20 汽车排气管曲面造型

图 9.21 汽车排气管数字化模型

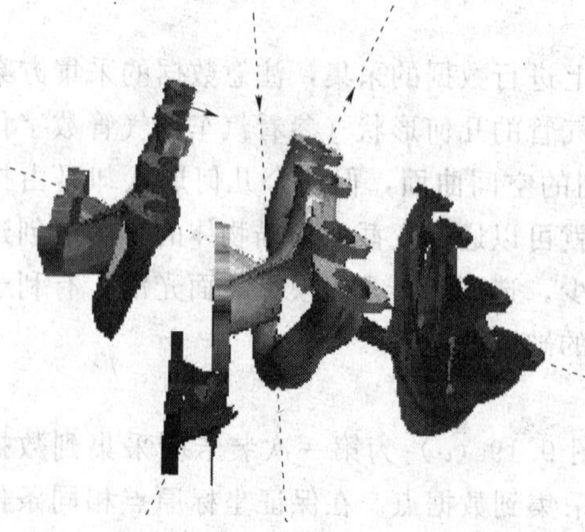

图 9.22 汽车排气管模具分型

内腔采用等壁厚处理，经过光顺处理后得到图9.21数字产品模型，该数字产品模型经格式转换后可直接供快速成型机使用。

4. 模具的设计和制造

将图9.21所示的数字产品模型输入到Cimatron快速分模软件QUICK-SPLIT进行型芯、型腔的设计。由于汽车排气管为压铸件，所以要考虑铸件的收缩率。分型方向如图9.22所示。经分型后的图形退出快速分模软件进入曲面CAD环境时自动产生分型线，根据分型线快速生成分型面，经编辑、整理形成模具的设计，再经数控编程和数控加工，即可完成汽车排气管压铸模的设计和制造。

# 任务9.6　虚　拟　制　造

## 9.6.1　概述

自20世纪70年代以来，世界市场由过去传统的相对稳定逐步演变成动态多变的特征，由过去的局部竞争演变成全球范围内的竞争；同行业之间、跨行业之间的相互渗透、相互竞争日益激。为了适应变化迅速的市场需求，为了提高竞争力，现代的制造企业必须解决TQCS难题，即以最快的上市速度（T—Time to Market），最好的质量（Q—Quality），最低的成本（C—Cost），最优的服务（S—Service）来满足不同顾客的需求。

与此同时，信息技术取得了迅速发展，特别是计算机技术、计算机网络技术、信息处理技术等取得了人们意想不到进步。20多年来的实践证明，将信息技术应用于制造业，进行传统制造业的改造，是现代制造业发展的必由之路。20世纪80年代初，先进制造技术以信息集成为核心的计算机集成制造系统（Computer Integrated Manufacturing System，CIMS）开始得到实施；80年代末，以过程集成为核心的并行工程（Cocurrent Engineering，CE）技术进一步提高了制造水平；进入90年代，先进制造技术进一步向更高水平发展，出现了虚拟制造（Virtual Manufacturing，VM）、精益生产（Lean Production，LP）、敏捷制造（Agile Manufacturing，AM）、虚拟企业（Virtual Enterprise，VE）等新概念。

在这些诸多新概念中，“虚拟制造”引起了人们的广泛关注，不仅在科技界，而且在企业界，成为研究的热点之一。原因在于，尽管虚拟制造的出现只有短短的几年时间，但它对制造业的革命性的影响却很快地显示了出来。典型的例子有波音777，其整机设计、部件测试、整机装配以及各种环境下的试飞均是在计算机上完成的，使其开发周期从过去8年时间缩短到5年。又如Perot System Team利用Dench Robotics开发的QUEST及IGRIP设计与实施一条生产线，在所有设备订货之前，对生产线的运动学、动力学、加工能力等各方面进行了分析与比较，使生产线的实施周期从传统的24个月缩短到9.5个月。Chrycler公司与IBM合作开发的虚拟制造环境用于其新型车的研制，在样车生产之前，发现其定位系统的控制及其他许多设计缺陷，缩短了研制周期。

因此，近几年，工业发达国家均着力于虚拟制造的研究与应用。在美国，NIST（National Institute of Standards and Technology）正在建立虚拟制造环境（称为国家先进制造测试床National Advanced Manufacturing Testbed，NAMT），波音公司与麦道公司联手建立了MDA（Mechanical Design Automation），在德国，Darmstatt技术大学Fraunhofer计算机图形研究所，加拿大的Waterloo大学，比利时的虚拟现实协会等均先后成立了研究机构，开展虚拟制造技术的研究。

由于“虚拟制造”概念出现才几年时间，目前还缺乏从产品生产全过程的高度开展虚拟制造技术的系统研究。例如，虚拟制造的内涵是什么？它包含哪些关键技术？如何建立集产品研究、设计、工艺、制造、标准、资源共享、技术共享、信息传递、市场需求、系统控制于一体的虚拟制造环境？这些仍然是世界各国研究人员正在研究和探讨的问题。

### 9.6.2 虚拟制造的定义

如前所述，“虚拟制造”是近几年由美国首先提出的一种全新概念。什么是虚拟制造？它包括哪些内容？这些至今仍然是人们讨论的问题。很多人曾为虚拟制造进行定义，比较有代表性有：

佛罗里达大学 Gloria J. Wiens 的定义是：虚拟制造是这样一个概念，即与实际一样在计算机上执行制造过程。其中虚拟模型是在实际制造之前用于对产品的功能及可制造性的潜在问题进行预测。该定义强调 VM“与实际一样”、“虚拟模型”和“预测”，即着眼于结果。

美国空军 Wright 实验室的定义是“虚拟制造是仿真、建模和分析技术及工具的综合应用，以增强各层制造设计和生产决策与控制”。该定义着眼于手段。

另一个有代表性的定义是由马里兰大学 Edward Lin&etc 给出的，“虚拟制造是一个用于增强各级决策与控制的一体化的、综合性的制造环境。”则着眼于环境。

显然，上述定义强调的方面是不同的，甚至也有人认为没有必要只有一种定义。但是为了讨论和交流，普遍认为，对 VM 进行定义是有必要的。

综合目前国际上有代表性的文献，对虚拟制造给出如下定义：虚拟制造是实际制造过程在计算机上的本质实现，即采用计算机仿真与虚拟现实技术，在计算机上群组协同工作，实现产品的设计、工艺规划、加工制造、性能分析、质量检验，以及企业各级过程的管理与控制等产品制造的本质过程，以增强制造过程各级的决策与控制能力。

可以看到，“虚拟制造”虽然不是实际的制造，但却实现实际制造的本质过程，是一种通过计算机虚拟模型来模拟和预估产品功能、性能及可加工性等各方面可能存在的问题，提高人们的预测和决策水平，使得制造技术走出主要依赖于经验的狭小天地，发展到了全方位预报的新阶段。

与实际制造相比较，虚拟制造的主要特点是：

(1) 产品与制造环境是虚拟模型，在计算机上对虚拟模型进行产品设计、制造、测试，甚至设计人员或用户可“进入”虚拟的制造环境检验其设计、加工、装配和操作，而不依赖于传统的原型样机的反复修改；还可将已开发的产品（部件）存放在计算机里，不但大大节省仓储费用，更能根据用户需求或市场变化快速改变设计，快速投入批量生产，从而能大幅度压缩新产品的开发时间，提高质量、降低成本。

(2) 可使分布在不同地点、不同部门的不同专业人员在同一个产品模型上同时工作，相互交流，信息共享，减少大量的文档生成及其传递的时间和误差，从而使产品开发以快捷、优质、低耗响应市场变化。

### 9.6.3 虚拟制造的内涵

如果将实际制造系统（Real Manufacturing System，RMS）抽象成由实际物理系统（RPS）、实际信息系统（RIS），实际控制系统（RCS）组成的，可以简单标识为

$$RMS=\{RPS,RIS,RCS\}$$

RPS 包括所有的制造物理实体，例如材料，机床，机器人，夹具，控制器等；RIS 包括信息处理和决策，如调度、计划、设计。RIS 通过 RCS 与 RPS 交换信息。

那么，可以将实际制造系统映射到基于虚拟制造技术的虚拟制造系统，虚拟制造系统

可以表示为：VMS＝{VPS，VIS，VCS}，其中VPS是虚拟物理系统，VIS为虚拟信息系统，VCS是虚拟控制系统。

按照与生产各个阶段的关系，有些文献将虚拟制造分成三类，即以设计为核心的虚拟制造（Design Centered VM）、以生产为核心的虚拟制造（Production Centered VM）和以控制为中心的虚拟制造（Control Centered VM）。

以设计为核心的虚拟制造把制造信息引入到整个的设计过程，利用仿真来优化产品设计，例如DFX技术，通过“在计算机上制造”产生许多“软”样机；以生产为核心的虚拟制造是在生产过程模型中加入仿真技术，以此来评估和优选生产过程，例如组织与重组织技术；以控制为中心的虚拟制造是将仿真加到控制模型和实际处理中，可“无缝”地仿真使得实际生产优化。

虚拟制造从根本上讲就是要利用计算机生产出“虚拟产品”，不难看出，虚拟制造技术是一个跨学科的综合性技术，它涉及到仿真、可视化、虚拟现实、数据继承、优化等领域。然而，目前还缺乏从产品生产全过程的高度开展对虚拟制造的系统研究。这表现在：

（1）虚拟制造的基础是产品、工艺规划及生产系统的信息模型。尽管国际标准化组织花了很大精力去开发产品信息模型，但CAD开发者尚未采用它们；尽管工艺规划模型的研究已获得了一些进展和应用，但仍然没有一种综合的，可以集成于虚拟制造平台的工艺规划模型；生产系统能力和性能模型，以及其动态模型的研究和开发需要进一步加强。

（2）现有的可制造性评价方法主要是针对零部件制造过程，因而面向产品生产过程的可制造性评价方法需要研究开发，包括各工艺步骤的处理时间，生产成本和质量的估计等。

（3）制造系统的布局，生产计划和调度是一个非常复杂的任务，它需要丰富的经验知识，支持生产系统的计划和调度规划的虚拟生产平台需要拓展和加强。

（4）分布式环境，特别是适应敏捷制造的公司合作，信息共享，信息安全性等方法和技术需要研究和开发，同时经营管理过程重构方法的研究也需加强。

（5）虚拟制造环境缺乏统一的集成框架和体系。

### 9.6.4 CIMS的虚拟制造体系结构及环境

从产品生产的全过程来看，“虚拟制造”应包括产品的“可制造性”、“可生产性”和“可合作性”。所谓“可制造性”系指所设计的产品（包括零件、部件和整机）的可加工性（铸造、冲压、焊接、切削等）和可装配性；而“可生产性”系指在企业已有资源（广义资源，如：设备、人力、原材料等）的约束条件下，如何优化生产计划和调度，以满足市场或顾客的要求；虚拟制造技术的发展，虚拟制造还应对被喻为21世纪的制造模式“敏捷制造”提供支持，即为企业动态联盟（Virtual Enterprise，VE）的“可合作性”提供支持。而且，上述三个方面对一个企业来说的相互关联的，应该形成一个集成的环境。因此，应从三个层次，即“虚拟制造”，“虚拟生产”，“虚拟企业”开展产品全过程的虚拟制造技术及其集成的虚拟制造环境的研究，包括产品全信息模型、支持各层次虚拟制造的技术并开发相应的支撑平台以及支持三个平台及其集成的产品数据管理（PDM）技术。

基于上述思想，国家CIMS工程技术研究中心根据先进制造技术发展的要求，正在着手建立虚拟制造研究基地。该基地建立了以下虚拟制造技术体系结构：

(1) 虚拟制造平台。该平台支持产品的并行设计、工艺规划、加工、装配及维修等过程，进行可制造性（Manufacturability）分析（包括性能分析、费用估计、工时估计等）。它是以全信息模型为基础的众多仿真分析软件的集成，包括力学、热力学、运动学、动力学等可制造性分析，具有以下研究环境：

1）基于产品技术复合化的产品设计与分析，除了几何造型与特征造型等环境外，还包括运动学、动力学、热力学模型分析环境等。

2）基于仿真的零部件制造设计与分析，包括工艺生成优化、工具设计优化、刀位轨迹优化、控制代码优化等。

3）基于仿真的制造过程碰撞干涉检验及运动轨迹检验——虚拟加工、虚拟机器人等。

4）材料加工成形仿真，包括产品设计，加工成形过程温度场、应力场、流动场的分析，加工工艺优化等。

5）产品虚拟装配，根据产品设计的形状特征，精度特征，三维真实地模拟产品的装配过程，并允许用户以交互方式控制产品的三维真实模拟装配过程，以检验产品的可装配性。

(2) 虚拟生产平台。该平台将支持生产环境的布局设计及设备集成、产品远程虚拟测试、企业生产计划及调度的优化，进行可生产性（Producibility）分析。

1）虚拟生产环境布局。根据产品的工艺特征，生产场地，加工设备等信息，三维真实地模拟生产环境，并允许用户交互地修改有关布局，对生产动态过程进行模拟，统计相应评价参数，对生产环境的布局进行优化。

2）虚拟设备集成。为不同厂家制造的生产设备实现集成提供支撑环境，对不同集成方案进行比较。

3）虚拟计划与调度。根据产品的工艺特征，生产环境布局，模拟产品的生产过程，并允许用户以交互方式修改生产排程和进行动态调度，统计有关评价参数，以找出最满意的生产作业计划与调度方案。

(3) 虚拟企业平台。被预言为21世纪制造模式的敏捷制造，利用虚拟企业的形式，以实现劳动力、资源、资本、技术、管理和信息等的最优配置，这给企业的运行带来了一系列新的技术要求。虚拟企业平台为敏捷制造提供可合作性（Corporatability）分析支持。

1）虚拟企业协同工作环境。支持异地设计、异地装配、异地测试的环境，特别是基于广域网的三维图形的异地快速传送、过程控制、人机交互等环境。

2）虚拟企业动态组合及运行支持环境，特别是INTERNET与INTRANET下的系统集成与任务协调环境。

(4) 基于PDM的虚拟制造平台集成。虚拟制造平台应具有统一的框架、统一的数据模型，并具有开放的体系结构。

1）支持虚拟制造的产品数据模型。提供虚拟制造环境下产品全局数据模型定义的规范，多种产品信息（设计信息、几何信息、加工信息、装配信息等）的一致组织方式的研究环境。

2）基于产品数据管理（PDM）的虚拟制造集成技术。提供在PDM环境下，“零件/部件虚拟制造平台”、“虚拟生产平台”、“虚拟企业平台”的集成技术研究环境。

3）基于PDM的产品开发过程集成。提供研究PDM应用接口技术及过程管理技术，

实现虚拟制造环境下产品开发全生命周期的过程集成。

该虚拟制造环境分为四部分，其中虚拟制造平台的环境分为冷加工和热加工两部分，热加工部分包括支持热加工（铸造、冲压）成形与分析的虚拟制造环境，为一局域网；冷加工部分包括支持异地协同设计的几何造型设计与分析、切削加工及装配的虚拟制造环境，是另一局域网；支持虚拟生产平台、虚拟企业平台的虚拟制造环境、产品数据管理（PDM）（隐含在虚拟企业平台中，负责上述四部分公共数据管理与维护）也构成局域网，三个局域网通过校园网相连，形成以PDM为中心的客户/服务器环，传送速度为100Mbit/s。

### 9.6.5　虚拟现实技术在生产制造上的应用

一个产品从概念设计到投放市场，即产品的生产周期按时间顺序可分为概念设计、详细设计、加工制造、测试和培训/维护，VR技术可以在产品的全部生产周期中各个阶段发挥重要的作用。下面着重谈其中的几个方面。

1. 基于VR技术的产品开发

VR的沉浸性和交互性特性使得它成为用来设计新产品和开发相应生产线的得力工具。首先考虑一下设计并构造一个新产品原型所需要的时间。在设计过程中，设计师要考虑到产品的各个方面，以满足一定的安全性、人机工程学、易维护性和装配标准。因此，设计过程中严格地受到生产、时间和费用的限制。VR能完成比CAD更多的功能，CAD通常只考虑产品各个子部件的几何特征和相互间的几何约束。而在VR中，可以将以上提到的多种所需满足的条件集成到设计过程中一并考虑，还能适当减少子部件数目，甚至可以按比例放缩部件尺寸，这大大降低了设计费用和原型构造时间，更进一步的达到产品用户化的目标。

例如，在飞机制造业中，为评测某飞机设计方案的优劣，要建立一系列与真实产品同尺寸的物理模型，并在模型上进行反复修改，这要花去大量时间和费用，而在过去是不可避免的。如今美国波音公司在飞机设计中运用VR技术完全改变了这种设计方法。波音公司为设计波音777飞机，研制了一个名为“先进计算机图形交互应用系统”的虚拟环境，用VR技术在此环境中建立一架飞机的三维模型。这样设计师戴上头盔显示器就可以在这驾虚拟飞机中遨游，检查“飞机”的各项性能，同时，还可以检查设备的安装位置是否符合安装要求等等。最终的实际飞机与设计方案相比，偏差小于千分之一寸，机翼和机身的接合一次成功，缩短了数千小时的设计工作量。

同样，其他大型、复杂的产品如船舶、潜艇设计等都可以运用VR技术达到节约设计费用和时间提高设计成功率的目标。

采用VR技术设计产品还有以下优点：产品用户化的一个不利效应是增加了模型的变量数目，也就相应地增加了生产的复杂度。VR可在要加工的部位加上纹理和图形信息，这对机械制造起到很好的向导作用。同样的过程可辅助训练和指导生产者，使他们能很快胜任新工作。虚拟环境的网络化可对某一项目合作组的成员进行设计、生产训练。这些合作组的成员可以在同一个或不同工厂里，或者甚至是来自院校的专家和国外顾问。

2. 虚拟现实技术在制造车间设计中的作用

目前众多的制造系统可按递阶控制层次分为四层：工厂层、车间层、制造单元层、设备层，其中车间层的设计与车间中设备的利用率、产品的生产效率等密切相关，如果设计不当，就会造成设备利用率低、车间产量不能满足用户需求、操作人员的空闲时间多。所以，如何合理地设计制造车间，保证它的高效运行是一个非常重要的问题。采用VR技术能提高设计的可行性、有效性。车间设计的主要任务是把生产设备、刀具、夹具、工件、生产计划、调度单等生产要素有机地组织起来。

在车间设计的初步阶段，设计者根据用户需求，确定车间的功能需求、车间的模式、主要加工设备、刀具和夹具的类型和数量，提出一组候选设计方案。VR的作用就是帮助设计者评测、修改设计方案，得到最佳结果。

在详细设计阶段，设计者完成对各个组成单元的完整描述，运用VR造型技术生成各个组成单元的虚拟表示，并进而用这些虚拟单元布置整个车间，其中还可加上自动导引小车、机器人、仓库等车间常用设备。设计者戴上头盔显示器就可穿行于虚拟车间之中，他可以开启其中的任何设备，观测运行情况，凡是他能想到的检测条件都立即能看到检测结果。他还可以在视察时交互式地修改设计方案，比如移动设备的位置，增加/删除设备的个数，这种"所想即所见"的设计方式极大地提高了设计的成功率。

3. VR技术在生产计划安排上的应用

生产计划安排的可视化对于制造决策是极其有用的，但目前它还未能完全实现。使用VR技术，可将成百上千件产品、成千上万个零部件和许多其他生产要素可视化，辅助计划者更好地评价、选择生产计划。

计算机产生的图像可将计划者的大脑负担转移到他们的感官系统，这就加快了工作进程。生产计划数据变成立体的或多维的图形，可表达复杂的内部关系。

但问题并不是那么简单，不能只简单地用某种图形来表示每种数据和数据之间的关系，否则只会生成一幅杂乱无章的图像。在绘制之前，要先进行视觉抽象，在二维平面上用一种形体代表一种数据，这种形体要满足：

(1) 支持视觉感知。

(2) 构造有效的视觉表示以便于各种层次的解释。

(3) 保证结果图像要便于商业经理理解和使用。

### 9.6.6 采用虚拟制造技术可以给企业带来的效益

(1) 提供关键的设计和管理决策对生产成本、周期和能力的影响信息，以便正确处理产品性能与制造成本、生产进度和风险之间的平衡，作出正确的决策。

(2) 提高生产过程开发的效率，可以按照产品的特点优化生产系统的设计。

(3) 通过生产计划的仿真，优化资源的利用，缩短生产周期，实现柔性制造和敏捷制造。

(4) 可以根据用户的要求修改产品设计，及时做出报价和保证交货期。

## 思 考 题

1. 简述21世纪初机械制造业发展的总趋势。

2. CIMS有哪些系统组成？分别简述它们各自的功能。

3. 什么是工业机器人？简述工业机器人的发展历程。

4. 工业机器人的组成包括哪些？工业机器人有哪些类型？

5．工业机器人的主要技术指标有哪些？

6．简述工业机器人的发展趋势。

7．什么是并行工程？简述并行工程的特点。

8．什么是逆向工程？简述逆向工程的应用范围。

9．什么是虚拟制造？CIMS 的虚拟制造体系结构包含哪些内容？

# 参 考 文 献


[1] 方新．机械 CAD/CAM．北京：高等教育出版社，2003.

[2] 宋志坚．CAD/CAM 技术．北京：机械工业出版社，2001.

[3] 宋宪一．计算机辅助设计与制造．北京：机械工业出版社，2002.

[4] 王贤坤，陈淑梅，陈亮．机械 CAD/CAM 技术、应用和开发．北京：机械工业出版社，2000.

[5] 应锦春．现代设计方法．北京：机械工业出版社，2000.

[6] 王伟，宋宪一．机械 CAD/CAM 技术与应用．北京：机械工业出版社，2008.

[7] 黄晓燕．SolidWorks 2007 产品造型及模具设计实训．北京：清华大学出版社，2007.

[8] 赵汝嘉，孙波．计算机辅助工艺设计（CAPP）．北京：机械工业出版社，2006.

[9] 张斌．Pro/E 产品造型与模具设计实用教程．北京：化学工业出版社，2009.

[10] 胡仁喜．Pro/ENGINEER Wildfire4.0 中文版曲面造型从入门到精通．北京：机械工业出版社，2009.

[11] 王大镇．精通 Pro/ENGINEER Wildfire4.0 中文版产品设计．北京：电子工业出版社，2008.

[12] 实威科技．SolidWorks 2004 原厂培训手册．北京：中国铁道出版社，2004.

[13] 付永忠．SolidWorks 2007 完全自学手册．北京：科学出版社，2007.

[14] 赵秋玲，周克媛，曲小源．SolidWorks 2006 产品设计应用范例．北京：清华大学出版社，2006.

[15] （美）Unigraphics Solutions Inc．Unigraphics 应用指导系列丛书．北京：清华大学出版社，2002.

[16] 李维．NX5 数控编程精解与实例．北京：电子工业出版社，2008.

[17] 韩凤起．UGNX3.0 中文版机械设计范例解析．北京：机械工业出版社，2007.

[18] 孙晓非，王立新，温玲娟，孙江宏．MastercamX3 中文版标准教程．北京：清华大学出版社，2009.

[19] 蒋建强．中文 MastercamX2 基础与进阶．北京：机械工业出版社，2009.

[20] 唐娟，张亚萍，陈静，等．Mastercam 设计与加工精讲．北京：化学工业出版社，2009.